U0789723

长江口水生生物资源与科学利用丛书

长江口珍稀濒危水生动物及保护

刘鉴毅 等 编著

科学出版社

北京

内 容 简 介

本书总结了长江口珍稀濒危水生动物的生物学与保护理论技术，系统介绍了长江口自然资源与环境状况、珍稀濒危水生动物的保护理论技术、珍稀濒危水生动物保护撷例（包括中华鲟、胭脂鱼、松江鲈、刀鲚、暗纹东方鲀、日本鳗鲡、白鲟、长江江豚）以及珍稀濒危水生动物生活史（包括中华鲟、胭脂鱼、刀鲚、暗纹东方鲀、日本鳗鲡）。

本书可供从事珍稀濒危水生动物保护的科研技术人员及广大动物保护爱好者阅读，也可作为高等院校相关学科教师及本科生、研究生的教学参考用书。

图书在版编目（CIP）数据

长江口珍稀濒危水生动物及保护／刘鉴毅等编著．—北京：科学出版社，2019.3
（长江口水生生物资源与科学利用丛书）
ISBN 978-7-03-059134-0

Ⅰ．①长…　Ⅱ．①刘…　Ⅲ．①长江口—水生动物—濒危动物—动物保护　Ⅳ．①Q958.884.2

中国版本图书馆 CIP 数据核字（2018）第 234884 号

责任编辑：许　健／责任校对：谭宏宇
责任印制：黄晓鸣／封面设计：殷　靓

科学出版社 出版
北京东黄城根北街 16 号
邮政编码：100717
http：//www.sciencep.com
南京展望文化发展有限公司排版
当纳利（上海）信息技术有限公司印刷
科学出版社发行　各地新华书店经销

*

2019 年 3 月第　一　版　开本：B5（720×1000）
2019 年 3 月第一次印刷　印张：18 1/4
字数：314 000

定价：90.00 元

（如有印装质量问题，我社负责调换）

长江口水生生物资源与科学利用丛书

编写委员会

主　编： 庄　平

副主编： 陈立侨　徐　跑　张根玉

委　员： 唐文乔　李家乐　王金秋　吉红九
楼　宝　刘鉴毅　张　涛　施永海
赵　峰　徐钢春　冯广朋　侯俊利
徐淑吟　禹　娜　詹　炜　罗武松
王　妤（秘书）

《长江口珍稀濒危水生动物及保护》

作者名单

刘鉴毅　庄　平　冯广朋　胡成硕

刘佳伦　高　宇　黄晓荣　王　妤

宋　超　杨　刚

序 言

发展和保护有矛盾和统一的两个方面，在经历了数百年工业文明时代的今天，其矛盾似乎更加突出。当代人肩负着一个重大的历史责任，就是要在经济发展和资源环境保护之间寻找到平衡点。必须正确处理发展和保护之间的关系，牢固树立保护资源环境就是保护生产力、改善资源环境就是发展生产力的理念，使发展和保护相得益彰。从宏观来看，自然资源是有限的，如果不当地开发利用资源，就会透支未来，损害子孙后代的生存环境，破坏生产力和可持续发展。

长江口地处江海交汇处，气候温和、交通便利，是当今世界经济和社会发展最快、潜力巨大的区域之一。长江口水生生物资源十分丰富，孕育了著名的“五大渔汛”，出产了美味的“长江三鲜”，分布着“国宝”中华鲟和“四大淡水名鱼”之一的松江鲈等名贵珍稀物种，还提供了鳗苗、蟹苗等优质苗种支撑我国特种水产养殖业的发展。长江口是我国重要的渔业资源宝库，水生生物多样性极具特色。

然而，近年来长江口水生生物资源和生态环境正面临着多重威胁：水生生物的重要栖息地遭到破坏；过度捕捞使天然渔业资源快速衰退；全流域的污染物汇集于长江口，造成水质严重污染；外来物种的入侵威胁本地种的生存；全球气候变化对河口区域影响明显。水可载舟，亦可覆舟，长江口生态环境警钟要不时敲响，否则生态环境恶化和资源衰退或将成为制约该区域可持续发展的关键因子。

在长江流域发展与保护这一终极命题上，“共抓大保护、不搞大开发”的思想给出了明确答案。长江口区域经济社会的发展，要从中华民族长远利益考虑，走生态优先、绿色发展之路。能否实现这一目标？长江口水生生物资源及其生态环境的历史和现状是怎样的？未来将会怎样变化？如何做到长江口水生生物资源可持续利用？长江口能否为子孙后代继续发挥生态屏障的重要作用？……这些都是大众十分关心的焦点问题。

针对这些问题，在国家公益性行业科研专项“长江口重要渔业资源养护与利用关键技术集成与示范(201203065)”以及其他国家和地方科研项目的支持下，中国水产科学研究院东海水产研究所、中国水产科学研究院淡水渔业研究中心、华东师范大学、上海海洋大学、复旦大学、上海市水产研究所、浙江省海洋水产研究所、江苏省海洋水产研究所等科研机构和高等院校的100余名科研人员团结协作，经过多年的潜心调查研究，力争能够给出一些答案，并将这些答案汇总成“长江口水生生物资源与科学利用丛书”。该丛书由12部专著组成，有些论述了长江口水生生物资源和生态环境的现状和发展趋势，有些描述了重要物种的生物学特性和保育措施，有些讨论了资源的可持续利用技术和策略。

衷心期待该丛书之中的科学资料和学术观点，能够在长江口生态环境保护和资源合理利用中发挥出应有的作用。期待与各界同仁共同努力，使长江口永葆生机活力。

2016年8月4日于上海

前　言

长江口是太平洋西岸最大的河口，长江径流携带的巨量泥沙和营养盐沉积于此，为水生动物提供了丰富的生源要素。陆海物质交汇、咸淡水混合以及径流与潮流的相互作用，使长江口形成了特殊的生态环境和多样的渔业资源。长江流域已知有水生生物 1 100 多种，包括 370 余种鱼类、220 余种底栖动物和上百种水生植物，栖息着多种名贵珍稀水生动物（包括中华鲟、白鲟、长江江豚、胭脂鱼、花鳗、鲥等），长江中的国家一级保护水生野生动物数量占我国淡水一级保护水生野生动物种类的 2/3。独特的地理条件和生态环境使长江口成为全球渔产潜力和生物多样性最高的河口之一，著名的舟山渔场和吕四渔场就位于长江口近海的南北两侧，是我国重要的渔业基地。长江口区域生态文明内容极其丰富，具有宝贵的经济、科研价值。

长江口是许多珍稀濒危水生动物江海间洄游的唯一通道，是淡水和海水渔业资源交流的重要门户。刀鲚、暗纹东方鲀等进行溯河产卵的亲本通过长江口溯游至长江干流繁衍后代，中华鲟、日本鳗鲡、松江鲈等降河产卵的亲本也由长江口降河至海洋，完成生殖重任。长江口亦是重要水生动物的产卵场、育幼场和索饵场，是我国近海初级生产力和浮游生物最丰富的水域，为各种经济鱼类的繁殖及其幼鱼的生长提供了丰富的饵料基础，也是河口及邻近水域渔业资源补充群体的重要来源之一。不完全统计表明，长江口及邻近海域分布的鱼卵、仔鱼有 86 种，夏、秋两季河口区幼鱼数量占全部鱼类的 80% 左右，日本鳗鲡、松江鲈、前颌间银鱼、棘头梅童鱼、凤鲚等洄游至此产卵，中华鲟、刀鲚等幼鱼在长江口索饵、育肥。长江口孕育了丰富的渔业资源，是我国渔业生物多样性和渔业种质资源的宝库，支撑着我国淡水流域和海区渔业的可持续发展，具有重要的战略地位。习近平总书记在深入推动长江经济带发展座谈会上指出"必须从中华民族长远利益考虑,把修复长江生态环境摆在压倒性位置,共抓大保护、不搞大开发",凸显保护长江口珍稀水生动物的急迫性和重要性。

长江口是我国经济发展最快的区域之一,人类活动对水域生态环境的影响也达到了前所未有的程度,水生生物资源面临的威胁日趋严重。涉水工程的建设、水域污染、非法挖沙、过度捕捞等带来的影响逐渐超过了生态系统的承受能力,水质富营养化、赤潮频发、低氧层面积增大、河口滩涂围垦等导致潮间带滩涂大片缺失、河口生境出现斑块化、长江口生态环境日趋恶化,从而使长江口生态系统服务功能受到影响。栖息于河口区的生物种群由于其发展和进化历史的不同而在生态特点上表现出很大的差异,它们对变化的环境形成了各自的生境适应能力,从而形成了河口丰富多样的水生动物资源。

河口自然条件的变动亦会对水生动物种群的繁殖、发育、生长以及资源变动等造成重大影响,近年来由于生态环境的恶化,长江口鱼类多样性呈明显退化趋势,濒危水生动物逐年增多,濒危程度加剧,一些重要的珍稀濒危水生野生动物物种濒临灭绝。有统计资料表明,1985~2000 年长江口的水生生物种类减少了 40%,长江口原有分布的 6 种国家级保护鱼类中,白鲟、花鳗和鲥已基本绝迹,松江鲈、胭脂鱼和中华鲟在人工增殖工作下才得到一定程度的维持。鲥为"长江三鲜"之首,曾是长江的主要捕捞对象之一,20 世纪 60 年代平均年产 440 吨,70 年代平均年产 475 吨,80 年代平均年产剧降至 79 吨,80 年代后期数量少到不成渔汛,如今已是功能性灭绝。

水生动物是自然界动物资源的重要组成部分,同时也是水产物种保存、优良品种选育及渔业可持续发展的重要物质基础,是水产养殖业的物种储备库,在水生生态系统中发挥着重要的作用,对维护长江口水域生态系统结构和功能均有重要意义。研究、利用和保护好这些种质资源,不仅对渔业生产有直接的影响,也关系到水产业持续稳定和健康发展,亦是贯彻落实"长江大保护"战略的具体举措。因此,河口地区需要进一步研究如何合理利用资源、如何更有效地保护环境、如何改善生态条件,必须在河口开发治理保护中促进人与自然的和谐,维持长江河口区乃至整个长江流域的生态安全。

作者从 20 世纪 80 年代开始从事长江口珍稀濒危水生动物研究工作,承担了国家科技攻关计划、国家科技支撑计划、公益性行业(农业)科研专项、国家自然科学基金、国家科技基础条件平台项目、农业部农业财政专项、上海市生态修复专项等课题,对长江口生态环境与渔业资源开展了系统监测,对长江口重要珍稀濒危水生动物进行了较系统的研究,通过整理相关科研成果和文献资料完成了本书。衷心希望本书能在长江口珍稀濒危水生动物保护中发挥一定的作用,共同推动长江口可持续发展。

由于学识和水平所限,书中难免存在不足之处,诚望读者批评指正,以便在今后的工作中继续研究与修正。

作 者

2018 年 1 月于上海

目　录

第1章 长江口生态环境与资源

“河口”一词源于拉丁语“aestus”，意为“潮汐的”（戴志军等，2000）。河口是江河入海口，是江河入海时与海洋发生相互作用时产生的独特地理区域，是海洋与陆地相互作用最为强烈的区域（何文珊等，2001），是陆地与海洋的纽带，是流域物质的归宿，也是海洋的起点（陈吉余等，2002a），其对环境的变化十分敏感，这里岩石圈、大气圈、水圈和生物圈相互渗透、影响（陈吉余等，2002b）。由于独特的地理位置、丰富的能量及生物资源，河口多成为经济较发达地区，渔业经济也较为发达。

1.1 长江口简介及其演变

1.1.1 长江口简介

长江全长 6 300 余千米，是我国第一大河，世界第三大河。长江之水自西往东恣意奔腾，途经十余个省、直辖市，最终汇入广阔无垠的东海。长江的入海口为长江口，是长江之水与海水冲激融汇之处，从江苏江阴鹅鼻嘴起，到入海口的鸡骨礁止，长约 232 km。长江口呈喇叭形，窄口端水域宽度近 6 km，宽口端水域宽度约 90 km。长江口是一个丰水、多沙、中潮、有规律分汊的三角洲河口。长江在三峡以上部分为上游，宜昌到湖口为中游，湖口以下为下游。下游的安徽大通是东海潮波在长江河口传播而入的潮区界点；中游干支流水沙交换的结果在大通有所表达；从大通下行约 500 km 到徐六泾，长江在此分汊，因崇明岛分为南支、北支，因长兴岛—横沙岛分为南港、北港，因九段沙再分为南槽、北槽。从而长江口形成了“三级分汊、四口入海”的格局。徐六泾向下的河口分汊入海河段为长江口，长约 140 km（陈吉余等，2008）。长江口水量巨大，最大流量可达 92 600 m^3/s，最小流量为 4 620 m^3/s，年平均流量 29 300 m^3/s，年径流总量 9.21×10^{11} m^3，占中国河流总径流量的57%（陈吉余等，2007）。长江径流量有明显的季节变化，5~10 月为洪季，洪季流量占全年径流量的 71.7%；11 月到次年 4 月为枯水期，枯水期流量仅占全年径流量的 28.3%。长江口是中等强度的潮汐河口，河口段受非正规半日浅海潮的影响，进潮量巨大，在径流和潮流的作用下，沙岛涨坍分合剧烈，河势演变复杂（郭沛涌等，2003a）。

长江口是我国战略要地。该区域是我国最重要的经济区之一，外连东海与国外通商，内嵌陆地，江苏、上海、浙江等地因长江口而错综联系，便捷的水陆空交通运输、独特的枢纽效益使得该区域一直是我国经济、科技高速发展的示范区。长江口是我国重要的军事要地，军舰商船均可由此溯江而上深入我国腹地；同时长江沿岸各地的人员、物资也可沿长江汇至长江口，形成强大的战斗力。长江口是战时必须加以防范的军事区域。

长江口是太平洋西岸的第一大河口，是我国水生动物多样性最丰富、渔业生产潜力最高的河口，著名的舟山渔场和吕四渔场就位于河口近海的南北两侧，是我国重要的渔业基地。长江口也是西太平洋沿岸最大的候鸟"驿站"，生态文明内容极其丰富，具有宝贵的经济、科研价值。

在 20 世纪早期，我国学者就在长江口开展了水文调查，其潮位记录开始于 1917 年（陈吉余等，2007）。随着时间的推移，科学研究水平逐步提高，我国对长江口开展了多角度的研究，包括长江口演变及其水生生态系统特征、生物资源、环境污染等多个方面的研究。

1.1.2 长江口演变

长江口形成历史久远，其地貌特征等不断发生变化，逐渐演变的过程具有一定特点，演变特点便为河口的发育模式。对于长江口的发育模式，陈吉余等（1979）认为两千年来长江口南岸边滩淤涨，北岸沙洲并岸，河口束狭，河槽加深，三角洲向前伸展。庄平等（2006）对长江口自然演变及人为工程做了较为详尽的归纳、介绍和分析，本节主要整理、转载了上述作者对长江口演变的描述。

现在的长江口区域在五六千年前是一片汪洋，扬州、镇江以东为海湾，以西才呈现河道形状。在距今约两千年的秦汉时期，长江河口在扬州、镇江附近。当时扬州隶属广陵县，在扬州河段，北侧为沙洲，沙洲与扬州江岸间隔曲江。河口附近的江面宽达 20 多千米，海潮可上溯至此，形成汹涌的浪潮，史称"广陵潮"，今扬州以南瓜州古渡口高处尚留有观潮阁。当时潮汐波及范围可上溯到九江，距现今潮汐所及的大通约 200 km。彼时的长江口是一个三角湾，其形状仿佛今日的杭州湾，喇叭形的宽口端约在如东与王盘山之间，直线距离 180 km。

晋、隋以后，长江流域的山区开始出现一定规模的农业生产活动，人们毁坏森林，导致水土流失，长江泥沙含量开始缓慢增加。泥沙堆积在江阴以下的海湾里，并渐渐露出海面，变成沙洲，长江口沙嘴开始缓慢向东推进。埋在地下的贝壳沙带，就是古代长江口演变的证明。晋朝时期涌潮形成于扬州，潮汐则远及九江。当时的海湾北岸沙嘴由今天的江都向东北伸展至海安李堡附近，与岸外沙堤相合，形成里下河洼区；南岸沙嘴系自江阴以下，沿着苏州的福山、梅李、支塘、太仓，嘉定的外岗、黄渡，青浦的盘龙镇，松江的漕泾一线，向东南入海，至杭州湾中的大金山、王盘山。由于受到杭州湾的强潮作用和东南季风的影响，产生向西的泥沙流，迫使沙嘴折而向西，并与正在发展中的钱塘江口北岸沙嘴相连。

唐朝中期（公元 8 世纪），长江中位于镇江焦山北面的一个礁石名为松廖山，时称“海门山”，说明当时的人们把这里视作长江的入海口，长江三角湾内口仍在扬州、镇江附近。总的来讲，至唐朝中期，长江口的变化仍然是缓慢的。唐朝以前，长江流域人口较少，生产力低下，农业发展与开垦水平有限，对自然植被的破坏作用较小，水土流失较少，长江的输沙量不多，故长江三角湾内口向海推进速度缓慢。唐朝中期以后，长江流域农垦范围日益扩大，长江泥沙增多，三角湾逐渐被淤填，长江口演变加速，沿岸逐渐推至今天的宝山、吴淞附近，今上海市区除杨树浦东端以外，都成为陆地。

宋代和元代海岸又向东大幅度增长至川沙、南汇一线。宋天圣三年（1025 年），与东沙接壤处出现了姚刘沙，建中靖国元年后（1101 年以后），在其西北 25 km 处又出现了崇明沙及三沙。以后姚刘沙及三沙逐渐向北淤涨，而偏南的东西二沙则在 11 世纪相继坍没。11~14 世纪时，长江口江流主泓道在南，引起南坍北淤。

明代至 18 世纪中期，长江主泓道摆向北支入海，北面姚刘沙及三沙岛北面土地大量坍失，面积缩小，东南向渐出马家滨、平洋沙及长沙。以后，随着泥沙的大量沉积，各沙洲逐渐相互连接。至明末清初，南北长四十余里（1 里 = 500 m），东西阔四十余里。

18 世纪中期以后，长江主流重入南泓道，北面江岸沙洲大涨，现在的江苏海门市即淤垫于此时。启东市则形成于 20 世纪初，由许多沙岛淤并而成。在潮流作用下，崇明岛并沙、淤展，南坍北涨，直到目前它仍在向海门、启东靠拢，最窄处江面只有 1.5 km 左右，江底堆积的沙洲也不断增高，已有部分露出水面。其北岸有与苏北陆地相连的趋势。崇明岛的南岸，两百年来则处于不断的崩坍中。新中国成立以来，修筑了 200 余千米的环岛大堤与多条“丁”字坝，才使南岸的崩坍基本上得到控制。

1950~1989 年，长江每年平均携带 4.71×10^{8} t 泥沙至河口。20 世纪 90 年

代以后，来沙量大减，1990~2000 年年均来沙量近 3.46×10^{8} t，2005 年为 2.16×10^{8} t。长江泥沙主要经南支向东南沿海输移，其中约 60%的泥沙在口门外向东扩散，扩散范围一般限于 123°E 以西，相应水深 50 m 左右，已形成 10 000 km^2 的水下三角洲。20%~25%的泥沙沿海岸向南运移，夏季主要沉积在杭州湾以外，部分被潮汐拥入杭州湾内。冬季台湾暖流退缩东移，浙闽沿岸流受北风吹送影响南下，长江泥沙向南可达浙南、闽北。15%~20%的泥沙向北运移不远，因受苏北沿岸流的阻挡，反被潮汐拥入崇明岛以北，沉积在长江口北支内，故长江向北部沿海的输沙量甚少。

长江口今有四大冲积岛屿，即崇明岛、长兴岛、横沙岛和九段沙(图 1-1)，总面积约 1 411 km^2。每年大量的泥沙东流入海，加上主泓道南北往复变动，使四大岛屿不断变大和迁移。四大岛屿中，崇明岛已形成约千年，长兴岛和横沙岛形成于 19 世纪中期，九段沙直到 20 世纪中期以后才逐渐形成并发展成为河口沙岛。

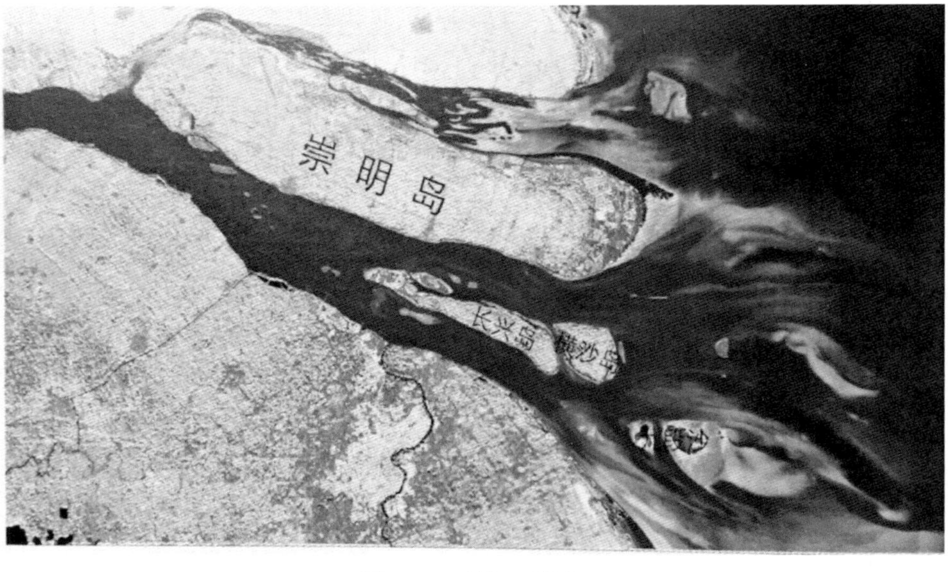

图 1-1　长江口诸岛

长江口最大的岛屿崇明岛是典型的河口冲积沙岛，东西走向，长约 79 km，南北宽 13~18 km。崇明岛岸线总长 209 km，面积 1 267 km^2，仅次于台湾岛与海南岛，是我国第三大岛屿，也是世界上最大的河口冲积岛屿之一。两千多年前，崇明岛所在地为茫茫浅海。长江挟带的大量泥沙，在江海交界处沉积，到唐朝武德年间，今崇明岛以西的长江口露出两个十几平方千米的小沙洲，时称西沙和东沙，是为崇明岛的前身。公元696年，渔民先后登沙，始有人定居，当时无数沙洲演变、迁移、形成、坍塌，不曾定形。五代时，吴越王在西沙设镇，取名“崇明”，崇明之名由此而来。南宋嘉定十五年（1222年），置天赐盐场，隶扬州路。明洪武二年（1369年）改为县，隶苏州府，后来兼隶太仓州。历经时代的变迁，崇明岛日涨夜露，土地资源日益广阔，至明末清初，开始连成大岛，逐步稳定下来。1914~1958年崇明隶属江苏省，1958年12月划归上海市。

由于长江主泓道南北摆动的关系，崇明岛一直在变迁之中。在通常情况下，主泓道所经的江岸及岛岸一侧受江流和潮汐的影响较大，容易发生崩塌；另一侧由于水流较平稳，泥沙容易淤积，岸线向外延伸。随着长江主泓道的变化，长江口岸段与崇明岛也相应地进行变化。20世纪中叶以后由于长江泥沙淤积和人工围垦，崇明岛面积迅速增大，1958年崇明岛面积为608 km^2，以后由于有计划地大规模筑堤围垦，面积扩大了一倍。

长兴岛和横沙岛的形成时间较短，至今仅有100~200年的历史。长兴岛是长江口第二大岛，由诸沙洲连并而成，东西长约26.8 km，南北宽2~4 km，呈带状，面积约88 km^2，位于长江入海口南支，将长江南支分为南北两港。距今700年前，长兴岛已形成水下沙洲，清顺治元年（1644年），鸭窝沙经过100多年淤涨变迁，面积扩大到14 km^2，后成为长兴岛主体。到清咸丰十年（1860年）崇宝沙坍失，又形成6个沙体，即瑞丰沙、石头沙、潘家沙、鸭窝沙、金带沙和圆圆沙。这6个沙体于20世纪60年代至70年代初经人工堵汊，连成一体，形成今日的长兴岛。

横沙岛亦位于长江入海口南支。岛域东西宽约8 km，南北长约12 km，面积约56 km^2。清道光二十二年（1842年），沙洲露出水面，至清同治年间沙洲已有1.9 km^2，后继续增大。横沙位于长江口外端，在长江口外强潮流作用下，沙体东南冲坍，西北淤涨，渐渐向长江口内移动。清光绪六年（1880年），横沙沙体的一半离开了原来的位置，面积增加了3倍，呈椭圆形。此后沙体仍不断向西北扩展，逐渐发展成为一个大沙体。光绪三十一年（1905年），沙体东南部坍塌，西北方向则继续积累。在1869~1958年，横沙整体上向西北迁移了10 km，并且积聚成了横沙岛。

九段沙在长江口与东海交汇处，东西长约50 km，南北最宽处约15 km，由上沙、中沙、下沙和江亚南沙组成，常年露出水面面积约115 km^2。20世纪40~50年代，长江洪水使得九段沙成为一个涨潮淹没、落潮出露的沙岛。20世纪60年代，九段沙才真正露出水面，80年代逐渐形成如今的纺梭状轮廓。

1.2 长江口自然要素

1.2.1 气候

长江口地处亚热带季风气候区，受东亚季风影响，同时具有海洋性气候与季风性气候的特征，温暖潮湿，四季分明，雨量丰沛，日照充足。春季冷暖干湿多变，夏季雨热同季，秋季秋高气爽，冬季寒冷干燥。长江口 7 月平均气温为 27.3～28.3℃（庄平等，2006），最高气温纪录 40.2℃（1934 年 7 月）；1 月平均气温为 2.7～3.6℃（庄平等，2006），最低气温纪录−12.1℃（1983 年 1 月）；多年平均气温 15～16℃，平均年温差达 24.1～24.8℃（庄平等，2006）。多年平均最高水温出现在 8 月（达 28℃），多年平均最低水温出现在 2 月（为 6.7℃），年平均水温 17～18℃（刘杰，2006；沈焕庭等，2001）。长江河口地区降雨量比较充沛，多年平均降雨量为 1 140 mm，年平均降水日数为 125 d，年内分配不均匀，主要集中在 4～9 月份，夏季降水量约占全年降水量的 45%，尤以梅雨期降水日数多，冬季降水量仅占全年降水量的 10%，且该地区常受到夏季热带气旋所带来的暴雨和风暴潮的侵袭（刘敏等，2007）。长江口以东海面全年雾日在 50 d 以上，每年雾日多出现在 2～5 月。本区季风盛行，风向有明显季节性变化，夏季盛行东南风，冬季盛行西北风。年平均风速为 3.7 m/s，年最多风向为 NW－N 和 SEE－SSE，频率分别为 24%和 23%。全年平均大风日数为 20.7 d，平均风速以冬春两季最大，最大风速多发生在夏季的台风期（庄平等，2006）。

1.2.2 潮汐和波浪

潮汐是指水位的周期性涨落，潮流是水流流向和流速周期性的变化。长江口属于中等强度的潮汐河口，南支口门中浚站平均潮差 2.67 m，潮差最大达 4.64 m（陈吉余等，1987）。长江口内是非正规半日潮，口外是正规半日潮，潮波主要来自东海，尤其是东海前进潮波的影响更为明显（沈焕庭等，1988）。平均潮周期 12 h 25 min。潮流界可至江阴附近，潮区界到大通附近。

潮流进入河口后，相应的水位和流速随着时间变化不再同步，存在相位差，一般分为 4 个阶段，即涨潮落潮流、涨潮涨潮流、落潮涨潮流和落潮落潮流（马建华，2007）。大潮垂线平均涨潮流速为 1.04～1.35 m/s，小潮平均涨潮流速为 0.69～1.06 m/s，大潮平均落潮流速为 1.10～1.45 m/s，小潮平均落潮流速为 0.60～1.12 m/s。长江河口宽浅，受科里奥利力作用明显，涨潮流流路偏北岸，落潮流流路偏南岸（茅志昌等，2000）。

长江河口开阔，因而涨落潮量十分巨大，在上游径流量接近多年平均流量，在口外的潮差和多年平均潮差相差不大的情况下，平均潮流量高达 26.63 万 m^3/s，是长江河口平均流量的 9.3 倍。两个全潮的进潮总量洪季大潮可达 53 亿 m^3，小潮约 16 亿 m^3，枯季大潮可达 39 亿 m^3，小潮约为 13 亿 m^3。

杨正东等（2012）在横沙、马家港、堡镇和永隆沙 4 个潮位站逐时测量水位，分析了长江口潮位站潮汐的时空变化特征、分潮组成、潮汐类型和变形，并对其进行了说明：长江口潮汐具有明显的半日、半月和季节变化，存在潮汐日不等现象，主要表现是高潮位不等，3 月、9 月的日不等现象小潮比大潮明显，6 月、12 月的日不等现象大潮比小潮明显。长江河口潮差有双峰值特点，月最大潮差在 3 月、9 月出现极大值，6 月、12 月份出现极小值；月最小潮差在 6 月、12 月出现极大值，3 月、9 月出现极小值。长江口潮汐主要是由 4 个半日分潮（M2、S2、N2、K2）、4 个全日分潮（K1、O1、P1、Q1）和 3 个浅水分潮（M4、MS4、M6）组成。长江口北支属于正规半日潮，而北港、南港、北槽属于不正规半日潮。受自身地形及其他因素的影响，长江口潮汐变形严重。

长江口波浪以风浪为主，涌浪次之。海区风浪浪向季节变化十分明显，冬季盛行偏北浪，夏季盛行偏南浪，涌浪以偏东浪为主。风浪、以风浪为主的混合浪和以涌浪为主的混合浪频率分别为 51%、16%、33%。波高由东向西降低。

1.2.3　盐度

作为陆地径流与海水动力相互作用的河口，长江口盐度变化与河口动力平衡关系密切，与河口地貌有很好的对应关系（贺松林等，1996；沈焕庭等，1988a），而河口盐度分布又与长江径流量大小有直接关系。另外，长江口盐度的变化与生物群落组成及分布也密切相关。所以长江口盐度是评估长江及长江口人类工程对长江口生态环境影响的重要指标。

长江口盐度分布总体布局是：徐六泾节点以上的江阴—南通河段的盐度在 0.2‰以下；徐六泾以下盐度向海增加，各入海汊道中，北支最高，南槽次之，北槽再次，北港最低，口门南侧的南汇嘴盐度低于北侧的启东嘴（孔亚珍等，2004）。夏季长江口内南支水道盐度一般在 1‰以下，北支水道盐度稍高。在长江口外佘山岛、鸡骨礁和大戢山附近形成三个低盐舌，长江冲淡水由长江口先向东南伸展，然后在 122°30′E 左右转向东或东北，扩散到海区东部广大海域，形成本海区在夏季近表层低盐的特征，其影响范围可达韩国的济州岛附近。但在水面 10~12 m 以下的水层，由于台湾暖流和南黄海混合水组成的外海水将长江内陆水压制在口门处，盐度则很快达到30‰以上。受长江径流季节变化的影响，长江口盐度季节变化很大，冬季盐度比夏季高，在冬季枯水期水体盐度为12‰，但夏季丰水期盐度仅为2.5‰。

1.2.4 土壤

长江口主要由潮滩湿地和潮下带水域两部分组成，根据高程、植被、沉淀特点等，自陆到海依次把潮滩湿地分为高潮滩、中潮滩和低潮滩。在不同的潮滩沉积地段，沉积物的特征又有所不同，其中高潮滩高程较高，沉积物颗粒也较细，主要是粉砂质黏土和黏土质粉砂。在滨岸潮滩湿地也发育有完整的植物群落，主要有芦苇、藨草，作为入侵物种的互花米草也在滨岸滩地中大规模繁衍（图1－2）。高潮滩沉积物中的动物以蟹类为主，主要有天津厚蟹、谭氏泥蟹和无齿相手蟹等。中潮滩沉积物主要由黄褐色的粉砂质黏土和青灰色的粉砂构成，此处滩地植物多呈块状分布。低潮滩沉积物的物质颗粒比较粗，多为砂质粉砂和粉砂质砂，由于滩地露出水面时间有限，所以在此滩地上基本无植被覆盖（庄平等，2009）。

图1－2　长江口滩涂

随着高程的增加，潮滩湿地表层沉积物中的总磷（TP）、总氮（TN）和有机质（OM）的含量呈上升趋势，而沉积物平均粒径（AGS）和溶解态无机磷（DIP）含量则逐渐降低。崇明东滩表层沉积物中碱性磷酸酶活性沿高程梯度有增加的趋势，与沉积物平均粒径和溶解态无机磷含量呈极显著负相关，与有机质、总氮、总磷的含量呈显著正相关（庄平等，2009）。

长江口盐沼土壤有机质主要源于长江流域表层土壤，有机质年龄不足 100 年。盐沼土壤有机质更新程度普遍较低，有机质更新特征呈明显的滩面变化趋势。光滩有机质基本反映沉淀母质特征，更新程度极低的中、高潮滩有机质更新作用已经发生，随着滩面演变，处于不同更新阶段的有机质组成混杂程度逐渐提高（庄平等，2009）。

1.2.5　悬沙

悬沙通常指的是粒径为 7.8~9.4 μm 的细颗粒泥沙，是河口水体中的重要物质。悬沙主要由径流带入河口，但河口底部泥沙受到潮流激荡后悬浮也可成为悬沙（曹沛奎等，1995）。悬沙是形成河口沉积物的原始物质，悬沙的输运、沉降、淤积等过程塑造了河口地貌。泥沙常吸附营养盐和其他物质，并且高浓度悬沙会改变水域内的光照强度，这对于河口生命化学过程有着广泛的影响。长江口来水及来沙量很大，每年进入河口的悬沙总量平均为 4.36 亿 t，悬沙通量在 10.8~21.4 t/s，平均悬沙通量 14.91 t/s。

长江口—陆架系统的悬浮泥沙粒径呈现“细—粗—细”的变化规律。刘红等（2012）选取江阴—北港口外和江阴—南槽口外两个纵断面分析长江河口—陆架系统悬浮泥沙粒度分布特征，调查发现江阴—南支上段中值粒径平均为 8.9 μm，表层和底层之间的差异在 1~2 μm，垂向差异不大。拦门沙海域悬浮泥沙平均中值粒径为 10.5 μm，垂向悬沙中值粒径差异明显，其中表层中值粒径为 5.0~8.6 μm，中层为 13.3~15.4 μm，底层为 15~29 μm。口外海域（20 m 等深线以外的区域）悬沙中值粒径平均为 4.5 μm，表层和底层中值粒径的垂向差异小于 1 μm，垂向梯度较小。北支平均中值粒径为 9.9 μm，北支青龙港和头兴港表层悬沙的中值粒径在 6~7 μm，青龙港底层为 17.6 μm，头兴港底层为 13.3 μm，是表层粒径的 2~3 倍。芦潮港表层悬浮泥沙中值粒径为 4.7 μm，底层为 7.4 μm，从表层到底层悬浮泥沙中值粒径逐渐增大。杭州湾口附近站点表层悬浮泥沙中值粒径为 4.6 μm，底层为 5.0 μm，中值粒径垂向梯度小，垂向差异小。

就泥沙类型而言，长江口悬浮泥沙类型主要是黏土质粉砂，陆架区域类型为黏土质粉砂和黏土。长江入海悬浮泥沙粒度分布集中在细粒部分，小于32.5 μm的黏性细颗粒泥沙占整个粒度分布的90%左右，同时表层沉积物的粒度分布集中在非黏性泥沙部分，黏性细颗粒泥沙含量仅为3%左右，两者基本不发生交换和混合。拦门沙海域近底层悬浮泥沙粗粒部分主要来自床面泥沙再悬浮，悬浮泥沙和表层沉积物在拦门沙海域呈现明显的垂向混合特征，拦门沙是长江入海悬浮泥沙的主要沉积区之一。口外水域悬浮泥沙和表层沉积物在此表现出较强的混合特征，南槽口外是长江悬浮泥沙的主要沉积区之一（刘红等，2012）。

温度、盐度、潮流、径流等诸多因素同时对长江口产生作用，长江来沙与水下三角洲来沙在长江口形成了在一定范围内有迁移规律的最大浑浊带，位于长江口混合水与河水之间界面20 km变动范围及延伸带（陈吉余等，2007）。此处悬沙量显著高于上游、下游及邻近水域（何文珊等，2001）。洪水季节时大概有一半的上游来沙淤积于此地带；枯水季节来沙量下降，但在潮流的作用下，水流挟沙能力增强，悬沙量上升（沈焕庭等，2000，1995），长江口门区内悬沙最大含量多在2～10 kg/m^3，最高可达30 kg/m^3（李九发等，2000），其高悬沙量及复杂行为动态为世界罕见。长江口最大浑浊带内高浓度的悬沙发挥消光作用，严重降低了水体中的浮游植物密度，悬沙挟带的释放到水体中的营养盐逐渐积累，营养盐浓度以浑浊带为中心向周边海域逐渐降低，而浑浊带内不适宜藻类生长，这就造成了浑浊带周边海域营养盐过剩、赤潮多发的现象（何文珊等，2001）。长江口无机氮、无机磷常年处于超标状态，硝酸氮含量1986年为32.9 μmol/L、1999年为74.3 μmol/L，无机磷含量为1.6 μmol/L（沈志良，2000），而长江口海域发生赤潮的无机氮、无机磷阈值为4.5 μmol/L、1.0 μmol/L（乔方利等，2000）。

悬沙具有释放营养盐的作用。悬沙是长江口营养盐的主要来源（Moreira-Turep et al.，1993），大部分悬沙结合了有机质，微生物附着其上对有机质进行分解，向水中释放无机氮和无机磷，形成长江口生态系统的重要物质基础。与有机物结合的悬沙占颗粒物总数的55%～70%，而浮游植物细胞只有5%（李道季等，2000）。

悬沙具有消光作用。悬沙浓度高的水域浊度也相应较高，高浓度的悬沙对射入水体的光线进行阻挡、吸收，对水体透明度有显著的削弱作用。长江口最大浑浊带水域透明度在3 m以内，受悬沙分布影响，3 m和5 m透明度等值线发生弯曲，呈舌状凸出，5 m透明度等值线最前端可远至124°E（何文珊等，2001）。悬沙的消光作用在我国其他河口同样有体现：台湾海峡西岸各河入海口总输沙量 2 930 万 t，中、东部水域透明度在 5 ~ 10 m，东南部则超过 20 m；大亚湾年平均含沙量 9.8 mg/L，透明度 4.5 m；胶州湾年平均来沙 157 万 t，透明度在 0.5 ~ 6.0 m（何文珊等，2001；中国海洋年鉴编纂委员会等，1999；福建海洋研究所，1988）。生态系统能量流入最初来自太阳光能，而光能可被悬沙吸收，则相应减少了浮游植物及光合细菌对光能的吸收，进而影响到生态系统初级生产力，对生态系统的物理化学组成、物种组成及多样性形成深远影响。

长江口初级生产力与其水域内藻类组成密切相关，而悬沙对于藻类组成与发展有着重要影响。在悬沙浓度较高以至于超过某个值时，悬沙主要发挥消光作用，悬沙改变了真光层的厚度，单位面积的水域真光层变薄，而真光层越薄，浮游植物生产空间就越小，同时悬沙的营养盐释放功能对藻类生长已没有显著促进作用，浮游植物的种间竞争以水域空间竞争为主且竞争程度较为激烈，浮游植物的生长受到抑制。而在悬沙浓度较低时，低浓度悬沙主要发挥释放营养盐的作用，此时水体光线较为充足，对浮游植物的生长形成促进作用（何文珊等，2001；徐兆礼等，1999）。长江口的藻类组成验证了这一点：首先，在长江口最大浑浊带内的九段沙附近水域，浮游植物多样性显著低于整体长江口水域。其次，硅藻具有耐弱光的特性，几乎是所有河口生态系统的优势类群，虽然长江口表层水体与底层水体的含沙量相差悬殊，但硅藻在表层与底层的密度却无显著差异（徐兆礼等，1999）。最后，长江口门区含沙量过高，藻类数量及多样性低于长江口门区之外的水域，且此处中肋骨条藻占藻类总数的 90% 以上；而长江口悬沙含量经过最大浑浊带后向东逐渐减小，在 122°30′E 附近含沙量显著降低，水体透明度增加，叶绿素 a 含量由最大浑浊带的小于 2.0 mg/m^3 增加到 13 mg/m^3，叶绿素 a 含量与悬沙含量呈显著的负相关关系（何文珊等，2001）。总之，高浓度的悬沙可造成水域初级生产力低下。若在长江口浑浊带进行悬沙治理工作，则会提高水体透明度，进而提高初级生产力（何文珊等，2001）。浮游植物是生态系统的生产者，位于食物链底部，浮游植物的发展有益于以其为食的浮游动物的丰富，进而使更高营养级的鱼类得到充足的浮游生物饵料。而低初级生产力导致整个河口生产力下降，生态系统能量基础不充分，使河口水域生物多样性降低，经济水产物种产量普遍下降，食物网结构简单化（何文珊等，2001）。

1.2.6 重金属

重金属在环境科学中指铜、铅、锌、镉、铬、汞、锡等，一般也将砷、硒等类金属元素列入重金属研究的范畴。重金属一方面是生物进行生命活动所必需的微量元素，另一方面过量的重金属会对生物产生毒性作用。重金属不可降解，而且可通过食物链由各营养级生物富集，对河口生态系统安全性形成破坏，同时也是人类健康的隐患。如20世纪发生在日本的水俣病就是由重金属污染引起的。

水体中胶体对重金属的含量及分布亦有影响。河口水体中重金属元素以胶体态、总溶解态和颗粒态三种形式存在。因为胶体具有大比表面积和丰富的官能团，对水体中重金属会产生强烈的吸附络合作用，从而形成胶体态金属，影响重金属元素的迁移与分布（Guo et al.，1997；Muller，1996）。黄文丹（2013）对长江调查发现，不同重金属胶体态含量及分布不尽相同。

Cu元素：长江口水体胶体态Cu平均浓度为13.27 nmol/L，长江口的Cu以胶体态为主。春、夏、秋、冬水体中胶体态Cu平均浓度依次为6.71 nmol/L、14.24 nmol/L、12.52 nmol/L和19.61 nmol/L。长江口总溶解态Cu年平均浓度为13.27 mol/L，春、夏、秋、冬平均浓度递增，冬季（26.97 nmol/L）是春季（12.02 nmol/L）的2.24倍。春、秋大潮总溶解态Cu平均浓度（分别为16.61 nmol/L、30.57 nmol/L）高于小潮（分别为7.42 nmol/L、13.29 nmol/L），而夏、冬季大潮（分别为17.79 nmol/L、26.05 nmol/L）低于小潮（24.45 nmol/L、27.89 nmol/L）。

Fe元素：长江口水体胶体态Fe年平均浓度为1 220.05 nmol/L。春、夏、秋、冬四季水体胶体态Fe平均浓度分别为34.51 nmol/L、189.94 nmol/L、420.22 nmol/L和4 235.41 nmol/L，呈递增的规律；总溶解态Fe年平均值浓度为1 236.75 nmol/L，春、夏、秋、冬总溶解态Fe平均浓度递增。

Mn元素：长江口水体中胶体态Mn年平均浓度为18.69 nmol/L。从时间分布上看，春、夏、秋、冬四季水体胶体态Mn的平均浓度分别为8.68 nmol/L、2.52 nmol/L、5.41 nmol/L和58.15 nmol/L，冬季>春季>秋季>夏季，冬季是夏季的23.08倍；冬季胶体态Mn占总溶解态Mn的比例最大，为93.78%，而夏季仅为32.57%。总溶解态Mn年平均浓度为24.39 nmol/L，春、夏、秋总溶解态Mn平均浓度变化不大，冬季（61.13 nmol/L）最高，是秋季的5.47倍。

Cr元素：长江口水体中胶体态Cr年平均浓度为6.24 nmol/L，胶体形态的Cr所占比例低于总溶解态Cr。从时间分布上看，春、夏、秋、冬水体胶体态Cr平均值浓度分别为3.06 nmol/L、2.35 nmol/L、4.58 nmol/L和14.96 nmol/L，冬季>秋季>春季>夏季。总溶解态Cr平均浓度13.56 nmol/L，春、夏、秋、冬四季总溶解态Cr平均浓度分别为10.75 nmol/L、9.83 nmol/L、13.86 nmol/L、19.79 nmol/L，冬季>秋季>春季>夏季。

Pb 元素：从时间分布上来讲，长江口水体胶体态 Pb 年平均浓度为 1.78 nmol/L，从时间分布上看，春、夏、秋、冬水体 Pb 的平均值浓度分别为 1.41 nmol/L、1.85 nmol/L、2.05 nmol/L 和 1.81 nmol/L，秋季>夏季>冬季>春季，秋季是春季的 1.45 倍；冬季胶体态 Pb 占总溶解态 Pb 的比例最大(58.53%)，而秋季最小(34.68%)。长江口水体中总溶解态 Pb 年平均值浓度为 6.42 nmol/L。春、夏、秋、冬四季，总溶解态 Pb 平均浓度分别为 7.57 nmol/L、7.87 nmol/L、6.16 nmol/L、5.09 nmol/L，夏季>春季>秋季>冬季，夏季是冬季的 1.55 倍。

Zn 元素：长江口水体胶体态 Zn 年平均浓度为 25.66 nmol/L。从时间分布上看，春、夏、秋、冬水体总溶解态 Zn 的平均浓度分别为 10.24 nmol/L、21.50 nmol/L、13.87 nmol/L 和 57.04 nmol/L，冬季>夏季>秋季>春季，冬季是春季的 5.57 倍；冬季胶体态 Zn 占总溶解态 Zn 的比例最大(78.29%)，而春季最小(30.93%)；总溶解态 Zn 的年平均值浓度为 43.25 nmol/L，春、夏、秋、冬四季，总溶解态 Zn 平均浓度分别为 44.78 nmol/L、32.01 nmol/L、22.63 nmol/L、73.65 nmol/L，冬季>春季>夏季>秋季，冬季是秋季的 3.25 倍。

Hg 元素：胶体态 Hg 平均浓度为 0.21 nmol/L，总溶解态 Hg 的平均值浓度为 1.28 nmol/L。胶体态 Hg 在涨落潮过程中，总体上为涨潮浓度高于落潮。

As 元素：胶体态 As 的平均浓度为 19.52 nmol/L，总溶解态 As 的平均浓度为 34.05 nmol/L。

当河流中的重金属进入河口时，随着盐度的增加和 pH 的变化，可能导致重金属在各种形式之间转化。同时由于水体中泥沙的吸附作用，重金属极易被吸附其上并随之迁移，泥沙是重金属的载体，沉积物是重金属的“归宿”(刘昌岭等，1998)。可见，悬沙对于河口水体金属、重金属含量亦有影响。车越等(2003)基于 1997 年 3 月 9 日至 7 月 27 日的长江口南槽定点连续观测资料，对长江口泥沙再悬浮金属(Fe、Al、Mg、Ca)、重金属(Zn、Mn、Cd、Cu、Pb、Ni)的影响进行了分析。认为枯季近底悬沙中重金属含量的变化主要源于悬沙、床沙的混合；而洪季除了悬沙与床沙的混合，还有泥沙再悬浮过程中重金属的释放，而重金属的释放可能又与观察水域洪季时水温较高、低溶氧等环境因素以及强烈的水动力有关。

潮汐等水动力因素会对重金属的分布产生影响。黄清辉等(2001b)研究了长江口溶解态重金属(Cu、Pb、Cd)在潮汐等水动力因素作用下的分布，发现溶解态 Cu、Pb、Cd 在长江口呈非保守行为。低盐度区溶解态 Cu、Cd 呈现除去行为，Pb 呈现添加行为；较高盐度区则相反。溶解态重金属含量枯水期比丰水期高,枯水期总体表现为大潮高于小潮;丰水期溶解态 Cd 也是大潮高于小潮,Cu、Pb 则表现出小潮高于大潮。与过往资料记录相比,Cu、Pb、Cd 含量均有所增加。

姚庆祯等(2009)对 2004 年 9 月的长江口及邻近海域水样及表层沉积物样品进行了调查,发现长江口水域溶解态砷 As(Ⅲ)含量的变化范围为 13.5~25.2 nmol/L、未检出至 5.22 nmol/L,平均含量分别为 17.9 nmol/L、1.76 nmol/L;溶解态砷以 As(Ⅳ)为主。溶解态硒的变化范围为 1.50~5.70 nmol/L,平均含量为 3.35 nmol/L。孙维萍等(2009)于 2006 年冬夏两季对长江口及邻近海域表层海水进行了测定,发现砷、铜、总铬含量符合Ⅰ类水标准,汞污染较严重,大部分监测点水质属于Ⅱ、Ⅲ类水。

张亚南等(2013a)在 2006 年 7 月到 2007 年 10 月对长江口海域进行了 4 个季节的调查,结果显示各重金属含量从大到小的顺序依次是 Zn>As>Cu>Pb>Cr>Cd>Hg,各季节长江口海域汞含量符合国家二类海水水质标准。其他各重金属含量平均值均符合国家一类海水水质标准。在重金属时空分布方面,铜,春季含量最低;夏季在入海口出现较大范围的高值区;秋季长江口铜含量最高,低铜含量水舌由北至南通过长江口外;冬季在杭州湾出现高值区,其他海域含量较低且分布较均匀。铅,春季时长江口近岸海域出现较高值;夏季与冬季均在离岸较远的海域出现范围较小的高值;秋季在杭州湾以外海域出现范围较大的高值区。锌,春季长江口锌含量最低,且分布较为均匀;冬季长江口海域锌含量最高;夏季次之;秋季锌含量不均匀。镉,长江口春季镉含量较低;秋季镉含量最高,且分布不均匀,在杭州湾出现小范围高值区;冬季在杭州湾出现较大范围的高值区。铬,春、秋两季总铬含量变化不大;夏季受冲淡水影响含量低;冬季在杭州湾附近出现高值区。汞,长江口各季节变化基本一致,在远离海岸海域出现较高值。砷,长江口海域春、夏两季砷的分布趋势一致,变化不大;秋季、冬季分布趋势一致。

作者对长江口重金属含量进行判断,认为长江口重金属含量较低,暂时不存在高风险,处于较低生态风险水平。

1.2.7 生源要素

生源要素指生物生长、繁衍所需的元素。生源要素是生态系统初级生产力与食物链的物质基础,是由生产者形成食物网物质流的起点。生源要素含量对生态系统结构及生产力均有影响,同时生态系统也对生源要素的含量、分布产生影响。生源要素通量是指生源要素通过河口—横断面的速度与标量浓度的积分的潮周期平均值(Jay et al., 1997)。河口生源要素的来源分为面源和点源。面源主要包括化肥的施用、生物排泄物的排放和大气降水,点源主要包括工业污水和生活废水的排放。以长江口氮、磷为例,长江口氮、磷面源主要包括化肥的使用、养殖动物排泄物的排放和流域内降水。其中化肥在施用到农田之后,会有氮、磷的气态损失,这部分气态损失在降水时会被再次带入陆域或水域。据研究(Krapfenbauer et al., 1995),大气中85%的氮和53%的二氧化碳来自农田的气态损失。Shen等(2003)认为随长江入海的氮70%来自农业生产。Yan等(2010)分析了长江流域各氮源输入通量占长江入海氮通量的比例,认为来自农业氮肥和养殖牲畜排放的氮占50%,来自流域降水的氮占了21%,13%的氮来自生物固氮,点源污水排放占了约8%。王佳宁等(2006)对长江口氮磷点源排放进行了研究,并预计2020年长江点源排放氮通量可以达到9.6×10^5 t,磷可以达到1.2×10^5 t。

水体生源要素结构对于生态系统的平衡与稳定有着重要的作用。Redfield等(1963)提出了"Redfield比例"的概念,即一般情况下浮游生物对C∶N∶Si∶P的吸收比例为106∶16∶16∶1。后来Dorth等(1992)据此提出了营养盐限制的概念,即当水体中溶解态无机磷小于1 μmol/L、氮磷比小于10时,为氮限制;当溶解态无机磷小于0.2 μmol/L、氮磷比大于30时,为磷限制;当无机态Si小于2 μmol/L、硅氮比小于1、硅磷比小于3时,为硅限制。由于硅元素在地圈中含量丰富,其在地表水体中亦广泛存在,作为陆地河流入海的河口,一般情况下硅元素能满足生物的生长需求,不会成为生态环境恶化的限制因子,因此河口中最重要的两个元素往往是氮元素和磷元素。

在河口中,氮元素主要以溶解态无机氮、溶解态有机氮和颗粒态氮的形式存在。其中溶解态无机氮主要包括硝态氮(NO_3^-)、亚硝态氮(NO_2^-)和氨态氮(NH_4^+);溶解态有机氮主要包括核酸、蛋白质、肽、氨基酸、尿素;颗粒态氮主要包括生物碎屑或微小的生命体。颗粒态氮可以吸附其他形式的氮,成为吸附态氮。这几种氮的存在形式在河口生态系统中可以相互转化。

磷元素在河口中的主要存在形式包括溶解态无机磷、溶解态有机磷和颗粒态磷。其中溶解态无机磷主要包括可溶性无机磷酸盐,无机磷酸盐有四种存在形式,即磷酸、次磷酸根、亚磷酸根以及磷酸根,这四种存在形式与pH相关。而溶解态有机磷主要包括核酸、核苷酸、单磷酸酯和多聚磷等,一般由微生物通过生命活动将无机磷转化为有机磷。颗粒态磷是河口中磷的主要存在形式,又可分为颗粒态有机磷和颗粒态无机磷两种形式。颗粒态有机磷主要存在于水体微生物或者生物碎屑内,是生物同化作用的产物;颗粒态无机磷主要是指吸附在悬浮颗粒表面或者矿物晶格内部的磷。

刘新成等(2002)利用大通1964~1999年的相关资料研究了长江口生源要素浓度的变化规律,对长江口的生源要素通量进行了估算,发现:长江口C、N、P、Si年平均通量依次为1.95×10^7t/a、3.15×10^5 t/a、5.69×10^3t/a、3.17×10^6 t/a。生源元素浓度多年间变化特征主要有三类:一为稳定类,主要是HCO_3^-,其浓度比较稳定,波动较小;二为上升类,主要是NO_3^-、NO_2^-、PO_4^{3-},其浓度主要呈上升趋势;三为下降类,主要是CO_2、NH_4^+、SiO_3^{2-},其浓度表现出下降的趋势。值得注意的是,1970年长江口总氮和总磷入海通量分别约为0.2×10^6 t和1.2×10^4 t,2005年则分别约为1.1×10^6 t和3.2×10^4 t(Deng et al., 2010;傅瑞标等,2002)。而国家环保局对长江口氮、磷可容纳量的上限设定为:总氮小于0.2×10^6 t;总磷小于1.5×10^4 t。生源要素浓度在洪季、枯季间有一定差别:游离CO_2、HCO_3^-、NO_2^-、PO_4^{3-}枯季大于洪季,NO_3^-、SiO_3^{2-}的全年比例略大于枯季,而NH_4^+在洪季、枯季所占比例基本相等。但生源要素通量年内分配洪季(5~10月)明显高于枯季(11月至次年4月),洪季通量是年总通量的主要贡献者(刘新成等,2002)。

河口中硅、磷元素的浓度对河口生态系统中其他元素的浓度及浮游动物群落组成等均有影响,是决定资源种群生活史和补充量变动的环境因子(Brooks et al., 1999)。磷酸盐含量在丰水期低于枯水期,硅酸盐含量则与其恰好相反。可能的原因是,丰水期浮游植物光合作用较强,对水体中磷元素的吸收较多,导致磷酸盐含量较低;而硅元素一般存在于河沙中,丰水期含沙量较大,所以硅酸盐在丰水期含量较高。在大通站下游至崇明岛再向更远的海域,长江口磷酸盐含量有逐渐降低的趋势;但从时间上来说,长江口磷元素含量较20世纪有大幅度的增加。从空间上看,硅酸盐含量从河口向东海方向呈降低的趋势;从时间上看,长江口硅元素含量呈减少的趋势。从大通到崇明岛沿岸经济发展较快,遍布工业、农业及生活废水排放点源,所以造成磷元素含量有上述时空变化。而硅元素含量降低的原因可能是长江水域水利工程造成的入海泥沙减少(李政等,2006)。

长江口生源要素的分布趋势是河口高、由河口向外海方向逐渐降低,其表层分布在时间上的差异与长江径流量的大小和外海水团的影响有很大关系。在丰水期,长江冲淡水主流转向东北,多种营养盐等值线亦从长江口呈舌状向东北方向延伸,与盐度分布趋势十分相似。由于台湾暖流侵入,低含量区均出现在海区东南部的小片水域。在枯水期,长江径流量锐减,长江冲淡水流向东南,各种营养盐的分布也随之向东南偏移,高浓度等值线向长江口方向收缩,低值区主要分布在北部和东北部水域。硅酸盐和硝酸盐的底层分布与表层分布趋势相似,唯浓度梯度比表层小,平均浓度也比表层低,在 8 月、10 月比较明显,冬季由于水体垂直对流,上下差别小。硅酸盐的底层分布在 8 月、10 月和 11 月与表层相似,平均含量除 8 月比表层高外,其他月份表、底层一致。亚硝酸盐由于影响因素比较多,因而底层分布较为复杂,总的来说,亚硝酸盐平均含量表、底层变化很小。长江口海区营养盐垂直分布由于受到物理、化学和生物等多因素影响,呈现较为复杂的变化(庄平等,2009)。

1.2.8　生态需水量

淡水输入对河口水环境和生物过程都有重要影响,包括河口盐度、生物种群的时空分布与资源量以及泥沙淤涨坍失等。20 世纪 50 年代,美国得克萨斯湾淡水输入量常年低于平均水平的 86%,导致牡蛎、白虾及蓝蟹的渔获量减少,海洋狭盐性生物入侵(Longley,1994)。澳大利亚西部河口拦门沙坝的存在造成淡水输入量变化,进而对河口生物的多样性造成了显著影响(Young et al.,2002)。翟世奎等(2008)研究发现,在长江三峡一期工程蓄水后,长江口盐度和泥沙分布发生了改变。在当前水生生态系统渐受破坏的情况下,河口生态需水量研究的重要性也日益凸显。河口生态需水计算方法根据河口生态系统主要保护目标的不同,可以分为三类:一是基于典型生物资源保护目标;二是基于生境保护目标;三是基于多目标整合分析(孙涛等,2010)。基于典型的生物资源保护目标的河口生态需水计算方法是指根据河口主要珍稀水生生物、重要渔业经济生物对水环境的要求来计算生态需水量。基于河口生境保护目标的生态需水量计算方法是指根据淡水输入与河口地理环境、盐度分布、生物过程等之间的关系以生态系统稳定、平衡以及有利于生物多样性为目标,确定生态需水量。多目标确定生态需水量就是统筹多种目标计算生态需水量的方法。以黄河河口为例,王新功等(2007)将芦苇、丹顶鹤、黑嘴鸥、大鸨等作为黄河河口湿地的指示物种,确定生态需水量;而崔保山等(2006)根据芦苇高度、径粗、密度、盖度等指标与水深梯度的关系确定了黄河河口三角洲芦苇生长的适宜水深;拾兵等(2005)针对河口与近海生物对环境条件响应的非线性和不连续等复杂特征,建立了以水位、流量、含沙量、叶绿素浓度为输入变量的神经网络模型,分析了典型年份黄河口最小生态需水量(孙涛等,2010)。

在人类活动(包括水电站、水库、堤坝、填海造陆等工程)大量开展的大背景下,长江口径流量不可避免地受到影响。自然的长江径流规律发生变化,会对长江水生生态产生深刻的、难以估计的影响。目前尚无对长江口生态需水量的研究。

1.3 长江口生物资源

1.3.1 湿地

湿地是指自然形成或人工建成的具有静水与流水的浅水区域，是陆地生态系统与水生生态系统之间具有独特水文、土壤、植被与生物特征的生态系统。湿地有净化水体、调节气候、涵养水源、蓄洪防旱、控制土壤侵蚀、促淤造陆、净化环境以及改善生态条件的作用，为许多野生水生动物提供了良好的生存、繁衍场所，维持着丰富的生物多样性，有“地球之肾”的美称（黄桂林等，2006）。河口湿地是在河流入海时河流与海洋相互作用下形成的，系统成分多样、结构复杂、生物多样性高，敏感、脆弱的生态系统。长江口的潮滩湿地包括沿江沿海滩涂湿地和河口沙洲岛屿湿地两种类型，尤以崇明岛东部、长江口南岸和九段沙面积较大（袁兴中，2001）。沿海湿地主要分布在长江口沿江、沿海各郊县（区）。沿江滩涂湿地主要分布在长江口南岸，以南汇边滩为主，约 331 km^2（陆健健，1990）；在崇明岛面积超过 1 000 km^2，长兴岛面积超过 80 km^2，横沙岛面积超过 40 km^2，九段沙面积超过 100 km^2，这几个岛屿的湿地面积都很大。

长江口湿地孕育了丰富的水生生物资源，是东北亚内陆和环西太平洋候鸟迁徙的重要中转站、越冬栖息地和繁殖地。长江口湿地是我国最典型的湿地生态系统之一，是受到世界自然基金会（World Wide Fund for Nature，WWF）认可的具有国际重要意义的生态敏感区（Maffi et al.，2000）。长江口湿地生态系统每年提供的生态服务价值约为 4.0×10^{10} 元（吴玲玲等，2003）。

1.3.2 浮游植物

浮游植物是河口生态系统初级生产力重要组成部分，是食物网的底层，为浮游动物、底栖动物及其他水生动物提供了食物来源。河口区最重要的浮游植物有硅藻、甲藻、绿藻和金藻等。

长江口浮游植物主要为硅藻，约占藻类总数的 80%，其他为甲藻和少数金藻、蓝藻（郭玉洁等，1992）。据报道，长江口水域浮游植物共有 7 门、84 属（庄平等，2006），其中硅藻门 34 属，绿藻门 27 属，蓝藻门 12 属，以及甲藻门、隐藻门、裸藻门等。年平均浮游植物细胞数为 58.1×10^4 个/m^3。从季节分布上看，夏季浮游植物细胞数最高，为 95.8×10^4 个/m^3；春季次之，为 77.1×10^4 个/m^3；秋季再次，为 38.3×10^4 个/m^3；冬季最少，为 21.1×10^4 个/m^3。从水平分布上看，长江口内低于长江口外浅海，含沙量较低、透明度较高处浮游植物密度较大。河口浮游植物组成在盐度不同的水域有所不同，浮游植物种类组成与盐度梯度适应性相一致；在不同的季节，河口浮游植物种类组成、数量变化也有所不同（郭玉洁等，1992）。长江口羽状锋浮游植物丰水期数量远高于枯水期，但不论丰水期还是枯水期，长江口羽状锋浮游植物主要分布在锋面水域（顾新根等，1995）。浑浊带水域浮游植物数量分布具有显著的潮周期性特征。在长江口丰水期（6~9 月），冲淡水区浮游植物数量较高；而枯水期（11 月至次年 4 月）浮游植物密度由河口向外海递减（郭玉洁等，1992）。

长江口浮游植物主要有三种生态类型，即淡水类群、低盐类群以及高盐类群，其中低盐类群是长江口最主要的类群。淡水类群主要随径流进入长江口，其分布与长江入海径流的路线、方向和水量大小直接相关，主要的代表种类有颗粒直链藻（*Melosira granulata*）、格孔单突盘星藻（*Pediastrum simplex* v. *clathratum*）、栅藻（*Scenedesmus meyen*）、水绵（*Spirogyra*）和黄丝藻（*Tribonema* sp.）。低盐类群是长江口最主要的浮游植物类群，约占浮游植物总种类数的 80%，主要分布在河口径流与海水混合近岸水域。低盐类群又可分为三个类型，即半咸水类型、低盐近岸温暖性类群和广盐性近岸种。半咸水类型代表种类为锤状中鼓藻（*Bellerochea malleus*）和具槽直链藻（*Melosira sulcata*），但数量不大；低盐近岸温暖性类群代表种类为布氏双尾藻（*Ditylum brightwelii*）、尖刺菱形藻（*Nitzschia pungens*）、短角弯角藻（*Eucampia zoodiacus*）和刚毛根管藻（*Rhizosolenia setigera brightwell*），其中短角弯角藻数量相对较多。高盐类群主要分布于长江口外缘与海水交接处，代表种类有粗根管藻（*Rhizosolenia robusta norman*）、距管根管藻（*Rh. calcaravis schulrz*）、洛氏角刺藻（*Chaetoceros lorenzianus*）、齿角刺藻（*C. denticulatus*）、密聚角刺藻（*C. coarctatum*）、平滑角刺藻（*C. lenis*）以及笔尖形根管藻（*Rhizosolenia styliformis brightwell*）（庄平等，2006）。

浮游植物是大多数河口生态系统食物基础的主要组成部分，浮游植物的生产力的重要性尤为突出。近年来，随着研究技术的不断发展，表面荧光显微镜和流式细胞仪在水生生态学中逐步应用，对微型、超微型浮游植物逐渐进行了更多研究。美国纽斯河口和墨西哥湾都存在着大量微型、超微型浮游植物，它们在夏季大部分时间占据优势并且是浮游植物总体中初级生产的主角（郭沛涌等，2003；Pinckney et al.，1998；Claereboudt et al.，1995）。在我国胶州湾，超微型浮游植物占总初级生产力的 34%（郭沛涌等，2003；Jiao et al.，1994）。目前尚未见到长江口超微浮游植物的报道。

影响河口浮游植物生产力的因素主要有光、温度、营养盐、径流、消费者摄食(郭沛涌等,2003)。浮游植物进行光合作用的必要条件便是光,光照时间与河口所处纬度、季节转变等有关,而光照强度却受到水体中悬浮物质的重要影响,在长江口主要是悬沙及其他悬浮或可溶性物质,其含量越高,光线越被其阻挡、吸收,浮游植物越没有足够的光照强度,光合效率低下。长江口浑浊带水域初级生产力相对就低于其他邻近水域。温度对生物生命活动的影响主要是对参与生命活动的酶活性的影响,温度对浮游植物生产力的影响表现出其对酶活性影响接近的规律(杨东方等,2007a),在一定温度范围内,水域浮游植物生产力随着温度的升高而增加;在此温度范围之外,生产力降低。浮游植物利用光能将化学元素 C、N、P、Si 等合成自身生长、繁殖所需的有机物质,营养盐的含量必然影响浮游植物的数量。河流挟带大量陆源物质冲入河口,其对浮游植物的影响多是以下三种机制(郭沛涌等,2003)的共同作用:改变水输送到河口的营养物质的含量;改变冲淡率或将藻类细胞冲出河口;通过水体分层、重力环流和最大浑浊带位置的变化,对浮游植物的光利用产生影响。长江口浮游植物数量高峰出现在洪季的 7~9 月,此时低盐近岸种和半咸水种大量生长,成为一年中浮游植物数量高峰。在不同年份,均是径流量较大的时期浮游植物总量较高(郭玉洁等,1992)。

1.3.3 浮游动物

浮游动物以浮游植物为食,同时又是无脊椎动物及许多鱼类的饵料,可以调控水生生态系统中浮游植物、无脊椎动物及鱼类的数量及组成,是水生生物食物链的重要环节,其种类组成、数量的时空变化及其对浮游植物的摄食都对河口生态系统的结构、功能、渔业资源和环境产生影响。因此,对河口浮游动物进行生态学研究具有十分重要的理论和实践意义(杨宇峰等,2006)。

就河口浮游动物而言,影响其群落结构的环境因子主要包括食物、盐度、温度、水动力条件、捕食者等。浮游植物是浮游动物最重要的食物来源,浮游植物的群落组成及分布直接影响浮游动物的群落结构。同时浮游动物通过捕食活动对浮游植物进行调控,具体来讲,浮游动物对浮游植物种类与数量的变动、群落演替乃至赤潮的发生与发展均有着调节作用(马玉艳,2008)。盐度和温度主要通过影响浮游动物的生理状态来影响其群落分布。以温度为例,河口水域一般面积较广而深度较浅,水温受季节影响明显,同一天的昼夜温差有时也会较大,造成河口水温变化大,则河口广温性种类占优势。水动力条件一般是指径流量大小,径流量大时河口水量充足,对盐度、温度、浮游植物等分布均有影响,进而影响到浮游植物。以浮游动物为食的水生动物对浮游动物的群落发展起着调控的作用,也正是河口丰富的天然生物饵料才使得水生动物得以更好地生存,给人们丰富的渔业资源。

长江口浮游动物共有原生动物 17 属,桡足类 31 种,轮虫 11 属 17 种,枝角类 8 属 8 种。从时间分布上看,长江口浮游动物密度呈逐年下降的趋势。年平均浮游动物密度 170 mg/m^3,春夏季浮游动物密度最高,可达 300 mg/m^3;秋冬季较少,在 120 mg/m^3 左右(庄平等,2006)。因为河口水动力状况及理化性质时常处于变化之中,生态环境复杂多变,所以河口浮游动物时空分布变化也比较剧烈。在丰水期,长江口浮游动物多样性指数高于枯水期;种类组成存在着明显的季节差异,且与温度的周年差异变动趋于一致,夏季最高,冬季最少(郭沛涌等,2003)。长江口浮游动物生物量一般是 6 月份最高,其次是 9 月份,其他时间处于波谷(Lai et al., 1991)。在水平分布上,由于水利工程在长江流域的大量建设,对长江淡水流量产生了一定影响,进而对浮游动物分布也造成影响。当淡水被长江流域的水库大量存留时,下流量减少,淡水、半咸水类群向河口上游方向增加,而高盐类群向口外海滨增加(郭沛涌等,2003)。在垂直分布上,浮游动物的垂直分布与具体时间和水域特点有关,包括昼夜、季节、饵料、光照、温度、径流和潮流等因素。夏季,高温造成长江口水体分层,浮游植物也出现分层,浮游动物在饵料、温度及光照强度的共同影响下也在水体中适应性分层分布,浮游动物优势种垂直分布特征明显;但在冬季,没有水体分层现象,浮游动物优势种垂直分布不明显(徐兆礼等,1995)。

根据长江口浮游动物对盐度的适应性可将浮游动物分为三类,即淡水种类、海水种类和河口特有的半咸水种类,其中半咸水种类为优势种类(杨宇峰等,2006)。庄平等(2006)将长江口浮游动物细分为五种生态类型群落,即淡水群落、半咸水河口群落、低盐近岸群落、温带外海高盐群落和外海高温高盐群落。淡水群落主要分布在浑浊带且盐度小于 3‰的区域,代表种类有英勇剑水蚤(*Cyclops strenuuss*)、多刺秀体蚤(*Diaphanosoma sarsi*)、汤匙华哲水蚤(*Sinocalanus dorrii*)和广布中剑水蚤(*Mesocyclops leuckarti*);半咸水河口群落主要分布于长江径流影响的河浑浊带,主要种类有虫肢歪水蚤(*Tortanus vermiculus*)、火腿许水蚤(*Schmackeria poplesia*)、江湖独眼钩虾(*Monoculodes limnophilus*)和华哲水蚤(*Sinocalanus sinensis*);低盐近岸群落主要分布在长江冲淡水与外海水的交汇混合区,代表种类有背针胸刺水蚤(*Centropages dorsispinatus*)、真刺唇角水蚤(*Labidocera euchaeta*)、太平洋纺锤水蚤(*Acartia pacifica*)、中华假磷虾(*Pseudeu phausia sinica*)和拿卡箭虫(*Sagitta nagae*);温带外海高盐群落主要分布于外海海水与长江冲淡水的水系中,主要种类有中华哲水蚤(*Calanus sinicus*);外海高温高盐群落主要由台湾暖流前锋带入长江口水域,代表种类有亚强真哲水蚤(*Eucalanus subcrassus*)、精致真刺水蚤(*Euchata conicina*)、肥胖箭虫(*Sagitta enflata*)。

1.3.4 浮游动植物在河口水域环境监测中的作用

环境污染与监测、治理已经成为环境科学、生命科学及其他诸多学科研究的热点,是全社会共同关注的问题。在对河口水环境进行研究的过程中,研究人员逐渐发现水质指标具有一定的瞬时性,并且水质指标中污染物等浓度不能反映出河口水环境受损程度。浮游动植物由于具有生命的连续性,在水环境受到破坏时会做出响应。有些浮游动植物种类对污染指标敏感,根据其种群数量的变化可以做出水体污染预警。因而,通过监测浮游动植物种群的组成、数量及生长发育状况可以反映出水环境受损程度,甚至可以推导出水体受污染的始末及过程,最终使水体质量有一个具体的、可见的、形象的说明。目前长江口浮游动植物在河口水域环境监测中的应用研究尚属空白。

1.3.5 底栖动物

底栖动物是指生活史全部或大部分时间生活于水体底部的水生动物类群,把其中不能通过 1.0 mm 孔径筛网的类别称为大型底栖动物,可通过 0.1 mm 孔径的类别称为微型底栖动物,可被 0.1~1.0 mm 孔径筛网截流的类别称为小型底栖动物(沈国英等,2002)。底栖动物是河口生态系统的重要组成部分,是一个广泛的、具有不同形态特征的、以无脊椎动物为主的动物集合体(袁兴中,2001)。底栖动物对生态系统物质循环有着重要作用,其对营养物质的吸收、转化、降解、排泄等过程均是河口生态系统物质循环的一环,底栖动物甚至影响到全球碳、氮、硫等重要元素的循环(Alongi,1997;Giblin et al., 1995)。

我国对长江口大型底栖动物的研究大概起始于 20 世纪 80 年代,由于底栖动物的采样工作的操作难度大及受当时科研条件的限制,这些研究多集中在底栖动物分类学,调查地点多在长江口近海岸端,而且文献资料较少(刘文亮,2007)。直至最近十多年,陆健健等人对长江口底栖动物进行了较为集中的研究。刘文亮(2007)对长江口大型底栖动物进行了较为充分的研究,其于 2004 年 9 月至 2006 年 10 月对长江口大型底栖动物进行了调查,共鉴定出 126 种大型底栖动物,隶属 5 门 8 纲 22 目 71 科 101 属,其中腔肠动物 1 种,环节动物 13 种,软体动物 37 种,甲壳动物 73 种,棘皮动物 2 种。主要种类为甲壳动物和软体动物,优势类群甲壳动物、软体动物分别占 56%、27%。河口生态系统内底栖生物群落特征主要与河口生态系统盐度、沉积物类型、水域深度等有关(Engle et al., 1999),其中盐度是影响河口底栖动物分布的关键因素,底栖动物的种群数及生物量一般是随着盐度的升高而增多。长江口也表现为此特点,但圆锯齿吻沙蚕的分布与盐度并没有显著的关系。可见,不同种类的分布对盐度响应也是不同的。

从整个河口密度占优势的角度看,长江口潮间带优势种为硬爪始根钩虾(*Eohaustorius cheliferus*)、拟沼螺虾(*Assiminea* sp.)、谭氏泥蟹(*Ilyoplax deschampsi*)、河蚬(*Corbicula fluminea*)、堇拟沼螺(*Assiminea violacea*)、无齿螳臂相手蟹(*Chinomantes dehaani*)、光滑狭口螺(*Stenothyra glabra*)、绯拟沼螺(*Assiminea latericea*),共计8种,其中硬爪始根钩虾、拟沼螺虾占绝对优势。硬爪始根钩虾主要分布于横沙浅滩、九段沙下沙、顾园沙藻类盐渍带。拟沼螺主要分布于崇明东滩、九段沙、崇明西部潮滩、崇明北部潮滩、长兴岛潮滩、横沙岛潮滩、浦东国际机场外潮滩、白茆河口潮滩之芦苇带、互花米草带和海三棱藨草带。谭氏泥蟹主要分布于崇明东滩、九段沙、崇明西部潮滩、崇明北部潮滩、长兴岛潮滩、横沙岛潮滩、浦东国际机场外潮滩、白茆河口潮滩之芦苇带、海三棱藨草带、光滩及潮沟边滩。河蚬主要分布于崇明东滩、九段沙、崇明西部潮滩、长兴岛潮滩、横沙岛潮滩、浦东国际机场外潮滩、白茆河口潮滩之光滩与潮沟边滩。堇拟沼螺主要分布于崇明东滩、九段沙、崇明西部潮滩、崇明北部潮滩、长兴岛潮滩、横沙岛潮滩芦苇带以及互花米草带。无齿螳臂相手蟹主要分布于崇明东滩、九段沙、崇明西部潮滩、长兴岛潮滩、横沙岛潮滩、浦东国际机场外潮滩、白茆河口潮滩之芦苇带。光滑狭口螺主要分布于崇明东滩、崇明北部潮滩、浦东国际机场外潮滩之光滩以及白茆河口潮滩之潮沟边滩。绯拟沼螺主要分布于崇明东滩、九段沙、崇明西部潮滩、崇明北部潮滩、长兴岛潮滩芦苇带以及互花米草带。

从整个河口密度占优势的角度看,长江口潮下带优势种为:安氏白虾(*Exopalaemon annandalei*)、葛氏长臂虾(*Palaemon gravieri*)、秀丽白虾(*Exopalaemon modestus*)、河蚬(*Corbicula fluminea*)、狭颚新绒螯蟹(*Neoeriocheir leptognatha*)、黑龙江河篮蛤(*Potamocorbula amurensis*)、安氏类闭尾水虱(*Cleantioides annandalei*)、脊尾白虾(*Exopalaemon carinicauda*)、日本沼虾(*Macrobrachium nipponense*),共计9种,相对密度梯度分配均较为均匀,无显著占优势的种类。安氏白虾主要分布于扁担沙、东风西沙、中央沙、新村沙、顾园沙、白茆沙、九段沙南部、崇明岛东部、南汇边滩的潮下带。葛氏长臂虾主要分布于九段沙、新村沙、北港北沙、横沙浅滩、崇明东滩、顾园沙、南汇边滩、芦潮港的潮下带。秀丽白虾主要分布于东风西沙、新村沙、中央沙、顾园沙、北港北沙、白茆沙、九段沙南部、南汇边滩的潮下带。河蚬主要分布于崇明东滩、九段沙、崇明西部潮滩、长兴岛潮滩、横沙岛潮滩、浦东国际机场外潮滩、白茆河口潮滩之光滩与潮沟边滩。狭颚新绒螯蟹主要分布于崇明岛东部、横沙浅滩、中央沙、扁担沙、白茆沙、东风西沙、北港北沙、顾园沙及九段沙南部潮下带。黑龙江河篮蛤主要分布于崇明东滩、九段沙、新村沙、黄瓜沙、横沙、浦东国际机场外边滩潮下带。安氏类闭尾水虱主要分布于白茆沙、东风西沙、青草沙、中央沙及九段沙的潮下带。脊尾白虾主要分布于九段沙、顾园沙、北港北沙、南汇边滩、横沙浅滩、崇明东滩、东旺沙的潮下带。日本沼虾主要分布于扁担沙、东风西沙、中央沙、白茆河口潮下带。

从特定群落中占优势的角度看,长江口南支道分布区中央沙、青草沙、扁担沙、白茆沙优势种为安氏类闭尾水虱、河蚬。长江口北港口横沙浅滩、北港北沙优势种为安氏白虾、河蚬。长江口北槽(九段沙中沙、九段沙下沙)及北支(新村沙)优势种为狭颚新绒螯蟹、葛氏长臂虾。长江口北港东北处崇明东滩潮下带优势种为安氏白虾、葛氏长臂虾。长江口北支口门外顾园沙优势种为纵肋织纹螺。长江口南岸浦东机场外边滩潮下带优势种为狭颚新绒螯蟹、安氏白虾。长江口南汇边滩潮下带优势种为红带织纹螺、小荚蛏。

从河口梯度内全程分布的种类看,共狭颚新绒螯蟹(*Neoeriocheir leptognatha*)、日本旋卷螺蠃蜚(*Corophium volutator*)、圆锯齿吻沙蚕(*Dentinephtys galbra*)及绯拟沼螺(*Assiminea latericea*)4种,其中狭颚新绒螯蟹主要分布于潮下带,圆锯齿吻沙蚕对盐度的耐受范围最大,分布范围最广。圆锯齿吻沙蚕主要分布于长江河口潮滩、沙洲。绯拟沼螺主要分布于崇明东滩、九段沙、崇明西部潮滩、崇明北部潮滩、长兴岛潮滩芦苇带以及互花米草带。其中圆锯齿吻沙蚕在长江口密度为16~64头/m^2,最高可达80头/m^2,平均生物量为0.80 g/m^2,最高达2.82 g/m^2,相对而言其密度、生物量都较低,但其却为长江河口潮滩湿地大型底栖动物中分布最广的物种。圆锯齿吻沙蚕主要分布在低潮带(光滩),也可扩散到中潮带(海三棱藨草带下沿及互花米草带下沿)偶见分布于高潮带,仅见于潮沟底部。

据调查,长江口南岸潮滩底栖动物的平均密度为704.68个/m^2,平均生物量为41.67 g/m^2,总体以软体动物和甲壳动物占优势。在长江口南岸共有15类底栖动物功能群,其中摄食悬浮物的功能群有5类,以表层沉积物为食的功能群5类,掘穴摄食的功能群2类,肉食性功能群3类,植食性功能群1类。长江口南岸底栖动物物种丰度与盐度有很强的相关性(袁兴中,2001)。

1.3.6　鱼类

长江口水域共有鱼类 332 种，隶属 29 目、106 科。硬骨鱼类占绝大多数，是长江口鱼类的主要组成部分，共计 24 目、90 科、298 种。硬骨鱼类中又以鲈形目为最多，占到硬骨鱼类总数的 35.9%。软骨鱼类是长江口鱼类的第二大类，占长江口鱼类总数的 10.2%，共计 5 目、16 科、34 种。软骨鱼类中以鳐目为最多，占到软骨鱼类的 50%以上，其次为真鲨目（庄平等，2006）。

从水平分布上看，长江口鱼类的分布与盐度密切相关。根据鱼类生活史对盐度的选择性，可将长江口鱼类分为四种生态类型，即淡水鱼类、河口定居性鱼类、洄游性鱼类以及海洋性鱼类。长江口淡水鱼类指终生在盐度小于 5‰的水体中生活的鱼类，以鲤形目、鲈形目、鲶形目为主，鲤形目为最多。河口定居性鱼类主要生活在盐度 5‰~20‰的水体中，对盐度的适应范围较广，因此在长江口分布范围也较广，主要以鲈形目、胡瓜鱼目为主。洄游性鱼类主要是指生活史需要经过咸淡水、海水两种不同生境的鱼类，根据洄游路线的不同，洄游性鱼类又分为两种，即溯河洄游种类与降海洄游种类。其中溯河洄游种类溯江而上，在淡水中产卵繁殖，仔稚鱼、成鱼子在河口至海中生活；降海洄游种类在海洋中产卵，仔稚鱼、幼鱼在淡水中生活。长江口溯河洄游种类主要有中华鲟、鲥、刀鲚、凤鲚、前颌间银鱼、暗纹东方鲀等，降海洄游种类主要有鳗鲡、松江鲈等。海洋性鱼类主要是指生活在长江口 123°30′E 以西，盐度在 20‰以上的鱼类，以硬骨鱼类中的鲈形目、鲀形目为主。

从垂直分布上看，长江口鱼类分布主要与鱼类的生活习性相关。长江口水域中上层鱼类约占总数的 20%，中底层鱼类约占 80%。

长江口鱼类的分布是对长江口不同水域生境的适应，其分布也与生境特征相关。童春富（2012）对长江口崇明东滩进行了调查，分析了盐沼植被分布区及邻近光滩鱼类组成特征，其在光滩记录鱼类 9 目、13 科、20 种，其中河口定居性鱼类 10 种，占 50%，主要优势种为鲻、斑尾刺虾虎鱼、狼牙鳗虾虎鱼、棱鲹和棘头梅童鱼；其在盐沼植被分布区记录鱼类 5 目、10 科、13 种，其中河口定居性鱼类 10 种，占 76.9%，主要优势种为河口定居性鱼类，包括斑尾刺虾虎鱼、鲻和棱鲹，其他淡水鱼类、海洋鱼类以及洄游鱼类在盐沼植被分布区记录极少。从光滩和盐沼植被分布区鱼类物种数、个体数、生物量和物种多样性来看，光滩区域各项指标均高于盐沼植被分布区。光滩和盐沼植被分布区共有的优势种为斑尾刺虾虎鱼、鲻和棱鲹，3 个优势种平均体长均是盐沼植被分布区大于光滩，差异显著性不尽相同。两种不同生境中的鱼类物种数、个体数和生物量存在明显的月际变化，大多数情况下，光滩鱼类的物种数和个体数高于盐沼植被分布区，每月光滩和盐沼植被分布区中的鱼类物种数、个体数和生物量没有显著差异，长江口这两种生境间的联系和差异性均不显著。

1.3.7 哺乳类及两栖爬行类

长江口有记录的水生哺乳类动物共15种，包括鲸目须鲸亚目3种、齿鲸亚目11种，食肉目鳍足类1种。中华白海豚和白暨豚为国家一级保护动物，其他均为国家二级保护动物。

长江口有记录的两栖类共5种，即黑斑蛙、泽蛙、虎纹蛙、金钱蛙和中华蟾蜍；有记录的爬行类7种，即中华鳖、乌龟、赤链蛇、白条锦蛇、红点锦蛇、乌梢蛇和多疣壁虎。

1.3.8 渔业资源

长江口是许多鱼类的洄游通道，也是鱼类重要的产卵场。据调查，河口及邻近海域（121°20′~124°00′E，30°45′~32°00′N）分布的鱼卵、仔鱼有86种，夏季、秋季河口区幼鱼数量占全部鱼类的80%左右（罗秉征，1992）。银鲳、大黄鱼、小黄鱼、带鱼、日本鲭、鳗鲡、松江鲈、前颌间银鱼、棘头梅童鱼、凤鲚等洄游至此产卵，中华鲟、刀鲚、鲥等幼鱼在长江口索饵、育肥。

丰沃的水域使得长江口成为我国最大的河口渔场，长江口年平均渔获量约4 000 t，其中1971年达到7 000 t，为历史最高产量，20世纪80年代以来产量逐渐下降（罗秉征，1992）。凤鲚、刀鲚、前颌间银鱼、白虾和中华绒螯蟹被称为长江口“五大渔汛”。凤鲚属于河口定居性鱼类，终生生活在河口水域。20世纪60年代凤鲚年平均捕捞量为807 t，70年代为1 201.9 t，80年代为1 174.2 t，90年代为1 583.8 t。目前凤鲚仍然可以形成渔汛，产量也维持在较高水平。刀鲚属溯河洄游鱼类，1973~1983年产量很高，年产量在1 500~3 000 t。由于捕捞力度过大，刀鲚至2003年产量仅为25 t。前颌间银鱼为河口性鱼类，长江口产量最高时可达900 t，20世纪70年代产量逐渐降低至100 t以下，目前已经不能形成渔汛。白虾包括安氏白虾和脊尾白虾，年捕捞量在250~400 t。中华绒螯蟹一般在10月形成旺汛，最高产量时达140 t，20世纪90年代下降至10余吨，资源量在迅速减少。

除了咸淡水鱼类，长江口还有丰富的海洋性鱼类资源，包括带鱼、大黄鱼、小黄鱼、银鲳等，其中以带鱼资源量最为丰富，2000年带鱼捕捞量达9.1×10^5 t。大黄鱼产量仅次于带鱼，也是产量较大的近海经济鱼类，但目前产量早已大不如前，有时产量不足万吨。其他无脊椎动物（如曼氏无针乌贼和三疣梭子蟹）也是河口近海重要的经济种类，曼氏无针乌贼年产量在 1 万~5 万 t。

1.3.9　人类活动对长江口环境的影响

长江源远流长，其全长 6 300 余千米，上游来沙丰富，年入海泥沙约 5 亿 t（恽才兴等，1995）。人类活动造成了长江流域内植被破坏，尤其是新中国成立以来人口增加迅猛，更是加速了植被破坏，至 1989 年全国森林覆盖率已经下降到 13%，长江流域内水土流失严重（周君亮，2000）。流失的泥沙进入河道，或堆积，或随流水迁移，或渐于长江口淤积，深刻影响着长江及河口生态。长江挟带的泥沙在河口淤涨成滩，成为土地资源，但是为了满足更多土地资源的需求，在 20 世纪 50 年代以后，长江口造陆进展快速，长江三角洲潮间带滩涂每年被围垦约 1.7×10^4 hm^2，上海市土地面积增加了超过 1 000 km^2。崇明东滩至南汇东滩向东推展 2.3~5.3 km，北支河床因围垦河面，宽度由 5.33 km 变成 2.74 km，河道变窄（陈吉余等，2008）。另外，长江口还存在盐水入侵现象。在海水与冲淡水之间的界面存在陆架水入侵的现象叫作海水入侵。长江口盐度入侵主要发生在南港、北港和北支，其中北支盐水入侵最为严重，并向南支倒灌（沈焕庭等，2003）。每到枯水季节，由南港、北港向南支上溯，受到人为作用影响，导致北支河道近年径流量减少，在枯水期间常为盐度>20‰（甚至超过 27‰）的盐水占据，成为倒灌南支的盐水库（陈吉余等，2008），北支涌潮使得倒灌更加严重（陈沈良等，2003）。在此及附近建造的陈行水库、青草沙水源地都受到咸水倒灌的威胁（陈吉余等，2008）。盐水入侵对上海市居民最大的影响便是饮水受到影响，其次是工农业生产受到阻滞。人类在长江口沿岸及岛屿上生活，人类所在岸滩日夜遭受着冲蚀，为了保护人类在此继续利用自然资源，维持在岸滩的生活，就需要建造设施，巩固堤坝，防止被侵蚀。

为保证对长江口资源的继续利用，20 世纪 50 年代至 1990 年，在长江口修建了大量坚固的海堤、丁坝、顺坝和长丁坝，其中崇明岛就有 200 多条，长兴岛有 70 余条，横沙岛约 40 条。长江口护岸工程对于控制长江口河势、稳定沙岛起着重要的作用（陈吉余等，2008）。人类根据自己需要对长江口加以改造，目前三级分汊、四口入海的格局基本稳定，北支已经成为人工河道。长江口从徐六泾到口门长约 40 km，断面宽度从徐六泾的 5.7 km 至口门增加到 90 km，平均流量 29 300 m^3/s，平均潮棱体 5.3×10^9 m^3（陈吉余等，2007）。为推动上海国际航运中心的发展，充分发挥长江黄金水道的航运潜力，上海市对长江口深水航道进行了治理，将长江水道深度从 7 m 加深至 12.5 m。人为工程会对长江口生物群落组成产生影响。以底栖生物为例，长江口工程导致长江口少数区域出现了一些淤泥质潮滩无自然分布的固着、附着型的大型底栖动物优势种。如九段沙码头基柱上固着的网纹藤壶[*Balanus reticulatus*（Utinomi）]，金山石化外边滩抛石上固着的粗糙滨螺[*Littorina scabra*（Linnaeus）]及近江牡蛎[*Dstrea rivularis*（Gould）]，长江深水航道南北导堤上固着的长巨牡蛎[*Crassostrea gigas*（Thunberg）]及崇明北湖川蔓藻[*Ruppia maritima*（Linnaeus）]丛中附着的凸壳肌蛤（*Musculus senhousia*）（刘文亮，2007）。

河流挟带大量陆源物质进入河口，而河流流域所在范围内的人类活动都可能对河流水文特征及陆源物质组成、含量等造成影响（陈吉余等，2002），而陆源物质是长江口生态系统物质基础的重要组成部分。长江在我国古代文明中扮演了十分重要的角色，数千年来人们以长江为生计，傍水而居。长江流域人类活动势必影响到长江口生态，尤其是长江贯穿我国南部，连绵十几个省、直辖市，所经之处基本是人口密集区，沿江一带经济发达，人口稠密，形成西起重庆，东至上海的沿长江经济带。1990 年长江三角洲地区经济总量占全国经济总量的 37.28%，而到了 2000 年已占到了 42.25%，长江下游 GDP 约占整个流域 GDP 的 50%。长江流域经济发达，然而由于缺乏对长江的保护意识以及有效的保护手段，长江水质遭受严重破坏。1998 年长江干流总氮含量在 0.7～1.68 mg/L，总磷浓度在 0.06～0.78 mg/L，总氮含量在Ⅲ到Ⅴ类水标准，总磷含量在Ⅱ类到劣Ⅴ类水。长江三角洲独具优势的地理位置，使得长江三角洲经济区一直处于经济发展的前沿，工农业均较为发达。长江三角洲地区的工业、农业废水大量排放，加上上游污染物被长江径流输送至此，对长江口水质造成严重破坏。在农业生产方面，以畜牧养殖为例，据《中国统计年鉴》，1970 年长江流域内饲养 1 900 万头牛、1 400 万头猪，而到 2010 年长江流域内饲养了 3 200 万头牛、19 800 万头猪。猪、牛等向长江排放了含有大量氮、磷有机物的排泄物，必然对长江口营养盐状况造成影响，而这仅为农业生产中的一个方面而已。在工业及能源工程方面，据不完全统计，自徐六泾至吴淞口江段，有常熟电厂、常熟造纸厂、石洞口电厂、宝钢总厂等企业的大型直接入江排污口，以及上海市西区排放口（日排放量 70 万～80 万 t）。此外，还有七浦塘、杨林塘、浏河、小川沙、练祁河、黄浦江等污染较严重的支流入江。吴淞口以下有 1993 年底投入运行的上海市合流污水集中排放一期工程的排污口，即竹园排放口（位于吴淞口下 10 km，设计日排放量 140 万 t）；吴淞口下 27 km 处有南区排污口，1999 年底该排污口并入上海市合流污水集中排放二期工程（即白龙港排放口），目前该排污口日排放能力为 500 万 t 左右（邱训平等，2001）。长江口分布着大量火电厂，电厂需要使用冷却水给发电机组降温，冷却水一般取自长江口，冷却水带走发电机组热量后整体温升 7~10℃，被排放进长江口，对周边造成热污染（张沈裕等，2016）。长江口 20 世纪 70 年代发生赤潮 2 次，80 年代发生赤潮 8 次，90 年代发生赤潮 33 次，而 2000~2009 年共发生赤潮 126 次。赤潮发生的次数和面积均有增加的趋势，充分显示了长江三角洲地区的水质恶化程度。

长江干支流大量建坝，至 2003 年长江流域水库库容达到 155 km^3。导致长江入海泥沙通量不断减少，1964 年入海泥沙通量为 6.78×10^8 t，2006 年降至 0.85×10^8 t。至于大型水利工程，如长江三峡工程，就对长江口产生了多方面的影响。早在 1995 年，陈吉余等（1995）就对三峡工程对长江口的影响进行了讨论。在河口径流方面，长江总的入海径流量不变，但年内分配发生变化，对枯水年影响显著，水库 10 月蓄水，枯水年延续到 11 月，1~5 月增加下泄流量。以枯、平、丰 3 种典型年计，10 月大通站流量与建库前相比分别减少了 32.4%、20.3%、16.9%，2 月下泄流量增加 1 000~2 000 m^3/s，比建库前分别增加 24.5%、19.9%、5.1%。在河口泥沙方面，建库前年下泄沙量为 5.3 亿 t，建库后下泄沙量变成了 1.62 亿 t；同时进入河口的泥沙粒度也发生了变化，建库后进入长江口的细颗粒泥沙减少了。在盐水入侵方面，三峡工程后，枯水期下泄流量增加，河口水体的氯化物峰值有所降低，连续取到不合格水的天数有所减少，枯水年的 10 月和 11 月水库蓄水，下泄流量减少，河口盐水入侵时间提前，长度加长，强度增大，历时加长，总的有感受天数有所增加。在海岸侵蚀方面，建库后河口泥沙减少，河口径流年内分配变化明显，河口海洋动力相对增加，河口水体总的挟沙能力相对增强，则河口海岸的侵蚀作用会相应增加。在河口拦门沙方面，三峡建坝后，在洪水年份，由于流量年内调节，使洪枯季流量变幅减小，因此洪枯季滞流点上下摆动的范围将比建坝前小，拦门沙长度有所缩短。

1.4　长江口生态系统健康状况

长江口作为我国第一大河口，众多生物汇聚于此栖息、繁衍，同时长江口紧邻吕四渔场及舟山渔场，有着极其丰富的生物资源。所以，长江口生态系统的健康状况，直接影响长江口生物的生存环境，进而影响到长江口地区的社会、经济发展，而且也会影响到我国黄海、东海生态的健康及海洋资源可持续利用（袁兴中，2001）。在河口，淡水与海水发生混合，岛屿沙洲形成，潮滩湿地分布，加上河口常是社会、经济、自然的融合地带，河口生态系统具有复杂、复合的属性，其生态环境状况处于变动之中。我们把河口生态系统的稳定性、可持续性及受到干扰破坏后的恢复能力称为河口生态系统的健康状况。河口生态系统的指标主要包括生态指标、物理化学指标、社会经济指标和人类健康指标,在选择操作可行性较高、整体性良好、时间尺度合适的指标后,将多指标分散的信息通过数学模型转化为能反映评价对象总体特征的信息,对河口生态系统进行充分评价(牛明香等,2014)。

邱训平等(2001)对1994~1999年长江口3个断面(徐六泾、吴淞口下3 km的南港和北港、吴淞口下23 km)水质资料进行了分析,指标包括溶解氧(DO)、高锰酸盐指数(COD_{Mn})、5日生化需氧量(BOD_5)、氨氮(NH_3-N)、亚硝酸盐氮(NO_2-N)、硝酸盐氮(NO_3-N)、总磷(TP)和氯化物(Cl^-)。以徐六泾断面反映长江干流上游来水质量,按国家环保局2000年水环境功能区达标标准,长江上游来水质量良好,达到了Ⅱ类水标准。以吴淞口下3 km、23 km断面代表长江入江排污口对长江口水体环境的影响。吴淞口下3 km北港断面总体上除TP为Ⅳ类水外,其他水质因子都达到Ⅱ类水。非汛期水质好于汛期水质,所有指标均值符合Ⅱ类水标准。吴淞口下3 km南港断面无论是汛期、非汛期,除Cl^-外,各水质因子平均值都明显大于北港断面,大部分水质因子非汛期好于汛期。从年均值来看,TP、NH_3-N及COD_{Mn}超过Ⅲ类水标准,其他水质因子都达到Ⅱ类水标准。吴淞口下23 km断面TP和NO_3-N为Ⅳ类水体,其他水质因子为Ⅱ类水标准。汛期NO_3-N和NO_2-N平均值大于北港断面,达到北港断面的2~4倍,非汛期北港断面的Cl^-较南港断面有大幅度的上升,浓度超过250 mg/L,劣于Ⅴ类水。

叶属峰等(2007)对长江口水质、生物组成及生物残毒、污染物等指标进行了调查,指出长江口生态系统处于亚健康状态。就浮游植物而言,20世纪90年代初期,河口区浮游植物有90多种,而90年代末期只有60多种,至2004年8月调查时只有40多种,不到20世纪90年代初期的一半。就浮游动物而言,20世纪80年代初期浮游动物有100多种,90年代初有70多种,而到了90年代末期只剩下20多种,2004年8月调查时有31种,比90年代初减少了近60%。底栖动物也在减少,2004年5月调查长江口时,75%的水域未采到底栖动物,底栖生物种类数是20世纪80年代的20%,平均栖息密度2.5个/m^2,平均生物量0.08 g/m^2。就鱼卵、仔鱼而言,种类少,密度低,平均鱼卵和仔鱼数量分别为0.5枚/m^3和1.0尾/m^3,长江口产卵场鱼类资源在退化。从富营养化角度看,长江口水域水体均呈富营养化状态。富营养化水域面积广大,且还在增加。

1.5　长江口面临的问题

河口处于陆海相交、河流汇聚之处，水力、土地、物质、生物等资源极其丰富，因此河口周边人类聚居、繁衍、发展，对河口资源的开发利用显得尤为重要。对河口资源利用达到人口增长与发展目标的同时，也要兼顾环境保护。因此，对长江口资源的可持续利用是保护长江口及其水域内水生动物的根本出发点。

要科学、充分利用长江口资源，当然也包括保护长江口生态环境，需要对长江口有充分的了解，必须加强对长江口的研究，发现、总结其规律，对长江口物理、化学、生物、地质的机制进行深入探索，并将其数字化、信息化，最后加以利用，对现实工作进行有效指导（陈吉余等，2002a）。但也要注意到长江口水域污染负荷严重，且没有缓和的趋势，河口水体的环境要素不利于水生生态系统的恢复，要使河口生态系统修复到健康状态，需要进行较大的人工干预，花费大量人力、物力（叶属峰等，2007）。要实现长江口自然生态的良性发展、资源的可持续利用是一个艰巨任务。

1.5.1　入海泥沙量减少

陆地每年都有大量物质进入海洋，其中大概有 85%的物质经由河口运输入海。河流输送的陆地物质及淡水对地貌独特、生物多样性丰富的河口具有十分重要的作用，是河口生态的根本物质基础。河流入海泥沙量的改变，会直接改变河口三角洲与海岸的淤积演变。然而，长江口泥沙输送量在逐年下降。20 世纪 70 年代以前，长江入海泥沙约 5 亿 t，到了 2000 年时入海泥沙为 3.4 亿 t，比 20 世纪 70 年代前减少了 1 亿多吨。这其中主要原因在于长江水文特征的改变。我国有各种规模水库 8 万多座，分布在长江流域的水库就有 4 万多座，是全国总数的一半。大量的人类活动及工程建设一方面拦截了上游来沙；另一方面降低了长江江水冲力，进而降低了其携带泥沙的能力。江中泥沙或被阻隔，或淤积于河道，输送到长江口的泥沙量则相应下降。据报道，1951～2002 年大通站年平均输沙量为 4.27 亿 t，洪季输沙量占全年输沙量的 88%；2003 年三峡工程蓄水后输沙量减为 1.43 亿 t，洪季输沙量约占全年输沙量的 81%。长江口来沙量的减少使得河口淤积速度减慢，三角洲淤积速度若等于侵蚀速度，则其消长平衡；淤积速度若小于侵蚀速度，则其逐渐侵蚀。近二三十年来，长江口水下三角洲已经出现较大范围的侵蚀。入海泥沙的重要性已在前面章节叙述，不再赘述。

1.5.2 入海污染物增加

环境是人类及其他生物赖以生存的空间。随着经济的发展,人类活动对环境的负面影响显露无遗,其中之一就是人类活动对水环境的污染。人口聚居与工农业发展,形成许多生活污水及工农业污水,这些污水含有大量氮、磷、金属、重金属及有机污染物等,被排入长江,对长江及河口造成极大负面影响,导致水质恶化、赤潮频发。据报道(陈吉余等,2002b),1999 年长江(包括干流与支流)总评价河段 31 106 km,其中Ⅰ类水质仅 6.6%,Ⅱ、Ⅲ类水质 39.5%和 33.1%,Ⅳ类以上 20.8%;长江三角洲地区Ⅳ类及以上水质占 82.5%。2004 年 5 月份和 8 月份表、底层海水 N/P 比分别为 102∶1、57∶1 和 51∶1、36∶1(叶属峰等,2007)。

在长江口,氮元素主要以硝酸盐、亚硝酸盐、铵和溶解态有机氮等形式存在,其中硝酸盐占溶解态无机氮的 73.9%~95.5%,故黄清辉等(2001)以硝酸盐输入河口的通量变化作为人类对河口氮输入影响的重要标志,其对 1963~2000 年长江口硝酸盐输入通量与人类活动的关系进行了分析,发现所研究时间段内长江流域人口密度增加一倍,城市化和工业化过程中产生的污水排放源不断增多,燃料燃烧释放的废气中含有大量的氮氧化物,通过大气干湿沉降进入河流中,最终河口硝酸盐输入通量随着人口的增长呈指数增长。农业生产活动对硝酸盐通量也产生了很大的影响,从化肥施用量来讲,长江口在 20 世纪 60 年代氮肥(折纯)年均施用几十万吨,到了 90 年代末期已经增长至每年施用八九百万吨,施用的氮肥中大部分流失,而不是被土壤或者作物吸收,流失的氮肥最终有较多的氮随长江径流到达长江口。长江口硝酸盐输入通量与长江流域内氮肥施用量呈线性正相关。农业灌溉和垦荒活动对硝酸盐通量也有影响,通过对长江流域的历年灌溉面积进行分析后发现,硝酸盐通量大体随流域灌溉面积的增加而增加。同时,通过对长江流域降水量与河口硝酸盐输入通量的分析,发现硝酸盐输入通量与流域降水量也呈正相关关系。综上可见,人类生活以及工业、农业活动对硝酸盐通量的增加起着推动作用。长江口营养盐含量将在相当长时间内维持在较高水平。

在世界各国公布的环境污染物优先控制名录中,有机污染物所占比例都在 90%左右。有机物是人类社会生产力不断提高的产物,在为人类所用的同时,也对环境造成了很大破坏。有机污染物普遍具有难降解、持续存在时间长、对生物毒性大等特点,其对环境的恶劣影响已经引起人们的高度关注。

2002~2003 年在对长江口的调查中(刘征涛等,2006),共鉴定出有机污染物 9 类 234 种,包括挥发性有机物(VOCs)23 种、半挥发性有机物(SVOCs)211

种;其中属美国列出的129种优先控制污染物的有49种,属我国列出的58种优先控制污染物的有24种,属GB 3838－2002控制的有19种。VOCs主要包括卤代烃类和单环芳香族类,其质量浓度平均值分别为0.42 μg/L和0.17 μg/L。SVOCs主要包括多环芳烃类、酯类、单环芳香族类、卤代烃类、酚类和醚类,其质量浓度平均值分别为0.50 μg/L、1.13 μg/L、0.41 μg/L、0.06 μg/L、0.07 μg/L和0.16 μg/L,其中多环芳烃类、酯类和单环芳香族类的污染程度相对较高,分别超标1.78倍、0.16~0.37倍和0.002~0.44倍。

在2007年对长江口的调查中(杨建丽,2009),共检测到有机物7类16种,包括多环芳烃6种、脂类2种、卤代烃类1种、芳烃衍生物2种、酚类2种、醚类1种、其他(4－氯苯胺、偶氮苯)2种,属于地表水环境质量监控目标化合物有5种[苯并(a)芘、邻苯二甲酸二正丁酯、六氯丁二烯、硝基苯、1,3一二氯苯]。多环芳烃(PAHs)是一类分布广泛的环境污染物,是石油、煤等燃料及木材、可燃气体在不完全燃烧或在高温处理条件下产生的,可通过多种途径进入河口及附近海岸,如城市生活和工业废水排放以及大气迁移等,大量研究表明,PAHs是一类在环境中广为存在的有机污染物,具有难溶、憎水、吸附能力强、毒性持久且易于被生物富集、累积的特点,诱变性、致癌性较强。长江口水体中共检出6种PAHs,并且这6种PAHs中有5种属于美国环境优先控制污染物。其中苯并(a)芘的污染问题尤应引起重视,苯并(a)芘是多环芳烃中毒害性最大的一种,在2007年长江河口段的水质调查中,苯并(a)芘超标了10.71倍。2－甲基萘、萘、菲、蒽、苯并(a)蒽等污染物含量都相对较高,为0.02~0.06 μg/L。另外,邻苯二甲酸二正丁酯浓度为0.55~18.21 μg/L,超标2.38倍,此物质具有生物积累性、致畸性、致突变性,且有剧毒,应引起注意。酚类化合物是水体中常见的有机污染物,高毒性且易在环境中滞留,美国在20世纪70年代中期就将11种酚类化合物列入环境优先控制污染物名单。我国在20世纪80年代末提出了中国的环境优先污染物,其中也包括了6种酚类化合物。含酚废水的排放,严重污染了海洋环境,其毒性会影响水体生物的生长繁殖,轻则损害生物资源,重则危及人类健康。检测出的酚类主要是苯酚和4－氯－3－甲基苯酚,浓度范围为0.05~1.68 μg/L,其中苯酚为国际限用或禁用化学品,具有较高的毒性、致癌性、致突变性。氯苯类化合物的物理化学性质稳定,不易分解,在水中的溶解度很小,易溶于有机溶剂中,这类化合物具有强烈气味,会对人体的皮肤、结膜和呼吸器官产生刺激,进入人体内有蓄积作用,抑制神经中枢,严重时会损害肝脏和肾脏。硝基苯为国际限用或禁用化学品,具有生物积累性、致癌性、致突变性。1,3－二氯苯具有致癌可能性、致突变性。在其他几类污染物中,双-(2－氯乙基)醚的浓度相对较高,浓度为 0.03~0.73 μg/L。在 2007 年的调查中,酯类是半挥发性有机物中浓度水平最高的一类,多环芳烃化合物和酚类在大多数采样点排第 2 位和第 3 位,这三类有机化合物是长江口最主要的有机污染物。邻苯二甲酸酯(PAEs)是一类重要的有机化合物,主要用作塑料的增塑剂,水中 PAEs 的来源主要是生产和使用 PAEs 的工厂的废水,在该类废水中 PAEs 含量可达 100 mg/L。酚类污染物多来自冶金、机械、炼焦、化工、造纸、制革、冷冻、合成脂肪酸与合成洗涤剂工业排出的废水,污染比较严重,说明酚类污染主要来自沿岸工厂。经调查发现,在长江口南港区域有大量排污口,如竹园排污口、白龙港排污口和南汇排污口,附近的杭州湾北岸有金山石化排污口、奉贤排污口和星火排污口等,各排污口的日排污量均在 10 万 t 以上,其中竹园排污口和金山石化排污口主要承担工业废水的排放,而白龙港排污口则主要承担生活污水的排放。风险评价结果表明,河口区域各站位单个化合物除蒽和邻苯二甲酸二正丁酯外均未对环境造成威胁,在以后的工作中应加强对这两种物质排入长江口的控制。

在对长江口表层沉积物有机污染物调查中,共检测出有机污染物 15 种,其中包括多环芳烃类 8 种,芳烃衍生物 1 种,酚类 2 种,酯类 3 种,其他类 1 种。分别是 2-甲基萘、菲、蒽、苯并(a)芘、芴、萘、芘、荧蒽、邻苯二甲酸二甲酯、邻苯二甲酸二正丁酯、邻苯二甲酸二正辛酯、苯酚、2-甲基苯酚、1,3-二氯苯以及咔唑。其中,属于我国优先控制污染物的有 7 种,属于美国优先控制污染物的有 12 种。除邻苯二甲酸二甲酯类与 2-甲基苯酚外,其他检出物的检出率均在 80%以上,尤其是菲、芴、萘、芘、荧蒽、邻苯二甲酸二甲酯、邻苯二甲酸二正丁酯、邻苯二甲酸二正辛酯、苯酚、1,3-二氯苯以及咔唑,检出率达到 100%。定量分析中,检出含量最高的为酯类化合物,邻苯二甲酸二正丁酯最高值达到 21.33 μg/L。位于大城市与工业地带边缘的河口、内湾与沿岸海域的 PAHs 浓度普遍高于海洋沉积物,如东海远岸沉积物中 PAHs 的浓度仅为 117.1~211.7 ng/g。而长江口表层沉积物 PAHs 浓度 40~116 900 ng/g。河口沉积物中的 PAHs 浓度明显高于河道沉积物,如长江河道段沉积物中 PAHs 的浓度最高仅为 550.32 ng/g,远远低于长江口表层沉积物 PAHs 最高浓度,这是因为长江口沉积物不仅接纳了来自长江径流的污染物,且汇集了长江河口及近岸污水、船舶等多种来源的污染物。总的来看,上述污染物对长江口存在潜在的毒副作用和不利的生物影响效应。

周俊丽等(2009)对长江口表层沉积物中多环芳烃化合物进行了调查,共检测出 15 种 PAHs 化合物,含量在 355.72~2 480.85 ng/g,显著高于河道沉积物及东海远岸沉积物中的 PAHs 含量;长江口表层沉积物中 PAHs 主要来自高温燃烧源,具体来自工业、船舶、车辆等排放的化石燃料燃烧。参考美国安大略环保部门公布的淡水沉积物的 PAHs 生态风险评价标准(Persud et al., 1993)与 Long 等(1995)报道的海洋和河口表层沉积物中 PAHs 生态风险评价标准,周俊丽等(2009)对长江口表层沉积物的生态风险进行了评价,认为长江口表层沉积物中 PAHs 远低于风险评价中值,长江口表层沉积物不存在严重的生态风险,但苯并(b)荧蒽、苯并(k)荧蒽和茚并(1,2,3-cd)芘没有最低安全值(Persud et al., 1993),只要存在就会对生物有毒副作用,这几种高分子量 PAHs 在长江口均被检出,应该注意这些物质对长江口生物的潜在毒副作用及不利的生物影响效应。

1.5.3 湿地丧失

河口湿地位于江河入海处,连接了海洋、江河、陆地,生物资源丰富,水利能源充足,交通区位优势突出,人类选择在河口周边定居、发展,人类活动对河口湿地产生巨大影响,港口、水库、电厂、道路、生活区逐渐遍布湿地及其周边。人类活动的扩张加之缺乏保护湿地的意识,我国湿地生态系统正在面临快速衰退的威胁。长江三角洲潮间带滩涂每年被围垦约 1.7×10^4 hm^2。上海市围垦滩涂主要分布在长江口北支崇明岛北沿、东滩,长江口南支长兴岛北部,长江口南岸浦东新区三甲港至南汇嘴至杭州湾北岸。除了人为对湿地的开垦,还有对湿地的间接破坏,尤以湿地污染最为突出,例如上海每天有 5×10^6 t 废水排放到长江口,废水主要排放在长江口南岸,对湿地造成污染破坏(袁兴中,2001)。如此种种,造成湿地面积快速下降,其原有功能被严重破坏,湿地生物多样性面临严重威胁。

我国在湿地研究方面进行了一些工作,但是较少将理论用于实践,指导湿地保护与修复工作,长江口也没有开展相关的湿地修复工作,以后应当开展长江口湿地修复技术应用研究。湿地保护主要是完善法律制度建设,并采取其他的具体保护行动,湿地修复与重建便是一种湿地保护办法。湿地修复是指通过生态技术或生态工程对退化或消失的湿地进行修复或重建,再现湿地受损前的结构和功能,以及相关的物理、化学和生物学特性,使其发挥应有的作用,涉及废水处理技术、点源与非点源污染控制技术、土地处理技术、光化学处理技术、沉积物抽取技术、先锋物种引入技术、土壤种子库引入技术、生物技术、种群动态调控与行为控制技术、物种保护技术(黄桂林等,2006)。我国对湿地采取的主要保护措施是建立湿地保护区,如长江口崇明岛自然保护区。崇明岛是 21 世纪上海重点发展的地区。崇明岛最东头的部分称为东滩,被认为是全球重要生态敏感区之一，被列入《国际重要湿地公约》中的重要国际湿地名录(图1-3)。崇明东滩是我国一级保护动物中华鲟江海洄游过程中的重要栖息地，上海市长江口中华鲟自然保护区已于2002年获批，主要在崇明岛东滩水域，保护面积达276 km^2，是我国第一个河口型珍稀濒危鱼类自然保护区，将起到积极的示范作用。上海市崇明东滩鸟类保护区于2005年升级为国家级保护区(庄平等，2006)。

图1-3　崇明东滩湿地

1.5.4　低氧区

顾孝连等(2009)对长江口低氧区问题有较为详尽的阐述。当水体中溶解氧浓度低于2 mg/L时，则水体为低氧水体或缺氧水体。据调查，长江口底层水体出现了季节性低氧区。1980年东海低氧区面积为1 000 km^2，2003年东海低氧区面积已达20 000 km^2，低氧区面积增加速度呈现增加趋势。1997年丹麦的Mariager港湾发生严重低氧，整个水体在2周内完全处于缺氧状态，水生动物几乎全部死亡。波罗的海因发生低氧(低氧区70 000 km^2)，其商业性捕捞面临崩溃。

河口低氧环境主要是自然形成及人为活动造成的。低氧环境的自然形成主要是水体温度和盐度分层的海洋物理过程和底层有机物有氧分解的生化过程造成底层缺氧，自然形成的低氧区对生态系统的危害和影响有限，相对而言对生态系统稳定性影响不大。人类活动造成的江河入海污染物和近岸海水富营养化使得水体表层大量浮游植物暴发式生长，浮游植物吸收大量营养盐使整体生物量达到水体容量上限，随即开始衰败，浮游植物衰败、死亡后被分解，消耗大量氧气，加剧了自然低氧区的形成。显然，人类活动是造成水体低氧区形成的主要原因，尤其是现在人类活动对水体环境影响度巨大的情况下。可以预计未来几十年内，河口及近岸海洋低氧问题会进一步恶化。第一，世界人口的高速增长使得污水的排放量进一步增加，联合国人口基金会 1995 年 7 月 11 日在伦敦发表的世界人口报告显示，2025 年世界人口将达到 80 亿，新增人口中大部分位于沿海发达地区，而污水处理设施的增加显然跟不上人口快速增长的需求，可以预计人类向海洋排放的污水还会进一步增加，河口和近岸海域富营养化情况还将持续。第二，由于化肥使用量的增加，水体中的氮氧化物还会进一步增加。第三，温室效应引起的全球气候变暖，一方面使江河排入海洋的冲淡水量增加，另一方面会使海洋水体表层温度升高，这将导致水体温度和盐度跃层现象加剧。低氧区形成的关键因子在未来的几十年内都有增强之势。那么就十分有必要关注河口水生生态系统低氧环境对水生动物种群的影响。

首先是低氧对水生动物存活、生长的影响。总体来说，水生动物的耐低氧能力从弱到强的排列顺序为：鱼类<甲壳类<棘皮类<环节类<软体类。鱼类对低氧的耐受能力也因种类而异，一般来说，底层鱼类耐低氧能力强于中上层鱼类，例如底层鱼类裸头宽鳃虾虎鱼每天 7 h 在 0.75 mg/L 的低氧条件下，7 d 后存活 100%；而中层鱼类浅湾小鳀耐低氧能力要差得多，其 96 h 的半致死浓度（LC_{50}）为 1.85 mg/L。研究表明，在 25℃ 和 30℃ 下，黄尾平口石首鱼耐低氧能力均低于大西洋油鲱。红大麻哈鱼幼鱼在氧气浓度为 3.0~3.3 mg/L 条件下，24 h 存活率为 45%，当氧气浓度降低到 2.3 mg/L 以下时，则不能存活；而银大麻哈鱼在溶解氧 3.1 mg/L 时，24 h 存活率仍为 100%。大西洋鲟的幼鱼（10~70 g）在 2~3 mg/L 的低氧下，分别在 19℃ 和 26℃ 饲养 10 d，结果 19℃ 下的存活率为 78%，26℃ 的为 6.3%。

同种鱼类对低氧耐受能力与鱼的大小、温度以及低氧暴露时间等因素有关。低氧耐受能力与体重的关系存在两种完全相反的效应，有些鱼类的耐低氧能力随着体重的增加而增强，如黄尾平口石首鱼；有些鱼类则完全相反，耐低氧能力随着体重增加而下降，如大西洋油鲱。温度对低氧耐受能力有一定的影响，随着温度升高，鱼类耐低氧能力下降。

低氧环境对水生动物个体的生长亦有影响。银大麻哈鱼在溶氧浓度低于 4~5.5 mg/L 时，生长速度下降，这种现象在大口黑鲈、鲤鱼、大菱鲆中都有发现；而虹鳟在溶氧浓度小于 7 mg/L 时，生长速度就开始下降。牡蛎幼体在

0.07 mg/L 低氧条件下，死亡率极高，生长发育受阻。大西洋鲟幼鱼（10～70 g），在低氧条件下的体重生长率为 1.27%/d，是对照组（DO = 6～7 mg/L）的 1/3。

其次是低氧对水生动物发育和繁殖的影响。低氧环境还影响水生动物的繁殖，主要是影响水生动物胚胎的发育、生殖腺的发育、体内性激素的水平以及雌性的产卵数量。研究发现，当水中溶解氧饱和度为 20%时，小点猫鲨的胚胎 3 周后死亡率为 100%，而在溶氧饱和度为 50%时，则完全存活；软口鱼胚胎置于 10%溶氧饱和度下，死亡率升高，孵化率下降。低氧能延缓鲤鱼生殖腺的发育，降低受精率和孵化率。低氧（DO = 1.34 mg/L）处理大底鳉 1 个月，其繁殖力与对照组相比显著降低，雄性激素 11 -酮睾酮下降了 50%，而雌性激素 17 - β 雌二醇浓度也下降了 50%，雌性产卵数量显著降低，产卵滞后。与上述的负面影响不同的是，低氧可诱导成熟鲑鱼卵孵化。近期对一种小长臂虾的研究也表明，低氧似乎有助于提高这种虾的繁殖力，低氧组雌性怀卵量高于对照组，但低氧组的受精卵孵化时间长于对照组。

还有低氧对水生动物行为的影响。实验研究和野外观察都证实许多鱼类和海洋生物都能探查并主动回避低氧水体。例如，行为学研究表明，一般鱼类在溶解氧饱和度低于 35%～55%时会主动回避而游离该低氧水域。低氧条件下，有些底内生物（如海葵、多毛类）会离开洞穴，移动到底泥表面；许多双壳类动物会伸长进水管，以吸取溶氧丰富的底泥以上的底层水。当水体突发低氧，鱼类来不及回避时，会通过水面呼吸来度过暂时低氧期。据研究，当水体溶解氧降低到某一阈值后，进行水面呼吸是鱼类共有的一种普遍适应方式，甚至包括一些在形态上不适合水面呼吸的种类。随着氧气浓度的下降，鱼在水面呼吸时间随之增加，水面呼吸可提高这些鱼在急性极端缺氧情况下的存活率，不同鱼类的水面呼吸阈值不同。水面呼吸的阈值除了与鱼的种类有关外，还和鱼的大小有关，例如，大地图鱼（147.6±6.4 g）水面呼吸阈值为 50 mmHg* 氧分压，小地图鱼（16.3±1.0 g）的水面呼吸阈值为 22 mmHg 氧分压。当暴露于急性低氧时，大鱼存活时间更长，原因可能是大鱼比小鱼具有更强的无氧代谢能力。

除了主动回避低氧水体，有些水生动物还会减少自身的活动以适应低氧环境，如鸭嘴蛤在低氧时会处于休眠状态，生理代谢水平下降，表现为水管长时间关闭，心率下降，血液中氧含量降到几乎为 0，而心率下降是通过降低代谢来适应进水管关闭期间减少能量消耗的一种机制。另外，低氧对水生动物的捕食和反捕食行为也会产生影响。研究表明，当溶解氧饱和度为 10%时，金梭逃避反

---

* 1 mmHg = 1.33322×10^{2} Pa。

应的应答性下降，逃避反应定向功能也受到影响，金梭的“C 型弯曲”在氧气含量正常时主要是以“远离”刺激源为主，而当溶解氧低于 20%时，“C 型弯曲”“远离”和“朝向”刺激源的概率变成随机概率。相反，有些动物则可利用低氧条件提高捕食效率，如叉尾石首鱼、斑点三鳍鳚、鬼虾蛄在季节性低氧区内，可以捕获一些受低氧胁迫的大型底内生物。

最后是低氧环境对水生动物生理的影响。关于低氧环境对水生动物生理影响的研究开展得很多，尤其在鱼类中开展得较多。长期低氧条件对水生动物的呼吸器官结构会产生影响。最为典型的是，水生动物可以通过增加鳃小片数量来提高氧吸收。鱼类鳃小片的总呼吸面积通常与其需氧量是相适应的，低氧情况下，有些鱼类可以可逆性地重塑其鳃的形态。在氧含量正常情况下，欧洲鲫鱼鳃小片镶嵌于细胞丛之中，当长期处于低氧环境时，细胞丛会死亡脱落，使鳃小片暴露，呼吸面积扩大。这种鳃结构的重塑已在 2 种以上的鲤科鱼类中被发现。生活于阿拉伯海西北的阿曼低氧区的多毛类动物（如海稚虫科）与生活于氧含量正常水域的同种个体相比，鳃体积和鳃分枝显著增加，以此增大呼吸器官面积来适应低氧环境。

河口海域常出现周期性和临时性的低氧，作为应激响应，水生动物除了能通过主动躲避和水面呼吸等行为来适应低氧环境外，还能通过生理调节来适应低氧环境，主要是通过提高氧的输送能力、降低代谢水平或者改变代谢途径以维持低耗氧和低耗能。研究表明，鱼类能通过增加红细胞数量和血红蛋白的氧亲和力，来提高对氧的输送能力。研究证明，团头鲂在低氧状态下，红细胞体积增大，红细胞沉降率降低，红细胞数量和血红蛋白含量增高。虹鳟在 4. 8 mg/L 急性低氧胁迫下，血细胞比容显著上升，同时白细胞数量增加；在 2 mg/L 低氧胁迫下，红细胞出现膨大，氧自由基生成潜力下降，未成熟的红细胞（低氧胁迫指示物）数量增加。

低氧还可影响水生动物代谢相关酶活性，从而改变代谢水平和代谢途径。水生动物在低氧程度较轻时，可以保持相对稳定的有氧代谢，但在严重低氧时，会转而暂时性依赖无氧代谢来适应严重的缺氧环境。此时，动物体内乳酸含量和乳酸脱氢酶（无氧代谢指标）活性均会升高。乳酸脱氢酶是在细胞内催化乳酸氧化成丙酮酸的重要酶，其在组织中的活力大大高于血液中的活力。溶氧饱和度 6%~12%的低氧使欧洲鳗血液、肌肉、肝脏组织中的乳酸浓度上升，其中血液中乳酸浓度最高。叉尾石首鱼在 10%（0. 8 mg/L）溶解氧饱和度，经过 12 h 后，鳃组织的乳酸脱氢酶活力显著升高，而柠檬酸合酶（有氧代谢指标）活力没有变化，同时，在此溶解氧浓度下，鳃、肌肉组织中超氧化物歧化酶活力显著升高,而过氧化物酶活力没有变化。以 2.75 mg/L 的低氧条件处理罗氏沼虾,24 h 后,酚氧化酶活力下降 33%。1 mg/L 的低氧可降低印度大螯虾血细胞数量和酚氧化酶活力。

低氧还可影响水生动物的内分泌系统。研究表明,大菱鲆在低氧条件(氧分压 30 mmHg)下,血液中皮质醇、肾上腺素、去甲肾上腺素浓度明显上升,伴随着动脉氧分压的下降,同时进行无氧代谢,其结果是肝糖原减少,血液中乳酸增加。慢性低氧环境可使细须石首鱼的卵巢和精巢生长受到抑制,同时伴有神经内分泌干扰,生殖神经内分泌功能损伤,下丘脑的 5-羟色胺(5-HT)量降低,5-羟色胺合成酶和色氨酸羟化酶活力下降。人为注射 5-羟色胺后,神经内分泌功能则得到恢复。

除了上述生理变化外,鱼类还会减少与生长有关的蛋白质合成,以降低对氧的需求,同时还会提高与氧的运输和无氧代谢有关的蛋白的合成,如与红细胞生成、血管生成和糖酵解有关的蛋白质合成。

低氧对河口及海洋生态系统群落组成、食物链及能量流均有影响。低氧环境能够引起生态系统内群落种类组成变化,减少鱼类和底栖生物物种多样性和丰度,使一些敏感种类消失,同时有利于耐低氧种类的出现。例如,生命周期短、以腐屑为食的多毛类是底栖生物中最能忍受低氧的种类,因此,多毛类是低氧水域中的优势物种。低氧水域中缺乏甲壳类、双壳类、腹足类、蛇尾类等无脊椎动物。我国学者的研究也表明,在长江口季节性低氧区内,底栖生物中多毛类占优势地位。低氧环境下,浮游摄食动物常被底层摄食动物代替,大型底栖生物被小型底栖生物代替,微鞭毛虫和微小浮游生物通常成为浮游生物中的优势种。

低氧区产生后,被破坏的生物群落的恢复是一个长期的过程。美国新泽西大陆架海域在遭受低氧后,大量底栖生物死亡,此水域迅速被机会种类的浮游幼虫占据,而先前的优势种在低氧发生后一年都没有得到恢复。在 Gullmar 海湾,低氧(0.28 mg/L)使所有的大型底栖生物消失,18 个月后该水域内的生物群落仍然未能恢复;在北亚得里亚海,低氧发生三年后,生物量仅是发生低氧前的 36%;卡特加特(Kattegat)海峡的低氧事件发生后,底栖生物在两年内未能恢复;南波罗的海的波美拉尼亚湾海域的重低氧区同样如此,生物群落在两年后仍然未能恢复。

低氧改变了海洋底栖生物群落结构,从而影响海洋生态系统的营养动力学过程。据研究,低氧改变了切萨皮克湾肉食性鱼类在群落中绝对和相对重要值,导致食物链的营养途径发生重要的变化。低氧条件下,卡特加特海峡底栖生物组成发生变化,导致底栖鱼类的食物组成发生相应的变化。在低氧条件下，复杂的食物链将被简单的食物链取代。低氧常通过影响生态系统中捕食关系来影响生态系统的物质及能量的流动。对于能耐受一定限度低氧的底层鱼类来说，低氧通常会促进捕食作用，其原因在于，当底层溶解氧降低后，沉积质处于还原状态，氧气缺乏导致底内动物转移至底上，这增加了底层鱼类的捕食机会，结果导致低氧有利于能量生态系统次级生产从底层低营养级向浮游高营养级输送。但如果溶氧继续降低，捕食者会先行逃离。对于鱼类和甲壳类捕食美洲齿吻沙蚕而言，当溶氧处于 1.4~2.8 mg/L 的某一临界浓度时，缺氧将有利于捕食作用；而当溶氧下降至 1.8 mg/L 以下时，这种有利效应随即被中断。此外，还有人发现低氧使河口生态系统的能量从消费者向分解者转移。

从 20 世纪 50 年代至 80 年代，我国关于低氧区的研究主要以对长江口低氧区的调查为主。有关长江口低氧最早的记录，出现在 1959 年的《中国海洋调查报告》中，根据观测结果，长江口低氧出现在一年中的 8 月，在 123°E、31°30′N，整个调查区域底层溶氧最小值为 0.49 mg/L。20 世纪 80 年代以后，人们开始关注长江口的溶氧问题。1980~1983 年长江口均被调查到存在低氧区。20 世纪 90 年代后，长江口低氧区的研究内容已不仅限于时空分布的调查，开始涉及低氧成因的探讨，有人认为长江口低氧区的形成与化学氧化或微生物降解有机物消耗氧气有关，也有人认为与长江冲淡水带来的大量氮、磷等营养盐及水下地形等因素有关。

综合现有的历史资料，长江口外的低氧区核心位置为 122°30′~123°E、30°50′~31°30′N。2003 年，DO<2 mg/L 的长江口低氧区面积达 13 700 km^2，占长江口渔场面积的 1/2 以上；DO<3 mg/L 的海域范围要比上述的 13 700 km^2 大 5 倍，已完全覆盖长江口渔场。长江口低氧区南端非常接近舟山渔场，而且目前低氧区仍有扩大的趋势。因此加紧对长江口低氧区分布及形成、预防机制进行研究，有利于保护长江口水生生物，同时也有利于渔业经济的稳定。

1.5.5　过度捕捞

长江口丰富的渔业资源给人们带来了巨大的经济效益，在渔汛季节，各种定置网具、捕捞船只遍布长江口水域(图 1－4)，高强度的捕捞压力对长江口鱼类资源造成破坏性影响。长江口曾经盛产的刀鲚、凤鲚、小黄鱼、带鱼等均处在被过度捕捞的状态，而有些鱼类甚至濒临灭绝，如鲥、大黄鱼、松江鲈等。长江口的“五大渔汛”也只剩凤鲚能够形成渔汛，其过往年均捕捞量为千余吨，而到了 2001 年只有 500 t。在违法捕捞方面，除了偷捕、围捕一些禁捕鱼类外，对鱼类伤害最大的是各种网具的使用。例如鳗苗网网目 1 mm，在鳗苗汛期，大量刀鲚、白虾幼体被鳗苗网一同捕获，而大量幼体资源损失会造成整个种群资源衰退。1987 年刀鲚产量近 200 t，其中刀鲚幼体就占了 70%，这都是使用深水张网等网具过度捕捞的结果。大量的幼体、未繁殖亲鱼被捕捞，使渔业资源衰退加剧。

图 1－4　遍布捕捞船只的长江口

第2章　长江口珍稀濒危水生动物保护

长江口水域生境多样,生物多样性丰富,生物共存于此。同时,长江口所处地理位置优越,交通便捷,经济发达。根据长江口经济发展趋势推断,长江口经济发展将对河势稳定、水土资源利用、岸线资源开发、航道条件、防洪防涝等提出更高的要求。为满足人类的各种需要,长江口工程建设和其他人类活动频繁,诸如河道疏浚、缩窄河宽、圈围滩涂、兴建边滩水库、导堤建设、拓深航道、内河清淤、闸位建设、污水排放等,对水生生物生境、湿地、底栖生物以及水质等造成了不良影响,使得长江口生态系统愈发脆弱和敏感,再加上人类长期高强度的捕捞压力,使长江口水生动物种群数量和规模均出现下降的趋势,种群结构低龄化。同时水生动物自身对环境变化的适应能力有限,对自然及人为造成的剧烈环境胁迫不能及时适应,珍稀濒危水生动物物种数出现了上升的趋势。

据历史资料记录与现状调查,长江口水域分布或曾出现的珍稀濒危水生动物有国家一级保护动物白暨豚、中华鲟、白鲟,国家二级保护动物江豚、松江鲈、花鳗鲡、胭脂鱼,共 7 种。白暨豚、中华鲟、白鲟、胭脂鱼为我国特有种,且均为大型水生动物(童波等,2008)。其中有着“水中大熊猫”之称的白暨豚在 2007 年宣布功能性灭绝;国家一级保护动物中华鲟自 2013 年以来较少发现在其原有产卵地产卵;白鲟现在基本灭绝;江豚的存活头数还不及大熊猫的一半。

2.1　水生动物保护及其特殊性

2.1.1　保护意义

水生野生动物是我国宝贵的自然资源,具有很高的经济、科学、医学和文化价值。保护、发展和合理利用水生野生动物资源,对于发展经济,维护自然生态平衡,拯救濒危物种,开展科学研究,改善和丰富人民物质与文化生活,以及促进国际交流,都具有重要意义。而且,野生动物保护的程度已逐步成为衡量一个国家和民族环境保护意识及文明水准的重要标志。保护水生野生动物资源对于维护整个生态系统平衡具有无法估计的、潜在的价值。而造成某一物种的灭绝就会使其在自然界中永远地消失,将是无法弥补的损失。保护水生野生动物资源也可以说就是保护人类自己(侯雁彬,2001)。

保护水生动物是保护生物多样性和生态环境的需要。水生野生动物是生态系统的重要组成部分。水生野生动物的每一物种,在生态系统中均占有特定的地位,且与其他生物和非生物互为依赖,共同维持生态平衡。历史经验告诉我们:随着一个物种的消失,将导致若干物种的灭绝,甚至造成整个生态系统平衡的改变。而水生野生动物对环境变化的反应比陆生动物更加敏感,某些水生野生动物的异变或灭绝,往往就是自然环境恶化和人类生存已经受到严重威胁的征兆。生态及环境研究专家认为,水生野生动物资源遭到破坏,所引起生态平衡的改变和环境恶化,最终将危及人类生存。保护水生野生动物资源,就是保护生物多样化,就是保护生态环境,从一定意义上讲也就是保护我们人类自己(吴树敬,2006)。

保护水生野生动物是实现自然资源可持续利用的需要。水生野生动物是宝贵的自然资源,具有十分重要的科学、生态和经济价值。如白海豚具有极为发达的大脑及声呐系统,它对人类的军事科学研究有极高的价值;中华鲟从其进化上可以研究地质、地貌变化,该物种又有生长速度快、发病死亡率低、营养价值高等特点,具保健与药用价值。我国许多水生生物在生物学、仿生学、生理学、地质学以及军事科学等方面均有重大科研价值。如果一个物种在人们还没有真正了解之前就绝种,就会造成难以弥补的损失。并且,水生野生动物具有可再生性,只要人们遵循生存自然规律,善待它们、呵护它们,加强保护与管理,就能实现自然资源的永续利用。这对发展经济,改善和丰富人民的物质和文化生活大有裨益(吴树敬,2006)。

保护水生野生动物是建设现代文明社会的需要。21 世纪,人类将更加重视对环境的保护和资源的可持续利用,这已是大势所趋。国际社会对野生生物保护日益重视,尤其是对野生动植物的保护程度,逐步成为衡量一个国家和民族环境保护意识及文明水准的重要标志。

各国政府已把这一工作摆上了重要议事日程,加强水生野生动物保护和管理。我国政府也十分注重保护生物多样性与自然生态平衡(吴树敬,2006)。1973 年,由世界自然保护联盟(International Union for Conservation of Nature,IUCN)发起,80 个国家于华盛顿签署了《濒危野生动植物种国际贸易公约》

(Convention on International Trade in Endangered Species of Wild Fauna and Flora, CITES)(《华盛顿公约》)。我国于1981年加入该公约,为其成员国之一。CITES是一部通过严格的贸易控制和监督措施,防止野生动植物因国际贸易和过度开发利用而导致灭绝的强势公约。CITES作为一个强势国际公约,其采用限制国际贸易手段保护野生生物资源的做法正得到国际社会的认同,从全球视角对水生生物资源加以管理,对其保护有着重要意义。该公约目前有172个成员国。CITES所规定的濒危野生动物与IUCN根据资源量定义的濒危物种不同,某个物种即使资源量再大,只要国际贸易威胁到其生存,也会被纳入CITES管理范围中。根据受贸易影响的程度,CITES将不同物种收录在三个附录中。附录Ⅰ收录了受到或可能受到贸易的影响而有灭绝危险的物种,并禁止对这些物种开展任何商业目的的开发利用。附录Ⅱ包括必须限制贸易才能保证其不至面临灭绝危险的物种。CITES规定,在出口附录I和附录II物种时,出口国科学机构应做出该出口贸易不会对物种的生存产生危害,即"无害性判断"(non-detrimentfindings)的认可后才能发放出口许可(CITES, 1973)。附录Ⅲ的保护级别较低,收录了各成员国请求其他缔约国合作控制贸易的物种。依据该公约要求,各缔约国应对CITES附录物种进行进出口许可管理。具体包括审核及颁发进出口许可证或证明书,评估物种资源量及开发利用状态,监督物种及产品出口的实际情况,控制物种及其产品的过境和转运,监管物种的运输和安置等。此外,各国还需保存相应贸易记录,并向CITES秘书处提交贸易情况的年度报告和国内有关立法、规章和行政措施的双年度报告。我国的濒危物种进出口管理办公室代表中国政府履行CITES,濒危物种科学委员会从事有关濒危野生动植物及其产品进出口的科学咨询工作。为了更大限度地保护水生生物资源,CITES规定了"从海上引进"(introduction from the sea)的定义,对附录Ⅰ、Ⅱ物种的贸易行为进行管理。"从海上引进"指从不属于任何国家管辖的海域中取得的任何物种标本(包括活体)输入某个国家。例如公海范围内的生物,由于没有国家负有管理和保护义务,很容易被过度开发利用。从海上引进管理的意义就在于通过控制此类物种的进口来达到保护的目的(樊祥国等,2008)。

1992年,各国首脑云集里约热内卢,在联合国环境与发展大会上共同签署了《生物多样性公约》,并通过了《21世纪议程》,呼吁各国在保护环境和生态不受破坏、资源可永续利用的前提下发展经济,强调这是关系到人类前途和发展、全球均应共同关注的重大课题(侯雁彬,2001)。随着世界经济全球化、科学技术和人类社会文明的发展,如何合理开发利用和保护这些有限的、濒危的水生野生动物资源,是迫在眉睫的大事。

2.1.2 水生动物濒危等级

在开展珍稀濒危水生动物保护工作时,需要根据物种的濒危程度制定相应的保护策略和保护力度,包括立法、自然保护区建立、科研投入等诸多方面。这就需要有一个科学、可靠的物种濒危等级标准,并以此对水生动物濒危程度进行量化,开展相应的保护工作。从 20 世纪 60 年代,物种濒危等级标准相关研究逐步展开。目前应用最为广泛、影响最大的是 IUCN 的物种濒危等级标准。

IUCN 于 1948 年成立,1998 年更名为 IUCN-The World Conservation Union,目前有 140 个国家的 980 个政府和非政府团体参与其中,是世界上最大的自然保护团体。IUCN 主要采用了 Mace-Lande 物种濒危等级标准。Mace-Lande 物种濒危等级提出了濒危物种的种群下降速率、分布范围大小、预计种群下降速率以及灭绝概率等的数量标准。Mace-Lande 物种濒危等级标准将物种濒危等级分为如下等级：灭绝、野生灭绝、极危、濒危、易危、低危、数据不足、未评估。其中,灭绝是指如果一个生物分类单元的最后一个个体已经死亡。野生灭绝是指如果一个生物分类单元的个体仅生活在人工栽培和人工圈养状态下,而无野生个体存在。极危是指野外状态下一个生物分类单元灭绝概率很高。濒危是指一个生物分类单元虽未达到极危,但在可预见的不久的将来,其野生状态下灭绝的概率高。易危是指一个生物分类单元虽未达到极危或濒危的标准,但在未来一段时间中其在野生状态下灭绝的概率较高。低危,指一个生物分类单元,经评估不符合列为极危、濒危或易危任一等级。数据不足是指对于一个生物分类单元,无足够的资料对其灭绝风险进行直接或间接的评估。未评估是指未应用有关 IUCN 濒危物种标准评估的分类单元。Mace-Lande 物种濒危等级中的“低危”又分为三个亚等级：① 依赖保护,该分类单元生存依赖于对该分类类群的保护,若停止这种保护,将导致该分类单元数量下降,该分类单元 5 年内将达到受威胁等级;② 接近受危,该分类单元未达到依赖保护,但其种群数量接近易危类群;③ 略需关注,该分类单元未达到依赖保护,但其种群数量接近受危类群。

IUCN 物种濒危等级标准对濒危物种的保护工作提供了相当的依据,但该标准在实践中也存在一些问题。蒋志刚等(2003)把其存在的问题与中国珍稀濒危动物保护工作中面临的情况与形势相结合进行了详尽的分析。

(1) 评定物种濒危等级时,要区别对待那些本来就数量稀少、生境狭窄的物种和那些由于人类活动而导致其种群数量与生境面积急剧下降的物种。对于濒危物种应区别“生态濒危物种”和“进化濒危物种”。“进化濒危物种”是指那些种群数量稀少、分布区狭窄的孑遗物种，或由于环境变化后，适应环境能力较差而面临灭绝风险的物种，这类物种是"进化时间尺度"中濒临生存危机的物种。"生态濒危物种"是指那些不能适应人类活动造成的生态环境演化，或者受到人类活动直接影响而面临灭绝风险的物种；这类物种是"生态时间尺度"中濒临生存危机的物种。至于如何区分"生态濒危物种"和"进化濒危物种"，主要看物种的生态与进化时间尺度的选择。"生态时间尺度"指小于50个生物学世代的时间长度或短于50年的时间尺度；"进化时间尺度"指大于50个生物学世代的时间长度或长于50年的时间尺度。在选择时间尺度时，主要考虑中国最近50年来社会经济和生态环境的变化，在具体评定一种水生野生物种的濒危等级时，如可考虑中国最近25年社会经济和生态环境的巨大变化对物种濒危的影响，如果物种在最近50年内种群数量与生境面积的下降速率高于过去的种群数量与生境面积下降速率，则物种是生态濒危的物种。如果物种在最近25年内种群数量与生境面积的下降速率高于过去的种群数量与生境面积下降速率，则物种是生态高度濒危的物种。

（2）不同的动物类群不能应用同一濒危标准尺度。水生野生生物包括那些在水体中完成主要生活史的哺乳动物、圆口类、鱼类、无脊椎动物等生物类群，这些生物的生活史、种群和生境特征差异很大。IUCN物种濒危等级标准中的种群数量波动幅度标准对于种群数量稳定的物种适用，但是对于种群数量具有不稳定特征的种群来讲，种群的大幅度波动是种群的特征，不能作为物种濒危的标准。此外，不同生物类群物种的生境面积大小不同，很难用IUCN物种濒危等级标准中的同一生境面积标准来测度物种是否濒危。IUCN物种濒危标准假定，当一个物种的成熟个体死亡率高时，物种的灭绝概率亦高。这一假定只对种群数量稳定的物种适用，而对种群数量具有不稳定特征的物种不适用。因为种群数量稳定的物种种群数量稳定在环境负载量上下，而种群数量具有不稳定特征的物种的种群数量存在较大波动。另外，对于那些具有高生长速率、高繁殖潜力、性成熟早的物种而言，成熟个体死亡率高并不意味着物种的灭绝概率高。即使这些物种的成熟个体死亡率高，也不能将这些物种定为濒危。有时，为了利用生物资源，常常需要从种群中捕获成熟个体，如人们常常捕捞某些鱼类50%以上的成熟个体。按照IUCN物种濒危标准，这些被捕捞的鱼类应为受胁物种。事实上，对于一些繁殖力高的物种，较长时间的捕捞不一定危及其生存。因此，建议在制定物种濒危标准时，应区分具有不同种群数量特征的物种。蒋志刚等(2003)在此分析的基础上，将中国水生野生生物濒危等级分为如下五级：无危，指那些在生态时间尺度中没有灭绝风险的物种；值得关注，指那些生存状况值得关注，否则其生存状况会恶化，面临生存危机的物种；受胁，指一个生物分类单元在未来一段时间中其在野生状态下灭绝的概率较高；濒危，指那些在可预见的不久的将来，其野生状态下灭绝的概率高的物种；灭绝，指一个生物分类单元的全部个体已经死亡。

（3）要区别对待物种边缘分布区和核心分布区的种群数量与密度的差异，区别对待特有种与广布种。一些物种在国内的分布区小、数量少，是因为国内是这些物种的边缘分布区，因此，如果按分布区和种群数量进行评价，这一些物种将会被定为受胁或濒危。但是，这些物种可能在国外有相当大的分布区和种群数量。有些濒危物种是特有种，有些是广布种，在评定濒危等级时，要区别对待物种的边缘分布区和核心分布区，提升特有种的保护等级。

（4）要区分处理种群的局部灭绝、局部濒危。自然界的物种常常具有集合种群结构。集合种群中的局域种群之间存在个体迁徙、基因交流；同时，集合种群中局域种群存在局部生灭。评定物种的濒危等级时，要区分处理种群的局部灭绝、局部濒危。将集合种群的局域种群当作“个体”对待，综合评价局域种群的局部灭绝、局部濒危对物种濒危的影响。对于那些具有集合种群结构的野生生物种群，将局域种群的灭绝比例以及集合种群的空间结构作为该物种的濒危标准；同时对于那些生活在江河干流与支流中的水生野生动物，按照其在分布区江河支流中的灭绝与濒危尺度来确定其濒危等级。若一种水生野生物种的生境破坏或种群数量下降发生在过去 25 年内而不是 50 年内，则该水生野生物种的濒危等级可提升一等。例如，如果一个物种的生境标准或种群数量在过去 50 年内从“无危”变成“受胁”，那么其濒危标准定为“受胁”；如果在过去的 25 年内从“无危”变成“受胁”，那么其濒危标准定为“高度受胁”。

（5）一些濒危物种在野生生境中濒危，但是这些物种可以人工繁殖，如何处理可以人工繁殖的濒危物种？世界上的人工养殖水产品在 20 世纪最后 15 年中增长了一倍以上。即使是一些濒危物种，通过人工增殖，数量也有了很大的增长，如中华鲟通过人工繁殖其数量有了很大的增长，人工放流的中华鲟已过几万尾。虽然野生中华鲟的数目还不多，但是已经高过 IUCN 物种濒危标准中的“受胁”标准。在确定物种濒危等级时要处理好能人工繁殖的濒危物种。建议的解决方案是将能够人工养殖并繁殖子二代的物种的濒危等级降低一等。

（6）如果无法获得种群与栖息地的精确历史资料和统计数据，怎样评估物种濒危等级？其解决方案是应用模糊集合、模糊聚焦和模糊信息处理方法，根据能够调查得到的信息估计物种可能存在的状况，对物种濒危等级进行判断。

目前《中国濒危动物红皮书》的物种等级划分参照了 1996 年版 IUCN 物种

濒危红色名录，根据中国的国情，使用了野生绝迹、国内绝迹、濒危、易危、稀有和未定 6 个等级。“濒危”指野生种群已经降低到濒临灭绝或绝迹的临界程度，且致危因素仍在继续；“易危”指野生种群已明显下降，如不采取有效保护措施，势必成为“濒危”者，或因近似某“濒危”物种，必须予以保护以确保该“濒危”物种的生存；“稀有”指从分类定名以来，迄今总共只有为数有限的发现记录，其数量稀少的原因主要不是人为的因素；“未定”指情况不甚明了，但有迹象表明可能已经属于或疑为“濒危”或“易危”者。

2.1.3　水生生物保护的特殊性

与陆生生物相比，水生生物生态环境特殊，这也就直接决定了水生生物（尤其是珍稀濒危水生动物）保护工作具有一定的特殊性。

首先，保护工作不易开展。举例来讲，由于水生生物主要生活在一定水域中，在水面上进行保护工作（如执法、科研调查等）不如在陆地方便。一些珍稀濒危水生生物有洄游的习性，建立的自然保护区可能不包括其生活史所在的全部水域，在自然保护区之外的保护效果很难得到保障。

其次，对水生动物的保护工作（如增殖放流等）需要进行效果评估，水生动物的标记重捕技术十分重要，但目前并不存在低成本、标记无创伤、遗失率低的标记技术，对标记个体的回补难度也很大。

另外，公众关注热度不足。因为人们主要在陆地上活动，在水面上的活动相对少了很多，所以水域生态所遭受的破坏不如陆地生态的破坏容易引起人们的感同身受，人们对水生生态的重要性不能及时地认识到位。因此造成了水生动物的保护不如陆地动物的保护受到重视。

2.2　保护措施及研究

2.2.1　法制建设

1986 年我国颁布了《中华人民共和国渔业法》（简称《渔业法》），该法的颁布是我国渔业发展史上的一个重要事件，对合理利用及保护渔业资源起到了重要作用。在 1986 年之前，我国对渔业资源的利用主要基于当时的时代背景，满足人民生活和经济发展的需要，对水生动物的利用优于保护。但随着人类活动对水生生态环境的破坏、对水生生物的过度利用，水生生物资源急剧减少，政府充分意识到了水生生物保护的重要性，对水生生物资源进行了立法保护。1986 年后渔业部门以《渔业法》为法律依据，采取了设定捕捞强度、限制捕捞方式、划定禁渔区等措施保护渔业资源不受破坏。进入20世纪后期，我国社会与经济发展迅速，使水生动物栖息环境遭受到巨大破坏。面临严峻的动物保护形势，我国先后颁布一些法律法规和规章文件。在法律方面颁布了《中华人民共和国野生动物保护法》（简称《野生动物保护法》）和《中华人民共和国海洋环境保护法》；在行政法规方面实施了《中华人民共和国自然保护区管理条例》《中华人民共和国渔业法实施细则》《中华人民共和国水生野生动物保护实施条例》等，明确了保护工作的监管主体、执法内容和法律责任；在部门规章和规范性文件方面实施了《中华人民共和国水生动植物自然保护区管理办法》《中华人民共和国水生野生动物利用特许办法》《水产种质资源保护区管理暂行办法》和《水生生物增殖放流管理规定》等，使水生生物种质资源管理政策更具体化和具备可操作性。2006年颁布的《中国水生生物资源养护行动纲要》，对我国水生生物资源养护现状及存在的问题进行了分析，提出了明确的水生生物资源养护指导思想、原则和目标，并规定水生生物资源养护行动的具体领域和保障措施，是近年来我国政府推进水生生物养护事业的纲领性文件（樊响，2014）。至此，水生动物的保护工作被提到了较高的地位，对水生动物的保护优于开发利用；同时科研技术的进步和经济基础的支持也为开展更多的保护工作奠定了基础，包括对特定物种的研究、人工繁养、增殖放流、人工鱼礁、休渔禁渔等。

逐步构建的法律体系为我国野生动物保护（包括对珍稀濒危水生动物的保护）提供了法律依据，保护工作也取得了很多成效。但是我国对野生动物保护的法律和制度建设也存在诸多不足之处。

法律法规不完善、不健全，甚至存有一定的漏洞，在现实管理中缺乏灵活性，亟待修改和补充。以《野生动物保护法》为例，该法是新中国成立以来制定的第一部有关野生动物保护管理的基本法，该法的颁布与实施为我国野生动物保护事业提供了强有力的法律保障。《野生动物保护法》规定了在保护的野生动物，包括珍贵濒危的水生动物，并明确规定国务院渔业行政主管部门主管全国的水生野生动物管理工作。《野生动物保护法》在保护珍稀濒危动物方面起到了重要作用，使得野生动物保护有了足够的法律地位和行动基础。然而《野生动物保护法》也有其局限性。比如，“生境”是指生物体或生物种群自然分布的地方或地点，野生动物的生境就是野生动物的栖息地，近年来出于发展经济的需要我国存在大量开垦湿地、排放污水等行为，使野生动物的栖息地日益减少，生境破碎化，这些导致各种野生动物数量急剧下降。以野生动物的濒危为代价的经济高速发展，是与可持续发展的思路相背离的。《野生动物保护法》并没有对水生动物生境保护做相关规定，因此应当完善本法生境保护的内容，保护野生动物的生存基础(陈娟,2011)。例如,《福建省实施〈中华人民共和国渔业法〉办法》中规定:未取得经营加工许可证进行经营加工的,没收野生动物及其产品、经营加工工具和违法所得,处1 000~10 000元罚款;对有收购、杀害、经营国家和省重点保护的野生动物及其产品的行为的,没收野生动物及其产品和违法所得,处猎获物价值或其产品市场价等额罚款。按照这一规定,非法捕杀比无证经营的处罚力度要小(戴菊芳,2008)。并且,2000年底最高人民法院公布了非法猎捕、杀害、收购、运输、出售珍贵、濒危野生动物刑事案件"情节严重""情节特别严重"数量认定标准,也只针对陆生野生动物,缺乏水生野生动物的配套规定,因此执法机构在处理水生野生动物违法案件时,只能作行政处罚,往往达不到震慑违法分子的目的(戴菊芳,2008)。

水生动物保护主管部门行政责任不足够明确。《中华人民共和国宪法》《中华人民共和国环境保护法》《中华人民共和国野生动物保护法》《中华人民共和国渔业法》规定了保护生态环境和野生动物,以及建设项目提交环境影响报告书制度,却没有规定行政不作为时行政机关的责任。只有授权而没有救济的立法,使行政不作为有了发生的空间。而《自然保护区条例》规定的"综合管理与分部门管理相结合"的体制使水生野生动物保护职责被分解给环保、林业、农业、地质矿产、水利、海洋等"有关行政部门",一方面分散削弱了行政职能;另一方面使水生野生动物保护行政的监督更加困难,加大了行政不作为的可能性。《水生野生动物保护实施条例》规定"应当定期组织水生野生动物资源调查,建立资源档案,为制定水生野生动物资源保护发展规划提供依据",但行政不作为救济机制缺失的后果是很多省份至今未建立水生野生动物资源档案。《中华人民共和国环境影响评价法》规定"环境影响评价必须客观、公开、公正,综合考虑规划或者建设项目实施后对各种环境因素及其所构成的生态系统可能造成的影响,为决策提供科学依据",但行政不作为的救济机制缺失使规划和建设项目的环境影响评价在相当程度上不客观、不公开、不公正。行政不作为的救济缺位使立法与执法脱节,导致水生野生动物保护的立法目的不能落实,降低了法的作用和价值(饶林,2010)。

立法价值取向较为狭隘。《野生动物保护法》第一条规定:为保护、拯救珍贵、濒危野生动物,保护、发展和合理利用野生动物资源,维护生态平衡,制定本法。根据本条可知我国《野生动物保护法》的立法目的在于"发展和合理利用野生动物资源",保护是手段,利用才是目的。这是一种较为狭隘的立法目的,有学者指出:"该法过度强调野生动物的'资源性',这种'资源性'实质是一种社会经济价值论,是'传统人类中心主义'的体现"。正是由于这一狭隘的立法目的，使得人类对野生动物资源的索取一直在加剧。我们对野生动物的保护应强调其整体性和可持续性，因而制定野生动物保护法的目的不能仅在于利用野生动物资源，而是要立足于通过保护野生动物，使整个生态系统保持平衡，使人与自然和谐共存，可持续发展（陈娟，2011）。《野生动物保护法》（2009 年修正）第二条规定：本法规定保护的野生动物，是指珍贵、濒危的陆生、水生野生动物和有益的或者有重要经济、科学研究价值的陆生野生动物。由此可知，我国《野生动物保护法》的保护范围主要是个别珍稀或濒危物种。这样，虽然保护了少数濒危物种免受灭种威胁，却忽视了对其他野生动物物种及其生存环境的保护。一般野生动物若处于不利的外部生存环境中，也可能成为濒危物种甚至存在灭种的危险，这样也将破坏整个生态链，使得与其相关的生物链都陷入困境乃至绝境。从可持续发展的角度来看，我国《野生动物保护法》过于狭窄的保护范围不利于生态系统健康、稳定的发展。因此，应当扩大对野生动物的保护范围，不应该仅仅局限于野生动物保护法所规定的那些珍稀、濒危野生动物，而应以所有的物种为保护对象（陈娟，2011）。可见，尽管相关的法律法规也对生态保护和水生野生动物保护作了规定，但保护经济价值为主的立法思想，常导致生态价值保护的失位，这是水生野生动物保护不力的根本原因之一。法律法规主要保护有经济价值的水生野生动物，而对水生野生动物的生态价值保护没有明确的规定。《中华人民共和国宪法》（2004 年修正）第九条规定了“国家保障自然资源的合理利用，保护珍贵的动物和植物”。《野生动物保护法》（2009 年修正）第一条和第二条规定了立法目的是保护“珍贵、濒危的野生动物”，第十二条规定了“建设项目对国家或者地方重点保护野生动物的生存环境产生不利影响的建设单位应当提交环境影响报告书”。《渔业法》第三十七条规定：国家对白暨豚等珍贵、濒危水生野生动物实行重点保护，防止其灭绝。禁止捕杀、伤害国家重点保护的水生野生动物。《自然保护区条例》第二条规定：本条例所称自然保护区，是指对有代表性的自然生态系统、珍稀濒危野生动植物物种的天然集中分布区、有特殊意义的自然遗迹等保护对象所在的陆地、陆地水体或者海域，依法划出一定面积予以特殊保护和管理的区域。《水生野生动物保护实施条例》第二条规定：水生野生动物，是指珍贵、濒危的水生野生动物。该条例第六条规定：国务院渔业行政主管部门和省、自治区、直辖市人民政府渔业行政主管部门，应当定期组织水生野生动物资源调查，建立资源档案，为制定水生野生动物资源保护发展规划、制定和调整国家和地方重点保护水生野生动物名录提供依据。法律法规主要保护珍贵、珍稀、濒危的野生动物，这一立法思想，体现了单一的经济价值取向，不符合水生野生动物保护应遵循的生态规律（饶林，2010）。

除了法制建设中的问题，还存在监管、执法困难的问题。水面船只执法不如陆地执法方便开展，水面交通不如陆地交通方便，尤其是在夜间，一些不法分子为了经济利益铤而走险，在渔政等保护部门不方便开展监管工作的水域或时间等方面钻空子，偷捕、走私、贩卖珍稀濒危水生动物。

违法行为趋于隐蔽，监管及执法难度大。非法运输更加隐蔽。非法运输水生野生保护动物一般选择汽车和飞机运输。汽车运输时，水生野生保护动物经水果箱等包装箱伪装后由私家车直接运送至餐饮场所或与一般水产品同样包装并混杂其中后由专线货车运送至水产品市场外再用小车运送至餐饮场所。空运时，水生野生保护动物与名贵海鲜被同样封装并混杂其中运输，收货人常常并非真正货主，而提货人则可能是受雇于货主、与被偷运的水生野生保护动物没有任何关系的第三人。上述情况在未得到可靠线索的情况下，很难查处（孙定等，2012）。

非法经营加工手法越来越隐蔽。水生野生保护动物消费市场的高额利润刺激经营者不惜铤而走险，其经营手法也越来越隐蔽。最初，经营者将水生野生保护动物放养在酒店大厅鱼缸里公开让食客挑选，甚至打出广告招揽食客；后来，将水生野生保护动物藏到店内上锁的储藏间、暗室水族箱里；再后来，水生野生保护动物被藏到店外，只在菜单上写出野生动物的菜名，须是熟人或经熟人介绍方可消费。经营者往往违法经营数十次，才有可能被查处一次，执法难度可想而知（孙定等，2012）。

2.2.2　科学研究

保护水生动物的重要前提之一是对保护对象的资源量、生态习性等有充分的了解，只有对保护对象进行了充分的了解才能更好地制定保护策略，不断发展保护理论和技术。这都需要科学研究打下基础。而科学研究的领域非常广，如在立法、水生生物资源量、保护区理论及建设、水环境监测、人工繁育、增殖放流、人才培养等诸多方面均可开展科学研究，有助于形成对水生动物系统的保护方法。下面以种质资源保护为例分析科学研究在珍稀濒危水生动物保护方面的应用。

生态环境的日益恶化伴随着物种的种群数量和质量严重衰竭，个体趋向小型化，物种（尤其是水生动物）的自然遗传受到严重威胁，遗传脆弱性日益明显。无法再现的基因、物种和生态系统正以前所未有的速度消失。自然水生动物资源的种群遗传结构也会重新改组，水生动物基因遗传多样性被破坏；同时，水生动物无论是原有的、引进的，还是新培育出来的，一旦因杂交而丧失了它们原有基因库中基因的配套，就很难恢复；原种群体基因库里的基因是分散地存在于群体的各个个体里的，保存的个体少了，也会漏失若干基因。因此，要彻底改变长江流域野生濒危水生动物生存、繁育和发展的严重局面，需要在分子（基因）水平对野生濒危水生动物进行遗传保护（龙华等，2006；龙华，2003）。应建立濒危水生野生动物的基因库，注意保护物种资源。珍稀水生动物在水域生态系统的生态幅度较小，在不合理的开发中最容易受到损害，失去一些生态型，使其在遗传学上的变异性和灵活性大大降低；当水域生态系统的破坏超过生态平衡的阈限、外界干扰超过生态系统的自我修复能力时，这些动物首先出现退化甚至灭绝，造成水生动物种质资源的流失。我国珍稀水生动物的分布区域已显著缩小，种群数量骤减。物种一旦灭绝就不能复现，这是无法从经济上衡量其损失的。因此建立濒危水生野生动物的基因库，保护其种质资源具有十分重要的意义（侯雁彬，2001）。

保存原始的优良种群或地方种群、合理配置水生动物繁育群体的有效大小、遏制影响群体遗传变异的因子，是保护水生动物种质资源、保护水生动物繁殖群体，亦即保护水生动物基因库和水生动物基因遗传多样性的重要手段。研究表明，染色体和基因组的可塑性成为物种分化、形态演化以及适应环境改变等的遗传基础，也是水生动物育种的遗传基础。越来越多的研究表明，物种在进化过程中所发生的遗传物质变化，常表现为染色体数目和结构的变化，这种变化无疑在物种形成中起着重要作用，也表现了鱼类在染色体水平丰富的多样性。染色体组型不但在很大程度上具有物种的特异性，而且反映了物种的分化和形成过程、亲缘关系、演化途径和演化历史。现代生物技术可以通过染色体或基因组的改变来催化物种的形成，从而对种群和生物多样性产生影响。21 世纪初，中国科学院在上海、昆明、北京等地建立了野生鱼类细胞库，农业部以及中国水产科学研究院（简称“水科院”）在长江水产研究所建立了 3 个鱼类天然生态库、1 个人工生态库、1 座冷冻（胚胎和精子）库和 1 个数据库，为鱼类遗传多样性的保护奠定了基础（龙华等，2006）。

随着分子生物学的发展，对濒危水生动物物种的保护，人们已经开始采用最新的方法和措施。

其一是克隆、移植和转基因技术。1952 年，科学家首先用青蛙开展细胞核移植克隆实验，先后获得了蝌蚪和成体蛙。1963 年，童第周教授领导的科研组首先以金鱼等为材料，研究了鱼类胚胎细胞核移植技术，他将一种鱼的细胞核移植到另一种鱼的去核卵中，获得成功。不同属甚至不同亚科的核质重组可产生能生育的成年鱼。与原种相比，属间杂种鱼表现出生长速度快、蛋白含量高及脂肪含量低等特点。原水科院长江水产研究所研究员余来宁,将草鱼干细胞移植于未受精卵中,于 1995 年首次获得草鱼体细胞克隆鱼;2004 年他在中华鲟的克隆领域也取得进展。1985 年,朱作言等率先将人生长激素基因转入泥鳅和金鱼受精卵中,成功地获得了转基因鱼,建立了第 1 个转基因鱼模型。随后,世界各国许多实验室在短短几年中,使用多种人工构建的外源基因,在鲤鱼、鲫鱼、金鱼、泥鳅、虹鳟、沟鲶、鲶鱼、青鱼、真鲷、团头鲂、斑马鱼、罗非鱼、大西洋鲑、大麻哈鱼等近 20 种鱼上进行了转基因研究。目前,已经克隆了金枪鱼、草鱼、鲤鱼等多种鱼的生长激素基因,大麻哈鱼的催乳素基因,美洲拟鲽的抗冻蛋白基因,鲫鱼转铁蛋白基因,鲤鱼和草鱼的肌动蛋白基因,以及多种鱼类的抗菌肽和主要组织相容性复合体、干扰素、凝集素、白细胞介素、溶菌酶等抗病基因。此外,肌动蛋白基因启动子、鲤鱼金属结合蛋白基因的启动子等也相继被克隆。将这些完全来自鱼类的元件装配进行基因转移,获得的转基因鱼将更实用。在转基因方法上,目前主要有显微注射、电脉冲(电穿孔)、精子携带、磷酸钙共沉淀、脂质体融合、逆转录病毒转染、微弹轰击、激光介导、基因枪(粒子枪)等方法。现在,实验室里随处可见小的转基因斑马鱼、青鱼等,研究者通过它们就基因在发育中的作用进行研究,个体稍大的品种、全雌或全雄品种、抗逆品种等则在改良后用于获得商业利润。同时,这些新技术使得在基因方面经过改良的鱼类繁殖速度加快。克隆、移植和转基因技术有望拯救如中华鲟、大西洋鲑和大毒蜥鲑一类的濒危物种。

其二是干细胞技术。1970 年,Martin Evans 首次从小鼠胚囊中分离出小鼠胚胎干细胞。2004 年 1 月,英国第 1 个将克隆研究合法化,允许科学家培养克隆胚胎以进行干细胞研究。美国是世界上干细胞技术最先进的国家之一,从最初的骨髓移植算起,干细胞研究在美国已进行了 30 多年。1998 年,美国科学家成功用人类胚胎干细胞在体外生长和增殖,带动了全世界的干细胞工程研究热潮。在日本,干细胞研究是“千年世纪工程”中的核心内容之一。我国北京大学干细胞医学研究中心是中国培养干细胞研究人才的基地之一,并建立了中国第一家干细胞库。在鱼类干细胞研究方面,2002 年,水科院黄海水产研究所研究员陈松林在国内率先建立了花鲈胚胎干细胞株,建立了海水鱼类胚胎干细胞分离与培养技术,并表明花鲈胚胎干细胞具有分化形成神经细胞、肌肉细胞等不同类型细胞的能力。2004 年,洪云汉等以青鱼为模式材料,成功地建立了长期培养的正常精原细胞系,并发现该精原细胞系能在培养皿里形成可游动的精子。这项研究成果达到国际领先水平,为鱼类乃至其他动物的基因工程开辟了新的途径。目前,国内多个实验室均在实验动物(如斑马鱼、青鱼、鮈鲫以及剑尾鱼等)的干细胞研究方面投入了大量人力物力。

其三是基因组研究技术。基因组(genome)一词是1920年Winkles用genes和chromosomes组成的,用于描述生物的全部基因和染色体组成的概念。基因组研究可以理解为:基因表达概况研究,即比较不同组织和不同发育阶段、正常状态与疾病状态,以及体外培养的细胞中基因表达模式的差异,其技术包括传统的RT-PCR、RNase保护试验、RNA印迹杂交等,不足的是一次只能做1个;新的高通量表达分析方法包括微点阵、基因表达序列分析、DNA芯片等;基因产物-蛋白质功能研究,包括单个基因的蛋白质体外表达方法,以及蛋白质组研究;蛋白质与蛋白质相互作用的研究,利用酵母双杂交系统、单杂交系统、三杂交系统以及反向杂交系统等。1986年美国科学家Thomas Roderick提出了基因组学(genomics),指对所有基因进行基因组作图(包括遗传图谱、物理图谱、转录图谱)、核苷酸序列分析、基因定位和基因功能分析的一门科学。1995年,美国基因组研究所(TIGR)首先完成了流感嗜血杆菌全基因组测序;2001年,德国完成了斑马鱼全基因组测序;2002年,新加坡、英国和美国完成了河豚全基因组测序;2003年,人类基因组精细图全部完成。随着人和其他主要动植物基因组的破译,模式动物和经济动物基因组计划方兴未艾,越来越多的鱼类被提上议程,如河豚、斑马鱼、青鱼、剑尾鱼、沟鲶、罗非鱼和大西洋鲑等。基因组测序及其序列分析就像编纂一部巨大的百科全书,可为研究养殖鱼类的生长、发育、繁殖、遗传变异、疾病、与环境的相互作用(包括抗逆能力)及其遗传改良提供重要的参考价值甚至指导信息(龙华等,2006)。

2004年3月,国务院办公厅发布了《关于加强生物物种资源保护和管理的通知》,表明我国政府十分重视对生物物种资源的保护。"长江野生濒危水生动物保护"专项,2006年在水科院长江水产研究所全面启动。长江野生濒危水生动物遗传种质的分子水平保护,首先,必须保证在建立完善水生动物自然保护区的前提下进行,并进一步在以下几个方面得到加强:专能细胞冷藏与培养,干细胞系建立;染色体显微分离与微克隆,功能基因和经济性状基因定位;生长、发育与遗传基因克隆,基因组测序与基因库建立;特殊(抗逆和性别等)基因的基因转移,实验模式动物和转基因模式动物品系建立。其次,还必须定期进行检验与测试,以保证濒危水生野生动物种质资源的多样性、完整性和稳定性(龙华等,2006)。

中国水产科学院东海水产研究所章龙珍研究员采用超低温技术保存中华鲟精子。在-196℃的温度下,鱼类的精子、卵子、胚胎可无限期休眠,一旦解冻后,它们便会恢复活性。以此为基础开发的"鱼类种质低温冷冻保存技术"可以建立濒危和重要经济水生生物种质冷冻保存库，为濒危鱼类留种。对濒危水生生物来说，目前在自然界已难以生存，但在"预留"精子、卵子或者胚胎后，就有可能在多年后复活形成新的种群。此外，人工繁殖的鱼类会出现物种的优良性状退化，利用先行保存起来的优良鱼"种"，可在若干年后改良退化品种，保证遗传的多样性。

2.2.3　人工繁养

野生动物是生态系统的重要组成部分，同时也与社会经济的发展有着密切关系。野生动物为人类提供了优质蛋白以及工农业生产材料（蒋志刚，2003）。在对珍稀濒危水生动物进行保护的同时，不可避免会考虑对其利用的问题。积极鼓励和引导企业、个人开展水生野生动物人工驯养与繁殖，有利于缓解珍稀濒危水生动物野生种群的捕捞压力，同时也有利于促进水生野生动物的保护及养殖业的发展，既保护了水生野生动物资源，又在一定程度上增加了水生野生动物种苗的来源。野生动物人工繁养是把经济效益、生态效益与社会效益相结合的生物资源开发活动，也是最广泛、最直接向社会提供野生动物及其产品的经营性行业，是当前野生动物产业的重要基础（王玉军等，2011）。

珍稀濒危水生动物养殖业在发展的同时也带动了餐饮、医药、旅游、科研等行业或领域的发展，是一种高效、特色产业。该产业的发展应遵守有关法律法规规定，以保护为前提，以发展为主导，以科技为支撑，以市场为导向，以完善政策法规体系、管理体系、投资体系为保障，积极推动珍稀濒危水生动物养殖业的又好又快发展。但由于野生动物养殖产业的技术经济门槛相对较高，而直接从野外获取野生动物资源的成本相对较低，因此，不少持证经营的野生动物养殖场只是以"养"为幌子，没有将"生产"野生动物作为经营重点，实际上成为来源非法的野生动物的收购和集中转运站。尽管我国采取了制定相关的管理条例、发放"野生动物驯养繁殖许可证"等方法来防止此类事件发生，但在实施过程中，存在操作层次上的配套政策不完备和某些难以解决的关键技术问题，如野生动物的野生个体和合法养殖个体的甄别问题、如何确保物种的分类利用等。由于代际积累不够，绝大多数人工驯养的野生动物在性状上与野生个体无显著差异，衍生制品更是难以甄别，只靠核发许可证很难防止经营部门将野生种群混入和混用（王玉军等，2011）。同时，珍稀濒危水生动物养殖企业具有一定的公益性质，一些珍稀濒危水生动物的养殖企业同时也是种群复壮基地、科学研究基地。具有公益性质的珍稀濒危水生动物养殖企业应该得到足够的资金、政策和科研支持。

目前长江口珍稀濒危水生动物中的中华鲟、胭脂鱼、松江鲈、刀鲚等都取得了人工繁殖的成功。珍稀濒危水生动物人工繁殖技术的突破扩大了对其研究的样本量,降低了科研成本,为增殖放流提供了大量苗种,对水生动物的保护起到了积极的作用。

2.2.4 增殖放流

增殖放流主要是指采用人工方法将救护的或人工繁殖、培养的水生生物幼体或成体等投放到某水域中,以期增加增殖放流对象在该水生生态系统中的生物量的活动。增殖放流对于拯救濒危水生动物、恢复野生种群、丰富生物多样性、促进人与自然和谐具有重要意义,并且增殖放流活动能够在一定程度上唤起全社会对保护水生生物资源的重视,提高全民养护水生野生动物的意识。进行增殖放流活动时要注意放流物种的选择、放流季节(时间)及放流水域,并且需要适时开展增殖放流效果评估工作。

人工增殖放流物种的筛选是增殖放流工作的首要问题。在增殖放流工作兴起的初期,往往以渔业生物的经济价值与人工繁养技术成熟与否为主要筛选标准,筛选出符合条件的种类进行放流。但诸多放流实践表明,这种方法存在一定的盲目性,不仅容易使增殖放流效果不明显,还容易对放流水域的原良种质量、遗传多样性甚至整个生态系统的稳定性产生破坏。随着人工增殖放流的不断实践与技术理论的进一步完善,增殖放流物种选择逐渐有了较为明确的思路,目前放流活动主要是基于实现渔业经济增收、珍稀濒危水生动物及水域环境保护和生态修复、经济发展与生态环境相协调以及可持续发展的目的。首先,确定筛选的基本标准。充分调查拟放流水域的生态容纳量,放流数量太小,无法形成显著的放流效果,放流数量太大、对水域食物资源消耗太大,则容易给放流水域其他物种造成生存压力;拟放流水域的群落组成及种间关系需要明确,根据各物种之间关系,推断放流物种所处营养级给水域食物网络可能带来的影响;自然环境因子(包括水温、盐度、溶氧、水流速度等)信息也需调查。在对上述几个方面有足够了解的基础上,给出放流物种的基本筛选标准。增殖放流活动不能仅以拟放流对象数量稀少为标准。其次,完善的科学技术保障。对放流种类的生物学特性要有较深入的研究,以选择合适的放流时间与放流水域,根据其生活史特点制定科学的放流策略;同时,人工亲本培育、种苗大规模生产、暂养及运输技术较为成熟,保证达到放流所需的种苗规模及成活率;此外还应注意对放流种苗进行病疫检测,防止人工养殖苗种将病害传染给野生种。再次,生态安全的放流种类。放流种类原则上必须是放流水域自然生长的土著种或其子一代、子二代苗种，且需预估人工放流群体对野生群体遗传多样性可能造成的负面影响、对水域渔业资源和生态系统的可能影响，确保遗传多样性的稳定，禁止外来种、杂交种、转基因种以及其他不符合生态要求的水生生物放流种类。

人工增殖放流所选择的季节（时间）对增殖放流效果具有重要影响，在不同的季节开展水生生物资源放流，因放流水域的生物群落组成和环境因子有所不同，会对增殖放流效果产生一定影响，如影响放流苗种的成活率、生长速度、活动速度、回捕率等；不同物种有着不同的生态习性，各自适宜的放流季节也不同。对增殖放流季节（时间）的选择应注意以下几点：① 充分了解放流对象生态习性。对放流对象的生物学习性要有足够的了解，选择适合其生长的季节进行放流，提高放流成活率。② 对放流季节水域生态环境进行充分调查。首先需要调查放流季节放流水域内生物饵料是否丰富，捕食者分布状况，其次需要对放流季节气候条件进行监测，如天气、湿度、风向、风力等，还需要掌握季节内水文条件（如水温、盐度、流速、底质组成及相关水质指标等）。③ 掌握放流季节时段内渔业作业与管理信息。渔业活动对放流效果同样有重要影响，应注意选择的放流季节是否存在捕捞作业高峰期、休渔期等，注意渔政管理信息动态，避免渔业作业与管理对增殖放流产生不利影响。④ 选择对水域生态风险最小的时间进行增殖放流。不同的放流时间对水域生态会产生不同程度的影响，应尽量选择有利于保护放流水域生态生物多样性的时段进行放流，不能对放流水域关键生态位物种产生不利影响；选择的放流季节最好能将人工放流种群与野生种群区分开，如两个种群处于不同的生活史阶段，从而降低人工种群对野生种群基因多样性的威胁。⑤ 兼顾经济效益与社会效益。对人工增殖对象进行放流，最好不影响放流水域重要渔业经济生物，防止造成经济损失；在合适的时间进行放流，也便于扩大增殖放流的宣传效果，增强人们的环境保护意识，增加社会效益。

人工增殖放流对象投放的水域，具体包括海洋、江河、湖泊、水库等。人工增殖放流应在有生物资源恢复或生态环境修复需要的水域进行，在增殖放流前需要对拟放流水域进行科学调查，全面掌握放流水域水质条件和生态环境，查明拟放流水域的生态理化条件（如水温、流速、盐度、溶解氧、重金属成分等基本信息）；也需要确定拟放流水域的生物群落组成、饵料基础、生态容纳量、食物网构成等生态系统信息，如应掌握水域浮游生物、底栖生物组成，原有渔业经济品种、特有品种的种类组成、资源量及其他主要关联水生生物的生物学特征。在对拟放流水域进行充分了解的基础上，预估增殖放流可能带来的不利影响，尤其是是否会对原水域生态产生恶性破坏，也由此确定增殖放流物种的放流规格、规模、时间，制定符合水域生态条件的放流策略。充分掌握放流水域情况，也是将来开展人工增殖放流效果评估工作的前提。由于野生种群的产卵场、幼鱼栖息地、索饵场、洄游通道往往可以较好地满足放流对象对生态环境的特定要求，所以一般选择在上述地点进行增殖放流，保证放流苗种有较高的成活率。增殖放流前后均需对放流水域进行管控。放流之前，应向公众公布放流水域地点、放流时间、放流种类、放流数量及限制捕捞措施等信息，做好事前宣传；还应尽量清除放流水域存在的渔业作业船只、网具等，做到提前清障，为苗种生存提供良好水域环境。放流之后，要对放流水域进行巡防，监测放流苗种动态，防止违法捕捞及破坏放流苗种行为的发生，确保放流质量。

增殖放流活动后需要适时开展增殖放流活动评估工作。增殖放流效果评估是指对人工增殖放流工作及其产生的经济、生态及社会效益进行评价的过程。增殖放流效果评估是增殖放流工作的重要环节，科学合理地评估增殖放流取得的积极效果，总结增殖放流的经验与教训，可以促进人工增殖放流技术的改进，制订完善的资源增殖规划，以取得更加理想的放流效果。19 世纪末期，人类在鱼类人工繁育技术领域的突破使得人工投放种苗以增加野生种群生物资源量成为可能，人类增殖放流工作由此开始，但未开展增殖放流效果评估。进入 20 世纪后，随着水生生物人工繁育技术的进一步发展，人工养殖规模的不断扩大，放流种类及规模逐步扩大，许多国家和地区开展了大规模的增殖放流活动。19 世纪末期至 20 世纪中后期，由于人们重视放流规模，但轻视增殖放流效果评估工作，加上基础研究落后、放流策略不成熟、增殖放流效果评估方法不完善等原因，导致许多增殖放流活动并没有取得预期的效果。20 世纪 90 年代，随着人们对水生生物及生态系统的研究更加深入，对增殖放流效果评估方法的不断完善，增殖放流效果评估工作得到顺利展开与发展。放流个体标记与回捕率分析是增殖放流效果评估的主要方法。放流个体标记包括在放流个体上挂牌、切鳍、注射荧光染料等传统标记方法与分子标记、耳石标记、芯片标记等现代标记方法。传统标记方法主要优点是标记鱼易发现，缺点是容易对放流个体造成损伤，不适合较小的个体，且易脱落。现代标记方法的优点是可靠性好、可遥感、可获取信息多，缺点是成本往往较高。应根据放流对象特点，选择适当的方法进行标记。放流后，通过标记鱼回收与监测调查等方法计算回捕率等相关数据，也要获取放流水域生物多样性、增殖放流对象生长情况及渔获量、其他经济种类资源密度、放流水域水质状况等信息，与放流前的情况进行对比，对增殖放流效果进行评估。增殖放流效果评估主要从生态效益、经济效益、社会效益三个方面进行。在生态效益方面主要评价增殖放流工作是否增加了放流物种在自然水域的生物资源量,评估人工放流苗种对野生种群遗传多样性的不利作用,以及对放流水域生物群落多样性、生态系统稳定性的影响;在经济效益方面主要计算增殖放流前后经济收益情况;在社会效益方面主要评价增殖放流工作是否提高了人们对水生生物资源的管理水平,是否提高了社会对生物资源与环境的保护意识等。增殖放流效果评估工作可以改进增殖放流技术,管控人工增殖放流可能带来的生态风险,在制定科学的增殖放流策略等方面起着积极作用。

长江口中华鲟自然保护区 2004~2006 年曾开展增殖放流活动,2004 年放流抢救的中华鲟幼鱼 119 尾;2005 年放流中华鲟 1 512 尾,其中抢救中华鲟幼鱼 150 尾、人工养殖 1 龄中华鲟幼鱼 1 350 尾、5 龄养殖中华鲟 12 尾;2006 年放流中华鲟 3 349 尾,其中抢救中华鲟幼鱼 600 尾、人工养殖 1 龄中华鲟幼鱼 2 639 尾、2 龄中华鲟 100 尾、6 龄中华鲟 10 尾。三年共放流中华鲟 4 980 尾,初步的增殖放流评估结果显示,保护区增殖放流活动有效保护和丰富了中华鲟资源。

胭脂鱼地方名火烧鳊,分布于长江水系,是我国特有的淡水珍稀大型鱼类,也是胭脂鱼科在亚洲的唯一种,有极高的科研价值。被国家列为二级保护水生动物。此外,胭脂鱼体型独特,色彩鲜明,尤其幼鱼体型别致,色彩绚丽,被观赏鱼爱好者称为“一帆风顺”,是观赏鱼珍品之一,1989 年曾获世界观赏鱼博览会银奖。这种鱼性情温和,属于杂食性鱼类,对水温、饵料要求不高。为拯救长江胭脂鱼,2005 年安徽省长江水生动物保护研究中心在农业部专家的监督下,向长江放流胭脂鱼 1.5 万尾,这也是国内首次大规模长江放流胭脂鱼,在国内外产生了很大的影响。放流行动得到农业部、国务院三峡工程建设委员会办公室的认可,获得“三峡工程珍稀鱼类保护生态补偿增殖放流项目”资金补助。2005~2008 年,安徽省长江水生动物保护研究中心共向长江放流 5~13 厘米的胭脂鱼 37.25 万尾,经过放流监测,长江胭脂鱼资源逐步回升,濒危状态得到缓解,为保护胭脂鱼资源做出了贡献。

2008 年 4 月 22 日,农业部在湖南、广东、湖北、陕西、贵州、安徽、重庆、四川八个省(直辖市)展开了大规模的放流活动,共放流各种规格的国家一、二级重点保护水生野生动物 206 610 尾,包括中华鲟 12 万尾、胭脂鱼 8 万尾、大鲵 6 610 尾。大规模的增殖放流活动在维持珍稀濒危水生物种种群资源的同时,也形成了巨大的社会反响,促进了珍稀濒危水生动物保护氛围的形成。

2.2.5 保护区

保护区是指一个划定的地理界限,为达到特定保护目标而指定或实行管制和管理的区域,通常包括产卵场、索饵场、越冬场、洄游通道、增养殖场等,以保护原先在那里栖息或人工移入的水生动物种群。目前建立保护区是公认的保护种群种质资源及其遗传变异的最好方法。保护区的作用主要有以下几点。

保护区首要作用便是保护。在保护区内禁止对保护对象(包括珍稀濒危水生动物等)的一切破坏性开发活动,有效降低人类对水生生物的不良影响,降低水生生物的死亡率,保证水生生物种群的自然繁殖,为其索饵、洄游等提供优良环境,维持种群数量。

保护区是对水生生物进行科学研究,发展科学手段对其进行保护的实验地。保护区内由于少了人类活动的干扰,生态系统可以在一定程度上进行自然演替,生态系统特征及生物种群特性的自然本性有良好的展现,对其进行研究,有利于更客观、更准确地把握保护区内生态系统及生物群落的特点,合理评估人类活动对生态系统的影响,制定更加有效的保护策略。

保护区的建设与管理可以促进社会与经济发展。保护区在保护水生生态系统与生物的同时,也是在促进保护区当地的环境与人类、经济的和谐统一,和谐统一的环境与人类的关系,可以为人类提供丰富的生物多样性资源,为可持续发展提供推动力。

保护区有利于环境与生物保护工作与意识的宣传。保护区内有较好的自然环境、丰富的生物多样性,可以让受众更好地理解保护环境与生物资源的重要意义。同时保护区也可以适当开发生态旅游项目,在发展旅游中宣传保护工作,将生态保护与宣传、经济效益结合起来。

自国务院颁发《中华人民共和国水产资源繁殖保护条例》以来,对白暨豚、江豚、中华鲟等濒危物种已经相继建立了保护区,种群和数量明显回升。下面以长江口中华鲟自然保护区为例,介绍保护区在保护珍稀濒危水生动物方面起到的作用。长江口中华鲟自然保护区位于长江口崇明东滩,于 2003 年 7 月建立,于 2005 年出台并开始实施《上海市长江口中华鲟自然保护区管理办法》(简称《保护区管理办法》),对以中华鲟为主的野生水生动物及其赖以生存的自然生态环境加以保护,是国内首个河口型珍稀鱼类保护区。保护区北起八滧港,南至奚家港,由崇明东滩已围垦的外围大堤与吴淞标高-5 m 等深线围成的水域(图 2-1)。保护区面积 576 km^2,核心区面积 276 km^2,缓冲区与实验区 300 km^2。保护区内生物资源丰富,有浮游植物 129 种、浮游动物 87 种、底栖生物 87 种、鱼类 148 种。保护区海域因受沿岸径流及外海水的共同作用,营养盐丰富,饵料生物量大,既是多种生物繁殖、育肥的良好场所,还是海洋生物溯河洄游与降海洄游的必经之地(庄平等,2006)。

图2-1　崇明东滩保护区宣传牌

长江口中华鲟自然保护区成立以来，取得了一系列的保护成果。2004～2006年共抢救中华鲟3 000余尾，并开展了增殖放流活动。2004年放流抢救的中华鲟幼鱼119尾；2005年放流中华鲟1 512尾，其中抢救中华鲟幼鱼150尾、人工养殖1龄中华鲟幼鱼1 350尾、5龄养殖中华鲟12尾；2006年放流中华鲟3 349尾，其中抢救中华鲟幼鱼600尾、人工养殖1龄中华鲟幼鱼2 639尾、2龄中华鲟100尾、6龄中华鲟10尾；三年共放流中华鲟4 980尾，初步的增殖放流评估结果显示保护区增殖放流活动有效保护和丰富了中华鲟资源。另外，保护区也对中华鲟亲体进行了储备工作，建成了12亩(1亩≈666.7 m^2)的室外养殖水面和2 000 m^2的室内精养池塘，储备了1～7龄和12龄共8个年龄段的中华鲟后备亲体达2 000尾(陈锦辉，2011)。

长江口中华鲟保护区除了进行执法管理等常规工作，还持续开展本底监测和调查，包括一年四季监测站点的水文、水环境、水质、沉积物、水生生物资源和中华鲟资源等方面的监测，同时也研究了保护区及周边工程(包括长江隧桥工程及国际海底光缆工程等)对环境造成的影响，积累了大量基础数据，建立环境因子动态数据库和数据化平台研究，并开展中华鲟幼鱼的行为学、生理学、生态学和误捕受伤幼鱼抢救技术等的研究，与东海水产研究所、上海海洋大学、上海市水产研究所等科研院所合作了二十多项科研项目。同时进行保护工作的教育宣传，积极拓展保护工作的影响力，引导公众关注与参与（陈锦辉，2011）。

《保护区管理办法》根据《中华人民共和国渔业法》《中华人民共和国自然保护区条例》等法律法规规定，在保护区内损坏标志物及保护设施、破坏保护区环境、排放污染物、非法从事捕捞活动、非法捕捉水生野生保护动物、捕杀国家重点保护水生野生动物、破坏自然资源等均为违法犯罪行为，并予以责任追究。根据《保护区管理办法》，每年中华鲟幼鱼在长江口聚集停留的 5 月 1 日至 9 月 30 日为禁渔期，并实施封区管理。在 10 月 1 日至翌年的 4 月 30 日允许一定数量的渔业生产人员进入保护区，而进入保护区内从事采捕野生动物资源的单位和个人应当向保护区管理机构缴纳野生动物资源保护管理费。对于在保护区内从事科学调查、研究以及标本采集等则根据《中华人民共和国行政许可法》规定，根据保护区实际情况对申请条件、提交资料、审批程序进行了具体规范。管理办法还规定了保护区内沉船、排污等造成或有可能造成保护区污染或破坏的事故为安全性事故，并予以责任追究。在保护区及其周围的各种建设项目可能直接或间接对保护区生态造成影响，管理办法据此确定了通报协商制度，通过建设单位和保护区管理处提前协商，共同研究方案，采取措施，防止或减少对自然资源和生态环境的损害（陈锦辉，2011）。

保护区的建立使珍稀濒危水生动物得到了较好保护，但也存在一些问题。一是保护区法律效力不足，《上海市长江口中华鲟自然保护区管理办法》属于地方性法规，并且没有针对保护区自身特性而做出针对性规定。二是受长江口整体水环境的影响，保护区水环境在建立了保护区的情况下仍继续恶化，这是由于虽然减少了长江口保护区内人类的活动，但是长江口水域生态环境还受到其相连水域及长江流域的影响，长江口水域所有相连水域的污染物都存在迁移运输到长江口的可能，长江流域水利工程对长江口水文条件也会造成影响，而这都将影响保护区内水环境。三是保护区内执法不力，诸多问题不能防患于未然，不能对水生动物进行即时监管，违法行为时有发生。而造成此情况的内在原因有相关工作人员缺乏监管经费、执法素质还不够等。四是保护区管理工作还有待进一步加强，在保护工作的硬件设施与从业人员职业能力上需要加强，如执法方面需要配备更专业的执法船只，需要专业知识丰富、综合素质较高的管理人员。五是保护区增殖放流效果评估工作的科学展开，至今还没有系统的增殖放流效果评估标准与方法。六是保护物种需要进一步丰富，长江口中华鲟自然保护区虽然以保护中华鲟为主，但是目前保护区内也存在其他濒危或资源急剧衰退但没有立法保护的物种，在执法过程中遇到此类物种，易遇到执法阻力。

2.2.6 禁渔、休渔

长期以来，长江口的捕捞力量基本上处于持续增长的状态。最初对长江口的渔业资源利用并不充分，而后是充分利用，最后是过度利用。过高的捕捞压力造成长江口渔业资源大量减少，许多水生生物种群数量急剧减少甚至濒临灭绝。长江口渔业已经表现出低值鱼、低龄鱼和小型鱼渔获量增高的趋势。为了保护渔业资源，保护水生生物资源，我国渔业管理部门相继推出了一系列措施，其中就包括禁渔、休渔制度。所谓禁渔、休渔制度就是在一定时间内在一定水域范围内禁止或暂停渔业捕捞活动的制度。

我国主要实行的是伏季休渔，即在夏季渔业生物繁殖和幼体生长盛期，在限定海域禁止捕捞活动的一种渔业资源保护措施。伏季休渔制度是我国特有的一种在全国广阔海域内同步实施的禁渔活动，并使其法定化的渔业管理措施，实施时间由于选定在中国海域主要经济渔业生物资源集中产卵和繁育生长的夏季，因此通常将该制度称为伏季休渔（程家骅，2011）。

我国于 1995 年开始施行伏季休渔制度，禁渔时间为每年的 7 月 1 日至 8 月 31 日，禁渔范围为 27°00′N～35°00′N。后来经过不断的实践，将禁渔范围扩大为 26°00′N～35°00′N，禁渔时间改为 6 月 16 日至 9 月 15 日。休渔期间，禁止拖网、帆张网的一切渔业行为，拖虾作业、灯光围捕、敷网作业、流刺网作业也均被禁止。

程家骅（2011）分析实行伏季休渔前后东海区（27°00′N～34°00′N）在捕捞产量、作业结构、渔获种类结构、捕捞力量、单位捕捞力量渔获量（CPUE）等方面的变化，对伏季休渔制度取得的效果进行了初步评估。捕捞产量方面，东海区 1980～1995 年捕捞产量稳步上升，1995 年开始休渔至 2006 年，捕捞量经历了先上升后稳定的趋势，2008 年捕捞产量降至最低。1980 年捕捞产量（100～200）$\times 10^4$ t，进入 21 世纪后捕捞产量稳定在（500～600）$\times 10^4$ t，2008 年为 476.3×10^4 t。总体上看，实施休渔后，东海区捕捞量保持了上升趋势。作业结构方面，1980～2010 年东海区渔业作业结构在休渔前后经历较大变化。拖网、流刺网作业规模呈扩大趋势，围网作业规模则是先萎缩后兴起。原来的作业主体（即拖网、围网、定置网）如今演变为拖网和定置网。资源破坏力度大的网具仍然占据主要地位。渔获种类结构方面，尽管实行了休渔，东海区渔业资源结构依然发生了重大变化，有的资源结构基本解体，被新成长的次生群落或食物链下一层次的种类所代替，结果便是东海区渔业资源的平均营养级不断降低。反映在渔业上，则是生命周期短的中、小型鱼虾产量和传统经济资源幼鱼比例的不断上升，优质渔获物比例不断下降，如2007~2010年带鱼肛长为280 mm以上的群体比例较1979年下降了47.52%，1龄带鱼占到了50%以上，带鱼群体的性腺发育成熟明显提前，肛长比20世纪60年代初期要小60 mm以上。在捕捞力量方面，捕捞船只由木船、帆船，发展到大小吨位的机动船，2010年东海区机动船数量比1980年增长3.5倍，功率增长4.4倍，而渔获量只增加了2.7倍。单位捕捞力量渔获量（CPUE）方面，1995年实施伏季休渔后，CPUE经过小幅上升后逐渐下降，2002年重新降至休渔前水平，2005年CPUE骤降，近年来甚至低于20世纪80年代初期水平。总的来看，伏季休渔制度并没有取得理想的效果，东海区渔业资源仍然在下降，生物群落结构质量并没有出现明显好转。尽管渔业资源在休渔期间得到了一定程度的恢复，但仍然抵挡不住高强度的捕捞。

休渔对长江口珍稀濒危水生动物的保护起到了一定作用。首先是降低了对生物种群的捕捞量；其次是给水生动物些许“喘息”时间，使其得以短暂恢复；最后，网具的限制使用防止了水生动物被误捕、误伤。但是长江口捕捞力度仍然很大，一些水生动物虽然目前没有被国家以法律法规等形式予以确认濒危，但实际已经接近濒危或处于濒危状态。

休渔制度对珍稀濒危水生动物的保护，以及对长江口渔业资源乃至生物多样性的理论与实践意义还有待进一步探索。

2.2.7 生态旅游

生态旅游是指在一定自然保护区发挥保护生物及环境的同时提高当地及附近居民福利的一种旅游行为。生态旅游对水生动物的保护有着一定的促进作用。生态旅游的开发可以提升当地经济水平，为水生动物的保护筹集资金，也起到对水生动物保护的宣传作用。目前保护动物的同时进行生态旅游开发的项目越来越多，长江口也有诸如湿地公园一类的旅游项目，这些生态旅游项目在对保护水生动物形成促益作用的同时，也产生了许多负面的影响。从为了更好地达到保护水生动物目标的角度来看，不建议在水生动物栖息地及周边开展生态旅游项目。Song等（2012）指出，开展生态旅游的自然保护区均出现不同程度的环境污染，接近半数的保护区出现了垃圾公害，超过五分之一的自然保护区在开展生态旅游项目后，保护对象受到了损害；十分之一的保护区出现了水体污染；还有十分之一的保护区出现了旅游资源退化现象。有研究指出（王海英等，2004），长江中游发展旅游业时对生态环境的保护严重不足，导致长江中游生境和生物多样性受到了严重威胁。

具体来讲，生态旅游对水生动物及栖息地等产生的负面影响主要有以下几点（刘伟华等，2015）：① 水环境污染。据统计，游客人均每天产生 3.5 kg 左右的垃圾和固体废弃物，一只普通的旅游船一周便排放 1×10^6 L 左右的污水。丢弃的垃圾、废弃物以及排放的污水等直接造成了生态旅游区内水环境恶化。而水质的恶化容易造成水体富营养化、藻类暴发，进而影响水生生物的生存、繁衍。② 生态旅游引发了水生动物的过度捕捞。生态旅游观光客前来旅游的目的之一是以观赏、食用某一种或多种水生动物，游客对水生动物的消耗及消费必然造成水生动物供应者为追求经济利益猎捕野生水生动物。在经济利益的驱使下，又因为缺乏有效管理与监督，偷猎、盗捕、偷买偷卖事件屡见不鲜、屡禁不止，严重损害了当地的生物多样性。③ 生态旅游对水生动物造成惊扰，对水生动物的行为、生理、繁殖、种群动态和种类组成等均有影响。旅游观光活动无论是机动船只、车辆还是徒步游览，都容易造成对水生动物的惊吓，尤其是在当今社会经济形势下，旅游人口流量大，摄影、摄像机等设备使用频繁，对水生动物的惊扰程度与惊扰频率逐渐增加。惊扰主要会造成动物的逃避反应，长期的惊扰有可能使动物放弃其原来的生境。如 Constantine 等（2004）的研究表明，宽吻海豚（*Tursiops truncatus*）的休息时间随着游船数量的增多而减少，当游船靠近时，它会倾向于采取长时间潜水、改变游行方向等躲避行为。Steckenreuter（2012）等发现，游船会影响宽吻海豚的行为活动，当游船出现时，这种海豚的进食时间会减少，低于原来的 66.5%，社交嬉戏时间低于原来的 44.2%。而 Foroughirad 等（2013）对宽吻海豚的研究发现，游客喂食雌海豚的行为会对其与幼崽之间的关系产生影响，相比于未被人工喂食的个体，被喂食雌海豚所产下的幼崽获得母亲照顾的时间和幼崽存活率均有所降低。2007~2009 年，Rako 等（2013）在亚得里亚海（Adriatic Sea）北部的一个监测站监测 2 km 海域范围内的游船噪声和海豚的分布，发现游船产生的噪声会长期影响海豚的种群数量，并且该情况在夏季（旅游旺季）尤为突出，高强度的噪声迫使海豚在旅游季节迁徙，并将导致海豚最终放弃该栖息地。蒋志刚等（2014）指出，环境压力和人类干扰能够对动物造成有害胁迫，使其产生生理紧张，当动物长期处于生理紧张时，其发育和繁殖都会受到影响。这是因为下丘脑-垂体-肾上腺（HPA）轴分泌的应激激素升高，可能会降低类固醇激素水平，进而影响动物的性欲或性行为，也可能直接抑制其生理功能。根据 McEwen-Wingfield 模型，在稳态应变和稳态应变负荷的状态下，生物可以通过改变器官和行为的适应能力而达到新的稳态，对机体不会产生伤害；但当刺激非常强烈或者持续时间很长，达到了稳态应变超负荷状态时,动物就会受到伤害。

鉴于上述生态旅游的负面影响,目前不建议在水生动物栖息地及周边开发旅游项目。若要进行旅游项目的开发,首先要进行旅游项目方案的环境影响评估,预判其会对水生动物及环境造成的可能影响,而目前尚没有专门的、系统的理论指导评估工作的开展。并且,相关法律法规也不完善。因此,在长江口珍稀濒危水生动物栖息地及周边不建议开发生态旅游。

2.2.8 救护站

在水生动物保护工作中,经常遇到身体受到损伤、感染病菌的个体,这就需要开展水生动物的救护工作,设立水生动物救护中心。如江苏常熟设立了水生野生动物救护中心,对水生动物进行重点救护,收治、暂养渔民网上误捕受伤的中华鲟、江豚、胭脂鱼、松江鲈等珍稀濒危水生动物。

总体而言,我国的水生野生动物救护工作相对滞后。水生野生动物保护是一项技术性很强的工作,科学、有效的管理必须建立在对水生野生动物生态习性、资源分布以及受环境条件变迁影响的程度等全面了解的基础上,但是目前由于政府并未在这方面进行投入,对这些方面的研究不多,也不深入,特别是在水生野生动物救护方面仍比较落后,许多救护设备、基础设施等尚不完善,专业的水生生物救治人才缺乏,严重影响了对水生野生动物的有效救护和救治(戴菊芳,2008)。

2.2.9 动物伦理

近几年动物伦理有成为社会热点的趋势。动物伦理是指尊重和保护动物生存、价值和权力的学说,主要产生于人类既要以动物为生存资源又要善待动物之间的矛盾,如棒杀海豹以做大衣、猎杀鲸鱼以换取生活物质保障。动物伦理告诉我们要在利用动物维持人类生存发展与善待动物给予其足够爱护之间找到平衡。只有这样,才能从思想上确立起保护动物的意识。

陆平等(2013)对野生动物保护伦理做了较为详尽的阐述。

中国传统思想文化中早就孕育出保护动物的思想,如儒家思想中的“仁”的思想,对动物要有恻隐之心,孟子曾主张“君子远庖厨”,原因是他认为:“君子之于禽兽也,见其生,不忍见其死。闻其声,不忍食其肉”。佛教则主张“慈悲为怀,众生平等”,认为动物与人一样,同有血肉,同感苦乐,同具亲属,同解趋避,主张对动物戒杀、放生、护生、平等。道教思想中有“万物齐一”“道法自然”,崇尚人与自然的和谐,主张贵生戒杀。儒、释、道思想文化中对动物的保护,归根到底就是"尊重生命,关爱动物"。

西方关于动物保护伦理的思想也同样久远,有历史记载,八千年前的地中海地区就存在着素食主义者群体。西方文化中关于动物保护伦理的思想主要集中在哲学和宗教方面,西方的先哲们在人与动物之间关系的处理上提出许多深刻的思想。希腊哲学家恩培多克勒认为屠杀动物做祭品或食物,是最让人恐惧的事情;中世纪最著名的神学家、圣徒多玛斯·阿奎那在其"论杀死生物和热爱非理性生物的义务"中阐述其对动植物保护的思想,认为上帝给予动植物生命不是为了人类的生存,而是为了动植物本身的生存。阿奎那反对肆意滥杀和虐待动物,认为人对动物有着一定的道德义务;德国古典哲学创始人康德认为残忍地对待动物不利于人类道德情操的培养,不利于仁慈善良的形成,而对动物的关怀和保护则是人类的道德义务;实用主义哲学家杰若米·本特汉认为,动物和人类一样也有着强烈的感情,有着自己的苦与乐。西方关于动物保护伦理的思想不管是从哲学还是从宗教上看,都有对动物仁慈的思想,而这些思想也成为人类改善自身行为、善待动物的思想源泉之一。

现今中国的政策是借市场的力量来协助保护野生动物。从较大范围来看,保护项目可归为两类:一类本质上是野生动物保护项目,从狩猎者那里收取的部分或全部资金,用来开展保护项目;另一类本质上是商业活动,一种在其他地方很珍稀的物种在当地的数量还相当多,足以用它创造就业机会和赢利,从而,野生动物的保护就会成为必然。对于商业价值的合理约束,是指中国传统的野生动物消费仍然要坚持,但是原材料可以通过野生动物圈养来提供,否则,如果不按我国的国情出发,而一味强调市场经济,就会给野生动物管理工作带来许多弊端,就不利于野生动物资源的永续发展。当前,摆在我们面前最紧迫的课题就是将《野生动物保护法》第6条规定落到实处。该条规定:各级政府应当加强对野生动物资源的管理,制定保护、发展和合理利用野生动物资源的规划和措施。

道德要闪耀出道义的光辉,实现人类精神文明的伟大跃进,必然通过道德关怀,"化理论为德行",实现人类自身的统一、精神的完善。虐待和残杀动物凸显了人们对动物道德关怀的缺失,甚至有些企业为了牟取暴利而不顾道义的谴责,残酷对待动物,这种不尊重生命的表现会严重阻碍精神文明建设的进程,造成不良的社会影响。要实现对动物的道德关怀,就要明确道德与利益的关系,正确处理它们之间的关系。作为一种社会意识的表现形式,对动物的道德关怀,必然受当下经济环境和人民生活水平的影响,动物保护伦理的建设和完善顺应时代发展的规律,符合和谐社会建设的要求。给予野生动物伦理关怀,已然不仅仅局限于道德层面的同情和谴责,而应是出于人性的一种关怀所作出的各种决定与行动。虽然野生动物存在着各种各样的经济价值,但问题的关键在于我们应该如何进行动物有效利用,如何保证猎杀动物是不得已的手段,如何确保野生动物受到最小的伤害。这就需要充分挖掘潜藏于人内心的道德关怀,通过各种有效的途径来剖析这种猎杀动物背后的残酷现实问题,让大众亲眼看到这种所谓的经济发展为整个社会所带来的"福利"。另外,除宣传以外,还应当集广大群众的意见,将正确的呼吁以逻辑和条理的形式写成法律条文,从而增加其权威性。

长江口乃至全国的动物保护工作,也应该借鉴动物保护伦理的一些观念,运用到动物保护工作中去。而宣传动物伦理等观念,也有利于唤醒人类本性中善的一面,对动物保护有一定裨益。

2.2.10 人才培养

开展珍稀濒危动物的保护,必然离不开科学理论、科学方法的支持,而践行保护工作的主力就是人才。实际上,珍稀濒危水生动物保护专门人才的针对性培养是一份容易被忽视的工作。

目前从事水生动物保护的主力是科研人员、政府机构及一些生产单位。其中最接近、最了解水生动物的是科研人员,但从事水生动物保护工作的人员主要的知识背景通常局限在水生动物资源调查、水生动物人工繁育这两个方面,而缺少其他方面的知识。开展珍稀濒危动物保护工作,需要掌握生态学、数理统计、物种资源状况、物种生物学特性、遗传学、人工繁育、物种保护方法、种质资源保护、物种保护制度与政策等专业知识,只有较为全面地掌握水生动物保护相关科学理论与方法、具有开阔视野的人才才能有效推行珍稀濒危动物保护工作。

同时,野生动物保护和利用工作其实是一个长期、缓慢的过程,存在许多困难。原因之一是良好的生态环境是野生动物生存的必要条件,然而中国人口众多、普通民众的生态环境保护意识并不高,并且生态环境的改善不是一朝一夕就可见效果的,这些都给动物保护工作的推进增加了困难。原因之二,和其他发达国家相比,来自个人及社会团体的经济支持少之又少。并且和其他工作相比,野生动物方面的工作也不易得到很丰厚的经济回报。因此,需要工作者们具有很坚定的信念,投入极高的热情。这种情形也要求具有职业观念和职业素养的人才来从事这一崇高工作(刘学东等,2016)。

为了将我国开展的水生动物保护工作重要经验传递下去,为了未来更好地进行水生动物保护工作，探索水生动物保护专门人才培养工作极具必要性。刘东等(2014)在《水生野生动物保护学的课程模式探索》中对开设水生野生动物保护学课程的必要性、教学内容及方法等做了较为详细的阐述，具有参考价值，但仍然局限在课程开设而缺少设置专业的探索。

水生野生动物保护学的教学，关键点在于讲授清楚为什么要保护水生野生动物以及水生野生动物的直接经济价值、间接经济价值与保护的途径是什么等科学问题，让学生自发地从内心感受到保护的重要性和急迫性。教学任务完成的效果怎样、是否达到预定的教学成效，要引入第三方进行教学评价。聘请德高望重的、教学经验丰富的教学名师担任教学督导，对任课教师提出中肯的评价，包括授课内容、方式及风格等，课堂上面对面的点评，课后通过网络教学平台进行综合评价。教师依据教学督导的意见，在下一轮教学中进行调整。

2.2.11　保护成果

我国为保护珍稀濒危水生动物做了大量的工作，颁布了有关保护法规，开展了珍稀濒危物种的资源调查工作及物种生物学特性研究等工作，尤其是取得了多个物种人工繁育技术的突破；同时建立了一批自然保护区和保护站，实施并逐步完善了休渔禁渔制度，开展了宣传教育和科学知识普及工作，进行了国际交流与合作活动。经过数年不懈的努力，我国的水生野生动物保护工作取得了一些成果，产生了积极影响，受到国内外的关注，时常见于报端。下面是针对濒危水生动物所开展的一些保护工作。

2009 年 5 月 8 日，农业部与四川省人民政府共同举办了四川长江珍稀濒危水生动物增殖放流活动，共放流国家一级重点保护水生野生动物达氏鲟 1 000 尾，国家二级保护水生野生动物胭脂鱼 2 万尾，长江特有鱼类(岩原鲤、中华倒刺鲃、长吻鮠、长薄鳅等)17.5 万尾。

2012 年 3 月，农业部组织濒危水生野生动植物种科学委员会有关专家对各地新报送的 48 个珍稀濒危水生动物增殖放流苗种供应单位资质进行了审核。专家组经过认真评议，认为 29 个苗种供应单位符合审核原则要求，建议确定为苗种供应单位，并予以公示；1 个单位基本符合审核原则要求，建议在补充相关材料后确定为苗种供应单位；18 个苗种供应单位不符合审核原则，不予通过。专家组建议应加强对亲本多来源地的苗种供应单位的管理，严格进行分类养殖及档案管理，保证用于放流的苗种为原产地亲本后代；同时，加强放流苗种的标记和放流效果监测评估，为后续增殖放流工作提供科学依据。

2012 年 9 月 23 日，长江流域渔业资源管理委员会与世界自然基金会在上海举行了双方第三轮五年(2012—2017 年)合作备忘录签字仪式,该合作致力于完善水生生物保护政策体系,推动水生态环境有效保护,确保河流系统的健康稳定及其生态功能的全面发挥,实现长江流域水生生物资源的保护和可持续利用。双方在长江豚类保护、生态渔业示范点建设、灌江纳苗和生态调度、湖泊生态渔业意识宣传、长江生物保护宣传等方面取得了许多成果,在推动长江流域水生生物资源养护、维护河流健康、促进水生态系统功能发挥等方面发挥了积极作用。

2.2.12 保护建议

2.2.12.1 完善法律法规

当前应当大力宣传和认真贯彻落实《中华人民共和国野生动物保护法》《中华人民共和国渔业法》《中华人民共和国海洋环境保护法》《中华人民共和国水生野生动物保护条例》《中国水生生物资源养护行动纲要》等法律和法规。同时,要结合实际情况、结合珍稀濒危水生动物保护的新形势,完善法律体系,做到保护工作有法可依。具体来讲,可从以下几个方面完善水生动物的保护法规(饶林,2010)。

在立法中贯彻统一完整保护的思想,杜绝行政不作为,强调生态保护的立法目的,需要遵循生态规律。在水生野生动物保护立法中,要遵循生态完整性规律,对水生野生动物进行物种和种群的完整保护,杜绝行政不作为。① 构建统一的行政管理体制,明确执法主体、各专业职能部门的专业分工,明确执法监督机关的职责和权限范围,并建立规范、稳定的协调机制。鉴于我国行政执法的现状和水生野生动物的整体性与关联性,应当明确一个行政执法主体(如环保部门)为水生野生动物保护的执法机关,而农业、渔政、林业、海洋、水利等产业部门为环保部门提供技术支持。这样统一水生野生动物保护的行政执法权,可避免权力交叉,平息部门利益争夺,杜绝行政机关之间的责任推诿,减少行政不作为的发生。② 加强行政执法队伍建设,这是水生野生动物保护的组织保障。有些地方的水生野生动物保护机构挂靠在水产部门或农业水利等产业部门的下设机构之中,其结果往往导致水生野生动物保护的不作为。坚持生态保护行政执法的优先性原则,在立法中规定由财政统一安排全国的水生野生动物保护经费,建立专门保护机构,这是可以实现的,也是推动水生野生动物保护的组织要求。③ 构建国家统一的自然保护区网络。我国规定了国家对自然保护区实行综合管理与分部门管理相结合的管理体制,国务院环境保护行政主管部门负责全国自然保护区的综合管理,国务院林业、农业、地质矿产、水利、海洋等有关行政主管部门在各自的职责范围内，主管有关的自然保护区。《中华人民共和国环境保护法》《中华人民共和国海洋环境保护法》《中华人民共和国水法》《野生动物保护法》《渔业法》和《水生野生动物保护实施条例》《自然保护区条例》《水生动植物自然保护区管理办法》《中国水生生物资源养护行动纲要》等法律法规、规章关于统一规范、分部门、分行政区建设水生野生动物保护区的相关规定，其立法目的是为了促进各产业部门发挥各自的专业技术优势，形成合力来保护水生野生动物。但从我国水生野生动物保护区建设的实践分析，这样的管理体制并不利于水生野生动物生态系统的保护，往往导致部门权力的争夺或行政区相互争夺水生野生动物生境，导致生境破碎化，危害生境的整体性与系统性。自然保护区各部门之间业务分隔而管理职责重叠交叉，分部门、分行政区的管理体制还容易诱导污染转移或治理责任相互推诿以及行政不作为。以上原因致使保护水生野生动物的形势日趋严重，而由环保部门统一规划全国的自然保护区，有望改善水生野生动物的保护状况。构建国家统一的自然保护区网络，取消自然保护区的等级划分，自然保护区经费由财政统一安排，就当今看来，是可以通过立法来实现的。

把行政不作为的救济制度纳入行政执法考核体系，制定行政不作为问责体系，是消除行政不作为的关键。把水生野生动物保护的程序、责任分解细化到各责任主体，建立水生野生动物保护的问责体系，是督促行政机关和执法人员切实承担法律责任，消除行政不作为的制度保障。

建立公众参与制度。公众参与水生野生动物保护，监督执法，强化外部监督是消除行政不作为的有效路径。规定水生野生动物资源调查报告制度和环境影响评价制度是实现生态环境权的保障，应规定按生态建设要求或定期公布水生野生动物资源调查报告、环境评价报告等与水生野生动物保护相关的法律性文件，明确公众审查和提出意见的权利；行政机关对公众意见是否采信应当予以明确的公告答复，保障公众环境参与权的实现。此外生态环境听证制度是环境参与权的重要方面，公众通过行使环境听证权，获得质疑行政机关的权利，能够加强对行政不作为的监督，有效防止行政机关恣意侵犯公民或组织的环境权的行为。

加强地方立法。我国水生野生动物种类繁多，生境复杂多样，不可能也不必由国家统一立法来解决我国各地水生野生动物保护和管理所涉及的全部社会问题。水生野生动物保护，在我国是一项区域性较强的系统工程，即使国家统一立法规定了保护原则，对全国性的工作经费保障、法律责任等进行规范和调整，也有必要明确区域性法规和规章在水生野生动物保护中的地位和作用，对水生野生动物进行多层次、多方位法律调整，形成一个协调一致的法律体系，充分保护水生野生动物的生态价值。针对我国水生野生动物保护中行政不作为的现状，加强地方立法，强化对各地不同类型的行政不作为的救济，作为一个路径选择，可在某个区域（或水系）范围进行地方立法试点，取得成功后再扩大范围。在国家尚无统一的水生野生动物保护法时，各地方可根据各自的经济、社会和生态环境状况有针对性地制定解决地方水生野生动物保护和管理问题的地方性法规和规章，发挥地方保护的积极性，同时也为统一立法积累经验。

2.2.12.2　加强管理

加大管理力度，建立珍稀濒危水生动物监测保护系统。野生动物资源调查在实际进行中存在着耗时耗力、受外界条件影响大等问题，因此建议建立一个方便高效、能够与地理信息系统（geographic information system, GIS）结合以扩大其效用的生物资源管理系统。加强管理部门的协调合作。珍稀濒危水生动物管理部门应更进一步完善执法机制，强化队伍建设，加大工作力度，加强畜牧、渔政、水务、公安、工商、城管等部门的合作与联合执法，共同打击猎杀、贩卖野生动物的非法行为。

2.2.12.3　建立自然保护区，适度开展禁渔休渔

建设海洋、水产类型自然保护区是保护水产资源、珍稀濒危水生动物、维护生态平衡和生物多样性的有效措施。人类活动范围的日益扩大而对自然环境保护的相对落后，是破坏水生野生动物资源的一个重要原因。近年来，城市化进程加快、工农业的不断发展以及各类水利设施的兴建，使得一些濒危水生动物赖以生存的环境被严重破坏，严重影响其繁衍、生存。所以划定自然保护区是一项重要保护措施。

为使水生动物种群有一个良好的恢复环境，对影响到种群恢复的渔业水域需要进行一定时间、一定范围、一定程度的禁渔休渔，给水生动物足够的时间和环境恢复种群数量。

2.2.12.4　加强宣传，发动社会力量，引导公众参与

珍稀濒危水生动物保护及管理部门要更好地争取广大人民群众对水生动物保护事业的关心和支持。充分发挥政府、群众、企业、科研院所、保护学（协）会、水生生物爱好者、摄影爱好者等社会力量的作用，形成专职和兼职人员携手、全社会共同参与的良好局面。同时，经常与电台、电视台、报社等媒体沟通，展开多样化的宣传，向社会公众普及野生动物资源保护及其相关法规的科普知识，深入开展野生动物保护宣传教育，提高公众的保护意识。

在公众参与方面，要意识到公众参与珍稀濒危动物保护的形式是多样的

(梦梦等,2013)。公众参与的常见形式之一是珍稀濒危动物自然栖息地周边常住居民对动物的直接保护。在野生动物的栖息地周边地区的居民在保护野生动物方面具有“地利”的优势,比其他人能有更多机会更近距离接触野生动物,如果引导栖息地周边居民参与到野生动物的保护工作来,必然得占“地利”之优势,比如组织周边居民巡逻,防止偷捕、偷猎的发生。

野生动物保护工作的开展需要人力、物力的大量投入,而这必然离不开资金的支持,公众的资金捐赠是野生动物保护工作资金来源之一。公众捐赠可在一定程度上缓解保护单位的资金压力,捐赠的资金可以用于野生动物的饲养、病害防治,也可以用于野生动物保护的相关工作,如科学研究、环境治理、媒体宣传等。

鼓励开展珍稀濒危动物保护公益性活动。当前公众参与野生动物保护工作的规模越来越大,一些公益性、非盈利的动物保护组织逐渐涌现并以各种方式推进着野生动物保护工作的开展,如通过网络媒体进行野生动物保护的宣传,通过与政府合作组织志愿者进行野生动物栖息地环境调研等。全国水生野生动物保护分会(NAWCA)成立于 2007 年 8 月,是我国水生野生动物保护领域唯一的社会团体。其主要职能是组织调动社会力量,保护、拯救珍稀濒危水生物种,保护生物多样性;开展宣教和科普活动,提高公众的自然保护意识;全面推动我国水生野生动物保护事业与市场经济的和谐发展。

公众参与还有对珍稀濒危动物保护监督的作用。如对保护工作主管部门的消极执法、不作为等行为可以进行舆论监督,进而形成舆论压力迫使主管部门积极开展工作。同时,公众也有对违法伤害野生动物行为的监督作用,对违法单位和个人进行举报,或形成社会舆论,对营造野生动物保护氛围有促成作用。

引导公众到野生动物保护的正确方向上来。我们在看到公众参与对野生动物保护工作促益的同时也要看到公众参与有时也会对野生动物的保护造成负面影响,如对公众的过度参与不加以科学指导,反而可能使得野生动物资源受到威胁、破坏。近年来爱心人士放生水生动物的新闻常见报端,但水生动物的放生需要科学指导,盲目的放生可能会带来野生动物种群的波动。公众个体在保护野生动物方面的素质有高有低,在特定的保护工作中,可能会因执行不力、态度不足够端正等原因造成保护工作流于形式,成效不大。

2.2.12.5　改变人们对野生动物的消费理念

改变人们对野生动物的消费理念,倡导绿色消费,是保护野生动物、实现生物多样性的重要途径。在现阶段,要考虑野生动物消费理念的转变是否与公众的长远利益相悖，而公众的长远利益是否又与个人的短期利益相冲突。解决这个问题的途径是让消费观念的转变与动物保护伦理相贴近，使公众长远利益与野生动物保护相一致，实现健康、合理、绿色的野生动物消费理念。现阶段，对野生动物的消费和利用，主要集中在药用、食用和其他方式（如观赏、表演等）。原有的消费方式和理念更能满足人们的现实需要，但是传统的消费理念不可能一成不变，必须符合时代发展的要求，人们在利用野生动物的同时不能偏离动物保护伦理的要求。对野生动物消费理念的转变不是一蹴而就的，必须在尊重传统消费理念和方式的同时紧跟时代发展与人们的新需求（陆平等，2013）。人类必须建立新的道德观念和价值标准，学会尊重自然、师法自然、保护自然，与之和谐相处。对保护野生动物的意义认识存在两种观点：一种是从人本位出发，认为保护动物就是为了人，就是为了人类的利益和发展。另一种是从生态出发，认为无论人也好，动物也好，植物也好，所有的生命都共同生活在一个有机统一体之中，生态就好比是我们的巢，我们的绿色家园，我们的诺亚方舟。“覆巢之下，安有完卵？”不保护生态，哪有动物、植物和一切生命。我们不能只站在人的角度单纯追求发展，也不能只站在生态安全的角度谈保护，而要站在保护生态可持续的角度来追求社会的不断发展、进步，促使人与自然协调共生。

2.2.12.6 加强科学研究

科学研究可以在珍稀濒危水生动物保护的多个方面发挥作用，如立法研究、水生生态环境（如低氧区研究、保护区理论与实践、禁渔休渔研究）以及保护手段研究等。科学研究是开展保护工作的重要指导基础。以保护手段为例，除了诸如人工繁殖、救治救护、保护区保护、增殖放流等常规手段外，还应逐步探索、发展生物保护前沿技术，如分子标记技术。

生物个体或者群体间遗传物质上的差异，会表现在具体的DNA片段上，对表现在DNA片段上的差异加以监测并予以反映的技术为分子标记技术。邢亚林等（2012）指出，我国野生动物的保护研究较多关注宏观、外在的现象，广泛应用宏观的、描述性的研究手段，而对分子类的保护方法涉及不多。珍稀濒危水生动物保护的关键之一是保护物种的遗传多样性或进化潜力，因此制定有效的保护策略和措施应该建立在对保护对象遗传结构充分了解的基础上。其中遗传结构是指基因或基因型在空间和时间上的非随机分布，种群的遗传结构包括种群内的遗传变异和种群间的遗传分化。对遗传结构及其影响因子的研究是探讨生物适应意义、物种形成过程及其进化机制的基础。分子标记技术有助于从本质上揭示物种遗传变异及其规律，为制定相应的保护管理措施提供可靠建议。张四明等（2000）利用分子标记技术对中华鲟进行了遗传分析，发现中华鲟天然群体核 DNA 水平遗传多样性较低。而较低的遗传多样性面对复杂多变的环境不利于种群的延续。为了保护珍稀濒危水生动物种群的延续，对其进行人工繁育是一种有效的途径，但是人工繁育由于亲本量等问题面临种群过小所导致的近交衰退。这就需要既要筛选出优良性状、对环境适应能力强的个体，又要避免近交的发生，分子标记技术可以帮助建立可靠的遗传谱系和制定科学的繁殖策略（邢亚林等，2012）。在鉴别物种方面，分子标记技术也可发挥一定作用。首先是形态相似种的鉴别，在水生动物保护工作中，所面临的情况多样且复杂，有些个体因为身体损伤造成关键形态特征缺失，不能区分其物种类别，而分子技术可以通过对其遗传物质的分析，鉴定其类别。在打击非法捕捞、经营方面，分子标记技术也可发挥作用。不法分子对保护动物进行分解、加工，有时使得动物形态难以辨认是否为保护动物，而利用分子技术可以通过对遗传物质进行分析，鉴定其物种类别，给珍稀濒危水生动物保护的执法工作提供依据（邢亚林等，2012）。

2.2.12.7　水域生态保护与修复

从 20 世纪末开始，长江的生态环境不断恶化。其一，植被破坏和水土流失严重。有关资料表明，长江上游地区森林覆盖率历史上曾达 60%~85%，而如今已低于 16%。植被破坏导致严重的水土流失，长江流域年土壤侵蚀总量 24 亿吨，相当于黄河流域的 1.5 倍，水土流失总面积超过 56 万 km^2，居我国 7 大江河之首。其二，水质恶化。据统计，全流域工业污水排放量已达 150 亿吨，占全国工业污水排放总量的 45.2%，生活污水排放量 358 亿吨，占全国生活污水排放总量的 35.7%。而且全流域的污水排放量以 3%的速度逐年递增，致使江边近 500 个取水口受到不同程度的污染。其三，物种生存受到威胁。由于环境污染日益严重，对浮游生物、底栖生物等多种鱼饵生物造成严重危害，破坏了鱼类食物链，长江中的珍稀水生动物正面临前所未有的威胁。白暨豚现已不足 100 只，江豚、中华鲟、鲥鱼等也面临在未来数十年内灭绝的危险。其四，固体废弃物污染严重。长江沿岸固体废弃物令人触目惊心，不仅对水质造成极大污染，而且一些江面由于漂浮物堆积过厚，对通航和发电也造成了相当大的影响。其五，水利工程的影响。长江流域水资源的开发以及梯级电站的建立，无疑破坏了水生动物的栖息地，尤其对洄游性、半洄游性的水生动物影响极大，水生动物生存空间急剧减少，保护区面积逐渐缩小，水库底层的生态系统很难在短期内恢复，生物多样性减少（龙华等，2006）。

水域生态环境是水生生物赖以生存的物质条件，水生生物及水域生态环境共同构成了水生生态系统。目前水生生物生存空间被大量挤占，水域生态环境不断恶化,水域生态荒漠化趋势等问题日益明显,保护和修复水域生态,维护水域生态平衡,促进经济社会发展与生态环境保护相协调,已刻不容缓。然而目前对长江流域及长江口水域生态修复所进行的研究少之又少,而且尚未有效落实,亟需深入开展相关研究。

第3章 长江口珍稀濒危水生动物保护撷例

本章对部分长江口珍稀濒危水生动物进行了介绍，并对相关保护工作做了一定的总结，以期能够在珍稀濒危水生动物保护方面给读者一些启示。

3.1 中华鲟

中华鲟（*Acipenser sinensis* Gray, 1834），英文名 Chinese sturgeon，鲟形目（Acipenseriformes），鲟科（Acipenseridae），鲟属（*Acipenser*），是一种大型江海洄游性鱼类，栖息于我国沿海大陆架地带，是我国长江特有的3种鲟鱼[中华鲟、达氏鲟（*Acipenser dabryanus*）、白鲟（*Psephuyrus gladius*）]之一，是白垩纪残留至今的最为古老现生鱼类之一，古今别称王鲔鱼、大腊子。中华鲟素有“长江鱼王”之称，最大个体体重可达1 000 kg，体长可达4 m，在全世界20多种鲟科鱼类分布中所处纬度最低、体型最大、生长最快，为我国所特有（图3-1）。

图 3-1　中华鲟

3.1.1　濒危等级

极危。

近 20 多年来，因为人类活动（如污水排放、水利工程的建造等）造成环境污染、栖息地破坏，中华鲟数量急剧减少，种群处于濒危状态，已被列为国家一级保护动物，世界自然保护联盟红色名录（IUCN Red List of Threatened Species, 1994）濒危种（Endangered, EN），濒危野生动植物种国际贸易公约（CITES）附录Ⅱ保护物种。并且 CITES 对鲟鱼的年度出口限额管理也做了一些工作，其管理比较成熟，对中华鲟的保护有一定作用。CITES 规定多国共有鲟鱼种群的捕捞和出口限额的制订均需以野生种群的调查监测资料为基础。CITES 第十三届缔约国大会后，联合国环境署世界保护监测中心（United Nations Environment Programme World Conservation Monitoring Centre, UNEP-WCMC）建立了在世界范围内追踪鱼子酱出货情况的计算机数据库，使得异常的鲟鱼子酱贸易活动受到监控。第十四届缔约国大会的进展包括：里海地区各鲟鱼分布国参加联合国粮食及农业组织（Food and Agriculture Organization of the United Nations, FAO）两年一度的技术合作项目；2008 年的共享资源限额不高于 2007 年度的水平；鼓励各成员国向 CITES 报告出口许可证及证书情况并向鲟鱼子酱数据库提供数据。

3.1.2　分布

历史上中华鲟分布较广，在我国沿岸从黄海北部的海洋岛至海南岛近海以及长江、珠江、岷江、瓯江、钱塘江、黄河均有分布，目前黄河及岷江已绝迹。中华鲟沿长江逆流进入鄱阳湖和赣江，在洞庭湖、湘江及澧水亦有活动，最远可达金沙江下游。

3.1.3　价值

中华鲟由于自身所具有的一系列原始特征，既是介于软骨鱼类与硬骨鱼类之间的类群，又是硬骨鱼类中较原始的类群，在鱼类演化史中有重要的研究价值。中华鲟在国内外水产品中商品价值也极高。其皮可制革；鳔称为“鳇鱼肚”，含有丰富的胶质，可配制上等漆料，并可入药；肉味道鲜美；脊椎骨、鼻骨等均为上等佳肴，素有“鲨鱼翅，鲟鱼骨，食之延年益寿，滋阴壮阳”之说；体表由硬磷形成的骨板是制作工艺品的材料；尤以鱼卵最为名贵，用鲟鱼卵制成的鱼子酱，含脂量极高，被视为世界三大珍味之一。据报道，中华鲟所含的抗癌因子是目前的主药源鲨鱼的 15~20 倍。

3.1.4　形态特征

体长梭形，前较后略粗，躯干横切面呈五角形。头部三角形，略扁平，头部腹面、侧面有许多呈梅花桩排列的小孔，称罗伦氏器（Ampullae of Lorenzini），为感觉器官；侧面呈楔形，背部有许多硬骨块，腹部平坦。幼体吻较尖细，成体吻渐钝圆。鳃盖位于头两侧，后缘具有鳃盖膜，左右鳃盖膜与峡部相连。鳃孔位于头两侧，一对新月形喷水孔位于鳃盖前上方，内与咽处相通，且有残存鳃丝。腹面吻须 2 对。眼一对，无眼睑、瞬膜，小而呈椭圆形，口腹位，横裂。上下颌具乳突，口角与下颌两侧有唇褶。躯干部具 5 行骨板，背中线一行，体两侧各一行，腹两侧各一行。尾部具 4 行骨板。背中线及腹中线各一行，体两侧各一行。体前面腹侧有胸鳍一对，扁平叶状，水平地向后外侧伸展，后部具腹鳍一对，微向两侧平展，较胸鳍小。尾鳍歪形，上叶由棘状鳞支持，两侧有紧密排列的棘状菱形硬鳞，下叶由鳍条支持，上叶大于下叶。侧骨板体色青灰，以下渐变为浅灰、黄白色，腹部白色。各鳍灰色，边缘色较浅。背鳍条 50~68，臀鳍条 26~40，胸鳍条 48~54，腹鳍条 32~42，鳃耙 14~25。背骨板一行 10~16，左右两侧骨板 26~42，腹骨板每侧 8~16。

3.1.5 生物学特性

中华鲟幼鱼表现为强烈的趋光性。0~20日龄总体上均表现为趋光性，在7~10日龄趋光性有所下降，喜底栖生活；从11日龄开始，逐渐减少穴居，趋光性增加。随着生长发育，幼鱼逐渐转为底栖，趋光性消失。

中华鲟是一种以肉食为主的杂食性鱼类，食谱较广，对食物的适应性较强。幼鲟在长江口摄食强度较大，摄食率超过80%，胃含物充满度Ⅲ~Ⅳ级，主要以底层小型鱼类和甲壳类为主，常见的有矛尾鰕虎鱼、舌鳎、狭颚绒螯蟹、节鞭水蚤、钩虾、白虾等。四川省长江水产资源调查组对1975年6~7月从长江口捕获的中华鲟幼鱼食物进行了分析，发现其主要食物是底栖鱼类，如舌鳎、磷虾、蚬、鲬属等。据调查，1982年与1983年6~7月捕获的长江口中华鲟幼鱼主要摄食小型鱼类幼鱼、甲壳类和底栖生物等。最近20多年以来，由于长江口底栖生物的组成发生了一些变化，长江口中华鲟幼鱼的食物资源组成发生了较大变化，其相应的摄食喜好也发生了较大的变化。据报道，中华鲟饵料组成以鱼类、多毛类和端足类为主，虾类、蟹类、瓣鳃类等也占有一定的比例。野生中华鲟幼鱼在长江口主要摄食底栖生物，以河口咸淡水生物为主。

中华鲟喜好沙质底质。中华鲟食物来源中的小型生物物种通常分布在沙质底质，其中饵料资源丰富；且中华鲟为下位横裂口，进食方式为“吮吸”，摄食时必须贴近底部，沙质底质较为柔软，不会像砂砾底质一样容易擦损中华鲟身体。

3.1.5.1 生长特性

中华鲟在幼鱼阶段生长较为迅速，5月份中华鲟幼鱼体长为16.86±3.27 cm，体重为28.69±16.06 g。到8月份，中华鲟幼鱼体长和体重分别增加到31.90±3.24 cm、236.77±176.64 g，体长增至原来的1.91倍，体重增至原来的8.25倍。性成熟后生长则较为缓慢，之后生长速度更低。1981~2004年的中华鲟产卵群体结构为：雄鱼8~27龄，体长1.63~2.85 m，体重49~193 kg，平均年龄15.26龄，平均体长2.13 m，平均体重88.90 kg；雌鱼14~33龄，体长2.12~3.21 m，体重为68~432 kg，平均年龄21.27龄，平均体长2.69 m，平均体重215.95 kg。

3.1.5.2 自然繁殖

中华鲟是一种典型的溯河洄游性鱼类，每年7~8月性成熟的中华鲟经长江口溯江而上，而性腺发育处于Ⅲ期初，亲鱼进入长江后基本不摄食，仅靠体内积累的脂肪提供能量和发育所需物质，在长江停留1年多后，性腺由Ⅲ期发育到Ⅳ期，于次年秋季10月中旬至11月中旬产卵，产后亲鱼迅即离开产卵场，洄游入海。

成熟的卵椭圆形，黑褐色，卵径 4.3~4.8 mm，受精 3~5 min 后，受精卵吸水膨胀至 5.05~5.10 mm，分散黏着在岩石上面（图 3-2）。孵化水温 16.5~18℃，经 113~130 h 孵化，仔鱼大量出膜。由于野生中华鲟产卵受场地、水流以及周围食卵鱼类的影响，自然孵化率一般低于 30%。孵出的仔鱼居于水体中上层，因为自身重力沉入水底时，靠尾部的剧烈摆动向水体上层游动，呈头部在上、躯干垂直的姿态在水中间歇性上下浮动，如此往复。孵出的仔鱼同时也随着江水顺流而下，经过许多个日日夜夜到达长江口。

图 3-2　中华鲟黑褐色卵粒

1972~1976 年，长江上游的金沙江下游产卵场中华鲟性成熟个体最小型雄性为 9 龄，体长 1.69 m，体重 38.5 kg，雌性 14 龄，体长 2.39 m，体重 148.5 kg，初次性成熟雄性 9~22 龄，雌性为 14~27 龄。中华鲟并不是每年都产卵，产卵后的个体到下一次产卵之间的间隔至少有 5~7 年。葛洲坝截流前，中华鲟产卵场分布在长江上游和金沙江下游的老君滩至万县之间，共 20 余处，主要集中分布在宜宾县到屏山县江段。1981 年葛洲坝截流后，中华鲟溯江洄游的通道被隔断，原来的产卵场被大坝阻隔而难以到达，原产卵场的水文条件也被破坏。中华鲟在葛洲坝截流后在葛洲坝下游逐渐开辟了新的产卵场，主要集中在南岸笔架山江段的 1 km 内，自然繁殖规模远远小于葛洲坝水利枢纽修建之前。陶江平等（2009）对以葛洲坝坝下 5 km 江段（葛洲坝至镇江阁）的中华鲟繁殖群体进行的调查发现,2005~2007 年,中华鲟第 1 次产卵前的资源量分别为 235 尾、217 尾和 203 尾;第 1 次产卵后的资源量分别为 157 尾、157 尾和 102 尾;中华鲟的产卵量分别为 356 万粒、119.6 万粒和 238.6 万粒。其认为,在 20 世纪 90 年代中期,第 1 次产卵前的中华鲟繁殖群体数量下降趋势明显,但 2002 年以来其数量趋于基本稳定,年际间的差异不明显。自 2002 年以来,第 1 次产卵后停留产卵场的中华鲟数量有增加的趋势,而中华鲟的繁殖规模近 10 年来呈现极其显著性的下降趋势。

葛洲坝截流后,中华鲟的繁殖力也开始降低。中华鲟绝对怀卵量 1976 年以前平均为 64.5 万粒,最高达 130.3 万粒,而 2000 年以来最高怀卵量为 59 万粒,比往年均值还要低,平均值也只有以前的一半。近年来相对怀卵量最高值(3 020 粒/kg)只略高于以前的平均值,其均值也只有以前的一半左右。刘鉴毅等(2007a)对在 1998~2004 年的每年 10 月至 11 月中旬在葛洲坝坝下至庙咀江段捕获的中华鲟进行了研究,发现的中华鲟平均单位体重怀精量为 13.3 mL/kg,精液浓度范围在 5%~19%,精子密度为每毫升 3 亿至 9 亿个精子;而鲁大椿等(1998)测定的 1982~1984 年的中华鲟的精液相对含量为 16 mL/kg,精液浓度范围在 8%~20%,精子密度为每毫升 5 亿至 12 亿个精子。1973~1976 年、1982~1984 年、1998~2004 年 3 个时期中华鲟精子剧烈

图 3-3　本书作者检查中华鲟精子质量

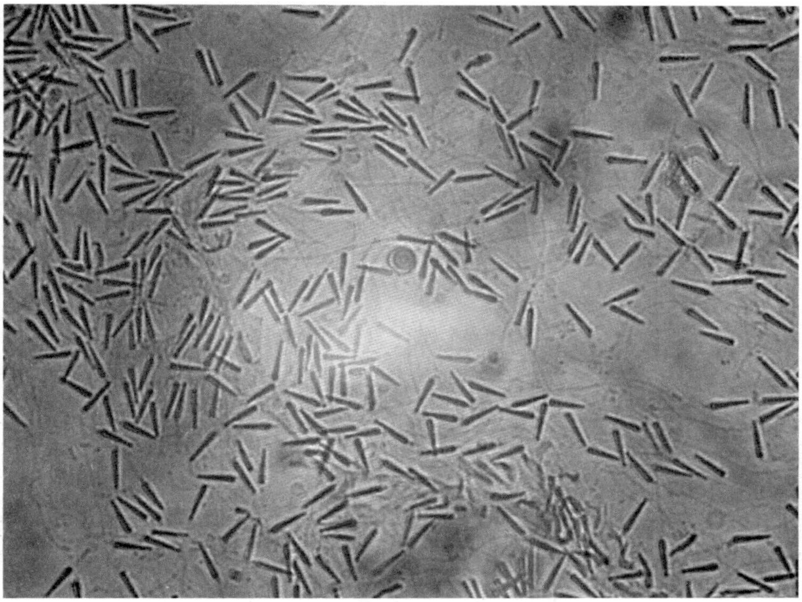

图 3－4　游动的中华鲟精子(×100)

运动时间分别为 248 s、130 s 和 103 s，寿命分别为 1 788 s、1 579 s 和 923 s，可见精子的质量在下降(图 3－3、图 3－4)。中华鲟亲鲟的繁殖力明显下降，这不利于中华鲟种群的自然恢复。

3.1.6　资源量

据统计，在 1972～1980 年，长江全流域中华鲟成体的年捕获量约在 394～636 尾，年平均 517 尾，产量在 60～75 t，产量一直较为稳定。1980 年以前，长江中华鲟繁殖群体的年资源量估计超过 2000 尾。

1981 年葛洲坝截流后，1981 年和 1982 年中华鲟亲鱼捕捞达到历史高峰，分别为 1 002 尾和 1 163 尾(危起伟，2003)。据不完全统计，1981 年秋冬两季在湖北省境内捕捞的中华鲟约有 800 多尾，捕捞量相当于建坝前湖北省多年平均数量 145 尾的 5.5 倍。其中在 1983 年中华鲟的商业捕捞被完全禁止之前，长江上游各地每年捕捞中华鲟的数量在 400～500 尾。2000～2007 年，湖北宜昌水产局数据显示，科学研究活动共捕获中华鲟 218 尾(陶江平等，2009)。

葛洲坝水利工程建成后，中华鲟原始洄游路线受到破坏，中华鲟逐渐在葛洲坝坝下形成了新的产卵场并进行自然繁殖。2013～2014 年，多家研究机构在葛洲坝坝下产卵场均未监测到其产卵活动，野生中华鲟种群一度被怀疑已经灭绝。长江口是目前中华鲟江海洄游的唯一通道，是幼鱼肥育场和入海前的重要栖息地，一般在每年的5~9月幼鱼洄游至此索饵、生长。2015年4月16日，中国水产科学研究院东海水产研究所科研人员在长江口水域监测到1尾中华鲟幼鱼，经鉴定，为野生中华鲟幼鱼。

3.1.7 人工繁养

中国水产科学研究院长江水产研究所和葛洲坝集团公司中华鲟研究所先后于1983年和1984年实现了葛洲坝坝下中华鲟的人工繁殖。但1997年以前中华鲟幼鱼培育技术未能实现根本性突破，培育成活率低，由“水花”至3~5 g规格鱼的培育成活率均在10%以下。1998年大规模苗种培育技术取得了成功。刘鉴毅等(2007a)在1998~2004年(2002年未进行人工繁殖)共获中华鲟卵982.1万粒，受精率为(63.7±11.2)%，孵化率为(48.1±17.5)%，共孵化出苗476.2万尾(图3-5至图3-9)。单尾中华鲟人工繁殖最高受精率为98%，最高出苗率为96.8%，最高出苗43.6万尾。2009年中国三峡集团中华鲟研究所成功繁育出约5万尾全人工繁殖的“子二代”中华鲟，人工孵化率约为50%。

图3-5 中华鲟人工繁殖

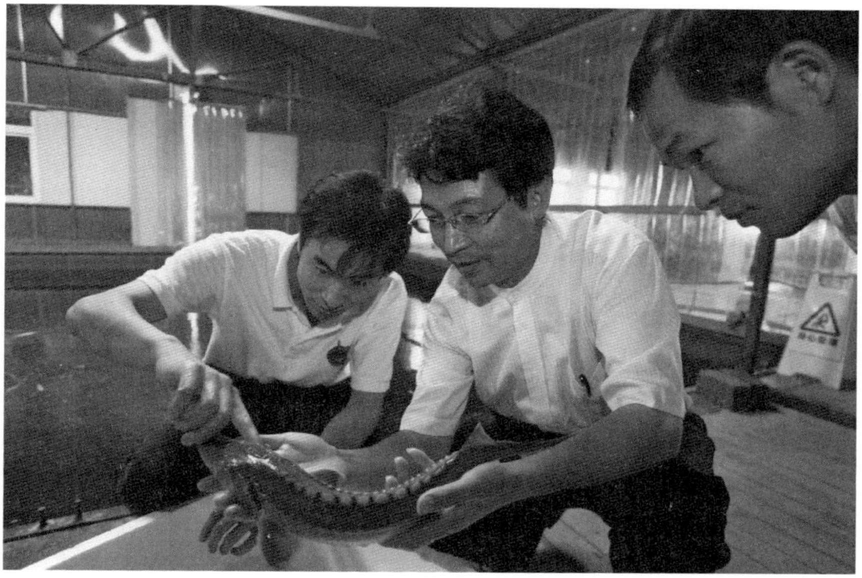

图 3-6　中华鲟人工繁殖幼体

图 3-7　中华鲟产卵

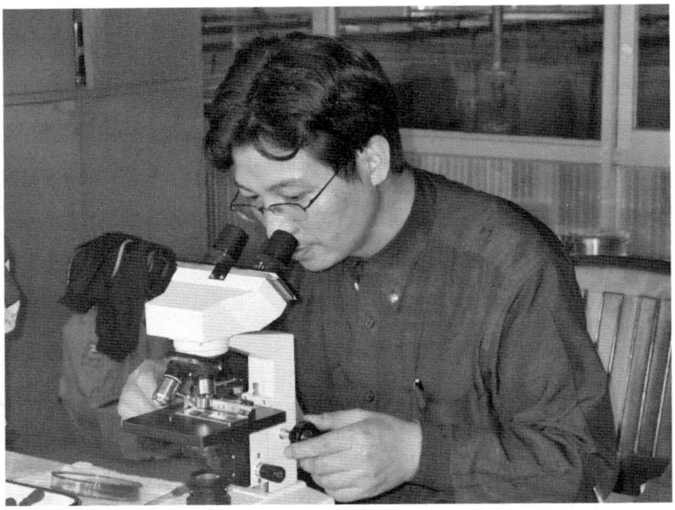

图 3-8　中华鲟人工授精效果检测

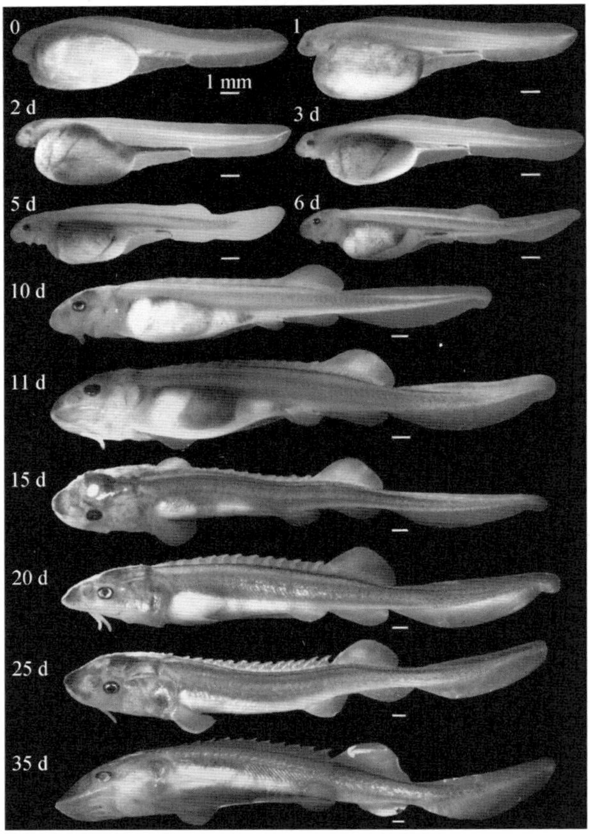

图 3-9　中华鲟仔鱼发育图(刚出膜至 35 d)

3.1.8　增殖放流

中华鲟放流规模与力度比较大，如 1983~2018 年仅长江水产研究所一个单位就放流大小规格中华鲟共计数百多万尾(图 3-10)。

图 3-10　本书作者 2005 年在荆州放流中华鲟

长江口中华鲟自然保护区也做了许多增殖放流的工作，2004~2006 年共放流中华鲟 4 980 尾。

2013 年 12 月，长江口中华鲟自然保护区在附近水域进行了中华鲟增殖放流活动(图 3-11)。共放流中华鲟 129 尾，此次放流的中华鲟全为 1.5 m 以上的大中型中华鲟，其中包括野生抢救的大型中华鲟 2 尾(全长分别为 3.3 m 和 2.5 m)。此次放流活动为了提高放流物种的野外适应和生存能力、保障放流效果，对放流对象进行了仔细筛选和一系列驯化培育。2013 年初筛选出 150 尾中华鲟作为放流储备用鱼，转入室内放流驯化专用池塘进行强化培育和驯化。对放流中华鲟开展为期半年的放流前适应性驯化：一是野生摄食能力驯化，提高其在自然环境下的摄食能力；二是根据放流水域的盐度，逐级提升盐度，开展盐度适应性驯化；三是引进造流造波设施设备，在池塘内模拟野生环境的流速和波浪，提高其野生生存能力。另外，还适当增加配合饲料投入量，增加中华鲟营养摄入，强化育肥，确保放流中华鲟的健康和健壮；开展打包试验，按照放流当天需要的打包时间进行设计，同时对打包用水量、充氧量进行一定的测试，定做特制打包袋、全程充氧保温运输；采用特制放流槽进行放流。

长江口中华鲟自然保护区管理处成立后，共开展中华鲟等珍稀水生动物放

图 3-11　长江口放流中华鲟

流活动十余次,放流各种规格中华鲟一万多尾,其中 1.5 m 以上的中华鲟三百多尾。增殖放流评估结果显示,保护区增殖放流活动有效保护和丰富了中华鲟资源。

3.1.9　保护区

长江口中华鲟自然保护区位于长江口崇明东滩,于 2003 年 7 月建立,2005 年出台并开始实施《上海市长江口中华鲟自然保护区管理办法》,对以中华鲟为主的野生水生动物及其赖以生存的自然生态环境加以保护,是国内首个河口型珍稀鱼类保护区。保护区北起八滧港,南至奚家港,主要是由崇明东滩已围垦的外围大堤与吴淞标高-5 m 等深线围成的水域。保护区面积 576 km^2,核心区面积 276 km^2,缓冲区与实验区面积 300 km^2。保护区内生物资源丰富,浮游植物 129 种,浮游动物 87 种,底栖生物 87 种,鱼类 148 种。保护区海域因受沿岸径流及外海水的共同作用,营养盐丰富,饵料生物量大,既是多种生物繁殖、育肥的良好场所,还是溯河洄游与降海洄游海洋生物的必经之地。

长江口中华鲟自然保护区成立以来,取得了一系列的保护成果。2004～2006 年共抢救中华鲟 3 000 余尾,并在这三年间开展了多次增殖放流活动,共放流中华鲟 4 980 尾,有效保护和丰富了中华鲟资源。另外,保护区也对中华鲟亲体进行了储备工作，建成了12亩的室外养殖水面和2 000 m^2 的室内精养池塘，储备了1~7龄和12龄共8个年龄段的中华鲟后备亲体达2 000尾。

长江口中华鲟保护区除了进行执法管理等常规工作，也持续开展本底监测和调查，包括一年四季监测站点的水文、水环境、水质、沉积物、水生生物资源和中华鲟资源等方面的监测，同时也监测了保护区及周边工程（包括长江隧桥工程及国际光缆工程等）对环境造成的影响，积累了大量基础数据，建立了环境因子动态数据库和数据化平台研究，开展了中华鲟幼鱼的行为学、生理学、生态学和误捕受伤幼鱼抢救技术等的研究，并与东海水产研究所、上海海洋大学、上海市水产研究所等科研院所合作了二十多项科研项目。同时进行保护工作的教育宣传，积极拓展保护工作的影响力，引导公众关注与参与。

《上海市长江口中华鲟自然保护区管理办法》根据《中华人民共和国渔业法》《中华人民共和国自然保护区条例》等法律法规，规定保护区内损坏标志物及保护设施、破坏保护区环境、排放污染物、非法从事捕捞活动、非法捕捉水生野生保护动物、捕杀国家重点保护水生野生动物、破坏自然资源等均为违法犯罪行为，并予以责任追究。根据保护区管理办法，每年中华鲟幼鱼在长江口聚集停留的5月1日至9月30日为禁渔期，并实施封区管理。在10月1日至翌年的4月30日允许一定数量的渔业生产人员进入保护区，而进入保护区内从事采捕野生动物资源的单位和个人应当向保护区管理机构缴纳野生动物资源保护管理费。对于保护区内进行的科学调查、研究以及标本采集等，则根据《中华人民共和国行政许可法》规定和保护区实际情况对申请条件、提交资料、审批程序进行了具体规范。管理办法还规定了保护区内沉船、排污等造成或有可能造成保护区污染或破坏的事故为安全性事故，并予以责任追究。在保护区及其周围的各种建设项目可能直接或间接对保护区生态造成影响，管理办法据此确定了通报协商制度，通过建设单位和保护区管理处提前协商，共同研究方案，采取措施，防止或减少对自然资源和生态环境的损害。

保护区的建立使珍稀濒危水生动物得到了较好保护，但也存在一些问题。一是保护区法律效力不足。《上海市长江口中华鲟自然保护区管理办法》属于地方性法规，并且没有针对保护区自身特性而做出针对性的规定。二是受长江口整体水环境的影响，保护区水环境仍在建立了保护区的情况下继续恶化，这是由于虽然减少了长江口保护区内人类的活动，但是长江口水域生态环境还受到与其相连水域及长江流域的影响，长江口水域所有相连水域的污染物都存在迁移运输到长江口的可能，长江流域水利工程对长江口水文条件也会有影响，而这都将影响保护区内水环境。三是保护区内执法不力，诸多问题不能防患于未然，不能对水生动物进行即时监管，违法行为时有发生。而造成此情况的内在原因在于相关工作人员缺乏监管经费，执法素质还不足够。四是保护区管理工作还有待进一步加强，保护区工作的硬件设施与从业人员职业能力需要加强，如执法方面需要配备更专业的执法船只，需要专业知识丰富、综合素质较高的管理人员。五是保护区增殖放流效果评估工作的科学展开，至今也没有系统的增殖放流效果评估标准与方法。六是被保护物种需要进一步丰富。长江口中华鲟自然保护区虽然以保护中华鲟为主，但是目前保护区内也存在其他濒危或资源急剧衰退但没有立法保护的物种，在执法过程中遇到此类物种，易遇到执法阻力。

长江中游有长江湖北宜昌中华鲟自然保护区，位于宜昌市点军区艾家镇境内的葛洲坝坝下至芦家河浅滩，处东经 111°16′~111°36′，北纬 30°16′~30°44′，全长约 80 km，其中坝下至古老背 30 km 江段为核心保护区。以平均江面宽 1 000 m 计算，保护区总面积约 8 000 hm^2。1996 年 4 月，湖北省人民政府正式批准建立“长江湖北宜昌中华鲟自然保护区”，为省级保护区，现正在积极酝酿申报国家级保护区。属野生生物类中的野生动物类型自然保护区，主要保护对象是国家一级保护鱼类中华鲟。

3.1.10 濒危原因及保护中存在的问题

中华鲟资源的急剧衰退最主要的原因是人类活动（如葛洲坝水利工程）对其原有生态环境的严重破坏，葛洲坝的截流阻隔了中华鲟的洄游通道，使亲鱼不能达到上游产卵场产卵。虽然在葛洲坝下游形成了新的产卵场，但其规模已大不如从前；再者，中华鲟体型大，性成熟时间晚，产卵后重复产卵性成熟间隔时间长，资源遭破坏后便不易恢复，这是中华鲟物种自身属性决定的；最后，敌害鱼类（尤其是圆口铜鱼、瓦氏黄颡鱼和铜鱼）对中华鲟卵的危害较大。圆口铜鱼最高可吞食中华鲟卵 237 粒，瓦氏黄颡鱼可吞食鱼卵达 141 粒，坝下产卵场江段食卵鱼年度资源量平均为 44.5 万尾，敌害鱼类密度较大。

中华鲟产卵场面积小，且人类活动多。与原金沙江上游比较，葛洲坝坝下产卵场面积缩小，稳定的产卵场只有约 7 km 江段。且长江干流中华鲟栖息地和繁殖场的人类活动增强，给亲鲟的栖息和天然繁殖形成压力。近 30 年来是我国经济发展迅速的时期，葛洲坝坝下江段虽然是中华鲟自然保护区，但由于其是长江黄金水道的入川必经之路，江段又位于城市中心，不可能像自然保护区条例规定的那样禁止一切人类活动，江面来往船舶众多，航运繁忙，沿岸人口、工业密集，对中华鲟的栖息和产卵无疑有一定影响。

偷捕、电捕屡禁不绝。虽然 1983 年我国就停止了中华鲟的商业捕捞，1988 年中华鲟被列为国家一级保护动物后捕杀中华鲟被严厉禁止，1996 年宜昌中华鲟保护区成立后渔政执法力度得到加强，但由于长江野生鱼类价值高，市场需求量大，偷捕现象仍屡禁不绝。2008 年，在宜昌就破获了一个违法捕捞、贩卖野生中华鲟的大案，不法分子两年间偷捕猎杀了 10 尾中华鲟亲鱼。而在中华鲟保护区江段，电捕鱼现象也十分猖獗。2006～2009 年，宜昌市渔政处在保护区江段多次查获电捕中华鲟案件。偷捕、电捕鱼现象必将使包括中华鲟在内的鱼类资源受到极大损害。沿江的部分渔具（如迷魂阵、插网等）对幼鲟资源的破坏也较严重。调查表明，在长江口未建保护区的 1988～1992 年，仅在中华鲟幼鱼集中分布的长江口崇明岛东滩及其部分延伸浅滩，每年有 6 350～7 060 尾幼鲟被误捕。

水质下降，水环境污染。近 10 年来，长江流域的工业污水排放量增长了 67%。通过对长江下游安庆、南京、镇江、南通 4 江段水质污染及其对鱼类毒性影响的调查监测发现，长江下游江段主航道水质大多符合国家地表水Ⅲ类水质标准，但城市近岸带水质污染较严重，形成约 600 km 的污染带。在上述几个江段的鱼体内还检出较高的蓄积性污染物的残留量。受水质污染的影响，长江口幼鲟分布范围已明显缩小，20 世纪 80 年代以前在杭州湾大量存在的中华鲟幼鱼目前在该水域已难觅踪迹。2007 年，有科学家发现长江野生中华鲟的鱼卵中含有 TPT（三苯基锡），浓度高达 7.8～53.5 ng/g，这一浓度足以使幼鱼致畸。TBT（三丁基锡）和 TPT 能够导致贝类的雄化，使海洋动物的性成熟和繁殖推迟，是目前公认的具有明确证据的、能够通过影响生物体内分泌系统而影响生物体繁殖等生物效应的物质。2000 年，TPT 被欧盟列为内分泌干扰物优先关注名录。2010 年 8 月 25 日，国际环保组织——“绿色和平”发布最新水污染调查报告《“毒”隐于江——长江鱼体内有毒有害物质调查》显示，在取自长江上、中、下游不同城市的鲤鱼和鲶鱼体内，均测出了被称为“环境激素”的壬基酚和辛基酚，这两种物质可导致雌性性早熟以及雄性精子质量下降、数量减少等性发育和生殖系统问题。此外，还检测出了广受国际关注的持久性有机污染物全氟辛烷磺酸，部分鱼体内还检测出了汞、铅和镉等重金属。在三十多年来的中华鲟人工繁殖过程中，中华鲟研究所的科研人员也观察到，中华鲟的精子活力在 1995 年后明显下降，20 世纪 80 年代雄鱼精子剧烈运动的时间可以达到几分钟，但现在只有 20～30 s。这种变化很可能与长江水质中某些化学物质的影响有关。

3.1.11 中华鲟保护历程

肖慧(2008)对中华鲟的保护历程进行详细的回顾,简述如下。

20世纪80年代以前,中华鲟是名贵的大型鱼类,在长江渔业中占有一定的比例,尤其是中华鲟洄游期间群体大、捕捞季节集中,在四川和湖北两省渔业中占有较高的产量和产值。据统计,1972~1980年,长江全流域中华鲟成体的年捕获量在394~636尾,年平均517尾,产量在60~75 t,产量一直较为稳定。长江葛洲坝工程截流初期,大量中华鲟亲鱼在坝下江段聚集,形成了长江中华鲟的年捕捞量高峰,据不完全统计,1981年秋冬两季在湖北省境内捕捞的中华鲟约有800多尾,捕捞量相当于建坝前湖北省多年平均数量(145尾)的5.5倍。1982年捕捞量更高达1 163尾。这样的过度捕捞对于中华鲟这种性成熟年龄迟、寿命长的大型鱼类来说无疑是毁灭性的。自1983年起,国家禁止了中华鲟的商业性捕捞,并严格限制人工繁殖科研用鱼。同时,国家还采取了人工增殖放流和建立中华鲟自然保护区等综合性保护措施。但由于葛洲坝的建立对中华鲟的影响是长期的,1988年,国家将中华鲟列入国家一级保护动物名录,禁止一切商业利用。中华鲟的身份由名贵的大型经济鱼类转变为国家一级保护的濒危动物。

1972年以前,关于中华鲟的研究仅局限在形态和分类学方面,没有系统的研究。20世纪60年代葛洲坝工程建设论证期间,工程对鱼类资源的影响和保护提上议程。1972年,原国家农林部下达了“长江水产资源调查”和“长江鲟鱼专项调查”两项科研任务,由中国科学院水生生物研究所、四川大学、四川农学院、四川省农业科院水产研究所、山东海洋学院、上海水产学院、南京大学、武汉大学等单位组成调查组对全长江的重要经济鱼类的产卵场和资源量进行了系统科学的调查,并在金沙江获得了中华鲟和达氏鲟人工繁殖的初步成功。

20世纪70年代末,葛洲坝工程“救鱼”专题论证的结果认为,在长江几种重要经济鱼类中,“四大家鱼”等半洄游性鱼类在坝上、坝下江段均有可能发育成熟并自然繁殖;降河洄游的鳗鲡主要在长江中、下游至海洋之间洄游,建坝对其影响不大;而溯河洄游的中华鲟,需要到上游的金沙江产卵繁殖,葛洲坝工程修建阻隔了其洄游到上游产卵场的通道,对其影响最严重。最终中华鲟被确定为葛洲坝工程建设主要的救护对象。

1982年3月8日,国家水利部下文成立葛洲坝工程局水产处(中华鲟研究所前身),规定其主要任务是“研究和完成中华鲟人工繁殖放流技术,并进行实验性生产,网捕中华鲟过坝,使鲟鱼在上游产卵场孵化幼鱼,开展中华鲟生态习性的研究”。这是我国第一个与大坝建设有关的鱼类人工繁殖放流站。

从1982年秋季开始，葛洲坝坝下的长江江段就聚集了一批为攻克葛洲坝坝下中华鲟人工繁殖难关的科学家和水产工作者们，当时有水产和水利两个系统的中华鲟人工繁殖协作组。由于这一年中华鲟人工繁殖基地建设没有完成，只能采取传统的江边拴养亲鱼催产的方式。10月中旬，获得了成熟的雄鱼。遗憾的是，由于捕捞江段和捕捞工具的原因，没有捕获可用于催产的成熟亲鱼，人工繁殖没有成功。1983年，水产系统的中华鲟繁殖协作组在葛洲坝下游仍然采用原四川江段江边拴养的方式进行中华鲟人工繁殖，并取得了成功。

1984年葛洲坝中华鲟增殖放流站基地的亲鱼催产池、孵化器等鲟鱼人工繁殖专用设施投入使用。在当年的秋季，水产和水利两个系统的中华鲟人工繁殖协作组齐聚葛洲坝水产处黄柏河基地，将从坝下捕获的成熟亲鱼用船运到基地的催产池中进行人工催产获得成功，孵出鱼苗20万尾。1984年秋季，葛洲坝水产处中华鲟人工繁殖团队在基地成功催产3组中华鲟亲鱼，获得鱼苗24万余尾。1985年秋，用人工合成激素代替鲟鱼脑垂体进行催产的试验获得成功，从此，不再为获取鲟鱼脑垂体而捕杀亲鱼。这项技术的应用，使人工催产的成本大大降低，避免了对资源的破坏，对亲鱼的保护具有极为重要的意义。

1984~1987年，葛洲坝水产处每年都进行中华鲟人工繁殖，共催产雌鲟21尾，成功18尾，成功率达到86.3%，平均授精率达到80.4%。4年共放流各种规格的中华鲟苗种77.7万尾。此外，1982~1984年还捕捞运送82尾中华鲟亲鱼到坝上放流，期望它们能继续利用金沙江的产卵场进行繁殖。1987年，葛洲坝水产处更名为中华鲟人工繁殖研究所，1991年再更名为中华鲟研究所。1984~2011年，中华鲟研究所基本上每年都进行中华鲟的人工繁育和增殖放流，已经累计向长江放流各种规格的鱼种500余万尾。中华鲟个体硕大，力大威猛，进行亲鱼人工繁殖时人工操作十分不易。20世纪70年代中期以前，四川的水产工作者曾采取江边拴养的方式进行人工催产，即将捕获的亲鱼用粗绳拴其尾部或鳃部，绳子一端固定在江边的柱子上，绳子另一端的鱼则放在江边水中。拴牢后立即人工注射催产剂，在亲鱼排卵后进行人工授精。那几年平均催产成功率是60%，人工授精率是20%~85%，平均为42.6%。但是江边拴养对亲鱼的损伤较大。

1984~1987年，中华鲟研究所在中华鲟人工繁育技术的研究中，在亲鱼催产池的设计和建造、亲鱼的检查技术、新型催产剂的选择、鲟鱼卵孵化器的改进、野生Ⅲ期性腺亲鱼人工蓄养成熟、苗种培育技术等方面均有创新和提高。

1988 年 3 月,“中华鲟人工繁育技术的研究”通过了原水电部科技司的鉴定。鉴定结果认为:中华鲟人工繁育技术的研究“形成了一套比较完整的苗种繁育工艺流程,催产率、受精率、孵化率、成活率及幼鱼放流数量和规格均达到或超过了原计划任务书规定的指标,其野生亲鱼在人工条件下蓄养成熟属重大技术突破,该项研究成果处于国内领先地位”。同年,该项成果获得了水电部科技成果二等奖,“中华鲟人工繁殖技术操作规程”在行业内发布。

1988~1998 年,中华鲟研究所对鲟鱼的研究更加广泛和深入,开展了对国内外各种鲟鱼的研究、鲟鱼人工繁殖技术的推广以及中华鲟子一代种群的人工养殖。1989 年,研究所科研人员将中华鲟人工繁殖技术移植到了黑龙江流域,与黑龙江省农垦总局勤得利农场合作,成功进行了史氏鲟的人工繁殖和苗种放流。为了不断提高中华鲟人工放流的数量和质量,研究所技术人员进行多年研究,1995 年,在国内率先突破大规格幼鲟培育技术,将规模化培育幼鲟的成活率提高到 70%以上。1997 年,攻克了中华鲟营养需求和驯食配合饲料技术,使苗种培育不再依赖活饵料,大大提高了培育苗种的数量和放流鱼种的规格。1998 年,研究所在全国率先开展网箱养殖中华鲟试验并获得成功,使鲟鱼成鱼养殖的成本大大降低。鲟鱼网箱养殖的方法迅速在养殖户中得到推广,推动了我国鲟鱼养殖业的发展。

1999~2009 年,随着国家对中华鲟野生资源保护力度的增强,中华鲟野生亲鲟的捕捞量逐年减少,为了应对资源状况的变化,中华鲟研究所不断提高繁殖技术水平。2000~2003 年,中华鲟活体无创伤采卵技术通过反复试验获得成功。该项技术的应用使产后亲鲟得以保活,并通过康复后再放回长江。2001 年和 2006 年,又分别完成了匙吻鲟和史氏鲟的全人工繁殖。这些技术的积累,为中华鲟全人工繁殖研究提供了技术储备和科学支撑。2005 年,中华鲟研究所开始了中华鲟全人工繁殖项目的立项工作,并于 2007 年在中国长江三峡开发总公司(三峡集团的前身)正式立项。经过 20 多年的长期养殖、亲鱼培育以及立项后的技术攻关,中华鲟全人工繁殖在 2009 年秋季获得成功,成功孵化出子二代鱼苗。2011 年,中华鲟全人工繁殖再次获得成功。该项研究经专家鉴定,认为其填补了国内外空白,达到了国际领先水平,为中华鲟物种保护和资源的持续利用开辟了新途径。

时至今日,针对中华鲟的综合性保护措施已经实施了近 30 年。在长江流域,国家已经设立了 2 个中华鲟自然保护区:1996 年,湖北省人民政府下文,在葛洲坝坝下 80 km 江段建立湖北宜昌中华鲟自然保护区;2002 年,上海市人民政府确定在上海市崇明岛江段建立长江口中华鲟自然保护区。

3.1.12 保护展望

中华鲟研究所继 2009 年中华鲟全人工繁殖首次成功后，2011 年又再次获得成功，亲鱼的催产成功率、孵化出苗率均得到提高。在此基础上，进一步研究人工生态条件下各种因子对其性腺发育的作用机制，提高中华鲟全人工繁殖的效率，完善中华鲟全人工繁殖的技术，是今后一段时间需要深入研究的课题。全人工繁殖成功意味着在人工淡水生态条件下中华鲟能完成整个生活史过程，为中华鲟规模化的迁地保护、建立人工养殖种群打下了基础。中华鲟性成熟迟，亲鲟个体硕大，建立人工养殖种群要达到一定规模，必然基础设施投入大、维持运行成本高。试验在环境条件适宜的半开放或开放式的大型水库、湖泊中放养中华鲟成鱼，建立一定数量的人工种群，提高迁地保护的效率，是一个值得探索的方向。

在目前中华鲟野生资源衰退的情况下，获得的每一尾野生亲鲟都弥足珍贵。误捕亲鲟的救护康复技术和产后亲鱼的保活养护技术近年来也有长足进步。2006 年至今，国内各研究单位对中华鲟野生亲鲟的产后驯养已经获得一些新的进展。2006 年，北京海洋馆和长江水产研究所对 1 尾野生产后雌鱼进行不同摄食方法试验，促进了亲鲟主动摄食并使鱼体健康状态得到改善。2009 年，中华鲟研究所对 1 尾野生雄鱼进行产后康复后，驯化至能自主摄食，体能得到恢复。2011 年，长江口中华鲟自然保护区管理处抢救一尾渔民从近海误捕的中华鲟，也成功驯化至自主摄食。预期随着研究的不断深入，野生亲鲟的产后保活和再利用或将成为可能。

中华鲟种群数量的监测是制订保护措施的基础。20 世纪 80 年代，中科院水生所、长江水产研究所等单位开始进行中华鲟种群数量变动的研究，并建立了以食卵鱼调查、鱼探仪探测为基础的估算鲟鱼种群数量的方法。至 90 年代后，基本掌握中华鲟葛洲坝坝下产卵场的面积、年度产卵亲鱼的数量、产卵量估计和产卵时间等信息。三峡工程 175 m 试验性蓄水以来，为了监测蓄水对中华鲟自然繁殖的影响，中华鲟自然繁殖调查就成为中华鲟研究所进行的一项年度常规监测。在两种传统方法的基础上，又采用了双频声呐成像技术和水下摄影，增加了产卵场和亲鱼活动的可视性，结合江底卵苗采集，使中华鲟自然繁殖监测的研究更加深入。现存的葛洲坝坝下中华鲟产卵场是唯一发现的中华鲟产卵场，在保护好现存产卵场的前提下，如何通过生态调度手段为中华鲟亲鱼的栖息和天然繁殖提供更适宜的产卵条件，如何通过生态修复措施使产卵场条件更为优化、亲鱼产卵效果得到提高，是未来需要研究的课题。

中华鲟是一种洄游性鱼类，在近海栖息，性成熟后溯河洄游到长江上游产卵场繁殖。葛洲坝水利工程建设后，中华鲟原始洄游路线受到破坏，中华鲟逐渐在葛洲坝坝下形成了新的产卵场并进行自然繁殖。2013~2014年，多家研究机构在葛洲坝坝下产卵场均未监测到其产卵活动，野生中华鲟种群一度被怀疑已经灭绝。长江口是目前中华鲟江海洄游的唯一通道，是幼鱼肥育场和入海前的重要栖息地，一般在每年的5~9月幼鱼洄游至此索饵、生长。2015年4月16日，中国水产科学研究院东海水产研究所科研人员在长江口水域监测到1尾中华鲟幼鱼，经鉴定，为野生中华鲟幼鱼，是2014年以来首次在长江口水域监测到野生中华鲟幼鱼。相比中华鲟生物学习性，该幼鱼到达长江口的时间提前了约一个月。其原因可能是葛洲坝坝下产卵场仍然存在中华鲟产卵活动，但产卵时间发生了较大变化；或者在葛洲坝坝下中华鲟产卵场下游又形成了新的产卵场，距离长江口更近。可见，生存环境的改变对中华鲟习性造成了很大影响。保护中华鲟最重要的一点便是保护其摇摇欲坠的生存空间，而此任重道远。

3.1.13 相关研究

3.1.13.1 人工授精

在中华鲟人工繁殖过程中雄鱼不足的问题时常发生，因此对其精子生物学的研究非常必要，并且可以为进一步进行精子超低温保存提供参考依据。人工授精是鱼类繁殖过程的一项重要技术，获取具有受精能力的精子是人工授精的重要步骤。精子活力不仅是评价精液质量的重要指标，也是精子保存、人工授精等其他相关研究的基础。刘鉴毅等(2007a)研究了在不同浓度Na^+、K^+、Ca^{2+}、Mg^{2+}、Cu^{2+}及葡萄糖、果糖溶液中，中华鲟精子活动情况，发现Na^+浓度为2‰时，中华鲟精子寿命时间最长，为347 s；而Na^+浓度为1‰时，中华鲟精子剧烈运动时间最长，为98.67 s。精子激活率在Na^+浓度小于等于2‰时，为100%，随着Na^+浓度的增加中华鲟精子激活率明显下降。与Na^+溶液不同，在K^+浓度为0.005‰时中华鲟精子活力最佳，其剧烈运动时间和寿命时间最长，分别为80 s和174 s；精子激活率随K^+浓度的增加而增强，在浓度为0.005‰时激活率最强为60%，然后快速下降。在Ca^{2+}、Mg^{2+}、Cu^{2+}三种溶液中，随着三种溶液浓度的增加，中华鲟精子剧烈运动时间和寿命逐渐缩短，精子激活率逐步下降；与Ca^{2+}、Mg^{2+}、Cu^{2+}三种溶液完全不同的是，随着葡萄糖和果糖两种单糖浓度的增加，中华鲟精子剧烈运动时间及精子寿命逐渐延长，说明适量浓度的Na^+、K^+可以延长中华鲟精子剧烈运动时间及其寿命，激活精子活力；Ca^{2+}、Mg^{2+}、Cu^{2+}三种溶液即使在较低浓度下都表现出对中华鲟精子剧烈运动时间、精子寿命及其激活率明显的抑制作用；而葡萄糖和果糖则能有效地延长中华鲟精子剧烈运动时间和寿命(图 3-12)。

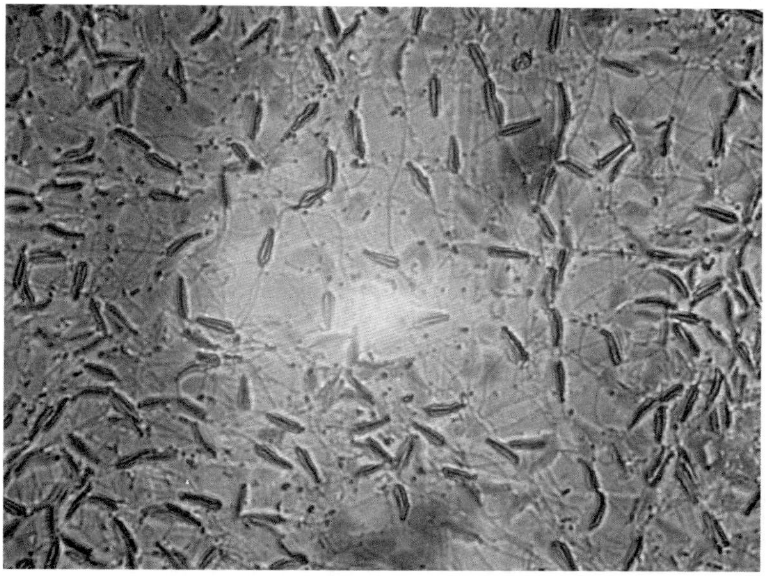

图 3-12 运动中的中华鲟精子(×200)

甘芳等(2009)以不同浓度的 NaCl、KCl、$MgCl_2$、$CaCl_2$ 溶液和葡萄糖溶液作为授精介质，研究了中华鲟的受精效果。结果显示，适量的阳离子和葡萄糖作为激活授精介质时中华鲟卵受精率都有所提高。在其实验设置浓度范围内，25 mmol/L NaCl 溶液、0.1 mmol/L KCl 溶液、1 mmol/L $MgCl_2$ 溶液、1 mmol/L $CaCl_2$ 溶液和 50 mmol/L 葡萄糖溶液浓度下，受精率分别可达到最高值，依次为 87.72%、86.82%、82.24%、89.76%、80.92%。随着实验浓度继续增加，受精率反而呈下降趋势。作为人工配制的中华鲟精子授精激活介质，最适 NaCl 溶液浓度在 25 mmol/L 附近，最适葡萄糖溶液浓度在 25 mmol/L 附近，最适 KCl 溶液浓度≤0.1 mmol/L，最适 $MgCl_2$ 溶液浓度≤1 mmol/L，最适 $CaCl_2$ 溶液浓度≤1 mmol/L。通过开展不同浓度授精介质受精效果研究，有助于筛选出较好受精效果的授精介质，提高中华鲟繁殖率。

3.1.13.2 生境研究

水文水力条件的变化会给水生生物繁殖、栖息带来一系列的影响。刘鉴毅等(2007a)以 1998~2004 年(除 2002 年外)从葛洲坝坝下产卵场捕获的 57 尾(雌 36 尾、雄 21 尾)中华鲟人工繁殖群体为对象，研究了中华鲟人工繁殖群体的繁殖生物学特性，结果表明：1998~2004年中华鲟雌鲟体长240~320 cm，体重140~432 kg，年龄15~30龄；雄鲟体长153~284 cm，体重70~244 kg，年龄12~26龄；雌鲟催产率93.1%，雄鲟催产率100%；卵子可明显分为7种颜色；绝对怀卵量为20万~59万粒，平均35.8万粒；相对怀卵量820~3 020粒/kg，平均1 590粒/kg；精液明显分为4种颜色；绝对采精量1 000~5 952 mL，平均2 597.8 mL；相对采精量1.25~31.24 mL/kg，平均13.3 mL/kg；多年人工催产受精率平均达到63.7%，孵化率达到48.1%，6年共孵化出苗476.2万尾，保证了人工繁殖放流的实施(图3-13)。资料对比显示，中华鲟繁殖群体自然繁殖力大幅下降。

图3-13　中华鲟人工催产

评估水文水力条件的变化对中华鲟繁殖、栖息的影响，可为保护和重建中华鲟栖息地提供科学依据。班璇等(2014)以葛洲坝下游河势调整前地形(2003年)和河势调整后地形(2008年)作为边界条件建立二维非恒定流水动力学模型，模拟中华鲟产卵场整个产卵期的水流变化特征，对比了河势调整前后中华鲟产卵场地形、流场和涡量的变化，流量变化过程中各水流参数与相关系数的变化，以及河势调整工程给产卵场水力条件带来的变化，并对照河势调整前后中华鲟产卵位置和资源量的变化，进一步分析了其对中华鲟产卵的影响。结果显示，河势调整使中华鲟上产卵区河床高程抬升，流场紊动程度加大，水流结构随着流量变化的相关性减小；使坝下产卵区流场紊动程度减小。

彭秀华(2013)总结了中华鲟产卵环境多年变化情况,并对中华鲟产卵场影响因子(流速、水深、水温、底质、含沙量等)进行了分析,认为流速、含沙量及底质是影响中华鲟卵孵化的主要条件;水深、流速是影响中华鲟产卵的主要条件;水温及食卵鱼数是影响中华鲟卵存活的主要条件。其利用优化改进后的栖息地适宜性曲线,结合三维水动力模型,模拟了三峡蓄水前后(自葛洲坝截流后)中华鲟产卵场的水动力场与适宜性分布情况以及葛洲坝电厂内不同机组开启工况下中华鲟产卵场的水动力场与适宜性分布情况,认为在三峡对水量进行调蓄时,下泄流量(葛洲坝视为径流式电站)与中华鲟有效栖息适宜面积成非常明显的二次函数关系,当流量在 15 000 m^3/s 时出现峰值。当下泄流量不满足葛洲坝全电厂机组开启泄流时,应优先考虑开启大江机组。同时在选择开启大江机组的情况下,加大大江机组泄流能力对下游中华鲟有效产卵栖息面积有所改变。作者通过对鲟鱼类的生活特性、大坝建设对鱼类栖息地的影响以及鱼类栖息地模型的资料搜集及分析研究,获得中华鲟在截流前后的生活特性以及栖息地研究保护状况,有助于针对中华鲟产卵栖息地情况并结合水库调度运行情况,结合实际来流预报在中华鲟产卵期进行针对中华鲟繁殖需求的水利水电工程生态调度;可从改善中华鲟产卵栖息地地形情况出发,以水较浅流速大则降低河床高程、水较深流速小则抬高河床高程的思路,通过开挖或抛投预制结构从而优化中华鲟产卵栖息所适宜底质地形结构的方法改善中华鲟栖息水动力场情况,为中华鲟自然繁殖生态调度提供借鉴。

葛洲坝的修建阻隔了中华鲟上溯到上游产卵场的洄游通道,使中华鲟被迫在葛洲坝坝下形成新的产卵场,葛洲坝泄流对中华鲟产卵场的空间分布造成了一定影响。为了探明葛洲坝小出库流量且仅开启大江电厂发电泄流状况下,大江电厂发电泄流量的改变对坝下中华鲟产卵场产卵栖息适合度以及产卵场空间分布特性的影响,在构建中华鲟产卵场三维水动力数学模型及栖息地评价模型的基础上,王煜等(2014)对葛洲坝大江电厂不同发电泄流量及不同机组泄流量工况下中华鲟产卵栖息地空间分布特征进行了深入分析,认为大江电厂单机泄流量增量小于 200 m^3/s 时,可增加坝下中华鲟产卵栖息地适宜值,有利于中华鲟产卵繁殖,增加大江各机组的发电泄流量对坝下中华鲟产卵场空间分布具有一定的影响;各机组流量增量小于 200 m^3/s 时,中华鲟产卵场面积增大,产卵场位置自右岸向左岸扩展,中华鲟可获得更为广阔的产卵空间。

水温也是影响中华鲟繁殖的重要环境因子。余文公等(2007)分析了三峡库区相关水文站建库前后的水温变化规律,利用水库热量平衡方程计算了三峡水库下泄水温的"滞温"和"滞冷"幅度,并对下泄水温变化对坝下中华鲟繁殖的影响进行了研究，发现三峡水库围堰发电期库区近坝段主槽没有出现水温分层现象，下泄水温“滞温”和“滞冷”现象较轻，对葛洲坝坝下中华鲟繁殖来说，10月份下泄水温的升高使得水温由一般的生态因子转变为限制因子。

充分了解中华鲟栖息与繁殖的自然环境，才能有针对性地采取保护措施。中华鲟保护区的建立同样需要对其开展环境适应性研究。杨红等(2012)对影响长江口中华鲟幼鲟的各种生态因子进行统计，分析整理出其栖息选择的浮游动物、底栖生物、温度和盐度4个关键指标，确定了其阈值和最适范围，采用栖息地适宜性指数法(HSI)进行定量评价。其以2004~2010年长江口崇明东滩插网监测的中华鲟幼鱼数据、水质、生物数据进行了适宜性指数法模型的验证，结合2006年夏季上海市近岸水体调查数据，运用GIS空间分析的技术手段，对适宜性指数法评价结果进行了分析，得出最适宜栖息地($0.75\leqslant HSI<1$)面积为142 km^2，占评价范围的2.2%；适宜($0.5\leqslant HSI<0.75$)面积为1 322 km^2，占20.5%；一般适宜($0.25\leqslant HSI<0.5$)面积为2 098 km^2，占32.5%；不适宜($0\leqslant HSI<0.25$)面积为2 884 km^2，占44.8%。顾孝连等(2008)以长江口中华鲟幼鱼为对象，研究了中华鲟幼鱼对栖息地底质类型的选择。包括沙(直径<0.2 cm)、小砾石(直径1~2 cm)、中砾石(直径4~5 cm)、大砾石(直径13~15 cm)4种底质类型，结果表明，单尾鱼实验时，中华鲟幼鱼(体长283.0±18.6 mm，体重86.2±17.8 g，$n=30$)在4种底质中的时间百分比分别为沙51.50%±21.20%、小砾石20.27%±9.70%、中砾石18.03%±6.17%、大砾石10.20%±11.20%，幼鱼在沙底质中时间明显长于其他3种底质；多尾鱼实验时，中华鲟幼鱼(体长278.0±14.3 mm，体重79.2±19.6 g，$n=30$)在4种底质中的数量百分比分别为沙46.25%±8.06%、小砾石19.38%±7.72%、中砾石18.75%±7.19%、大砾石15.63%±8.92%，幼鱼在沙质底质中的数量明显高于其他3种底质；多尾鱼实验中，活动鱼(在水层中游动，不贴底)在4种底质中的数量无显著差异；非活动鱼(贴底游动或静止)在沙底质中的数量显著高于其他3种底质；单尾鱼(从时间角度)和多尾鱼(从数量角度)实验均表明，中华鲟幼鱼明显适宜沙底质。上述研究均为中华鲟保护措施的制定与保护区建设提供了一定参考资料。

天气等因素也会对中华鲟的繁殖行为产生影响，但关于气象对中华鲟影响的研究很少。张辉等(2008)对中华鲟历史及现存产卵场共55次自然繁殖活动发生起始日的天气类型和气象要素(包括风、降水量、气温、气压、日照时数、湿度和云)及其变化进行了统计分析，发现中华鲟自然繁殖行为的发生对阴雨天具有一定的选择性，而对多云天气则具有一定的回避性；产卵起始日前后天气类型的剧烈变化是诱导中华鲟自然繁殖行为发生的一个有利因素，现存产卵场内连续晴天也较容易诱发中华鲟自然繁殖行为的发生；除现存产卵场产卵起始日平均气温在第1批和第2批产卵活动之间表现出极显著差异外，产卵起始日其余气象要素在第1批产卵活动、第2批产卵活动和产卵起始日时间窗（最早和最晚产卵起始日的时间跨度范围）范围内，三者之间并没有表现出显著的差异；第1批和第2批产卵活动产卵起始日的气压变动呈现出一定程度的相反趋势；与历史产卵场不同，现存产卵场产卵起始日的日照时数与水位和含沙量之间并不具有相互制约和补充的关系。气象状况是影响中华鲟自然繁殖行为发生的重要因素。

3.1.13.3　人工养殖

中华鲟个体大、性成熟时间长，其成体或亚成体培育周期较长，需要的培育成本相对其他鱼类更高。寻找培育成本相对较低、培育效果相对较好的中华鲟成体养殖模式，促进商业养殖，有助于中华鲟的保护。杨德国等（2006）对淡水养殖中华鲟成鱼的3种方式及效果进行了比较，发现工厂化养殖和网箱养殖中华鲟成鱼的生长速度要明显快于池塘养殖方式，其中网箱养殖的成鱼有最大的相对生长率和瞬时生长率；工厂化养殖中华鲟成鱼需要较大的资金投入和较高的生产运行成本，同等生产规模的投资成本和生产运行成本为网箱养殖的2~3倍，不宜大规模推广，可选择条件适宜的山溪、水库进行自流式流水养殖；网箱养殖投入产出比高，能源消耗少，节约水资源，养殖中华鲟的生长速度、成活率、资金投入的效益等均有较明显的优势，是一种值得提倡和推广的中华鲟成鱼养殖方式；池塘养殖中华鲟成鱼虽然投入少、成本低，但养殖成活率低、效果差，不宜大量采用；工厂化养殖和网箱养殖中华鲟成鱼的单位面积载鱼量均较低，规格1~3 kg的个体，养殖时的有效载鱼量控制在10 kg/m^3左右较适宜，不宜超过15 kg/m^3（图3－14、图3－15）。

高养殖密度可以高效利用水资源，提高养殖效益。但是高密度养殖容易导致系统负载率增高，系统不能及时清除代谢物，造成水质量下降。高养殖密度导致饲养个体间食物和空间竞争，作为一种慢性环境胁迫因子，也可导致鱼类行为和免疫力等发生改变。张晓雁等（2011）研究了循环水养殖条件下养殖密度对野生中华鲟及人工繁育子一代中华鲟行为、免疫力和养殖环境水质的影响，发现在养殖密度分别为2.7 kg/m^3、2.4 kg/m^3和2.0 kg/m^3的循环水环境中，中华鲟的泳层分布改变，体型小的中华鲟变化最大；3种密度环境对中华鲟食欲未有明显影响，对野生中华鲟和子一代中华鲟的泳速和呼吸频率也未有明显影响；在2.7 kg/m^3的密度下，子一代中华鲟的超氧化物歧化酶和谷胱甘肽过氧化物酶活力、超氧化物歧化酶/丙二醛值下降，而丙二醛水平上升；在养殖密

图 3-14　刚出膜中华鲟幼苗

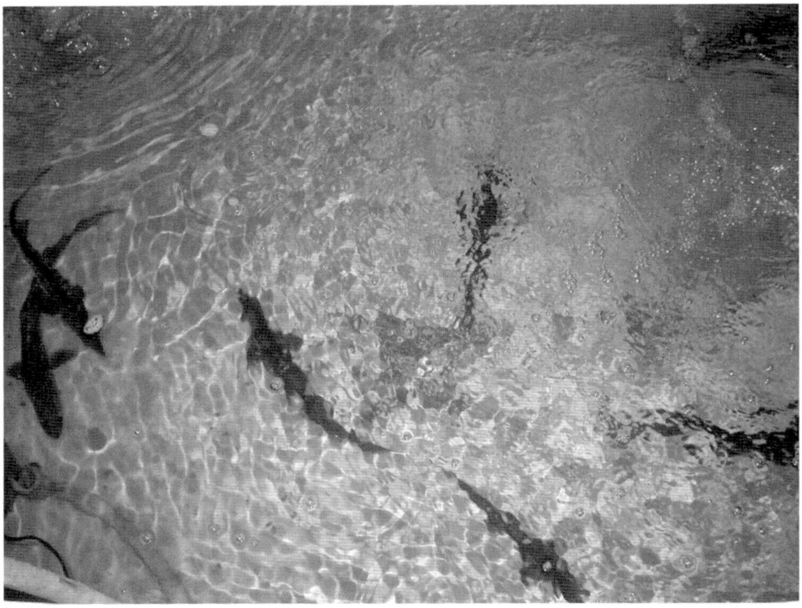

图 3-15　中华鲟人工养殖

度为2.7 kg/m^3 和2.4 kg/m^3 的水环境时，水体悬浮总细菌数量持续大于8 000 cfu/100 mL，年龄大的中华鲟，包括野生中华鲟和子一代中华鲟易被细菌感染。同期对水质监测结果表明，氨/铵、亚硝酸盐和浊度稳定，硝酸盐、磷酸盐和总细菌随养殖密度下降而降低，溶解氧、酸碱度上升，各密度组间存在显著性差异，硝酸盐、磷酸盐、总细菌与养殖密度存在着显著的正相关。其认为使用循环水养殖中华鲟，环境负荷对水体微生物和养殖鱼免疫力的影响是极为显著的，并推荐循环水养殖最佳密度为2.0 kg/m^3。

宋超等（2007）从分析肌肉营养成分的角度，对野生及人工养殖中华鲟幼鱼进行了研究，为中华鲟种质标准的建立、饵料的开发和研制以及进一步了解中华鲟幼鱼肌肉营养成分与环境和饵料之间的关系提供了一定参考。研究发现，野生中华鲟幼鱼肌肉中水分、粗蛋白和粗灰分含量均显著高于人工养殖中华鲟，而粗脂肪含量显著低于人工养殖中华鲟；野生和人工养殖中华鲟幼鱼的氨基酸组成基本一致，均含有18种氨基酸，必需氨基酸指数（EAAI）分别为72.02、66.21，其构成比例符合联合国粮农组织/世界卫生组织（FAO/WHO）的标准；脂肪酸中二十碳五烯酸（EPA）与二十二碳六烯酸（DHA）的含量野生中华鲟显著高于人工养殖中华鲟，分别为22.99%、7.15%；矿物质含量丰富，微量元素含量野生中华鲟明显高于人工养殖中华鲟。李瑾等（2002）则从中华鲟消化系统内消化酶分布情况的角度出发，为中华鲟人工配合饲料的研制开发做了基础研究。其研究认为中华鲟消化系统的特点在于其既有软骨鱼类的瓣肠，又有硬骨鱼类的幽门盲囊，而幽门盲囊是中华鲟的消化腺，位于胃与十二指肠的交界处。幽门盲囊可以分泌含有各种消化酶的消化液进入十二指肠，虽然胃中淀粉酶的活性与幽门盲囊中的差异显著，但从数值上看，在微酸性环境下，胃中还是存在一定的淀粉酶，可以认为中华鲟的幽门盲囊、胃、肠道内都存在一定的淀粉酶活性，而肝脏内几乎没有淀粉酶活性。虽然肝脏是中华鲟最大的消化腺，但是由于中华鲟幼鲟是以动物性食物为主的杂食性鱼类，所以肝脏的作用主要不是对碳水化合物进行消化，而是分泌胆汁对脂类进行消化，故肝脏内的淀粉酶活性极低，几乎不能消化碳水化合物。通过对中华鲟消化道内淀粉酶的分布情况进行分析，李瑾等（2002）认为中华鲟对碳水化合物有一定的消化能力。其也对中华鲟的胃、肠、肝脏、幽门盲囊4种组织的蛋白酶活性进行了测定分析，发现幽门盲囊的蛋白酶活性最高，肠次之，胃中的蛋白酶活性与幽门盲囊和肠中的差异极显著，肝脏中的蛋白酶活性与幽门盲囊和肠中的差异也极显著。有资料表明，鱼的幽门盲囊和肠内存在一定的蛋白酶，且可在中性和弱碱性条件下分解蛋白质，而胃内存在的蛋白酶只有在强酸性条件下才能分解蛋白质。中华鲟的幽门盲囊、肠道和胃内 pH，均接近中性（pH 在 5.5~7.5，在饱食情况下测量）。故中华鲟的幽门盲囊和肠道中的蛋白酶活性相当高，而胃中的蛋白酶在中性环境下不能发挥作用，活性降低。肝脏内的蛋白酶活性最低。其也对中华鲟的胃、肠道、肝脏、幽门盲囊 4 种组织的脂肪酶活性进行了测定分析，发现肠道内脂肪酶活性最高，胃次之，肝脏第三，而幽门盲囊中几乎没有。许多研究者试图建立消化酶活性与饵料之间的简明关系，以便用酶活性的变化作为营养状态指标来指导饲料的研制与使用，该研究有一定的指导作用。

中华鲟苗种培育模式为集约化养殖，成活率较高，但在中华鲟早期发育阶段中的转食驯化一直是影响苗种成活率的主要因素。关于中华鲟早期生活史阶段的研究主要集中在发育、养殖等方面，而对其转食驯化的相关研究较少。柴毅等（2008）研究了中华鲟仔鱼从卵黄囊消失开始摄食丰年虫和水蚯蚓到能正常适应摄食人工饲料这一过程中鱼苗所处不同阶段的食性转换驯化，发现中华鲟幼鱼初次开口摄食在 8~10 日龄，卵黄基本吸收完毕，营养完全依靠外界供给，即由内营养阶段转为外营养阶段，此时开始投丰年虫，成活率达 85%；养殖 7~10 d 改投喂水蚯蚓，水蚯蚓依仔鱼口径大小剁碎成段，此阶段成活率为 80%；养殖 30 日后开始投喂微粒饲料，鱼苗出现大量死亡，成活率陡降至 60%；待鱼苗能正常摄食微粒饲料后改投喂颗粒饲料，成活率又回升至 70%。可见，除了饵料的选择、研发，饵料的投喂使用也同样重要。

3.1.13.4 资源监测

对中华鲟资源状况进行监测有助于分析中华鲟繁殖群体和繁殖规模的变动趋势，从而了解人类活动对中华鲟的影响程度，以便及时制定保护措施。中科院水生所鱼类生态与资源保护学科组 1998 年首次使用声呐设备对葛洲坝坝下中华鲟资源量进行探测，并估算每年的繁殖群体数量。陶江平等（2009）采用声学探测的方法进行中华鲟繁殖群体数量的估算。2005~2007 年，第 1 次产卵前的中华鲟资源量分别为 235 尾、217 尾和 203 尾，第 1 次产卵后的资源量分别为 157 尾、157 尾和 102 尾；采用食卵鱼解剖统计和体长股分析的方法对中华鲟的自然繁殖规模进行估算，2005~2007 年中华鲟的产卵量分别为 356 万粒、119.6 万粒和 238.6 万粒；陶江平等结合历史相关研究数据，认为在 20 世纪 90 年代中期，第 1 次产卵前的中华鲟繁殖群体数量下降趋势明显，但 2002 年以来其数量趋于基本稳定。2002 年以来，第 1 次产卵后停留产卵场的中华鲟数量有增加的趋势，而中华鲟的繁殖规模呈现极其显著的下降趋势。

3.1.13.5 敌害

葛洲坝水利枢纽截流以后，中华鲟的产卵场主要分布在该坝址至下游庙嘴长约5 km的江段。中华鲟秋季繁殖,受精卵黏附在产卵场江底的石砾上孵化,孵化时间一般需要4~5 d。由于该江段底层鱼类,如圆口铜鱼(*Coreius guichenoti*)、铜鱼(*C. heterodon*)、瓦氏黄颡鱼(*Pelteobagrus vachelli*)等高度密集,90%以上的中华鲟卵未及孵化即被这些鱼类吞食。虞功亮等(2002)定量评估了食卵鱼类对中华鲟资源的危害,其于1997~2001年对中华鲟产卵场所在的葛洲坝水利枢纽坝址至下游庙嘴之间长约5 km的江段进行了渔业捕捞样本抽样和解剖检测,运用体长股分析方法并结合渔获物中不同种类的相对数量比例估算出食卵鱼类资源量。研究结果表明,吞食中华鲟卵的主要有圆口铜鱼、铜鱼、瓦氏黄颡鱼等11种鱼类,其年度资源量为197 487~744 487尾,多年平均444 822尾。罗佳等(2013)于2011年8~12月在葛洲坝下游江段,利用三层流刺网张网采集渔获物样品并进行鉴定分类,以了解葛洲坝下游中华鲟产卵场食卵鱼的资源量。其共采集渔获物24个亚种,分属于3目5科,其中鲤形目鲤科鱼类最多,共有14种,未发现外来物种。食卵鱼中铜鱼和瓦氏黄颡鱼在所捕获渔获物中所占比例较大,其中瓦氏黄颡鱼的捕捞量占总捕捞量的79.31%;在11月份的捕获物中,食卵鱼的捕捞数量超过10月和12月的2~8倍;在中华鲟产卵期间,食卵鱼的日捕获量达到最高峰。可见,食卵鱼类对中华鲟的生存、繁衍有相当大的危害,需要引起足够的重视。

3.2 胭脂鱼

胭脂鱼(*Myxocyprinus asiaticus*),英文名Chinese sucker,鲤形目(Cypriniformes),亚口鱼科(Catostomidae),胭脂鱼属(*Myxocyprinus*),是亚口鱼科鱼类在亚洲大陆唯一分布物种。胭脂鱼是我国大型名贵经济鱼类,同时也是一种观赏鱼类。全身呈胭脂红色、黄褐色或暗褐色,体两侧各有1条红色纵行条带,故名胭脂鱼,又名火烧鳊。

3.2.1 濒危等级

濒危。

国家二级保护动物。

3.2.2 分布

野生胭脂鱼仅分布在中国的长江和闽江水系。目前闽江的胭脂鱼种群已几近绝迹,胭脂鱼在长江中的分布区也逐渐缩小。在长江,胭脂鱼主要集中于宜宾至重庆的川江段及部分支流,在中下游集中于葛洲坝下游一带。

3.2.3 资源量

历史上,胭脂鱼曾是四川等地重要经济鱼类之一。据四川省宜宾市渔业社1958年的统计,胭脂鱼在岷江曾占渔获物总量的13%以上;20世纪60年代在宜宾扁窗子库区,胭脂鱼的渔获量还占13%,但到70年代葛洲坝水利枢纽建成以前,胭脂鱼资源量就已明显减少,70年代中期已降至只占2%,现今只有零星误捕报道。

1981年葛洲坝水利枢纽截流后,阻隔了亲鱼产卵的通道,致使长江上游胭脂鱼几近绝迹。从目前记录的误捕量、出现频度和分布情况看,胭脂鱼在长江已处于非常濒危的程度,特别是上游误捕的胭脂鱼主要为较大的性成熟个体,又几乎全部在繁殖季节被捕获。

据泸州、宜宾两市渔政部门的统计和中国科学院水生生物研究所1996年的监测报告:1984~1993年在泸州江段共误捕胭脂鱼90尾;1994~1997年在宜宾江段误捕胭脂鱼36尾;1995~1996年误捕胭脂鱼21尾。在长江水系,1997~1998年度区域内各观测点共记录误捕胭脂鱼16尾,其中葛洲坝以上江段9尾,以下江段7尾。在葛洲坝以上江段误捕的9尾中,有宜宾江段3尾、泸州江段2尾、重庆市区江段2尾、重庆市木洞江段2尾。胭脂鱼在长江上游主要在重庆木洞至宜宾江段活动,而木洞至葛洲坝以上江段未见胭脂鱼误捕记录。葛洲坝以下江段误捕的7尾胭脂鱼,主要捕自宜昌的大江船厂、二江及古老背一带。

由于某些产卵场的环境遭到破坏、捕捞过度、加上繁殖周期长等原因,胭脂鱼总的资源量已明显减少,且下降趋势仍在继续,其数量已较国家一级保护动物中华鲟和达氏鲟更少。

3.2.4 生物学特性

3.2.4.1 形态特征

体侧扁,背部在背鳍起点隆起。头小。眼小。吻钝圆。口下位,马蹄形。唇厚,上唇与吻褶间有1深沟,下唇外翻成肉褶,唇上密布细小乳头状突起,无须。侧线完全,体被中等圆鳞。背鳍无硬刺,基部约占体长3/5,前部10鳍条较长。尾鳍叉形。鳔2室。背鳍3,51~52;臀鳍3,10~11;胸鳍1,15~17;腹鳍1,10。侧线鳞49~51。鳃耙30~40。下咽齿1行,幼鱼40~50,成鱼54~89。背椎骨39~41。胭脂鱼的体形和体色在不同的生长阶段差异较大。稚鱼体形细长,体色半透明或灰色。幼鱼体高侧扁,背鳍起点处明显隆起,体呈三角形,体色灰色或淡紫色,体两侧有三条黑褐色带状横斑(图 3－16)。成鱼体延长,腹部平直,体色为胭脂红色,体两侧各有 1 条红色纵向条带,尾鳍红色,其他各鳍黑灰色。

图 3－16　胭脂鱼幼鱼

3.2.4.2　生活习性

胭脂鱼为江河底栖性鱼类,有溯江生殖洄游的习性,其生长肥育期主要在水面宽阔、水流较缓且多河滩的江段湖泊中活动。幼鱼主要分布于江河中下游缓流处,而成鱼多见于上游。幼鱼一般生活在水体中上层,活动较缓慢,成鱼则一般生活于水体中下层,活动敏捷。生殖季节,接近成熟个体上溯到上游进行繁殖产卵;秋季退水时,又至长江干流深水区越冬。胭脂鱼性情温和,不喜跳窜,生命力强,较易捕捉,适于池塘、水库、湖泊等水体的养殖。

3.2.4.3　食性

胭脂鱼是以肉食为主的杂食性鱼类,性情温和,主食底栖无脊椎动物,有时也会摄食高等植物碎片、硅藻和丝状藻等。其天然食物组成与栖息水体有关,在江河中主要摄食水生昆虫,包括摇蚊科、蜉蝣目、蜻蜓目、毛翅目等;在湖泊中主要摄食软体动物,包括蚬和淡水壳菜等;在池塘内主要摄食水蚯蚓和陆生蚯蚓等。在人工养殖条件下能大量摄食虹躬,也吃人工饵料。

1）个体摄食率与食物充塞度：个体摄食强度与仔幼鱼的大小密切相关。体长 14.0～14.9 mm 的个体摄食率为 38%;15.0～15.9 mm 的个体摄食率为

60%，充塞度为2~4级，以3级为最多；16.0~16.9 mm的个体摄食率为84%，充塞度为2~5级，以4级最多；17.0~17.9 mm和18.0~18.9 mm两个长度组的个体摄食率分别为85%和91%，充塞度多为4~5级，尤以5级为多。

2）昼夜摄食节律：胭脂鱼仔幼鱼具有明显的昼夜摄食节律。夜间有光照时，仔幼鱼的摄食强度会大大提高，仔幼鱼可能以视觉摄食为主。比较夜间有光照和无光照条件下仔幼鱼的昼夜摄食情况为：夜间有光照时，仔幼鱼均摄食；白天摄食强度较大，而夜间摄食强度有所下降。

3.2.4.4 繁殖习性

胭脂鱼生长速度较缓慢，性成熟较晚，雌鱼初始性成熟年龄一般为7龄，而雄鱼为5龄。葛洲坝水利工程建造前，胭脂鱼亲鱼一般溯流而上至长江上游干支流，包括金沙江下游段、岷江犍为至宜宾、嘉陵江等区段产卵繁殖，一次性产卵，产卵期在3~4月，最适产卵水温为16.5~21.0℃。胭脂鱼绝对生殖力19.46万粒至19.80万粒，平均28.27万粒；相对生殖力为12.9~21.66粒/g，平均为16.58粒/g。卵径2.1~2.5 mm，吸水后3.1~4.2 mm。较适孵化水温16.5~21.0℃，溶解氧7 mg/L左右。经过6~8天仔鱼孵出，孵出6~15天开始摄食外源性营养物质。孵出的幼鱼随江流漂流而下至长江中下游及其附属水系，成鱼于秋季回到长江干流深水区越冬。

在长江口，雌鱼卵巢在秋末冬初发育到Ⅳ期，并在Ⅳ期越冬，翌年早春（2月底至3月中旬）有少部分个体的卵巢由Ⅳ期末向Ⅴ期过渡，繁殖开始。此时还有大部分个体的卵巢处于Ⅳ期，表明还未进入盛产期。这部分Ⅳ期卵巢可延续到4月中下旬。Ⅴ期卵巢出现时间较短，多见于4月份。产后的Ⅵ期卵巢主要见于4~5月份。退化吸收后的Ⅱ期卵巢则见于春末夏初。夏季卵巢进入Ⅲ期。精巢的发育进程基本相似，只是在繁殖后，春末夏初由Ⅵ期向Ⅲ期转化，处于Ⅲ期的时间比卵巢长，秋末（11月）进入Ⅳ期。

性成熟的胭脂鱼，繁殖季节出现副性征，并伴有明显的婚姻色。鱼的体色艳丽，呈红色，身体两侧各具有一条明显的猩红色纵条纹，雄鱼尤为明显。同时雌雄鱼均有大小不等的颗粒状灰白色珠星出现，主要分布在臀鳍和尾鳍下叶，其次在头部、胸鳍、腹鳍与臀鳍之间的腹部鳞片上。通常雄鱼珠星粗大而突起，手触有刺手感，很粗糙；雌鱼珠星较小，突起较小。繁殖后雌、雄鱼的珠星逐渐消失。

葛洲坝建造后，胭脂鱼原有的生殖洄游路线被阻断，产卵场也受到破坏，其产卵场已迁至葛洲坝坝下至孝子岩、胭脂坝至虎牙滩、红花套至后江沱、白洋至楼子河，以及枝城上下江段，但繁殖规模不如从前。目前推测的胭脂鱼产卵场主要在长江上游合江至宜宾以及部分岷江江段，三峡建坝后，这一带水文环境不会发生较大改变；反而随着库区水位的升高、水面的开阔和水流的减缓，特别是在一些宽谷河段和库汊会出现透明度高的缓流区；另外，淹没区多为农田、果园和居民点，淹没后底质肥沃，胭脂鱼所喜食的寡毛类等底栖无脊椎动物数量会明显增加。这些都可能为胭脂鱼生存提供较为适宜的环境，有利于胭脂鱼资源的恢复与增殖。

3.2.5　人工繁育

谭永丰等(2000)曾对胭脂鱼人工繁育的研究历程进行了回顾。

1972年，水产养殖研究人员多方寻求养殖新品种。胭脂鱼由于其个体大、生长快，被广大科技工作者看好，被列为选择对象。在当时四川省水产处、四川省科委及宜宾地区农业局的支持下，中国水产科学院长江水产研究所、浙江省淡水水产研究所、四川省合川水产学校、四川省水产研究所、重庆市长寿湖水产科学研究所、四川省万县地区鱼种站(重庆市万州区水产研究所前身)以及河北、黑龙江、广西等省(自治区)的水产研究部门在宜宾开始了胭脂鱼人工繁殖技术的研究。其主要工作是在繁殖季节从长江中收集成熟亲鱼进行人工催产。同时部分单位在池塘、水库中进行试养。随后由合川水产学校、四川省水产研究所、万县地区鱼种站等单位组成胭脂鱼协作组共同攻关。万县水产研究所由于地理位置的限制，无法大量收捕性成熟个体。同时，着眼于长远，确定了池塘移养驯化亲鱼、人工繁殖品种的技术路线。从1973年开始对胭脂鱼进行了移养驯化的研究，攻克了移养驯化中的伤病、饲料、池塘生态环境等诸多问题。1979年对性腺发育成熟的胭脂鱼进行人工催产并获成功，成果居国内领先水平，获四川省科技成果奖。胭脂鱼内塘人工繁殖的成功表明胭脂鱼不但能在天然水域中发育成熟，经人工催产可以繁殖出子代，而且在池塘饲养条件下，经人工培育，也可以性成熟，对性成熟的个体进行人工催产也能产卵出苗，培育出子一代。这一成果结束了胭脂鱼仅仅依靠天然成熟个体进行人工繁殖的历史(图3－17至图3－20)。

1979年后，尽管胭脂鱼繁殖取得成功，但产量并不稳定，技术指标很低，孵化、育苗阶段有时甚至全军覆没。万州区水产研究所在上级部门的支持下，一直坚持了此方面的研究工作。

对胭脂鱼研究的又一轮热潮始于20世纪80年代后期。在新加坡国际观赏鱼展览评比中，胭脂鱼渐露头角，市场走俏，价格可观。受经济利益的驱动，各地纷纷进行开发。除四川省的几家研究单位外，湖北省相继有中华鲟研究

图 3－17　本书作者检查成熟雌性胭脂鱼

图 3－18　人工催产胭脂鱼

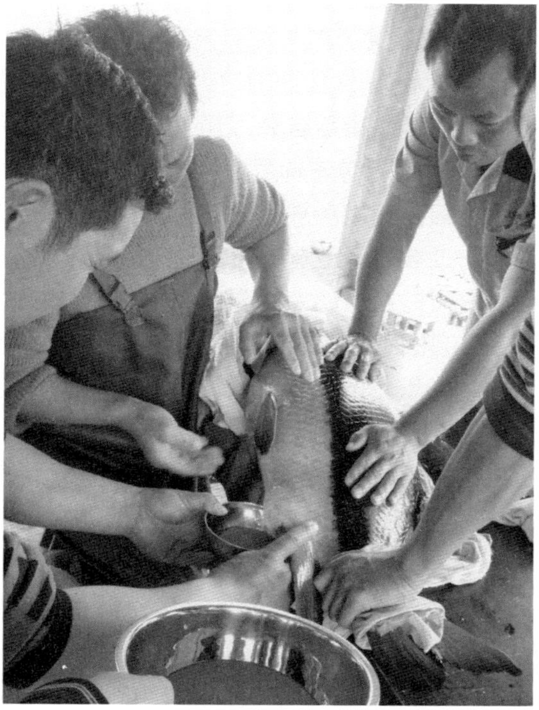

图 3－19　胭脂鱼人工辅助产卵

图 3－20　人工繁育胭脂鱼幼鱼

所、长江水产研究所、水库渔业研究所、中国科学院水生生物研究所以及一些场、站开展了这一工作，在长江中（葛洲坝坝下）大量收捕胭脂鱼。长江水产研究所的胭脂鱼子二代人工繁殖研究课题被列入农业部“九五”攻关项目。

1994年，万州区水产所又利用池塘繁殖的子代苗种，培育成亲鱼，进行催产，获得了子二代鱼苗。完成了胭脂鱼的全人工繁殖，通过了万州区科委组织的鉴定，认为该成果属于国内领先水平，获区科技进步奖。这一成果表明：胭脂鱼子一代亦能在池塘发育成熟，经催产能获得子二代。用数量分析的方法对子二代与子一代外形进行比较，在鱼种阶段无显著差异。子二代繁育成功为胭脂鱼的繁殖、保护和开发利用，提供了可靠的技术保证。胭脂鱼自池塘催产繁殖成功后，基本是作为观赏鱼上市。由于受亲鱼数量及一些关键技术的制约，全国年产量不足30万尾。观赏鱼市场受当时国际金融危机的影响，逐渐萎缩，年销售量估计为20万尾，价格大幅度下滑。

从1998年起，广东等沿海地区，有人逐渐把胭脂鱼作为食用鱼养殖，其长势不错，市场前景看好，成鱼销售价格走高，表现了良好的养殖前景。因此，从1999年开始，胭脂鱼已开始从单一的观赏型向观赏、食用型转变，食用胭脂鱼的养殖逐渐具有一定规模。

2007年，李红敬等（2008）采用人工繁育的子一代进行全人工繁育，取得了不错效果。目前在宜宾至宜昌江段一些沿江渔业生产部门，胭脂鱼人工养殖已较为普遍，胭脂鱼已经实现全人工繁育。尽管目前在人工繁养殖技术上还存在一些困难和问题，但以往的工作无疑为胭脂鱼人工放流的开展奠定了良好的基础。

3.2.6 增殖放流

人工增殖放流可有效补充苗种资源，优化种群结构，是恢复长江水生生物资源最直接有效的手段，对于促进长江流域的生态修复和渔业的可持续发展具有重要意义。

2009年12月，泸州市水务局和江阳区水务局在长江泸州段澄溪口举行2009年珍稀水生生物——胭脂鱼增殖放流活动，6万尾胭脂鱼放流长江。

2014年开展的胭脂鱼增殖放流活动，放流水域为长江芜湖高沟段和无为县长江胭脂鱼保护区水域，共增殖放流胭脂鱼32.414 7万尾，并首次开展大规格胭脂鱼标记放流。

在进行人工放流的过程中，还有很多问题需要进一步研究解决，特别要加强种质资源的管理，保证放流鱼苗的质量，提高种苗在野生环境下的成活率。

3.2.7　保护区

长江上游珍稀鱼类保护区是国家级自然保护区，位于长江上游地区，跨四川、重庆、贵州、云南 4 省（直辖市），自西向东包括宜宾、翠屏、南溪、江安、纳溪、龙马潭、江阳、合江等县（区）。1997 年由原泸州市长江珍稀特有鱼类自然保护区和宜宾地区珍稀鱼类自然保护区合并成立长江合江—雷波段省级自然保护区，2000 年晋升为国家级保护区，2005 年改为今名。保护对象为白鲟、达氏鲟、胭脂鱼等珍稀、特有鱼类及其产卵场。保护区总面积 331.75 km^2，其中核心区面积 108.04 km^2，缓冲区面积 158.05 km^2，实验区 65.66 km^2。属中亚热带湿润气候区，月均气温 7℃以上，比同纬度的长江中下游高 2~4℃。

目前在长江口并没有专门针对胭脂鱼的保护区，其在长江口休渔期与长江口中华鲟自然保护区内受到一定程度保护。

3.2.8　误捕与救治

蒋文华等（2002）对 1995~2000 年长江下游长约 70 km 的安徽铜陵江段胭脂鱼的误捕与救护做了一定的数据积累与分析工作。铜陵江段 1995~2000 年共误捕胭脂鱼 153 尾，其中幼鱼（<0.1 kg）63 尾，占 41.2%；4 kg 以上的个体为 40 尾，占 26.1%。春夏两季胭脂鱼的误捕数量占绝大多数，约为 90%，误捕死亡率为 25.5%；而秋冬两季误捕率为 10%，死亡率则高达 50%。所误捕的胭脂鱼总体死亡率为 28.1%。误捕胭脂鱼的渔具主要有定置网、流网、钩具和电网等。定置网主要插在洄水区缓坡处，对胭脂鱼的幼鱼误捕率较大；定置网捕获的个体均为本种的幼龄鱼，多数为当年生的幼苗，没有捕获成鱼的记录，这可能与胭脂鱼不同年龄段的生态习性不同有关。流网集中在沙滩边，而钩具类和板缯以及电网则多作业于倒坎和矶石等江道复杂水域。定置网误捕胭脂鱼对其伤害很小，皆存活；电网误捕死亡率高达 92.5%；钩具类误捕死亡率为 15%。从误捕季节来看，胭脂鱼被误捕主要是在春夏两季；从渔具来看，电网对其危害最大。因此渔政管理部门在春夏两季控制渔捕密度，同时严禁电网这一非法渔具的使用，可最有效地保护胭脂鱼的自然资源量。

其对胭脂鱼的救治主要包括以下几个方面。

1）水质与鱼体处理。被误捕的胭脂鱼伤口绝大多数由钩具类所致，其创面也多在鱼体腹部和背侧部。受伤的个体在水中腹部朝上，身体失去平衡。治疗前选择适当大小的室内水泥池，注入已曝气 4~5 d 的自来水，放入胭脂鱼前将鱼体浸泡在2~3 mg/L高锰酸钾溶液中消毒15 min。饲养水体中加入呋喃唑酮,浓度为0.2~0.4 mg/L。水温保持在22~25℃,水体每天更换1/4左右,同时加强增氧。胭脂鱼生性胆怯,喜静,对光线的刺激较为敏感,对水质的要求较高,饵料有选择,不同大小个体的饲养环境和条件不一样,应分开饲养。

2）鉴定病原菌。胭脂鱼受伤部位的病原菌主要为弧菌属、气单胞菌属、假单胞菌属的细菌。这些致病菌均为条件致病菌,当环境因素条件,如水温过高、水质不良时,细菌大量生长繁殖产生毒素,引起疾病暴发。这3种致病菌属对青霉素、氯霉素、四环素均产生耐药性,而对头孢哌酮、阿米卡星、氧氟沙星和环丙沙星4种抗生素敏感。因此可用氧氟沙星制成软膏涂于胭脂鱼受伤部位,同时交替使用其他3种抗生素并参照人体单位体重用量对胭脂鱼进行肌肉注射。

3）病害防治。无论在胭脂鱼的救治或其苗种培育过程中都要注意病害防治。在养殖过程中应注意以防为主,发现鱼病及时治疗(赖年悦等,2006)。

预防措施。先用10~20 mg/L强氯精对水泥池进行消毒。在放养的胭脂鱼体长达2.52~3.2 cm时开始投喂切碎的水蚯蚓,水蚯蚓用恩诺沙星或诺氟沙星浸泡5~20 min后再喂,避免胭脂鱼发生肠炎。在转食投喂配合饲料时应确保饲料质量(2005年在转食中曾因饲料变质而引起死亡),并设置食台。在高密度放养水泥池中应注重水质管理,最好每天加注新水。每周虹吸排污1~2次,用微生物制剂改良水质。在7~9月鱼病高发季节,用强氯精或溴氯海因全池泼洒1~2次。

治疗措施。在养殖中易出现细菌性烂鳃病、赤皮病、烂鳍病、肠炎病,在高温季节、水质较差、拉网分池时容易发病,可采用全池泼洒和内服药饵的方法治疗。全池泼洒:用0.2~0.25 mg/L强氯精,或用0.3~0.5 mg/L溴氯海因泼洒,也可用0.15~0.3 mg/L恩诺沙星泼洒。如果病情严重,可在用药后1~2天排去部分老水,加入新水,再次进行处理。

内服药饵。可选用下列药物:土霉素药饵,每千克鱼每天投喂50~80 mg土霉素,连续5天;每千克鱼每天投喂磺胺6-甲氧嘧啶10~20 mg,制作成颗粒饲料投喂3~6天;每千克饲料加入诺氟沙星2~4 g,制成药饵喂3~5天;每千克饲料中加入恩诺沙星1~2 g,制成药饵投喂3~5天。

3.2.9 濒危原因

3.2.9.1 过度捕捞

20世纪50~60年代,长江上游胭脂鱼数量较大,是产地的重要渔获物之一。随着近几十年来渔业生产设备和技术的不断改进,捕捞工具的质量和数量以及渔业生产水平都有了较大提高，对包括胭脂鱼在内的野生鱼类资源的捕捞强度越来越大。另外，由于胭脂鱼的捕捞时间大多集中在3~4月，而这一时段又正是胭脂鱼的繁殖期，被捕获的大多为性成熟亲鱼。因此，连年不断的过度捕捞繁殖期性成熟亲鱼，严重破坏了胭脂鱼亲鱼资源。

3.2.9.2　环境污染

20世纪60年代以来，随着长江两岸工业的发展和人口的快速增长，水体污染日趋严重。仅以胭脂鱼主要分布区域的岷江为例，其主要污染物为含磷物，此外还有汞、硝酸盐、铅和锡等，仅在岷江中游就有50多家重点工业污染源，年排放工业污水上千万吨，加上生活污水、垃圾以及农田化肥的污染，致使岷江的水质状况日益恶化，大面积死鱼事件时有发生。而从实地调查来看，胭脂鱼对生活水体水质的要求较高。就胭脂鱼耗氧量进行的实际测定发现，胭脂鱼适宜的溶氧量为6.0 mg/L以上，明显高于四大家鱼所适宜的4.0~4.5 mg/L的溶氧量，当溶氧量低于2.2 mg/L时，50%的实验鱼会出现浮头。幼鱼期对水质的要求更为严格，水质恶化往往会造成鱼苗的大批死亡。1997年，四川省水产所胭脂鱼亲鱼池曾被电厂排放的污水灌入，造成大量亲鱼死亡，个别活下来的亲鱼当年也失去了繁殖能力。

3.2.9.3　自身生物学特性

胭脂鱼性成熟晚，发育速度慢。胭脂鱼一般要5~6龄才进入生殖年龄，性成熟较迟，繁殖周期长，一旦资源受到破坏，数量就会明显下降，而且很难在短期内得到自然恢复。与亲缘关系相近的已知绝大部分鲤科鱼类相比，胭脂鱼胚胎发育速度也非常缓慢，过长的胚胎发育时间使后代的死亡机会明显提高。

胭脂鱼卵和幼体易被摄食。在目前推测的可能为胭脂鱼产卵场的河段，有大量属于鲤科（Cyprinidae）、鳅科（Gobitidae）、鲇形目（Siluriformes）等以肉食性为主或单纯肉食性的鱼类与之同域分布，其中很多种类都以鱼卵和幼鱼为食。如以葛洲坝坝下15.2~15.6℃的水温记录，胭脂鱼从受精卵到初次开口摄食的发育时间会更长，大约为20 d以上。自然状态下如此长的早期发育过程，大大增加了卵和幼鱼被捕食的可能。

胭脂鱼的繁殖成活率不高。以1997年万州水产研究所胭脂鱼人工繁殖结果为例，对当年5尾雌性亲鱼进行人工繁殖，共获得受精卵5.69万余粒。其中2尾亲鱼的受精卵发育至开口期全部死亡；另两尾的受精卵合计成活率为0.18%；只有一尾的受精卵成活率稍高，但也只有8.25%。这样，补充群体的数量会极为有限，致使本已日渐稀少的剩余群体得不到进一步的补充，种群数量状况日趋恶化。

3.2.10 相关研究

3.2.10.1 营养需求

马秀慧等(2013)对生长过程中池塘养殖的1+龄到3+龄胭脂鱼幼鱼鱼体与蛋白营养变化进行了研究,发现鱼体组成中,29月龄幼鱼的粗蛋白含量最高,与5月龄无显著差异,17月龄最低;17月龄幼鱼的粗脂肪含量最高,29月龄最低;灰分含量29月龄幼鱼含量最高,17月龄最低。含肉率和肌肉中粗蛋白、粗脂肪以及灰分含量随着月龄的增加而显著升高,而水分含量却随着月龄的增加而显著降低;肌肉氨基酸总量中,29月龄的最高,17月龄的最低;41月龄幼鱼肌肉中必需氨基酸含量最高,且与29月龄无显著性差异;各龄幼鱼均是谷氨酸(Glu)含量最高,其次是天冬氨酸(Asp),含量最低的为半胱氨酸(Cys);17、29、41月龄幼鱼的第一限制性氨基酸分别为亮氨酸(Leu)、苏氨酸(Thr)和缬氨酸(Val),必需氨基酸指数分别为55.38、68.19和69.04。综合各项指标,29月龄幼鱼的蛋白质营养高于17和41月龄的。其对池塘养殖的各龄胭脂鱼幼鱼鱼体及蛋白营养变化进行的研究,对了解胭脂鱼幼鱼蛋白质的营养需求有一定参考价值。

脂肪是鱼类最佳能源物质,为鱼类提供必需脂肪酸,促进脂溶性维生素的吸收和运输,是鱼类饲料中不可缺少的营养物质。已有研究表明,饲料中适宜的脂肪含量可以提高饲料利用率,促进鱼类生长,而供给过多的脂肪则会增加鱼体脂肪沉积,抑制鱼类生长。王朝明等(2010)选用平均体重为6.73±0.21 g的胭脂鱼幼鱼540尾,随机分成6个组,分别饲喂脂肪水平为2.04%、4.43%、6.88%、9.02%、11.98%和13.39%的试验饲料,研究脂肪水平对胭脂鱼生长性能、肠道消化酶活性及脂肪代谢的影响,发现:饲料脂肪水平对胭脂鱼的生长性能有显著影响;当添加量为6.88%时,胭脂鱼增重率、特定生长率和RNA与DNA比值达到最大值,饲料系数达到最小值;二元回归分析确定当增重率和饲料系数达到极值时,饲料脂肪水平分别为6.62%和7.02%,能量蛋白比分别为45.77 kJ/g和45.96 kJ/g;饲料脂肪水平显著影响胭脂鱼肠道消化酶活性,随着饲料脂肪水平的增加,蛋白酶活性逐渐降低,脂肪酶活性先升高后稳定,淀粉酶活性则先降低后稳定,转折点均出现在脂肪水平为6.88%时;饲料脂肪水平对脂肪代谢亦有显著影响,随饲料脂肪水平增加,血清总脂、甘油三酯和总胆固醇含量增加,肝胰脏苹果酸脱氢酶和血清脂蛋白脂酶活性降低;胭脂鱼的适宜脂肪水平为6.62%~7.02%,最佳能量蛋白比为45.77~45.96 kJ/g;饲料脂肪水平增加,使肠道蛋白酶和淀粉酶活性受到抑制,血脂水平增加,脂肪合成代谢酶和脂肪分解酶活性降低。该研究对了解胭脂鱼的脂肪需求有一定参考价值。

3.2.10.2 饵料使用

随着胭脂鱼人工繁殖技术的成熟,其养殖规模有所扩大,但早期生活史阶段较高的死亡率严重制约着胭脂鱼养殖的工业化和商品化进程。在胭脂鱼仔稚鱼培育阶段,饵料的选择与使用至关重要。易建华(2014)在实验室条件下对胭脂鱼仔稚鱼培育阶段饵料的选择与使用进行了研究。其使用丰年虫、水蚯蚓、饲料、饲料+螺旋藻、丰年虫+螺旋藻、水蚯蚓+螺旋藻、丰年虫+饲料+螺旋藻、水蚯蚓+饲料+螺旋藻投喂幼鱼,发现饲料不适合做胭脂鱼单一的开口饵料,开口摄食期间含有生物活饵的处理组的成活率高达90%以上,而主饵全为饲料的处理组成活率低至1%以下;螺旋藻的添加在一定程度上能提高胭脂鱼仔鱼的成活率,饲料组的成活率仅有(0.73±0.33)%,而饲料+螺旋藻组的成活率为(24.99±5.3)%;主饵为水蚯蚓的处理组体重和全长都要明显高于主饵为丰年虫的处理组。转食对胭脂鱼仔稚鱼生长、成活率也有影响,易建华研究发现,转食对胭脂鱼早期的成活率有明显的负面影响。其根据结果提出相应的生产实践管理建议,认为开口饵料可以丰年虫为主,辅助投喂螺旋藻;仔鱼发育到一定阶段,再行联合投喂,逐渐增加投喂微颗粒饲料的量,减少丰年虫的投喂量;到时完全转食投喂微颗粒饲料。龚宏伟等(2005)也得出相似结论,用配合饲料作开口饵料时胭脂鱼的开口率、成活率和出池规格都显著低于水蚯蚓组和卤虫组,补充蛋黄后开口率、成活率、出池规格变化不明显,但补充螺旋藻后开口率、成活率、出池规格均显著提高;用配合饲料和卤虫作主体饵料再补充蛋黄和螺旋藻粉也获得了较高的开口率和成活率;建议在水泥池育苗条件下,长江胭脂鱼的开口饵料用配合饲料和鲜活饵料作主体饵料,并补充少量螺旋藻粉。

当饵料使用不当或者饵料不充足时,尤其是在人工增殖放流的胭脂鱼脱离人工培育环境而进入自然水域时,可能会经历不能及时获得饵料的阶段,因此有必要研究饥饿对胭脂鱼的生理影响,以指导胭脂鱼的保护。金丽等(2012)研究了不同饥饿时间(0 d、5 d、10 d、20 d、30 d、60 d)对胭脂鱼血液指标和造血的影响,发现饥饿对胭脂鱼红细胞、血红蛋白、平均红细胞体积、平均红细胞血红蛋白含量和平均红细胞血红蛋白浓度等生理指标都有显著影响,而对白细胞和红细胞压积影响不显著;饥饿5~30 d,外周血红细胞中含有较多数量的未成熟红细胞和较年轻的成熟红细胞,饥饿至60 d时新生红细胞的能力严重减弱;饥饿60 d的胭脂鱼出现大量断裂核红细胞,显示了营养不良造成的细胞病理学特征;血红蛋白含量和红细胞压积的变化与红细胞数量变化趋势一致;除胆固醇和谷草转氨酶外,其余各项生化指标均受到饥饿的显著性影响;血糖对饥饿较敏感;持续饥饿使其肾脏、头肾、脾脏、肝脏等造血器官体积减小、内部结构排列疏松、细胞萎缩、造血区解体；随饥饿时间的延长，造血器官中成熟和趋向衰老的血细胞数量明显增多，各种原始和幼稚血细胞减少，造血机能下降，甚至丧失；饥饿使胭脂鱼造血过程和原有红细胞的衰老过程减缓，从而降低能量的代谢；当饥饿对鱼的生存产生胁迫时，作为能量节省机制，保存现有红细胞和停止红细胞生成可能是鱼类耐受饥饿的常用对策。

3.2.10.3 繁殖生理

影响鱼类精子运动能力的因素有渗透压、金属离子、pH 等，这些环境因子对不同鱼类的精子活力产生的影响不完全相同。为提高胭脂鱼人工繁殖过程中精子受精率，李飞等(2009)通过观察精子的快速运动时间和寿命，研究了 6 种环境因子对胭脂鱼精子活力的影响，发现胭脂鱼精子对酸碱的耐受能力较强，在 pH 为 4~10 时，精子均可以快速运动，在 pH 为 8 时精子的活力最强；不同浓度的 NaCl、KCl、葡萄糖、$CaCl_2$、$MaCl_2$ 溶液对胭脂鱼精子运动的诱导效果不同，5 种溶液最适于胭脂鱼精子运动的浓度分别为：NaCl 102 mmol/L、KCl 75 mmol/L、葡萄糖 100 mmol/L、$CaCl_2$ 75.6 mmol/L、$MgCl_2$ 75.6 mmol/L，且在 5 种溶液低浓度时精子活力较强，超过一定浓度精子的运动开始被抑制。

受精过程也是胭脂鱼繁殖生理的一部分，李萍等(2013)对胭脂鱼受精过程进行了观察，发现胭脂鱼卵子动物极卵壳仅有一受精孔，属单精受精，精孔器为深凹陷，短孔道型。在 17~18℃水温条件下，受精后 3 s 精子开始穿过精孔管，受精后 5 s 进入卵子；受精后 10 s 形成精子星光；受精后 15 min，卵子处于第二次减数分裂后期；受精后 20 min，第二极体形成；受精后 90 min，雌雄原核融合；受精后 140 min，受精卵进入第一次有丝分裂中期；受精后 180 min，第一次有丝分裂结束，二细胞形成；成熟卵子精孔器内无精孔细胞及其他物质，和其他大多数硬骨鱼相似，精孔管内径 2.42 μm，而精子头部直径与其接近；同时精孔器前庭内壁有许多嵴突，孔洞顺螺旋排列，这些结构特点提示其是造成胭脂鱼单精受精的原因之一。了解胭脂鱼的受精过程有助于了解胭脂鱼繁殖生理，对其人工繁育的基础研究有一定参考价值。

3.2.10.4 遗传多样性

对胭脂鱼的种质资源、种群间、种群内的遗传结构和遗传分化水平进行评估，以阐明其多样性现状及变化趋势是提出相应保护措施的重要基础性工作。杨星等(2006)分析了长江上、中游的宜宾、万州、宜昌和武汉金口 4 个江段的胭脂鱼群体的遗传结构，用 13 个限制性内切酶分析了 4 个群体线粒体 DNA - ND - 5/6 片段的限制性片段长度多态性，发现 *Nci* Ⅰ 的酶切类型多态性是表现胭脂鱼遗传多样性的特异性标志；根据其酶切图谱显示的群体之间存在的多态性，计算出遗传距离和核酸序列差异程度。分析发现，长江宜宾江段的胭脂鱼群体与其他3个群体产生了明显的歧化现象，长江中、下游群体间的基因交流好于上游群体，胭脂鱼群体内遗传结构比较单一，其群体的遗传多样性程度有进一步减退的可能性。祝东梅等(2013)采用植物血凝素、秋水仙素活体注射和肾细胞直接制片法分析了胭脂鱼的染色体核型和Ag－NORs显带，并以胭脂鱼血细胞为样本，血细胞DNA含量为标准(2.50 pg)，用流式细胞仪测定了胭脂鱼的DNA含量，结果表明：胭脂鱼染色体数目$2n=100$，核型公式为10 m+4 sm+12 st+74 t，NF=114，未观察到次缢痕及随体，亦未发现有性染色体；胭脂鱼染色体具有1对Ag－NORs，位于第1对染色体短臂上，间期核中Ag－NORs的数目为1~2个，未见Ag－NORs的联合现象；胭脂鱼DNA含量分别为5.50±0.24 pg和6.16±0.03 pg；胭脂鱼为四倍体，在特定的分类阶元中属于较原始的鱼类。

从分子水平评价物种种质资源遗传多样性的水平也是恢复自然资源量、持续利用自然资源的前提和基础。为了筛选评价鱼类遗传多样性分子标记，孙玉华等(2002)选择了线粒体DNA(mtDNA)中被认为进化速度最快、最具多态性的控制区，即D－loop序列，对胭脂鱼mtDNA控制区进行测序分析，比较了胭脂鱼与近缘种以及哺乳动物D－loop的结构，分析了其多态性与胭脂鱼种质资源和遗传保护的关系。研究发现胭脂鱼具有脊椎动物线粒体控制区的一般结构；在获得的958 bp的碱基序列中，共检测出32个多态性核苷酸变异位点，多态位点比例为0.033；核苷酸的变异位点除一个为缺失外，其余全部为碱基转换；变异位点主要集中在55~365 bp高变异区，而其他区域突变稀少；个体的变异在0~1.36%，表现出较大的个体多态性差异。

3.2.10.5　生长发育

张春光等(2000)对胭脂鱼胚胎发育进行了研究，详细描述了胭脂鱼早期发育各阶段的形态特征：胭脂鱼成熟卵粒呈圆球状，为沉性卵，吸水膨胀后卵间隙较大；水温18.7℃时，大约经163 h孵化出仔鱼；再经9~10 d的发育，仔鱼鳔开始充气，并开始摄食。其还对胭脂鱼胚胎发育速率与水温的关系以及胭脂鱼人工繁殖死亡率高的原因等进行了分析和讨论。

3.2.10.6　环境因子与生理

高坝等建筑物泄流过程中，大量空气自水面掺入水流中形成掺气水流，导致水体中溶解气体浓度经常处于过饱和状态，并随水流迁移影响到下游更广泛范围。有关研究结果表明，当水环境中溶解氧水平升高时，尤其是在溶解气体压力大于大气压的过饱和水体中，会使鱼类的呼吸通气频率下降和吸水量减小,并导致鱼体呼吸换气不足,进而诱发二氧化碳潴留和血浆碳酸氢盐代偿导致的酸中毒等一系列血液学病变。水利工程建设后的运行有可能造成水体溶解性气体过饱和。吴湘香等(2014)针对向家坝库区溶解性气体过饱和对鱼类的影响,开展溶解性气体过饱和自然水域中胭脂鱼的血气酸碱平衡的分析研究。结果表明,中度染毒组(暴露于溶解性气体饱和水体 2 h)胭脂鱼血液碳酸氢根浓度、标准碳酸氢盐浓度、二氧化碳含量水平显著下降,全血碱超、细胞外液碱超负值显著增加,pH、氧分压、二氧化碳分压、血氧饱和度均下降,半饱和度氧分压显著升高;重度染毒组(暴露于溶解性气体饱和水体 4 h)血液碳酸氢根浓度、标准碳酸氢盐浓度、二氧化碳含量、pH、血氧饱和度水平均显著下降,全血碱超、细胞外液碱超负值均显著增加,氧分压、二氧化碳分压均升高,半饱和度氧分压显著升高;溶解性气体过饱和水体会引起胭脂鱼发生酸中毒。

另外还有对重金属生态毒理的研究。闫玉莲等(2014)研究了水体中铅(Pb)对胭脂鱼幼鱼的生态毒性效应。其以人工配制软水($CaCO_3$ 25 mg/L)为实验水体,在 27.5℃条件下,通过急性暴露实验,测得水体中 Pb 对胭脂鱼的 96 h 急性半致死浓度(96 h LC50)为 0.264 mg/L;在水体中不同 Pb 浓度条件下,对胭脂鱼(在 0、10 μg/L 和 50 μg/L 的 Pb 浓度下)进行了为期 8 周的慢性暴露处理实验,发现胭脂鱼的肝脏、肾脏和鳃中谷胱甘肽 S-转移酶(GST)活性均随水体中 Pb 浓度的升高而升高;实验鱼的静止代谢率和肝脏(或肝胰脏)的线粒体状态 3 呼吸率均随着水体中 Pb 浓度的升高而逐渐升高;鱼体内的能量储备物质也会发生相应的改变,肝脏中糖原含量随 Pb 暴露浓度的升高而呈下降趋势;实验鱼的特定体重生长率随 Pb 暴露浓度的升高而逐渐下降,高浓度处理组均显著高于对照组;胭脂鱼对 Pb 的耐受能力很低,在水体 Pb 的慢性暴露处理下,鱼的生长速率会受到抑制。Pb 是地壳中含量较多的重金属元素之一,由于其具有熔点低、延展性高和抗腐蚀性强等特性而被人类广泛开发与使用,导致其在环境中广泛分布。Pb 是生物体内的非必需元素,已有的研究表明,重金属 Pb 可以通过水体进入鱼体,并在鱼体内进行累积,对鱼类的生殖和发育、生长、代谢功能、抗氧化胁迫乃至种群动态,均会产生不利的影响。开展重金属对胭脂鱼生理影响的研究,有助于加深对重金属毒理的认识,进而指导胭脂鱼的保护工作。

不同温度下胭脂鱼的代谢活动规律有所不同。潘莹等(2007)对 0+龄胭脂鱼的耗氧率和耗氧量进行了测定,并分析了 0+龄和 1+龄胭脂鱼的窒息点和窒息过程。结果显示,平均体重 6~7 g 的 0+龄胭脂鱼在 15℃时的平均耗氧率和耗氧量分别为0.058 5 mg/(g·h)和0.356 7 mg/(尾·h);20℃时的平均耗氧率和耗氧量为0.117 6 mg/(g·h)和0.823 2 mg/(尾·h);昼间耗氧率与夜间耗氧率无明显差异。15℃、20℃、25℃和30℃下0+龄胭脂鱼的窒息点分别为0.492 1 mg/L、0.8319 mg/L、0.935 6 mg/L和1.514 4 mg/L,25℃和30℃下1+龄胭脂鱼的窒息点为1.073 8 mg/L和1.102 7 mg/L。许勤智等(2014)采用流水式的密封装置测定了胭脂鱼在18~30℃的耗氧率,结果表明,在实验温度范围内,胭脂鱼耗氧率随温度上升而逐渐升高。同时胭脂鱼耗氧率昼夜变化测定实验表明,其昼均耗氧率略低于夜均耗氧率,昼夜差异不明显,表明胭脂鱼耗氧率并不存在明显的昼夜节律。在不同实验温度下,随着胭脂鱼规格的增大,其耗氧率均呈下降趋势。

长江中分布有近400种鱼类,其中半数以上为鲤科鱼类;同时,长江是中国第一大河,被称为"黄金水道",航运以及各种涉水工程的建设导致了严重的水下噪声污染,这势必会对长江鱼类造成不利影响,但是其影响程度如何不得而知,研究长江鱼类的听觉阈值是评估噪声影响的第一步。刘猛等(2013)利用听性脑干反应技术研究了胭脂鱼的听觉阈值。通过插入皮下的电极记录了10尾胭脂鱼的短纯音听觉诱发电位,发现在系统最大声强下,胭脂鱼的听频范围为100~5 000 Hz,其中对100~2 000 Hz的声音敏感度较高,最敏感的频率为800 Hz,听觉阈值约为69.8 dB;随着声强的减小,胭脂鱼的听性脑干反应波形变大,振幅减小,潜伏期延长;将10尾胭脂鱼的阈值平均,得到了胭脂鱼的听性脑干反应听力图,胭脂鱼的听力图呈"U"形,属于典型的动物听力曲线。研究胭脂鱼的听觉阈值对胭脂鱼物种保护具有重要意义,同时可为评估噪声对胭脂鱼的影响提供数据支持。

3.2.10.7　养殖技术

人工繁育及养殖是胭脂鱼保护的基础,只有掌握了胭脂鱼的人工繁养技术,才能有效保护胭脂鱼资源。另外,促进商业养殖,也有利于自然水域胭脂鱼的保护。周剑光等(1996)、万松良(2005)、王明建等(2012)、贾博(2013)、周学金等(2015)对胭脂鱼的养殖技术进行了探索,并开展了不同规模、多种形式的养殖实验,在养殖模式、日常管理、饵料使用、病害防治等方面积累了一定经验。

3.2.10.8　渔药使用

随着胭脂鱼人工繁殖技术的突破,胭脂鱼已经成为具有广阔市场前景的养殖品种,养殖面积不断扩大。鉴于胭脂鱼高密度养殖中病害日趋严重的状况,陈昕等(2008)采用硫酸铜、甲醛、氰戊菊酯、三唑磷和敌百虫对胭脂鱼幼鱼进行了急性毒性试验,分别在试验 24 h、48 h、72 h 和 96 h 后记录胭脂鱼幼鱼死亡数和试验药液的安全质量浓度,发现：硫酸铜、甲醛、氰戊菊酯、三唑磷和敌百虫对胭脂鱼幼鱼 96 h 的 50%致死浓度值分别为 1.96 mg/L、80.0 mg/L、0.002 mg/L、0.049 mg/L 和 16.0 mg/L;胭脂鱼幼鱼对硫酸铜、甲醛、氰戊菊酯、三唑磷和敌百虫 96 h 安全质量浓度分别为 0.57 mg/L、27.2 mg/L、0.009 mg/L、0.013 mg/L 和 6.9 mg/L;5 种药物对胭脂鱼幼鱼的毒性大小依次为氰戊菊酯、三唑磷、硫酸铜、敌百虫、甲醛,胭脂鱼幼鱼对氰戊菊酯、三唑磷、敌百虫具有一定的耐受性。万全等(2010)采用静水生物毒性试验法,在室温条件下,开展了高锰酸钾($KMnO_4$)、二溴海因、达易安(阿维菌素)3 种药物对胭脂鱼幼鱼的急性毒性试验,探讨了胭脂鱼的最佳用药途径和使用剂量,发现：$KMnO_4$、二溴海因和阿维菌素对胭脂鱼 24 h 的 50%致死浓度值分别为 3.05 mg/L、3.14 mg/L 和 0.031 82 mg/L;48 h 的 50%致死浓度值分别为 2.86 mg/L、3.10 mg/L 和 0.028 23 mg/L;96 h 的 50%致死浓度值分别为 2.46 mg/L、2.93 mg/L 和 0.021 80 mg/L;安全浓度分别为 0.75 mg/L、0.91 mg/L 和 0.006 67 mg/L,3 种药物对胭脂鱼幼鱼的毒性从大到小依次为阿维菌素>$KMnO_4$>二溴海因。

上述研究为胭脂鱼人工苗种繁育过程中合理用药提供了理论依据。

3.3 松江鲈

松江鲈(*Trachidermus fasciatus* Heckel),别名四鳃鲈、老虎鱼、新娘鱼、媳妇鱼等,英文名 Roughskin Sculpin,隶属于鲉形目(Scorpaeniformes),杜父鱼科(Cottidae),松江鲈属(*Trachidermus*)。松江鲈肉质细嫩,味道鲜美,冬至前后的松江鲈尤为上乘,被称为“江南第一鱼”。与黄河鲤、松花江鲑和兴凯湖鲌齐名,

图 3-21　松江鲈

为中国"四大名鱼"之首,享誉中外。自 20 世纪 70 年代以来,由于水体受到污染,河道内又大量兴建水利设施,阻隔了松江鲈生殖、洄游的通道等,因此,该物种在原盛产地上海和许多其他产地都已经绝迹。

3.3.1　濒危等级

1988 年被列为中国国家二级保护水生野生动物。

3.3.2　分布

1840 年,松江鲈被 Hechel 首次在菲律宾发现,此后在朝鲜半岛、日本等地都有发现并有记载。在朝鲜半岛,主要分布在半岛南岸;在日本,主要集中于九州的福冈、长崎等县。

松江鲈在我国分布地区甚广,从辽宁的鸭绿江到福建的九龙江沿海河口等邻近海淡水江河下游的广大地区均有分布,其中长江三角洲为主要分布区。在《浙江动物志》中记载的松江鲈的分布区域有钱塘江、曹娥江、甬江、鳌江等水系以及近岸浅海,《辽宁动物志》中记载的分布区有辽宁各河口区及我国的黄海、渤海和东海等。我国台湾省的北部及西部亦有分布记录,只是极为罕见。但在历史上,松江县该鱼产量最多,故得此名。

目前,在中国境内,松江鲈自然种群尚没有灭绝,而且在大陆沿海广为分布。北起秦皇岛—渤海海区、鸭绿江—黄海海区、黄河—黄海海区,南到钱塘江—东海海区,都有松江鲈自然分布。国内种群密度相对较大的地区仅浙江、黑龙江和山东文登三地。长江口及其毗邻水域目前仍幸存一个松江鲈野生种群。

3.3.3　价值

松江鲈具有一定的营养价值和文化价值。松江鲈体内富含丰富的矿物质、维生素和氨基酸,且维生素、氨基酸的含量比其他绝大多数肉食品高,其体内蛋白质含量也很高。松江鲈饮食文化自唐宋经明清传承至今,古代文经史注对其多有记载,在民间也是久负盛名。其独具特色的文化价值是许多鱼类不具有的。

3.3.4　生物学特性

3.3.4.1　形态特征

松江鲈体小,体长 12~14 cm,最长约为 17 cm;体重不超过 150 g。体呈延长形,头较大,平扁且宽。口大,端位,上颌较长,上下颌、犁骨和腭骨均有细齿。躯干近似圆筒形,向后渐细。体无鳞,具刺状和粒状皮质突起。体侧具 5~6 条暗色横纹。侧线呈平直状,具 37 个黏液管。在生殖季节,成鱼头侧鳃盖膜上各出现两条橘红色斜带,似四片鳃片外露,故有四鳃鲈之称。前鳃盖骨具 3~4 棘,上棘偏大,后端弯曲向上延伸。背鳍连续无间断,第一背鳍具鳍条 8~9 根,第二背鳍具鳍条 18~20 根;胸鳍呈扇形,具鳍条 18 条;背鳍棘部具黑斑。成鱼无鳔。

3.3.4.2　生殖习性

松江鲈为小型底栖鱼类,在淡水中生长育肥,然后降河入海进行繁殖。1 龄即性成熟。雌、雄鱼在外形上的主要差别是:雄鱼的头部较宽,吻端圆钝,而雌鱼的头部较窄,吻端稍尖;雄鱼的肛门后方有一较薄的三角形泄殖乳突,尖端指向后方,泄殖孔开口在泄殖乳突的尖端,而雌鱼没有泄殖乳突,在肛门的后方有一扁圆形的泄殖孔;此外,雄鱼的体色和花纹较深,雌鱼的体色和花纹较浅。

松江鲈的性腺在产卵前可分为 5 个时期。4 月份出膜的同一批次仔鱼,在同年 7 月精巢处于Ⅰ期,8 月发育到Ⅱ期,9 月达到Ⅲ期,10~11 月持续处于Ⅳ期,12 月和次年的 1 月初步进入Ⅴ期;卵巢在 7~9 月处在Ⅱ期,10 月份的卵巢发育到Ⅲ期,11 月份卵巢发育到Ⅳ期,12 月和次年 1 月卵巢持续处于Ⅴ期。在淡水中生活的松江鲈性腺止于Ⅳ期,若无适宜的生态条件,则性腺退化,发育不到Ⅴ期。生活在淡水中的亲鱼,每年 11 月份开始向河口洄游,进入浅海地区产卵。松江鲈的产卵盛期在 2 月下旬到 3 月中旬。雌鱼的卵巢中有两种发育期不同的卵细胞,其可能是分批排卵。产卵场一般会选在沙滩、沙礁或贝壳较多的潮间带,产卵后雄鱼还有相应的护卵行为,护卵结束后离开产卵场索饵。

雌、雄亲鱼的洄游有明显时间差异。在邻近河口处捕到的亲鱼中发现,降海徊游开始阶段,雄鱼的数量较多,雌鱼的数量较少。以后雌鱼的数量逐渐增多,雄鱼的数量则逐渐减少。同样,在长江口,3~5 月所捕到的产后亲鱼中,雌雄比例亦差别很大,3 月份几乎全为雌鱼,4 月份几乎全为雄鱼,到了 5 月则接近 1∶1。

松江鲈雌鱼的怀卵量为 5 100~12 800 粒,卵具有很强的黏性,结成团块,呈橘红、橘黄色或淡黄色,卵径为 1.48~1.58 mm 和 1.98~2.12 mm,内含许多油球,直径为 0.05~0.18 mm。受精卵在水温 4~14℃和 2.3~11.3℃,约 26 d 和 30 d 孵出。

松江鲈的卵黏性较大,遇水结块,自然环境中,松江鲈喜欢在洞穴中产卵,卵子相互黏联成块附在洞穴的顶壁，洞穴一般为牡蛎壳堆积而成。同一卵块上的卵为同时产出，同时受精，但其破膜时间却不相同，且破膜时间持续较长。松江鲈胚胎孵化的适宜水温为10~11℃，在该温度下，孵化历时17~21 d，畸形率极低，孵化指数（出膜仔鱼数除以有效孵化的窝数）非常高；而在较高的温度下（17~20℃）时，胚胎期虽然缩短了，但畸形率却较高，可达43.5%，孵化指数亦较低。

初孵仔鱼通体透明，体长为5.3~6.3 mm和6.9~7.3 mm，身带一个较大的卵黄囊，卵黄囊表面有复杂的血管网，单个油球位于卵黄囊的前方。绿色胆囊清晰可见；消化道左右蠕动但未连通，肛门附近有几个辐射状色素细胞。破膜当日，身体两侧与卵黄囊连接处分别出现两排星状色素细胞。个别个体腹鳍膜每个肌节处各有一个色素细胞，仔鱼静卧水底避光，可做垂直运动。

2日龄仔鱼：卵黄囊有所减小，色素细胞增多，消化道虽有进一步分化，但仍未连通。有个别个体出现黄色素，这些黄色素主要出现在色素细胞周围。

3日龄仔鱼：卵黄囊继续减小，肠道加长，更为复杂，色素细胞向前延伸，肛门穿通。

4日龄仔鱼：仔鱼的胸鳍已变坚硬，活动迅速。透过其透明的身体，可以明显看到膨大的胃，且此时的胃肠道已经连通，但仔鱼仍未摄食。

孵出后5 d的仔鱼开始开口摄食，卵黄囊继续减小，变得细长。摄食完毕后观察可见胃膨大，充满轮虫，因其通体透明，经肉眼观察也可看到其充满饵料的胃。经过几天的生长，仔鱼体长有所增加，但生长幅度较小。此时的仔鱼头部也有了一定的发育，主要表现为：鳃盖变坚硬，脑颅膨大，头骨坚硬，后头部两侧各有了突出的棘，位于前鳃盖上，两侧各4个，同时上下颌均出现了排列不规则的小齿数个。脊索由脊椎骨包围，呈分节状。此时，尾鳍条有了分化的初兆——尾部腹鳍膜处有一片颜色较深，直到第6 d，变为辐射状。这时仔鱼的肛前长占整个全长的二分之一。第8 d，仔鱼体长明显增加，脑颅升高，头盖骨坚硬，肌肉效应显著。尾部出现了少数辐射鳍条状，但仍未成为骨质，其基部有了肌肉的支撑。

孵出后10 d的仔鱼尾脊索上翘，头稍纵扁，体侧扁，头顶有色素细胞。背臀鳍膜与尾鳍相连。孵出后13 d，仔鱼的尾鳍进一步分化，出现了骨质鳍条。鳍褶开始萎缩变窄。孵出后20 d，尾鳍已经完全形成，鳍条分明。萎缩的背鳍膜上出现了鳍条状结构。肌肉层发达。此时的仔鱼由上浮生活逐渐转化为底栖，鲜见其活动，常常于水底某处静伏。

孵出后25 d，伴随着体长与肌肉的显著增加，活动迅速。头部和尾部的色素细胞增加，同时黄色素也逐渐增多。腹鳍形成，位于两胸鳍基之间，很小，经观察发现其在伏底时起支撑作用。此时鳍条数量已经固定，眼睛移到了头背方，眼间隔黑色素一对，体背侧3条色素带形成。

孵出后27 d，明显分化出两个背鳍，第一背鳍位于背部头后方，有鳍条8根；第二背鳍长，后端与尾鳍相接近，有鳍条19~20根。此时与第二背鳍相对应的臀鳍也已完全形成，臀鳍鳍条16根；胸鳍宽大呈扇形，具鳍条18根。孵出后30 d，整个鱼体的变化主要集中在头部，逐渐变扁，吻端变尖，从上方看，基本为三角形，此时其体态基本与成鱼一致，但色素较少，还能隐约看到脊椎骨。孵出后35 d，在显微镜下已经看不到脊椎骨及肌节，体型似成体。眼偏向上侧方，且间距减小，已达到幼鱼期。

每年松江鲈鱼苗由海游入淡水的时间集中在4月下旬至6月上旬。松江鲈幼鱼向近岸的移动，可能与其自然生理要求有关，也有可能与潮水的推动有关。水温变化与幼鱼溯河没有明显的关系。

松江鲈在自然环境中对温度和盐度的适应能力较强。成鱼在0℃的水温中也能生存。繁殖适宜温度为4~14℃。松江鲈既能在盐度30~32的海水中生活和繁殖，又能在低盐度水和淡水中生长发育和育肥。在后期生长中需要低盐度而又含有微量碘的水域条件。

3.3.4.3 年龄与生长

松江鲈仔、稚、幼鱼的生长发育，基本与硬骨鱼类生长发育的一般规律相符合，即前期生长较缓慢，后期长势明显。松江鲈初孵仔鱼全长6.6 mm，身带一个较大的卵黄囊，前3~4 d靠吸收卵黄囊内的营养生存，出膜后4~5 d，逐渐开口摄食。在自然条件下，幼鱼生长较为迅速，两个月平均长度可增加3.2倍，这可能是由于幼鱼生长在近岸，其饵料丰富，并且水温也逐渐增高。在松江，6月份所采到的松江鲈体长最小，在3.1 cm以下；以后逐渐增加，到12月份，体长可达14 cm以上；以后增长缓慢。

3.3.4.4 食性

松江鲈通常生活在浅水层，白天潜伏于水底，夜间活动。肉食性，较为凶猛。摄食饵料随着其个体大小的变化而变化。松江鲈属凶猛性肉食鱼类。其食物主要有原生动物、轮虫、枝角类、桡足类、水生昆虫、底栖动物、虾类和鱼类等。生活在海水中的仔鱼，刚孵出时藉卵黄囊中的营养物质为生，至卵黄吸收完毕后，主要摄食海中浮游动物和甲壳类（丰年虫）。洄游至淡水中生活的幼鱼，其食性随个体大小而异：体长40 mm以下的幼鱼，以摄食淡水浮游动物和底栖动物为主；体长达到40~70 mm时，主要摄食虾类；成鱼以虾、鱼为主要食物。在松江鲈的食物中绝大多数均无经济价值。全长近20 mm的松江鲈主要食桡足类，其后由主食水生昆虫转变成主食鱼类。对自然种群的分析表明，40 mm以下的幼鱼，胃中多为枝角类的残骸；40 mm以上，则开始以虾为主要食物；一般体长在40~70 mm时，多以虾为主要食物，食鱼者不多；70 mm以上，食鱼者增加，但占总数的百分比仍少于食虾者。松江鲈摄食的主要虾类有中华小长臂虾（*Palaemonetes sinensis*）和细足米虾（*Caridina nilotica gracilipes*）。鱼类有虾虎鱼（*Gobiidae*）、棒花鱼（*Abbottina rivularis*）、麦穗鱼（*Pseudorasbora parva*）、鳑鲏（*Rhodeus* sp.）和刺鳑鲏（*Acanthorhodeus chankaensis*）等。

3.3.5　资源量

20世纪50年代，松江鲈捕获量达上万斤。60年代前后，上海市青浦县和松江县一带产量仍然较高，长江三角洲捕捞时间可从冬至到立春。进入20世纪70年代，随着工农业发展，污水排放增多，水利设施大量兴建造成松江鲈洄游河道受阻，松江鲈自然资源锐减。70年代，长江口及周边水域还能发现和捕到天然鱼苗。但到80年代初已经很少看到松江鲈的踪迹。

1999年前后，辽宁省淡水水产研究所唐作鹏研究员在鸭绿江进行渔业资源考察时，发现了松江鲈群体，并将100余尾松江鲈送至上海。这是分布在鸭绿江—黄海海区的松江鲈群体，鸭绿江干支流的渔民使用虾笼、蟹笼、刺网和钓钩等捕获一些松江鲈，有时采用丁字网一天可捕获数百尾松江鲈，并能持续多天。

2008年，山东省垦利县黄河—黄海海区发现一定数量的松江鲈，但群体数量不大。

2010年有报道称，在钱塘江和富春江—东海海区有松江鲈存在，但其群体数量很少。在捕捞的繁忙季节，一个码头20余只渔船一天捕获的松江鲈不足10尾。2010年前后，在文登市青龙河、埠口海湾水域仍可找到松江鲈的较大种群。但其资源量与前些年相比已有显著的下降，种群数量不及1990年前的10%，近年来很少发现大群的松江鲈。

也有相关人员对长江口崇明、浦东、奉贤、金山一带进行了调查，在上海的通海河流以及邻近海域中至今没发现松江鲈，在江苏沿海也没有找到松江鲈的踪迹。

3.3.6　衰退原因

多种原因造成了松江鲈的资源衰退。一是捕捞需求，随着社会、经济的飞速发展，人们对生活水平提出了更高的要求，对鱼类的食用要求也在增加，其中就包括对松江鲈的食用要求，对松江鲈的捕捞需求自然加大。二是水利工程，长江及长江口的水利工程及其他建筑工程，阻断了松江鲈的洄游路线，使其生活史遭遇阻碍，影响了其正常的生长、发育及繁殖。三是水域污染，长江及长江流域的污染问题使得许多鱼类的生存面临严峻考验，松江鲈也不例外。

3.3.7 人工繁养

最早关于松江鲈的人工繁殖试验开展于1974年，但受精卵的孵化率低于34%，并且出膜的仔鱼多数畸形，出膜5 d后陆续死亡，试验最终失败。

后来，复旦大学研究人员对松江鲈的人工繁育进行了一定工作。邵炳绪等(1980)对松江鲈繁殖习性、生理及生态方面进行了一些研究，包括松江鲈生活习性、性腺发育周期等，为人工繁殖技术的建立奠定了基础理论。上海市水产研究所等单位还曾尝试进行了松江鲈的人工繁殖，并成功获得鱼苗209尾。

1987年，王昌燮等成功繁殖出了松江鲈鱼苗，但仅存活了99 d。他们通过分组对照饲养，研究了温度、光照、饵料等环境因子对松江鲈生长的影响，研究发现：松江鲈不喜摄食人工混合饵料，摄食仍以活饵料为主，使其摄食人工饲料还需经过多代的驯化；盐度较高、环境黑暗、过高的温度均会降低松江鲈的生长速度。

此后的十多年里，复旦大学王金秋等进一步对松江鲈繁殖生物学基础理论进行了研究，并在人工繁殖上取得了初步的成功。与其他水产动物相比，国内外对松江鲈的研究相对较少，且多集中在繁殖生物学、环境影响因子等方面，王金秋等对该鱼的研究取得了一定进展，她分析了松江鲈种群的分布和资源状况、同工酶等，研究范围也从之前的江浙沪一带扩大到鸭绿江流域，她发现，鸭绿江流域仍存在的松江鲈种群数量也在持续下降，亟待解救。1994年，日本学者Takita等对松江鲈的分布区域进行了调查，Takeshita等对其胚胎发育、仔、稚、幼鱼发育特征进了系统的观察与描述。在此期间许多水产研究人员进行了多次尝试，但未实现其规模化生产。我国在松江鲈的苗种批量生产上取得了一定的突破，但是，对于建立稳定而高效的繁育体系尚缺核心技术。

1999年，复旦大学松江鲈项目组启动了松江鲈保护生物学的研究项目。

2003 年攻克了松江鲈苗种生产的关键技术，其核心技术“松江鲈水花鱼苗生产技术”获得发明专利授权。在后续的科技成果转化实践中，建立了松江鲈健康养殖的模式，并配合产业化生产的运行，形成了一整套松江鲈健康养殖的实用技术，为持续稳定地进行该物种的苗种生产和商品成鱼的养殖生产搭建起了技术平台。根据多年对养殖实践的总结，野生松江鲈移入人工养殖设施中驯养成活率极低，而在模拟生态养殖系统中，驯养和养殖成活率都达到了较高的水平（图 3－22～图 3－24）。

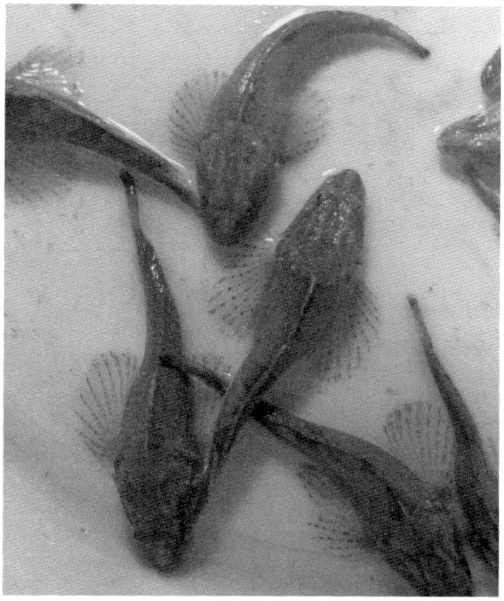

图 3－22　松江鲈亲本

图 3－23　人工繁育的松江鲈幼鱼

其技术初步总结如下。松江鲈为降海洄游性鱼类，自然环境中，在淡水中育肥，洄游到海水中产卵繁殖。郑春波等的研究表明，在人工培养的过程中，松江鲈既可淡水养殖，也可海水养殖；既可单养，也可与其他种类混养。淡水养殖的时候，需要逐步淡化，分 3～4 次驯化最后变为纯淡水。

松江鲈在自然水温，光照<200 lx，盐度 33～34，溶氧量>5 mg/L 的环境条件

图 3-24　松江鲈后备种鱼

下，经过 30 d 左右孵化出膜。松江鲈的受精卵为不规则圆球形，卵粒颜色多样。产黏性卵，遇水结块。卵内油球较多，总是旋转到卵的正上方。松江鲈胚胎孵化需要 30 d 的时间，根据水温不同，孵化时间长短有变。

松江鲈初孵仔鱼全长 1.6 mm，全身透明，可见绿色胆囊。仔鱼前期在水中上下活动，后期逐渐转为底栖生活，常匐于池底不动。出膜后 35 d 即长成幼鱼。

仔鱼出膜后 4~5 d 开口摄食，开口饵料为轮虫。出膜后 10 d 开始投喂桡足类和卤虫无节幼体。出膜后 30 d 开始投喂卤虫，后期投喂鱼糜及蛤蜊肉。随着仔鱼的生长，要逐步更换饵料。更换饵料前期，要兼投前期饵料和新换饵料，以确保鱼体大小差异带来的摄食不一致问题，兼顾大小个体的生长，同时还能够使其顺利适应饵料的转变。在投喂卤虫期间，仔鱼的生长速度一般很快，会达到一个高峰期。自然环境中的松江鲈在后期会摄食一些小鱼小虾，生产中松江鲈对活食有着一定的偏好，后期投喂鱼糜可能也不能满足其营养需求，故在松江鲈的饵料方面，还需进行一定的深入性试验与探索。

仔鱼长到一定时期还需依据大小不同情况，进行分池培育。

松江鲈对生活环境条件要求较高，要使松江鲈健康成长，必须为其提供良好的生活环境。整个培育过程要注意水质调节，应根据池水的情况，经常加入新水，排出老水，使池水保持良好状态。每天必须早、中、晚巡视鱼池，特别是在炎热季节、闷热无风、阴天或降雨前后，更要加强巡池检查，防止病害及其他意外发生。

2006 年，上海四鳃鲈水产科技发展有限公司青浦苗种基地和山东生产基地经过试验,成功实现了松江鲈的亲本培育、产卵、孵化等系列繁殖过程。2006~2009 年连续繁殖水花鱼苗 70 余万尾,并且成功实现了松江鲈的苗种培育及淡化;2006~2009 年培育松江鲈近 10 万尾。2009 年,农业部水生野生动物保护办公室组织专家现场考察。同年 7 月,上海市水产办公室批复经营利用许可证。

总的来讲,目前松江鲈已经可以人工规模化繁育。

3.3.8　保护区

据调查,目前松江鲈种群数量不及 1990 年前的 10%,近年来很少发现大群的松江鲈。松江鲈在我国已处于濒临绝迹的危险,挽救和增殖这一珍稀物种迫在眉睫,目前已得到国家重视。所以,应建立松江鲈国家级水产种质资源保护区,采用人工驯化繁殖措施,开展资源监测和科学研究,发展和壮大野生种群。

1988 年国务院将其列入我国二级保护水生野生动物。松江鲈的主要栖息地分布于我国福建省以北至鸭绿江口各江河入海口,尤其以上海松江县为多,故其名松江鲈。近半个世纪以来,松江鲈种群大为减少,全国大部分地区已经绝迹。

自 1995 年以来,全国先后有多批专家学者到文登市考察松江鲈。据中国科学院动物研究所、复旦大学生命科学学院的研究人员调查,全国只有文登市青龙河下游还存在松江鲈的重要野生种群,其他地方已很难找到松江鲈的踪迹。由此可见,文登市埠口青龙河下游至靖海湾地区为松江鲈的主要栖息地。2005 年 4 月 11 日,山东省海洋与渔业厅在《山东省渔业资源修复行动规划》中正式批准建立靖海湾松江鲈省级水产种质资源保护区(鲁海渔[2005]39 号)。保护区设在青龙河下游至埠口湾入海口;松江鲈驯养繁育中心设在青龙河入海口的右侧,张家产镇卧龙村海边;建设养殖池 6.67 km^2,越冬及育苗室、饵料培育池 3 000 m^2,生物实验室一处,及道路、送变电、宿舍、仓库、办公室、化验室等一系列配套设施。山东省文登市松江鲈保护区的建设与实施,主要是按照国家的有关法律、法规,对松江鲈进行保护、繁育及增殖放流。目标为年增殖放流原种松江鲈 100 万尾,形成全国最大、技术含量最高、也是唯一的松江鲈繁育保护区。

2007 年 1 月 14 日,国家有关部门在文登市青龙河下游至埠口湾入海口成立了全国首家松江鲈自然保护区——文登市松江鲈自然保护区,并在埠口建立了松江鲈救治和驯养繁育研究中心。松江鲈自然保护区设在文登市青龙河下游及其河口水域,保护区面积 818.89 km^2。松江鲈保护区所在的青龙河,全长 31 km,流域面积 235.81 km^2,年平均降雨量 791 mm,平均径流深度

273 mm。沿河两岸无工业污染,水质符合国家颁布的饮用水标准。青龙河中游的坤龙水库是文登市两个大型水库之一,面积 188.47 hm^2,被威海、文登两级政府确定为饮用水重点工程,从 2000 年开始,威海、文登市区的人们就饮用坤龙水库的水。沿河两岸尚处于自然状态,无工业污染,不受海潮的影响,人口密度低,环境保持较好,基本维持了原生态条件,使得松江鲈有足够的空间生存。且当地居民无捕捞、饮食松江鲈之习俗,是松江鲈良好的洄游育肥之地。

2008 年,国家有关部门在文登埠口建立了松江鲈种质资源保护区,开展松江鲈的基础性研究,加强松江鲈栖息地的保护管理水平。

3.3.9 增殖放流

2008 年 6 月,1 万多尾松江鲈苗种在文登市埠口湾青龙河入海口被放流。此前,文登市将 1 000 尾误入养殖池塘的野生松江鲈暂养、放流。

辽宁省海洋与渔业厅组织有关专家对丹东市水产技术推广总站于 2010 年繁育松江鲈鱼苗达 5 万多尾,并开始在鸭绿江下游进行放流,首次放流 25 000 多尾。

上海市长江口中华鲟自然保护区管理处自成立以来放流松江鲈约 6 万尾。

3.3.10 相关研究

3.3.10.1 养殖模式

人工繁育及养殖是松江鲈保护的基础,只有掌握松江鲈的人工繁养技术,才能有效保护松江鲈资源。有很多研究人员对松江鲈的养殖技术进行了探索,并开展了不同规模、多种形式的养殖实验,在养殖模式、日常管理、饵料使用、病害防治等方面积累了一定经验。王金秋等(2010)根据松江鲈驯养繁殖的研究成果,结合全人工养殖的生产运营实践,提出松江鲈健康养殖的理念,用封闭式自循环、自净化系统养殖松江鲈;基于生态模拟进行系统构建、工艺处理及水质调控,达到松江鲈健康养殖的目的,力求将构建的生态养殖系统建设为绿色环保型的健康养殖系统。

3.3.10.2 环境因子与生长

韦正道等(1997)对影响松江鲈生长的环境因子进行了研究,发现饵料、盐度、水温和光照起着重要的作用;松江鲈的生长必须有足够的活饵料;较适宜盐度在 0~5‰;自然光或较暗的环境下都能正常生长;人工饲养的松江鲈,对秋、冬和春三季的水温要求不高，但夏季的水温却严重影响松江鲈的生长，在夏季，过高的水温会使其体重和体长的增长速率减小，控制水温能使其增长速率增大。

3.3.10.3 营养价值

丁建英等(2010)用秦皇岛渤海湾的野生松江鲈为试验样品，对其肌肉的一般营养成分、脂肪酸和氨基酸组成进行测定，并对其营养价值进行评价，发现松江鲈的蛋白质含量为17.72%，脂肪含量为1.24%，灰分含量为1.22%；肌肉中不饱和脂肪酸含量占脂肪酸总量的52.2%，含丰富的EPA和DHA，EPA+DHA占脂肪酸总量的23.2%；鱼肉中含17种氨基酸(色氨酸被水解未测出)，其中含8种为必需氨基酸，必需氧基酸含量占氨基酸总量的49.21%，鲜味氨基酸占氨基酸总量的39.72%，氨基酸指数77.18；根据AAS和CS，松江鲈的第1限制氨基酸为蛋氨酸和半胱氨酸，第2限制氨基酸为缬氨酸。与其他淡水鱼类相比，松江鲈肌肉蛋白质和氨基酸含量较高，氨基酸组成合理，富含不饱和脂肪酸，有较高的营养价值，是一种非常值得开发利用的鱼类资源。

3.3.10.4 历史地理学研究

松江鲈素负盛名，其质细白、肥嫩、鲜美，有加工传统又别有风味的“鲈鱼脍”，使其自古以来就被视为上乘珍馐。松江鲈与黄河鲤鱼、长江鲥鱼、黑龙江大麻哈鱼齐名，被誉为我国“四大名鱼”。在我国历史上，赞美松江鲈之作甚多，有千古流传的史籍，又有脍炙人口的诗章，甚至还有美妙的传说。邢湘臣(2004)曾对有关松江鲈的古文轶事做了一些整理。

3.4 刀鲚

刀鲚(*Coilia nasus* Jordan et Seale，1905)，又名长颌鲚，英文名Japanese grenadier anchovy，隶属鲱形目(Clupeiformes)，鳀科(Engraulidae)，鲚属(*Coilia*)(图3－25、图3－26)。太湖、澄湖、淀山湖和滆湖等湖群，原先是一个与海相通的大海湾，由于长江与钱塘江向东延伸和反曲，将其环抱成内海，经两侧山水流入，盐水稀释，成为淡水湖。湖中的刀鲚不再做定期洄游，照常生活和繁衍后代。随着时间推移，长时间的自然选择，其脊椎骨数、卵巢、肝的性状及摄食行为等与在江海中生存的刀鲚群体产生了差异，衍生成一个陆封型定居性种群。所以，分布于长江口的刀鲚分为两种生态类型，洄游生态型和淡水定居生态型。

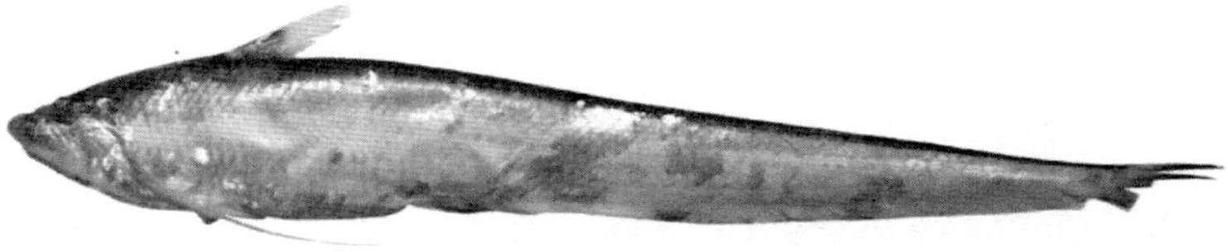

图 3-25　刀鲚

图 3-26　成熟刀鲚

3.4.1　濒危等级

濒危。

2001 年,长江刀鲚被列入首批《国家重点保护经济水生动植物资源名录》。自 2003 年开始,我国实行长江全面春季禁渔,对刀鲚等实行专项监测管理。2015 年《国家重点保护野生动物名录》水生野生动物调整方案公开征求意见,拟将长江刀鲚定为国家二级保护动物。

3.4.2　价值

刀鲚是一种名贵的经济鱼类,清明前是刀鲚市场的旺季,此时刀鲚价格可高达 8 000~12 000 元/kg。刀鲚肉质鲜美,自古享有盛名,被称为“长江三鲜”之首。刀鲚肌肉中氨基酸组成全面,谷氨酸的含量最高。肌肉中含有丰富的 K、Na、Ca,其中 Ca 含量为 522 mg/100 g;肌肉所含的微量元素中,Zn 和 Fe 的含量最为丰富,分别为 4.3~7.96 mg/kg 和 7.12~7.23 mg/kg;刀鲚肌肉中共有的脂肪酸为 15 种,其中不饱和脂肪酸的含量为饱和脂肪酸的两倍。PUFA(多不饱和脂肪酸)含量分别为 16.62%、16.07%和 13.2%(李玉琪等,2014)。

3.4.3　分布

刀鲚主要分布于中国、朝鲜半岛和日本。我国主要产于黄海、渤海和东海沿岸,辽河、海河、黄河、长江、钱塘江等水系中下游及其附属水体均能发现刀鲚,其中以长江中下游产量最高。

3.4.4　资源量

历史上长江刀鲚资源极其丰富,长江中下游最高年产量为 1973 年的 3 945 t,其中仅长江口就有 390 t,此后年产量不断下降,1982 年稍有回升,但仍然不及 1973 年的一半。1989 年以后,刀鲚幼体受到鳗苗网、深水定置张网等有害渔具的过度捕捞,资源更是每况愈下,目前已到岌岌可危的地步。

1975~1988 年长江口刀鲚由崇明水产公司统一收购,产量比较稳定,这 14 年中,最高年产量 190 t,最低年产量 90 t,平均年产量 140 t,产量比较稳定。这一阶段没有深水定置网作业,多是采用流网作业,所渔获刀鲚规格均较大。

1989~1994 年,长江口刀鲚产量急剧下降。1992 年,长江口刀鲚产量在 30 t 左右。1994 年刀鲚产量在 5 t 左右。其主要原因,除了过度捕捞之外,还有大量刀鲚幼体进入鳗苗网丧生所致。鳗苗网网目只有 1 mm,无论是刀鲚幼体还是成体均被一网打尽。此阶段在长江口作业的鳗苗捕捞船达千余艘,大量刀鲚幼体被捕捞,对刀鲚群体资源自然增长造成了破坏性的影响。

1995~1998 年,刀鲚年产量在 5 t 左右,产量低迷不见起色。1995 年还能在长江口偶尔捕获 2~3 kg 刀鲚,而后刀鲚资源逐年匮乏,刀鲚渔汛越来越迟,往年能看到渔汛的日子,开始看不到刀鲚踪影。

1999~2002 年,刀鲚年产量呈上升趋势,在 40~160 t,4 月份的产量占绝大多数。但此间捕获的刀鲚大中小规格都有,而且 2001 年产量虽然高达 160 t,但个体普遍较小。此间刀鲚产量回升并不是刀鲚资源真的在回升,而是由于 1998 年长江特大洪水,不仅是刀鲚,其他长江口蟹苗、鳗苗资源都出现了回升。2002 年长江口刀鲚产量只有 42 t,只有前一年的四分之一。

2003~2012 年,长江口刀鲚产量波动性下降。2003 年长江口刀鲚产量 30 t。2004 年长江刀鲚渔汛中,长江口投入捕捞船 160 多艘,刀鲚产量约 11 t。2004 年的渔汛特点是刀鲚资源少、来得迟、产量低。2005 年刀鲚产量为 50 t。2006 年刀鲚产量为 40 t。2006 年刀鲚渔汛比 2005 年来的较早,第一渔汛时间为 2 月 21~25 日,而 2005 年刀鲚渔汛为 3 月 3~8 日。2010 年及 2011 年渔获物以大刀鲚为主,分别占长江口渔获物的五成及三成，而小刀鲚数量分别占一成及四成。2008～2012年以2010年的捕捞量最高，2011～2012年捕捞量出现急剧下降。从渔获刀鲚的大小来看，2008年刀鲚平均体长为30.6 cm，优势体长组为24～34 cm，2009年的优势体长组为22～32 cm，2010年及2011年优势体长组为24～34 cm。就体重而言，2009年刀鲚渔获物以小于50 g的为主，占长江口刀鲚渔获物重量的九成以上，而100 g以上的大刀鲚仅占2%；2011年的大刀鲚个体所占比例出现明显的下降，相反75 g以下的个体出现翻番的情况。1973年，所捕群体以3～4龄鱼为主，占84%，平均体长314.5 mm，平均体重117.7 g，最大个体体长370 mm，体重最大178 g，最高年龄为6龄，1～2龄鱼所占比例很小。

3.4.5 生物学特性

3.4.5.1 形态特征

体侧扁，头部高，向后渐细呈镰刀状，背缘垂直，腹具棱鳞，呈锯齿状，体背圆鳞，无侧线。头短小。吻短圆，口大，斜裂，下位。牙小，上下额、犁骨和腭骨均有齿。眼近吻，较小。2个鼻孔，近眼前缘。上颌骨下缘具锯齿。鳃孔大，鳃耙长。

背鳍基部较短，起点稍后于腹鳍的起点，前方具棘。臀鳍基部较长，基部后缘与尾鳍下叶相连。胸鳍下侧位，上方具6枚呈丝状的游离鳍条，向后伸越臀鳍起点腹鳍较小。尾鳍上下叶不对称，上叶偏长。

背鳍1，10～13；臀鳍91～115；纵列鳞75～83；棱鳞18～22加28～35；鳃耙38～47；脊椎骨77～83；幽门垂16～23。

体色呈银白色，背侧颜色较深，呈青色或黄青色。吻端和鳃盖上方以及背鳍、胸鳍和腹鳍基本颜色均呈橘黄色。臀鳍基部呈浅黄，鳍膜为白色。尾鳍呈黄褐色。唇和鳃盖膜呈淡红色。

3.4.5.2 年龄与生长

刀鲚仔鱼和幼鱼的体长增加较快，平均每天生长1 mm左右，至11月，幼鱼最大个体约达200 mm。而成鱼体长增加速度逐渐缓慢，一般体长180～250 mm，体重10～20 g，最大个体仅410 mm。虽然成体刀鲚体长随着年龄的增长而增加缓慢，但体重却显著增加。1冬龄体长雄性较雌性大，分别为117～234 mm和96～228 mm，体重相当，均在6～35 g。2～3冬龄雄性体长和体重幅度一般大于雌性，最大值也大于雌性；4冬龄雌性略大于雄性，生长接近最后的限度，体重最大可达410 mm，体重最大可达360 g。长江刀鲚寿命不长，一般只有4～5个冬龄，最大个体也不会超过6个冬龄。

3.4.5.3 食性

刀鲚的食性在不同的生活阶段变化很大，仔鱼、幼鱼和成鱼的食性互不相同。刀鲚前弯曲期仔鱼即开口摄食，偏好游泳能力弱的小型哲水蚤、剑水蚤和枝角类；弯曲期仔鱼主动摄食特定种类的桡足类幼体；后弯曲期仔鱼，体长70~80 mm时，开始摄食游泳能力较强的糠虾等软甲类。稚鱼则对糠虾有着较强的偏好。仔鱼的摄食量也随着个体发育的推进而逐步增大。当体长生长到120 mm时，开始摄食小型鱼虾，至成鱼体长有200 mm时完全以小鱼、虾为食。

3.4.5.4 自然繁殖

长江刀鲚在长江中下游分布很广，从洞庭湖到长江口一带均有分布。在海洋里主要分布在近海，东至124°E，南至29.5°N。长江刀鲚在海洋中不集群活动，多分散在沿海及附近海域的底层，属近海底栖鱼类。近长江后才逐渐聚集成群，由底层上升到中、上层。栖息水域环境较混浊。每年的2月份刀鲚开始游至长江口，沿江上溯进行生殖洄游，在其生殖洄游时停止摄食。生殖洄游开始时间差异受水温影响，生殖洄游持续时间较长。刀鲚亲鱼集群从近海溯江而上，至湖泊、支流及长江干流产卵，洄游最远可到洞庭湖，形成渔汛。长江口刀鲚属于一次性产卵类型。刀鲚1~2龄时可达到性成熟。刀鲚产卵场分布范围广，主要在泥质的底质和砂质的"S"形或腰鼓形江段，可上溯到长江洞庭湖段。南京到南通这段水道，是刀鲚产卵集中的最佳地段。

在江苏省江段，一般2月初即可见到上溯准备产卵的鱼群，一直持续到10月份。在安徽省江段，3月初可见到，持续到8月底。江西省鄱阳湖和湖南省的洞庭湖4月初可见到鱼群，持续时间为4个月左右。生殖洄游开始时，鱼群先在长江口一带集中并停留一段时间，至3、4月份达到高潮阶段，称为刀鲚汛期。进入长江后，刀鲚生殖腺成熟加快，到达沿江各产卵场后，经过一段不长的时间，雌雄鱼开始产卵和精子。上溯的刀鲚不摄食，排精、卵之后不久即恢复摄食。体力恢复后，刀鲚生殖群体分批离开产卵场，进行降河洄游，返回长江干流直至沿岸海域育肥越冬。

同样体长组的鱼群，早期进入长江的肥满度较高，体内脂肪块较大，肌肉含脂量高，个体较重。到了后期逐渐变瘦，下游的比较肥大，个体较重，越到上游越瘦。上溯进行生殖洄游的鱼群，早期雄性多于雌性，后期雌性多于雄性，在产卵场雌雄比保持在1∶1左右。

刀鲚体形较小，尾部肌肉不发达，克服流水阻力的能力较差。因此流速过大时，鱼群就较为分散，上溯的速度较慢；流速较低，鱼群则相对集中，上溯速度就比较快。一般情况下，从长江口上溯的刀鲚一昼夜可以行进23 km左右。

刀鲚进入长江时，性腺发育处于Ⅱ期，在洄游过程中逐渐发育成熟。卵巢发育Ⅳ期时颜色呈铅灰色，成熟系数为2.2~2.6，卵径0.55~0.70 mm。发育接近Ⅴ期时卵巢卵粒均匀，成熟系数7.0左右，卵径0.70~0.85 mm。产卵群体的组成在3~5龄，性成熟最小型为2龄。一般4~6月为刀鲚繁殖高峰期，水温18~28℃，溶氧6.20~8.24 mg/L，水体透明度38~65 cm。刀鲚对产卵环境并不严格，但溯河数量却与径流量有一定的关系，一般来讲，径流量越大，溯河鱼群数量也较多，反之会少。

刀鲚一生中可以多次繁殖。20世纪70年代，长江刀鲚繁殖群体中多次性成熟的剩余群体占优势，而初次性成熟的补充群体所占比例较小，之后低龄个体逐渐增多。2014年刀鲚繁殖群体则出现了低龄化，补充群体和低龄剩余群体占据绝对优势，表明长江刀鲚繁殖群体处于严重的资源衰退状态。

刀鲚个体生殖力一般在1.9万~11.8万粒，最大可达13.47万粒。成熟卵呈圆形，卵径0.7~0.8 mm，具油球，受精后浮在水体上层开始发育孵化。刀鲚孵化期大约在每年的5月底到10月初。受精卵在水温26~29℃时，经19 h仔鱼会破膜而出。长江口刀鲚孵化后可分为卵黄囊期、前弯曲期、弯曲期、后弯曲期仔鱼及稚鱼5个发育阶段。初孵出的仔鱼体呈透明，全长2.3 mm左右，肌节26+8对，孵出后1天，仔鱼全长达到4.3 mm，卵黄囊一般呈椭圆形，有时呈球形或梨形，油球向后移动，肌节变为46+24，会在水中垂直移动；孵后2天，仔鱼全长增至4.7 mm，出现眼囊晶体、肠管，常立于水中；孵后3天，仔鱼全长4.6~5.3 mm，卵黄囊还未消失，胸鳍鳍芽已长出，臀鳍也开始分化，眼囊和卵黄囊上有黑色素分布；孵后4天，仔鱼鳔开始充气，仔鱼可轻微摄食，能水平游动。

刀鲚早期个体栖息于上层水域。在长江口沿岸碎波带仔稚鱼的调查中发现，碎波带是长江口多种淡水性、河口性及洄游性鱼类的良好保育场所，其分布范围虽然随着涨落潮有所变动，但其具有丰富的生物饵料，是成鱼觅食和繁殖，以及仔稚鱼躲避捕食者和摄食生长的最佳场所。刀鲚仔稚鱼在碎波带分布较广，集中分布于长江口南北两支上游的南门和太仓沿岸，在数量上占据绝对优势。

3.4.6 人工繁殖

顾海龙等(2016)介绍刀鲚的苗种来源主要有3种：灌江纳苗、野生捕捞、人工繁育。灌江纳苗就是在长江刀鲚繁育季节引入长江水，并把在长江中自然繁育的刀鲚苗也随水引入池塘。此法对养殖地点要求很高，且后期苗种的筛选纯化难度较大。张呈祥等(2006)用此法累计获得刀鲚苗种12 000万余尾。野生捕捞是在刀鲚生殖洄游期间于江边捕捞获得刀鲚苗种的方法,是目前最常用的方法。但由于刀鲚应激性强,捕捞后经运输的苗种死亡率极高。目前这一技术已得到突破,8 h 采捕运输成活率可达到90%以上。人工繁育是普通鱼类的主要获苗方式,但在刀鲚中仍处于试验阶段。闻海波等(2009)研究发现,池塘养殖条件下,部分刀鲚的卵巢至少能够发育到Ⅳ期晚期,时间上也类似于长江刀鲚在自然状态下同时期的发育状态,且长江刀鲚的性腺发育成熟度可能与所处江段关系不大,这对于实现刀鲚的全人工繁育是一个良好而必备条件。

2005年,如皋市水产技术指导站启动了"刀鱼的种质保护与驯养"项目。将捕获的野生"洄游型"刀鲚幼鱼在试验基地进行驯化养殖以求获取商品鱼,并获得了成功(陈忠高等,2010)。徐跑(2010)发明了一种全人工的繁殖方法,突破了刀鲚人工繁殖的难题,使刀鲚人工繁殖的催产率达到33%,受精率达到48%,孵化率达到44%。郑金良(2009)发明了一种池塘生态养殖的方法,显著地提高了鱼苗的成活率。徐刚春(2011)发明了一种人工养殖刀鲚的方法,使刀鲚的成活率高达90%,可在2年内由5 g左右长到100 g以上,且养殖的刀鲚品质高。据报道,中国水产科学研究院淡水渔业研究中心及上海市水产研究所苗种技术中心在刀鲚人工繁育技术上均已取得阶段性突破。

2007年以来,上海市水产研究所持续开展了刀鲚规模化全人工繁育技术及养殖模式的研究。2011年刀鲚人工繁育实现突破,获得刀鲚人工繁育子一代。2013年对2011年获得的人工繁育子一代亲本进行催产,培育出12.3万尾25~50日龄、大规格苗种(3.0~5.0 cm),2014年获得16.3万尾大规格苗种(2.0~4.5 cm),攻克了刀鲚人工繁育子一代的亲本培育、催产、受精、室内水泥池孵化和鱼苗培育等关键技术。刀鲚规模化繁育技术趋于成熟。

江阴市申港三鲜养殖有限公司、中洋集团以及靖江、如皋等地的多家单位和企业有小规模养殖。养殖模式分为池塘养殖和温室养殖。江苏省农业科学院泰州农科所联合靖江市水产技术指导站等单位与泰州市秋雪湖渔业有限公司合作对刀鲚人工养殖繁育技术进行攻关,每年自长江引进刀鲚苗种于温室内进行工厂化养殖,目前暂养刀鲚2万余尾,2龄以上平均规格60.8 g/尾,最大规格139.7 g/尾。总体上,刀鲚的人工养殖仍处于起步阶段,刀鲚的养殖规模小、规格小、成本高、成活率低,人工养殖技术还有待进一步提高(顾海龙等,2016)。

3.4.7　增殖放流

上海市在2013年开展了试验性放流,在长江口成功放流9 000尾刀鲚苗种。

2014年，上海市农业委员会与崇明县人民政府在长江大桥以东水域放流了10万尾由上海市水产研究所提供的全人工繁育的规格在6~8 cm的刀鲚苗种。刀鲚苗种放流长江，是刀鲚人工繁育科研成果在渔业生产中的实际应用。开展刀鲚的人工增殖放流是恢复和增加长江刀鲚资源的有效手段，对保护生物多样性、修复水域生态环境以及促进渔业可持续发展都具有重要意义。

3.4.8 保护区及法律法规

2001年，长江刀鲚被列入首批《国家重点保护经济水生动植物资源名录》。

2003年，我国实行长江全面春季禁渔，对刀鲚等实行专项监测管理，严格控制捕捞船只数目、网具规格及作业时间，切实降低捕捞强度。2002年国家农业部颁布了《长江刀鲚凤鲚专项管理规定》，并对长江实施了禁渔制度。根据相关规定，每年进入3月后才是长江刀鲚捕捞时节，并且规定严格的捕捞时间和捕捞期。捕捞期间，特许捕捞船需使用规定规格的渔网。如捕捞期内渔船违规作业，将被吊销特许捕捞证。每年4月1日到6月30日，长江南京段将实行三个月禁渔期，其间除持有江苏省渔业主管部门核发的刀鲚特许捕捞许可证的渔船，可在特定时段进行刀鱼捕捞作业外，其他捕捞作业一律禁止。

2013年，上海、江苏、安徽三地的长江刀鲚被列入国家保护范围，划定了“长江刀鲚国家级水产种质资源保护区”。长江扬中段刀鲚国家级水产种质资源保护区总面积为2 026 hm^2，其中核心区面积492 hm^2，实验区面积为1 534 hm^2。核心区特别保护期为每年3月1日至11月30日。保护区位于长江扬中段南夹江水域，地理范围在东经119°42′31″至119°53′48″，北纬32°03′42″至32°15′22″。核心区位于油坊镇会龙村至新坝镇联合村段。实验区分为两段：第一段从八桥镇齐家村至油坊镇会龙村段；第二段从新坝镇联合村至新坝镇新宁村。保护区主要保护对象为暗纹东方鲀和刀鲚。

2015年，《国家重点保护野生动物名录》水生野生动物调整方案公开征求意见，拟将刀鲚定为国家二级保护动物。

3.4.9 资源衰退原因

刀鲚资源衰退的原因主要有以下几个：一是具有破坏性的高效率的捕捞网具，尤其是鳗苗网及深水定置网的使用，使得大小规格的刀鲚均被捕获；二是不断增强的捕捞强度，甚至千余艘渔船的大规模捕捞使得刀鲚资源遭受重创；三是长江水利工程建设及雨水偏少，径流减少，引起海水倒灌，长江口水域盐度变化明显，长江口生态条件改变，而刀鲚对盐度特别敏感，使得长江口水域刀鲚产量发生变化；四是水利工程的修建阻隔了刀鲚进入产卵场的洄游通道；五是工业废水处理不当，长江水质污染严重，导致刀鲚个体畸形，生殖器官萎缩。

3.4.10　保护建议

1）限制捕捞作业网具的使用。禁止使用定置网、三层刺网等渔具捕捞刀鲚，规定捕捞刀鲚的三层流刺网的网目不小于 40 mm；取缔长江口处隔墙式的深水张网，疏通刀鲚的洄游通道；控制鳗苗捕捞强度，避免大量幼刀鲚被鳗苗网损害，严厉禁止和查处电拖网等电力捕鱼作业。控制岸边小插网作业强度。加强渔政执法，坚决打击违规的“电、毒、炸”，限制鳗苗网投产网数和作业时间，限制、取缔深水张网等密眼网具的作业。

2）加强执法。增加相关执法船只，坚决打击各种违法作业网具和作业方式，推动长江流域整体渔政执法一体化，杜绝有证渔民及无证兼业渔民跨界捕捞。同时，加强对执法人员的法律法规等专业知识培训，使之掌握鱼类学及执法相关知识，防止违规执法，提高执法效率。刀鲚是海淡水洄游鱼类，长期生活在海洋里，而在海洋捕捞的刀鲚经济价值较低，因此要禁止海洋捕捞的刀鲚，以免浪费资源，在海上捕捞时遇到刀鲚应转移渔场。据报道，近年有海洋捕捞的刀鲚在出售，应该在港口对此加以检查。

3）加强刀鲚基础研究，提高科研成果转化效率。加强对刀鲚在长江各江段时间与空间的种群分布特征，弄清总捕捞量和资源再生关系，从而科学合理地确定捕捞时间和捕捞量。进一步引导渔民实现合理、有序捕捞，对捕捞渔具规格、捕捞时间和捕捞范围给出具体规定。如能根据刀鲚洄游至各江段的时间，确定各江段的禁捕期，使各江段的开捕时间定在刀鲚洄游至各江段时间之后，这样就可以保证率先进入长江的健壮刀鲚能够顺利进入上游的产卵区，以保护一定数量的资源再生量。为了开发利用现有的刀鲚资源，需加强刀鲚的基础研究，特别是现有产卵场的调查和保护，以及繁殖机制、胚胎发育、苗种培育等研究，开发出系统、完善、稳定、可靠的刀鲚资源人工恢复技术。

4）改善长江口水质。长期以来，工业的发展、城市人口的增长、长江深水航道的建设，使得长江中下游及湖泊水域污染严重，长江口水质恶化。据长江流域水资源保护局统计，长江口水域周边每日有一百多万吨工业废水和生活污水排放，重大污染源近四十处。长江口生态环境每况愈下，如再不及时治理，后果不堪设想。

5）实施并完善禁渔措施。就禁渔范围而言，需扩大现行禁渔水域，要在长江口 121°54′E 以西及以东大范围水域进行禁捕。就禁渔时间而言，4 月至 6 月底的长江禁渔期大约可保护 42.6%的幼鱼个体，但效果仍然不是十分理想，还应适当延长长江沿岸水域的禁渔时间。

6）尽快为刀鲚建立国家级保护区。针对野生刀鲚群体资源迅速下降的严峻形势，应尽快将刀鲚列为国家级水生保护动物，尽快在长江口建立刀鲚越冬场保护区，对刀鲚幼体实施保护。大量刀鲚早期个体损失，是导致成鱼数量得不到补充的重要原因。因此在科学、规范捕捞成鱼的基础上，必须开展对刀鲚主要产卵场、仔稚鱼保育场的调查，对重点水域进行保护，设立刀鲚种质资源保护区。靖江段水域常年水流平顺，受径流和潮汐双重影响，上、下两端流态多样，岸线自然完整，可为刀鲚栖息和繁殖提供良好场所。西沙湿地公园物种多样，环境优良，大量的刀鲚仔稚鱼利用该水域作为保育场。青草沙水库刀鲚仍保持着洄游性刀鲚的生长特性，禁止渔业行为，可直接有效地保护刀鲚产卵群体。这 3 块水域均可备选作为刀鲚的种质资源保护区（毛成责等，2015）。

3.4.11 相关研究

3.4.11.1 营养价值

李玉琪等（2014）对常用的营养评价方法以及刀鲚的资源现状和营养研究现状进行了介绍，从生物学评价以及非生物学评价方法两个角度对各类营养素的评价方法进行归纳，重点介绍了几种非生物学方法对鱼类中重要的营养素、蛋白质的评价方法；并对已报道的刀鲚肌肉和卵巢的营养成分研究进行了归纳，从营养成分的角度分析了长江刀鲚比其他种群肉质鲜美的原因。

3.4.11.2 时空分布

江苏靖江段位于近长江口段，是长江刀鲚渔汛最集中的水域。为了弄清靖江段刀鲚的渔汛特征，郭弘艺等（2014）于 2008~2009 年和 2012~2013 年对 16 艘持刀鲚捕捞许可证的渔船进行了渔获量监测，分析了渔获量的时空变化及其环境影响。结果表明，靖江段单船日渔获数量 N_B 和重量 W_B 分别为（21±38）ind/d 和（2.0±4.1）kg/d，单船全汛总渔获尾数 N_t 和重量 W_t 为（890±929）ind 和（92.3±91.1）kg。N_B 和 N_t 具有一致性的年变化趋势，以 2013 年的最大,其他年份比较接近。但 W_B 和 W_t 的年变化趋势与渔获数量的年变化趋势有所不同,表现为 2008~2012 年持续下滑,2013 年显著增长。N_B 和 W_B 在 2~3 月均极低,但 4 月增至(23.0±31.3)ind/d 和(2.4±3.5)kg/d,5 月达(78.0±81.0)ind/d 和(7.7±9.1)kg/d。西水域的年 N_B 和 W_B 分别为东水域的 2.5 和 2.7 倍。靖江段刀鲚的 W_B 与同日水温和最高潮位均呈极显著的正相关。长江口外的水温升高,可能是刀鲚开始生殖洄游的重要环境诱导因子。而高潮期在靖江段出现最高渔汛,可能是因为所采用的固定刺网过滤了更多的江水所致。郭弘艺等(2015)还对 2002~2013 年长江靖江段沿岸鱼类作了每月 2~3 个样本的采集分析,发现 12 年内采集的 369 份样品中,刀鲚的出现频率达 94.6%,分别占总渔获数量和重量的 5.18%和 5.46%。刀鲚是沿岸鱼类群聚的优势种或次优势种。但其年资源量并不稳定,最高的 2010 年是最低的 2002 年的 5.4 倍。刀鲚平均体长 123.6±37.0 mm,平均体重仅 7.5±8.2 g。0+龄组占 78.9%,1+龄组占 20.7%,2+龄仅出现在 4、5 月份,且仅占当月个体数的 3.0%,幼体是沿岸刀鲚群体的主要组成成分。从 0+龄个体的月度体长分布看,当年孵化的幼鱼大多栖息在河岸水域,沿岸生境在维持刀鲚幼鱼资源上具有重要作用。其认为 4 月 1 日至 6 月 30 日的长江禁渔期虽可保护约 42.6%的幼鱼个体,但从保护效果看,还应适当延长沿岸水域的禁渔时间。维护沿岸水域的生境完整性,也是保护长江刀鲚幼鱼资源的重要措施。

葛珂珂等(2009)对长江口沿岸碎波带刀鲚仔稚鱼的数量分布进行了研究,其在 2007 年 5~10 月共进行 195 次拖网,采获刀鲚仔稚鱼 9 358 尾,体长为 3.0~61.2 mm,优势体长为 6.0~25.0 mm,以 10.0~16.0 mm 的弯曲期和 13.0~21.0 mm 的后弯曲期仔鱼为主。采获数量以 7 月最高,占总数的 55.0%,主要分布在长江口南支和北支上游。刀鲚仔稚鱼有利用沿岸碎波带作为早期生长场所的习性。根据刀鲚仔稚鱼在长江口沿岸碎波带分布和数量变动的调查结果,结合刀鲚成鱼资源量贫乏的状况,其建议有关部门限制鳗苗定置网等作业,并加强对沿岸碎波带保育场的保护。

3.4.11.3　耳石生境信息解译

杨健(2012)利用独特的 X-射线衍射电子探针元素微化学分析技术,首次大范围地研究了长江及其河口邻近黄海、东海等水域刀鲚耳石的元素“指纹”(特别是 Sr 和 Ca)特征和类型;通过解译耳石中 Sr/Ca 中所蕴含的生境信息,归纳出了洄游性鱼类耳石中对应于淡水、河口半咸水和海水生境的判别标准。以一种直观、可视的线、面图像方式,有效地重建了长江及其邻近黄海、东海海区洄游性及太湖等水域陆封刀鲚群体的一些重要生活史特征,复原了其洄游履历及其可能的生物学原因,掌握了长江和黄海刀鲚具有的紧密关联性的特征。同时还揭示了长江刀鲚幼鱼在接近1龄时入海生长,刀鲚仍然可以上溯长江近800 km到达鄱阳湖繁殖、钱塘江和瓯江刀鲚应该是相对独立的地理类群等许多新现象。

3.5 暗纹东方鲀

暗纹东方鲀(*Takifugu obscurus*),英文名 Obscure puffer,隶属鲀形目(Tetraodontiformes)、鲀科(Tetraodontidae)、东方鲀属(*Takifugu*),俗称河鲀,是东方鲀属中具有海淡水生殖洄游习性的少数种类之一(图3-27)。由于受环境恶化和滥渔酷捕等诸多因素的影响,长江中河鲀资源量急剧下降,天然捕捞量已满足不了日益扩大的市场需求,价格不断上扬,河鲀的增养殖极具开发前景。

图3-27 暗纹东方鲀

3.5.1 价值

暗纹东方鲀是长江中的特有种类,与长江刀鲚、鲥鱼并称"长江三鲜"。河鲀在我国深受百姓喜爱,自古甚至有"拼死吃河鲀""不吃河鲀,焉知鱼味?吃了河鲀,百鲜无味"的说法。据测定,其每百克河鲀肉中蛋白质含量达18.7 g,比黄鱼、草鱼等经济鱼类要高得多;脂肪含量仅0.26 g,是鱼类中脂肪含量最低的一种;并含有丰富的V_{H1}、V_{HZ}以及硒、锌等多种微量元素。据日本报道,常食河鲀可减少心脏病、脑血管、高血压、肾虚、体弱等多种疾病的患病概率,并对儿童及老年人具有增强免疫力、改善血液循环、滋阴壮阳、强身健体之功效,为难得的名贵水产品。

河鲀除食用外,其毒素"TTX"也具有很高的药用价值。河鲀毒素是一种局部选择性很高的高级麻醉药物,临床上是代替吗啡、哌替啶、阿托品和南美筒箭毒用于治疗神经痛的高级麻醉镇痛剂,用于戒毒疗效非常显著。也可用作瘙痒镇静剂、呼吸镇静剂、镇痉剂,用于治疗遗尿也非常有效。因其有充血作用可用于治疗阳痿和妇女阴冷(南开大学,2001)。在生理研究上,已成为机制研究的工具药,为神经细胞膜研究必不可少的标准药物(林文銮等,1999)。TTX 还有恢复精力及其他多方面的功效,价格昂贵,国际市场(5~6)万美元/g,工厂化提取毒素也已形成了高附加值的产业。河鲀皮可以制革。河鲀全身是宝,开发应用前景非常广阔。

河鲀肉质鲜嫩、腴美,在日本则被喻为"鱼中之王",常用作国宴佳肴招待最重要的外宾。河鲀在日本不但已经商品化、产业化,而且形成了数亿美元的大市场,在我国也是最重要的外销品种,其经济价值在弓斑、条纹、菊黄、红鳍、假睛等几种东方鲀属中是最高的,养殖前景也最好。长江野生暗纹东方鲀在宾馆酒店一道菜的价格高达上万元,只要重视引导和规范市场,制定严格的鲜活河鲀加工、销售、烹调等方面的政策法规以及卫生检查、监督机制来规范河鲀的消费,使河鲀消费走上正规化、产业化,我国也能开辟出振兴水产的河鲀大市场。

在养殖模式研究上,河鲀也有一定意义。陈清建等(2000)报道,目前对虾养殖病害严重,如果与河鲀混养,通过河鲀的摄食,可及时清除病死虾,起到防病与提高产量的作用,河鲀是与对虾混养的最好品种。

3.5.2 分布

河鲀主要分布于渤海、东海、黄海及通向海洋的江河下游,为近海及江河徊游性鱼类。

3.5.3 形态特征

河鲀身体呈亚圆筒形,向后渐狭小,全身无鳞,头部、体背及腹部均被小刺。鱼体背部棕褐色,体侧下方黄色,腹面白色,背部具暗褐色横纹4~6条。胸鳍后丘方体侧处有一圆形黑色大斑,背鳍基部亦有一黑色大斑,胸鳍基底外侧和里侧常各具一黑斑,背鳍、胸鳍、臀鳍黄棕色,尾鳍截形,后端灰褐色,无腹鳍。口小,前位,上下颌各具2个板状牙齿,唇发达,细裂,鳃孔小,侧位,为一弧形裂缝。

3.5.4 生活习性

暗纹东方鲀为底层鱼类,主要分布于东海、黄海及通海的江河下游。每年3月份始,便成群溯河至长江中产卵繁殖,幼鱼生活在江河或通江的湖泊中育肥,至第二年春季返回海中。

暗纹东方鲀性凶残而胆小，当生存环境恶劣时，常会发生相互残杀，这种相残习性尤以苗种培育阶段为甚。其食道构造特殊，向前腹侧及后腹侧扩大成囊，没有肋骨，这一构造使其遇到敌害时，吸入空气和水，使胸腹部膨大如球，表皮小刺竖立，浮在水面装死，以此自卫，待感到安全后，迅速排放胸腹中的空气与水并快速游走。此外，它还有咬齿习性，被捕后会发出"咕咕"叫声。

3.5.5 食性

暗纹东方鲀在自然条件下是偏肉食性的杂食性底栖鱼类，鱼苗阶段主要以天然饵料轮虫、枝角类、桡足类等浮游动物为食，幼鱼及成鱼主要以虾、蟹、螺、鱼苗、水生昆虫以及植物叶片、丝状藻类等为食，在人工养殖条件下，经过驯化，除上述天然饵料外，幼鱼及成鱼均可以人工配合饲料为主养殖，如鳗鱼料、甲鱼料等，并适当配一些新鲜的鱼肉、鸡肝等，这些饲料均可满足河鲀的生长需要。

3.5.6 繁殖习性

暗纹东方鲀的性成熟年龄一般雄鱼 2~3 年，雌鱼 3~4 年，雌鱼个体大于雄鱼；雌鱼卵巢呈肉黄色，左侧大右侧小，成熟系数为 11.4~22.8，怀卵量 10 万~20 万粒，系一次产卵型，成熟的卵粒为沉性，具黏性。雄鱼精巢较大，呈乳白色，成熟系数 10.8~16.4，性腺的发育在溯河过程中随时间及徊游的过程从Ⅲ期逐步发育至成熟。暗纹东方鲀产卵期较长，每年 3~6 月份，便溯河至通海的江河水草丛生的地方产卵繁殖。产卵对水温条件有一定的要求，但并不十分严格。水温 23℃左右时，胚胎发育需 4~6 天。

3.5.7 资源量

我国河鲀资源历来十分丰富，宋代就有截流为栅捕捞河鲀的记载（江苏省水产局史志办公室，1991），可见河鲀资源的丰富。在 20 世纪中叶暗纹东方鲀在长江里的自然产量曾经很大，在整个长江渔业中占有一定的比重，主要产区在江苏南京以下沿江各县，江苏年产量曾达 1 500 t。资料估计，我国河鲀总产量在 7 000~8 000 t，20 世纪五六十年代长江江苏段河鲀总产量为 1 500~3 000 t，江阴市就有 200~250 t（1958 年产量达到 282 t，而 20 世纪 90 年代以来仅 2~3 t）。太湖中，暗纹东方鲀也是重要的捕捞对象（陈俊才，1989）。

20 世纪 70 年代后因日本、韩国对河鲀需求量日益增加，我国提高了在黄海和东海海区河鲀的捕捞强度，过度捕捞使河鲀资源日益衰退，80 年代还能捕到少量河鲀。1992 年整个长江口产量约 28 t,1993 年已不足 10 t。近年来,由于长江水文条件的变化及生态环境的恶化,暗纹东方鲀产量锐减,在以往 3 月的长江旺汛期,已难觅暗纹东方鲀的踪影。1997~2001 年长江中暗纹东方鲀资源量下降速度非常快,有的江段已采集不到亲本。2001 年长江中捕获的暗纹东方鲀不足 100 条。

3.5.8　人工繁养

暗纹东方鲀是长江中下游特有优质渔业种质资源,是上海市水产原良种保护品种。同时,由于养殖暗纹东方鲀有着高额的利润回报,使其成为鳗鱼养殖高潮过后的替代品种,我国对暗纹东方鲀的育苗和养殖进行了研究。

20 世纪 80 年代初,首先由上海市水产研究所在东海渔政局的支持下成立研究课题。1991 年,上海水产研究所对其人工繁殖育苗等项研究成功,并已在生产上取得经济成效。随后一些高校科研单位以长江下游为中心与渔业生产单位进行产研合作,共同开展暗纹东方鲀的养殖等研究(图 3-28)。短短 10 年,暗纹东方鲀淡水养殖已从长江下游的江苏、上海扩展到浙、皖、粤、闽、川、豫、鄂等省,形成了上海、杨中、江阴、南通、海安等生产与销售中心,除上海外,各地年产鱼苗均可达 10 万尾以上。

2000 年全国人工繁殖产量可达 300 万尾。全国养殖产量约 1 万 t,出口 3 000 t,国内销售 7 000 t,而江苏作为暗纹东方鲀的传统产地,利用其沿江优势,

图 3-28　人工养殖的暗纹东方鲀

暗纹东方鲀的养殖更是领先一步,目前的养殖量占全国的60%以上。其中江苏中洋集团养殖基地是国内外规模最大,也是最先进的暗纹东方鲀养殖基地,已建成养殖温室12万m^2、野化驯养池1 500亩,年存池暗纹东方鲀400万尾,是江苏省暗纹东方鲀养殖标准化示范区,所产的“中洋”暗纹东方鲀被评为江苏省名牌产品。

鲀鱼野生个体常有毒,解决其毒性也是一个重要问题。近年来,将暗纹东方鲀的毒素控制在可食用范围内的研究已取得突破性进展。1994年江苏中洋集团与南京师范大学生命科学学院合作进行了长达10年的河鲀控毒养殖技术攻关,根据暗纹东方鲀的产毒机制及其生长发育所需的生理、生态要求,采用无毒源活饵料和全价配合饲料喂养,从亲鱼的选择和良种培育抓起,创造了独特的“三段养殖法”,营造良好的控毒环境,确保“中洋”河鲀鱼的控毒效果,掌握了人工繁殖、控毒及健康养殖等一系列核心技术,将养殖河鲀鱼的毒素控制在安全食用范围内。目前多代选育无毒家系淡水标准化养殖能够实现商品鱼完全无毒。

暗纹东方鲀取得快速的发展,获得显著的经济效益,在渔业发展史上也是比较独特的(张光贵等,2006)。下面对暗纹东方鲀人工养殖情况做一下简介。

3.5.8.1　半人工繁殖

在生殖季节,天然捕捞的性成熟个体,经适当培育,通过注射适量外源激素,能产卵排精而受精,受精卵在人为控制的条件下孵化,可正常发育出仔鱼。目前,国内有少数几家单位正在从事这方面的研究与开发工作,已获得阶段性突破,但所获鱼苗量仍不能满足大规模养殖的需求。

3.5.8.2　苗种培育

在水泥池中培育夏花鱼种,适宜采用的饵料系列为轮虫、小型枝角类、大型枝角类、桡足类,苗种成活率一般可达50%以上,池塘培育成活率则要低得多。

3.5.8.3　适宜的成鱼养殖方式

暗纹东方鲀可淡水养殖,也可咸淡水或海水养殖,可单养也可混养。在一般露天池塘中,暗纹东方鲀适合与虾类混养,投放密度要低,平均为0.2~0.5尾/m^2。而采用温室单养的集约化养殖效益最高,适宜放养密度可增至5~8尾/m^2,人工投喂饵料要充足,才会生长良好而不至于发生相互残杀。无论温室养殖还是池塘养殖,水色都以嫩绿为好,透明度保持在30~40 cm,适宜的溶解氧要求为5~7 mg/L。

3.5.8.4　鱼病

人工养殖条件下的暗纹东方鲀常患有细菌性疾病和寄生虫性疾病,危害较大,但基本能够控制,主要是要加强日常管理,不定期进行药物预防。发生鱼病后,通常会造成部分鱼死亡,影响成活率,以后应加强河鲀专用特效药的研究与开发工作(杨州等,1997)。

3.5.9 种质退化及防控

经20多年研究和推广,暗纹东方鲀已成为上海市青浦区的特色养殖对象和优质水产名品,青浦成了全国三大淡水河鲀鱼产区之一,已经在长三角地区创出了“青浦鲀”这一民间知名品牌。在近20年中的生产实践过程中发现,暗纹东方鲀种质退化严重。

3.5.9.1 暗纹东方鲀种质特性退化表现

(1) 生长性能退化

1) 养殖群体生长速度逐代下降:暗纹东方鲀一般性成熟年龄为3~4龄,一般3~4年就会出现新的世代,养殖群体生长速度在代间逐年下降。如10年前广东省引进上海生产的苗种,经10个月养殖期,平均个体达到300~350 g;后来广东省育苗单位在当地繁育暗纹东方鲀苗种,由于不重视繁殖群体的筛选工作,且近亲繁殖非常普遍,苗种养殖生长快的优势逐步丧失,在经过约3个世代后,使用当地繁殖的暗纹东方鲀苗种,养殖15~17个月才能达到300~350 g,生长速度下降非常明显。

2) 体型变短,影响生长速度:暗纹东方鲀身体越来越矮胖,体长和体宽的比例越来越小。体型的变化一方面是繁育单位习惯性操作带来的潜在选育效果;另一方面和养殖饲料中营养价值的提高有关系,导致在养殖群体中,控制体型修长特性基因已逐渐丧失,影响养殖群体体型的同时也影响养殖群体的生长速度。

(2) 环境适应性降低

1) 抗病力下降:暗纹东方鲀养殖病害越来越多、越来越严重,异钩虫病、孢子虫病、单核生物病、链球菌病、打印病、细菌病等疾病的发生越来越普遍,防治难度也越来越高,尤其是打印病和烂鳃病等细菌病,一经发生,即使能够加以控制,也是几乎没有办法治愈,会给养殖生产造成严重损失。

2) 抗低温能力下降:暗纹东方鲀养殖群体耐寒能力越来越差,以前第一代鱼种能够耐受3~5℃的低水温,在短期-5℃极端温度下也不会冻伤和冻死。2000年冬季,在-7℃的淡水池塘环境中捕捞到一龄鱼种,拿到室内后仍然能够恢复和正常生长。现在的养殖群体在9℃水温时就有明显的不适反应,在7~8℃水温时多数个体会因低温而侧卧,失去正常的游动能力,持续时间稍长就会全部死亡。

（3）繁殖特性变化明显

1）性成熟年龄大幅提前，性早熟越来越明显：自然条件下暗纹东方鲀雌鱼多数要4年、少数也要3年才能性成熟，雄鱼多数需要3年、少数也要2年才能性成熟。但是在广东养殖群体中，养殖18个月就能够挑选性成熟雌鱼和雄鱼个体，初次性成熟年龄提早了1年多。初次性成熟年龄提前的同时，初次性成熟体重越来越小，有的只有200 g左右，在苗种紧俏的年份，这些小型化性成熟个体也被用作亲本，人工繁殖生产养殖鱼苗，这是导致其生长速度下降的重要原因之一。

2）人工繁殖群体中生殖障碍时有出现：长期规范培育的暗纹东方鲀繁育场，繁殖群体中雌鱼卵粒出现不饱满、卵黄充盈程度降低、卵粒直径越来越小等现象，5龄等高龄亲鱼表现更为明显。部分雌鱼性腺发育到Ⅳ期初就发育停滞，不再发育，无法过渡到人工催产所需要的Ⅳ期末，虽然注射催产剂能使卵粒分离，黏性明显，但是大批卵粒无法在常规操作状况下完成人工授精，导致苗种生产计划不能顺利完成。

3）卵巢囊肿现象越来越普遍：在生产实践中，暗纹东方鲀繁殖群体中本来很少见到卵巢囊肿的雌鱼，近年来，暗纹东方鲀繁殖群体中卵巢囊肿个体越来越常见，在2011年繁殖期内，卵巢囊肿个体比例达到了惊人的3‰～5‰，影响了人工繁殖计划的开展。

（4）体表性状退化明显

1）皮刺退化，养殖群体出现腹部无皮刺个体：暗纹东方鲀的皮刺强弱和分区是种间差异的区别性特征，由于多数繁殖场没有注意选择种鱼，没有注意避免近亲繁殖，定向选育导致养殖苗种和商品鱼腹部皮刺退化明显，甚至出现无皮刺的现象，因和麻将牌中“白板”的平滑度差不多，故被养殖户称为“白板”或“平板”。

2）体色变异，养殖群体出现白化个体：自然界中暗纹东方鲀都是黑色有斑纹个体，由于人工繁殖策略不当，在养殖群体中出现了身体黑色素缺乏、体表纯白色的个体，白化个体能够占到养殖群体的5‰～8‰，出现白化现象应该是等位基因缺失的一个明显表现。

3）人工苗种中，畸形个体所占比例越来越多：驼背鱼、缺鳍鱼、缺鳃膜鱼、瞎眼鱼、脊柱弯曲等畸形个体越来越多，在近亲繁殖的苗种中越来越普遍。

3.5.9.2　暗纹东方鲀养殖群体种质退化原因

（1）亲本缺乏筛选，常常用生长优势逐年退化的个体做亲鱼

在暗纹东方鲀养殖产业发展初期，由于越冬技术不稳定，亲鱼往往是遗留

下来的、生长缓慢的个体，并且野生资源极其匮乏，造成因技术瓶颈和资源瓶颈制约的无意识定向选择，种鱼生长优势的逐年退化导致养殖群体生长速度下降。上海在繁育过程中发现并解决了这一问题，在定向选育生长优势明显亲鱼的基础上生产苗种，在广东省经过 10 个月时间养殖，平均个体依然能够达到 350~450 g，起到了复壮养殖群体生长优势的作用。

（2）多代近亲繁殖，使养殖群体种质资源退化

近年来，由于长江野生暗纹东方鲀资源急剧下降，野生亲本数量极少，价格昂贵，一些养殖场将自繁后代留作亲本，并且由于养殖规模小、繁育群体数量不大、未有意识地筛选优势亲本，这样多代近亲繁育很容易发生近交衰退现象，造成养殖群体生长优势等位基因缺失，生长速度下降；并且长期圈养使养殖群体抗病能力显著减退。随着暗纹东方鲀养殖技术的扩散和推广，2000 年前后，养殖区域扩展到广东，2003 年左右暗纹东方鲀人工繁殖技术亦普及到广东，由于优越的自然温度条件，广东省的鱼苗场并不专养种鱼，不注意亲本的强化培育，也不注意避免近亲繁殖，往往将来源于同一个池塘的性成熟个体直接配对繁育，追求繁殖数量而生产近亲苗种，导致苗种成活率低，极端情况年份和极端批次成活率只有百分之几，影响养殖生产。

（3）有待商榷的放流策略对自然种群种质有不利冲击

鱼类放流是为了延续和恢复优良水产种质资源。放流同期大规格个体是筛选优良生长性状的有效手段。目前在暗纹东方鲀放流方案设计中，放流规格一般确定为 8~10 cm，放流时间往往是秋季，放流期确定的规格只能算是中小个体，并不是生长性能普通及以上的个体，这样的放流方案可能会筛选掉具备生长优势的个体，会导致优良生长基因丧失。因此放流策略有影响野生群体种质的可能，有待完善。

（4）擅自杂交育种冲击暗纹东方鲀养殖群体种质基因库

为提高生长速度或改变肉质品质，有些繁殖企业使用其他品种的东方鲀与暗纹东方鲀杂交，直接影响了暗纹东方鲀的种质质量，导致品种不纯，基因混杂。

3.5.9.3　暗纹东方鲀种质复壮方法

（1）避免近亲繁殖

这是提高养殖群体遗传多样性、提高养殖生产特性的有效方法，不同年龄的雌雄个体间交配，也就是不同大小个体间交配，控制亲本的使用时间为 2~3 年，在长三角地区性成熟个体一般至少需要 3 年。因此，利用养殖群体中的不同年龄、不同世代亲本资源，让不同大小、不同年龄的亲本进行交配，能有效避

免近亲繁殖,是行之有效的操作措施和手段。

(2) 引进野生亲鱼

在繁殖季节利用其洄游习性,在河流和湖泊中捕获野生的原种,在野生原种之间交配繁殖或者在野生原种与人工养殖亲本间交配繁殖,这是种质复壮的最简便方法,但是会受到野生资源的制约。

(3) 引进港养半野生亲鱼

港养半野生鱼是指在性成熟前的生长时间内,鱼体生长在野生环境条件下,即使水温达到零下,也照常放养在自然环境里,接受低温考验,接受低温筛选,保持其耐寒本性。港养半野生亲本性成熟后,将其与野生洄游亲本或养殖亲本交配,复壮其养殖性能,或者在港养亲本间交配,直接复壮养殖性能。

3.5.10 保护区

相关保护区有长江扬中段暗纹东方鲀、刀鲚国家级水产种质资源保护区,总面积为2 026 hm^2,其中核心区面积492 hm^2,实验区面积为1 534 hm^2。核心区特别保护期为每年3月1日至11月30日。保护区位于长江江苏省镇江市扬中段南夹江水域。核心区位于油坊镇会龙村至新坝镇联合村段。实验区分为两段:第一段从八桥镇齐家村至油坊镇会龙村段;第二段从新坝镇联合村至新坝镇新宁村。保护区主要保护对象为暗纹东方鲀和刀鲚。

3.5.11 增殖放流

人工繁殖的突破为暗纹东方鲀的增殖放流提供了苗种基础,其增殖放流工作在新闻报端可见到一些。

2014年扬中市农委在市公安局水警大队码头组织开展了暗纹东方鲀单品种增殖放流活动,共放流暗纹东方鲀夏花108余万尾、后备亲本5 000余尾。2015年江苏江阴组织增殖放流活动,其中就包括暗纹东方鲀。当年冬天,浦东新区渔政部门也组织了暗纹东方鲀增殖放流活动,共放流15万尾苗种。

暗纹东方鲀的增殖放流活动取得了一定成效,据新闻报道,扬中多年暗纹东方鲀放流力度较大,渔民已经可以捕到一些增殖放流的暗纹东方鲀。施炜纲编写了《长江下游渔业生态及暗纹东方鲀增殖放流技术手册》,对暗纹东方鲀放流工作进行了总结和指导。

3.5.12　资源衰退原因

3.5.12.1　酷渔滥捕

近年来河鲀渔汛已无,长江段已捕不到河鲀,这是由于人为的捕捞强度增大,导致了资源枯竭。长江三角洲地区经济发达,对河鲀的消费需求巨大,是导致过度捕捞河鲀的重要原因,自古以来我国沿海(尤其是江浙沿海、沿江一带)的百姓就有食用河鲀的习惯。除上海市以外,长江下游沿江许多城市都在利用河鲀,年消费量在百吨乃至数百吨,其中又以扬中市和江阴市的消费量为最,扬中每年仅加工河鲀剩余的卵巢就有几吨。全国各地的鲜活暗纹东方鲀、菊黄东方鲀和黄鳍东方鲀商品鱼也都向长江下游地区集中,此地形成了河鲀的集散地。河鲀销售旺季和消费季节在每年春节后至清明前,而最受欢迎的河鲀为暗纹东方鲀,其次为菊黄东方鲀和黄鳍东方鲀。2000 年商品河鲀规格在尾重 300~500 g 的收购价格,暗纹东方鲀天然捕捞产品(野生)为 1 000~2 000 元/kg,人工养殖产品 500~600 元/kg;菊黄东方鲀 500~600 元/kg;黄鳍东方鲀 400~500 元/kg。2001 年,野生暗纹东方鲀价格最低 3 000 元/kg,最高达到 24 000 元/kg(繁殖用亲本),人工养殖的为 200 元/kg。价格上的巨大差额是酷渔滥捕野生暗纹东方鲀的直接动力。过去在扬中可以大量捕捞到性腺发育较好的亲本暗纹东方鲀,现在资源减少,需在上海的长江口处才能捕到。毫无疑问,暗纹东方鲀亲体大多无法上溯到上游的产卵场繁殖。

3.5.12.2　水质恶化

长江沿岸城市内河目前已严重污染,镇江与上海江段水质达到中度污染。在城市江段,岸边污染带已经形成,如九江市岸边污染带已长达 8 km,武汉几个大的排污口形成了几千米长的污染带,重庆市在 20 世纪 80 年代就形成了 81 km 长的岸边污染带。长江产业带城市内河(渠)总体综合污染指数达 1.85,属重污染水平,已基本丧失 V 级地面水功能。污染严重程度排序结果为:上海、南京、沙市、合肥、武汉、南通、苏州、宜昌。污染物主要为有机污染(BOD_5、COD_{Mn}、挥发性酚、氰化物和凯氏氮)、石油类污染、重金属污染(汞、铜、铅、镉)、无机污染(非离子氨、亚硝酸盐氮),另外,溶解氧普遍贫乏(苏春江等,1997)。在调查过的长江干流攀枝花以下至上海的 21 个城市江段的 797.2 km 河长中,平水期污染带总长 458.2 km,全江污染带总长 560 km。巢湖、太湖等湖泊富营养化突出,长江水污染也影响了东海的生态环境,是东海污染物质的主要来源,近年来浙江、上海近海海域多次发生赤潮,并有发展趋势,对长江口和舟山、嵊泗渔场的生态环境与渔业资源构成了威胁。长江干流"四大家鱼"产卵场和渔场规模不断缩小,一些严重污染的江段甚至鱼虾绝迹,南京以下江段盛产的刀鱼与20世纪70年代相比已减少80%以上，鲥鱼已经绝迹。洪湖、洞庭湖、鄱阳湖等长江中下游通江湖泊群的湖泊功能大大退化。20世纪90年代以来，汉江钟祥以下在1992、1998、2000年先后出现了3次水华，水体中的氮、磷等营养物质含量偏高是近年来造成汉江水质急剧恶化、导致汉江“水华”的最根本、最直接的原因（翁立达，2001）。鄱阳湖虾肉中的重金属含量显著高于主要鱼类鱼肉中的重金属含量，而且虾皮中的重金属含量最高，Cu达到98.58 mg/kg，Fe达到443.8 mg/kg，Mn达到187.63 mg/kg，这是虾类长期生活在底泥表层所致（吕兰军，1994）。而暗纹东方鲀是底栖鱼，以软体动物中的双壳类和螺类以及虾蟹类为食，毒物在其体内会进一步富集，对其产生毒害作用，进而影响暗纹东方鲀的生长和繁殖能力，影响其种质和资源。

3.5.12.3　保护建议

1）政府有关部门制定法规，统筹保护与开发资源的关系；取缔水下暗网捕捞设施，保护河鲀洄游路线畅通，保护其栖息繁衍生态环境，禁捕仔鱼，限期禁捕产前亲鱼；组织计划放流，增加种群资源；严惩做假混杂、破坏种质质量的行为。

2）发展股份集团的联合经营模式，营造公平竞争的良好市场环境。目前暗纹东方鲀的开发多数还是个体或集体经营模式，既无力改变天然资源生态条件、科技投入，也无力抵制市场不良的经营行为（控制货源、抬价收购、造伪掺假等），只有发展集团股份制的联合经营模式，才能营造公平竞争的良好市场环境，也是健全暗纹东方鲀开发可持续发展市场环境的保证。

3）培育产销基地，加大科技投入与开发力度，走“设施渔业”“科技渔业”之路。十几年来，自然形成了上海（崇明、青浦、奉贤）、杨中、江阴、南通、海安等暗纹东方鲀的产销中心基地，但这些中心基地的规模、设备、科技含量都不尽如人意，不能迎接21世纪新形势下的新挑战。暗纹东方鲀孵化出苗率、成活率不高又不稳定，单产很低，饲料研制、病害防治相当滞后，许多指导性基础研究还很薄弱，前景看好的深加工、创汇外销还未行动。应把握机遇，加强科技投入，扩大交流，扩展思路，走“设施渔业”之路，是其“可持续发展”的新世纪新的要求，也是必由之路。

4）加强资源监控研究，开辟繁殖保护区。首先必须加强对暗纹东方鲀资源的调查，查明其详细的生物学特性、洄游的路线、渔汛的具体时间地点、产卵场地的大小数目等，要划出特定的水域作为繁殖保护区。严厉惩处酷捕滥渔等破坏性开发。国家投入经费，制定相应的政策，加强全人工暗纹东方鲀繁殖的研究，大力培育亲体做好人工繁殖、人工放流幼鱼，增殖资源。制定严格的亲鱼、幼鱼禁捕措施和法规，规定禁渔期和禁渔区，限制有害渔具的使用。推行捕捞证制度，保证暗纹东方鲀天然资源的增殖。

5）保护水源，优化生态环境。物种的进化是不可逆的，一旦灭绝，绝不会再产生，而且物种之间又环环相连，互为依托。海洋和长江是暗纹东方鲀赖以生存的天然环境，必须加大水环境治理的力度，严格执行《水污染防治法》和《渔业法》，尽快建立明确而详细的长江渔业污染检测系统，强化可操作性。对污染事故，应责令责任单位采取措施并承担渔业损失赔偿，规范水资源开发和利用行为。水利建设要处理好与渔业发展的关系，要充分论证，广泛调查研究。工业废弃物、生活污水、船舶排放的废弃物等必须达到排放标准后才能排放，切实保护好水源，优化生态环境（吴建新，2002）。

3.5.13　相关研究

3.5.13.1　养殖模式

我国水资源不足，水质量较差，如何对养殖用水进行水处理已刻不容缓。国外先进的工厂化养鱼设备中的水处理系统由于能耗大，不适合我国的国情，而适用于本土的工厂化养鱼水处理系统虽有诸多报道，但技术不够完善，仍存在许多不足，因此需要进一步改进水处理技术；暗纹东方鲀养殖业的发展既要改善养殖水环境又要生产出无公害产品，石黎军等自行设计了一套水处理系统，综合利用物理、化学和生物的水处理方法，用于南通龙洋水产有限公司的暗纹东方鲀温室饲养。在饲养的实践过程中，其对在暗纹东方鲀温室饲养中所应用的水处理技术进行了改进，养殖水的水质可极大地得到改善，暗纹东方鲀生长速度加快，病害发生率低，各项卫生质量指标低于国家标准，达到无公害食品的要求（石黎军等，2003）。该技术具有一定的应用价值。

潘淦等（2011）尝试了主养暗纹东方鲀、套养南美白对虾的混养模式，取得了不错的养殖效果。既保证了暗纹东方鲀的产量和肉质，又使暗纹东方鲀在捕食合理密度的白对虾情况下，有一定虾的收获。

3.5.13.2　人工繁养

实际上，很多研究人员对暗纹东方鲀的亲鱼催产、仔稚鱼培育、养成技术、无毒培育等方面做了很多探索。

光合细菌（photosynthesis bacteria, PSB）是一类能够对养殖水体污染起净化作用的有益微生物，它在厌氧有光或者黑暗有氧条件下均可以利用水体中的污染物生长繁殖。自20世纪80年代以来，光合细菌已经被我国水产界广泛应用于各种鱼、虾、贝类的养殖中。沼泽红假单胞菌(*Rhodopseudomonas palustris*)是在水产领域应用较多的一种光合细菌,该菌在养殖上的应用较多。许志强等(2004)报道了沼泽红假单胞菌在暗纹东方鲀育苗中应用的初步研究,其按水体50 μg/L 的浓度向试验池投放沼泽红假单胞菌,研究该菌对育苗池水质、仔鱼育成率以及生长情况的影响,结果表明,50 μg/L 的沼泽红假单胞菌可以有效去除育苗池水的 $N-NH_4^+$(氨氮)以及 $N-NO_2^-$(亚硝氮),降低 COD(化学需氧量),从而显著改善育苗池水质,稳定水体 DO(溶氧);同时,暗纹东方鲀仔鱼育成率以及生长都有了显著的提高。

环境因子的调控对仔稚鱼培育也是相当重要的。田照辉等(2007)在 0~1 000 lx 光照范围内,对不同光照强度下暗纹东方鲀稚鱼摄食量进行了测定,发现稚鱼在 500 lx 时摄食强度最大,其次为 300 lx、700 lx;摄食率在 500 lx 时最高,并在 5 min 时达到最大值,40~60 min 时段摄食效率最低,接近停食。实验中暗纹东方鲀稚鱼的最佳摄食光照强度范围为 300~700 lx,500 lx 时达到峰值,低于或高于此范围其摄食强度均下降,表明光照强度对暗纹东方鲀稚鱼摄食强度的影响很明显,应当注意光照强度的调控。

陈舒泛等(2003)探讨了 7 种不同的孵化水温对全人工繁殖的暗纹东方鲀胚胎发育的影响,结果表明水温和发育时间呈显著负相关。在 19~26℃,总积温为 3 300~3 453℃·h。水温为 24℃时孵化率高,出苗时间整齐。不同的温度和鱼苗出膜的方式有关: 19℃时,苗出膜方式基本为尾先出膜;24℃条件下,90%以上鱼苗为头先出膜。通过对胚胎发育各个时期的观察,随着温度的升高,孵化各阶段发育速度加快,但不同的阶段加快的速度并不是同等比例。具体考察囊胚期、原肠期、神经胚期、肌肉效应期、心脏搏动期与仔鱼孵出期 6 个胚胎发育阶段,随着温度的升高,肌肉效应至心脏搏动阶段发育速度加快显著,其次为心脏搏动至仔鱼出现,而以囊胚期、原肠期与神经胚期出现至肌肉效应一段影响最小。这表明对暗纹东方鲀而言,在操作移动过程中,选择对外界温度不敏感的时期来操作才是科学的。

亦有研究人员尝试培育无毒鲀鱼。华元渝等(2002)在 1994~2001 年进行了暗纹东方鲀全人工繁殖、苗种培育、商品鱼养殖全过程的控毒技术研究。在养殖全过程中,通过运行生态型再生式水循环养鱼系统来改善水体生态环境,通过投喂自繁淡水轮虫和自制无毒配合饲料等措施,从食物链环节控制暗纹东方鲀毒素 TTX 的来源,以达到控毒的目的。经控毒的家化暗纹东方鲀亲本,采用高效液相色谱仪和荧光分光光度计联合法随机抽样检验,结果显示其体内四种组织器官的 TTX 平均含量低于 2 μg/g,属基本无毒。

3.5.13.3 营养成分

对暗纹东方鲀营养组成进行研究，一方面可了解其营养价值，另一方面也有助于人工配合饲料的研制。顾曙余等(2008)对野生及人工养殖暗纹东方鲀的肌肉营养成分和营养品质进行比较分析，结果发现野生暗纹东方鲀的粗蛋白、粗脂肪、粗灰分含量及氨基酸总量、必需氨基酸总量、半必需氨基酸总量均高于养殖暗纹东方鲀。野生与养殖暗纹东方鲀 4 种鲜味氨基酸的总量分别为 17.59%和 14.44%(干重百分比)，必需氨基酸指数(EAAI)分别为 52 和 40，其构成比例均符合 FAO/WHO 的标准。暗纹东方鲀的第一限制性氨基酸为缬氨酸。野生及养殖暗纹东方鲀肌肉均为优质的动物蛋白食品，而野生暗纹东方鲀的蛋白质营养价值要高于养殖暗纹东方鲀。沈美芳等(2002)对池塘养殖暗纹东方鲀的 1 龄鱼(体重 40~80 g)、2 龄鱼(体重 200~300 g)鱼体的生化组成进行了比较分析，结果表明，2 龄鱼的粗蛋白含量低于 1 龄鱼，而粗脂肪含量明显高于 1 龄鱼，在必需氨基酸中，2 龄鱼除了赖氨酸、精氨酸含量明显高于 1 龄鱼外，其余氨基酸的含量几乎都低于 1 龄鱼，且它们的组成比例较接近；在非必需氨基酸中，1 龄鱼、2 龄鱼均以谷氨酸的含量为最高，分别占非常必需氨基酸的 26.54%和 26.69%；在脂肪酸的组成上，2 龄鱼的单烯酸的含量都比 1 龄鱼高，尤其是 C18∶1 含量比 1 龄鱼高 12.23%；而饱和脂肪酸、多烯酸的含量则 1 龄鱼比 2 龄鱼含量高，尤其是 DHA 的含量比 2 龄鱼高 4.43%；在测定的 14 种矿物元素中，2 龄鱼的 Ca、Zn 的含量明显高于 1 龄鱼外，其余元素的含量略低于或接近 1 龄鱼。

3.5.13.4 河鲀毒素

天然河鲀剧毒，含毒部位主要在内脏，为神经性毒素(TTX)，河鲀毒素的作用机制主要是阻止神经及肌肉组织的传导，使机体发生神经性麻痹，出现呼吸紧张、血压下降等症状。中毒者多因呼吸系统深度麻痹而在短时间内窒息死亡。TTX 毒性比氰化钠还要强 1 250 倍。河鲀毒素的毒性大小根据部位的不同及季节的变化而存在差异，通常情况下，雄鱼的毒性弱于雌鱼，性成熟前毒性弱于性成熟后，生殖季节毒性最强，产卵后毒性减弱。其剧毒部位毒性由强到弱的顺序依次为：卵巢、肝脏、肾脏、血液、眼、鳃等。肌肉、皮肤及精巢无毒。刘子列等(1998)对河鲀毒素进行了研究，指出 TTX 含量在各脏器呈梯度分布，顺序是卵巢>肝脏>血液>皮肤>眼>精巢；雌性毒性>雄性毒性；产卵前>产卵后。生殖前后性腺中 TTX 含量变化(雌：Ⅳ 期 3.7~8.6 μg/g，Ⅴ 期 11.5~19.8 μg/g)是由于体内多种激素调控和周围环境影响的共同作用，TTX 在卵母细胞内积累过程的结果。

河鲀毒素并非遗传因素而是在其体内产生的天然毒素，为后天获得性毒素。河鲀在海中育肥时吃食带剧毒的小球藻及小海螺而在体内（主要是肠道）寄生了一种能够在新陈代谢过程中分泌毒素的海洋弧菌，这种细菌产生的毒素在河鲀体内不断积累，导致其体内某些部位剧毒。而性成熟前在江河淡水中生长的河鲀无毒或弱毒。人工淡水养殖的1～2龄河鲀各组织均无毒，即使3龄性成熟的暗纹东方鲀，南京师范大学生命科学学院对其毒性测定：每克肝脏和卵巢中的TTX（毒素）含量远小于10 Mu（1 Mu＝0.22 ug TTX），根据日本Tani氏对河鲀毒性的强弱分类标准，可视为无毒。

暗纹东方鲀肝脏在低于120℃加热过程中，其毒素非常稳定，破坏量很少，高于120℃加热受破坏的毒素量很大，随温度升高稳定性也降低，野生暗纹东方鲀肝脏含毒量为10.504 4 μg/g，在150℃加热4 min毒素即可去除干净，在食油中烹饪一般都能达到150℃，食用过程中对其肝脏油煎烹调适当时间，可以有效除去毒素（李勤，1999）。

3.5.13.5　相残行为

暗纹东方鲀仔鱼期能主动吞食饵料，主要是追随饵料在水体中上层活动。进入稚鱼期，特别是全长12 mm后，摄食方式逐渐由“吞食”向“咬食”型发展，生活习性也渐变为成鱼形的底栖方式并出现明显的摄食节律，食性亦由小型浮游动物转向大型浮游动物。在苗种培育过程中只要稚鱼出现叼食食物碎片的现象，不久即发生同类相残，这与苗种消化器官的完善和机能化有关。暗纹东方鲀仔鱼期两额齿尚未完备，消化吸收机能也不完善，进入稚鱼期后，两额齿及咽头齿逐渐发育，消化酶活性显著上升，这意味着消化肉食性饵料成为可能。因此，摄食行为方式的变化可以看作是相残发生的一种“指示行为”，据此可及早采取措施防范。一些学者认为，个体大小差异是鱼类同类相残的根本诱发因素；也有一些学者认为，高饲养密度是产生相残的原因。

华元渝等（1998）经过试验，认为在饵料欠丰或停食的条件下，即使是低密度的试验组，都会发生同类相残行为。此时个体大小显得很重要，大个体会攻击小个体，使其伤残、死亡。反之，在饵料丰足情况下，高密度的试验组未发生同类相残现象，个体大小此时显得无关紧要。试验结果说明，饥饿是诱发暗纹东方鲀产生同类相残的根本因素，饵料不足才是造成同类相残的原因。截至目前，对于鱼类相残发生的机制仍未定论，主要有两种看法：一是鱼类在不同发育阶段产生的个体间行为上的干涉作用；二是社会序位制反应。这两种看法都能对部分现象进行解释。华元渝等（1998）认为不管是相残还是攻击，都是种内侵犯行为，是一种排他性竞争。而同种间的同类相残可视为一种高度发展的种内竞争，它是具有生态适应意义的。在环境恶劣时，种内残杀“牺牲”掉一些个体，从而防止食物缺乏对整个种群造成的威胁，食物资源丰富时种内竞争机制受到抑制；饵料不足甚至缺乏时，种内竞争机制得到释放，从而导致相残。即加入外源苗种时，排他性竞争表现很明显，出现剧烈的相残行为；在饵料丰盛的情况下，这种排他性竞争持续一段时间之后可以逐渐缓解，随着外来者被接纳，竞争机制受到抑制，相残行为减弱直至消失。因此，在生产管理上要保证充足供饵，这样既能培育规格整齐的苗种又能防止同类相残。此外，在引入外源苗种时，事前要采取防范措施促使不同来源苗种得以相容。

3.5.13.6　应激胀气行为

鲀形目中的二齿鲀科（Diodontidae）和四齿鲀科（Tetraodontidae），在水中抵抗敌害捕食时可吸入水，当被鹰等敌害捕食脱离水时也可吸入空气，使胸腹部快速膨大如球，表皮小刺竖立，使鱼体呈坚硬的“刺球状”以自卫。待安全时，它们迅速排放胸腹中的空气或水后，快速游走，这种逃避敌害的方式称为胀气行为。这两科的鱼类通过胀气行为来逃避敌害，以弥补其游速的缓慢。显然，这种胀气行为对其能够生存下来具有重要的适应意义。赵爽等（2010）采用形态学解剖、X光透视和骨骼神经染色等方法，对暗纹东方鲀胀气行为的功能形态学进行研究。结果发现，暗纹东方鲀腹部受到刺激后，口腔小幅高频将水或空气吞咽进入由食道腹壁特化成的气囊里，气囊与消化道的前后结合处由括约肌控制，腹壁肌呈束状，与此同时，高弹性的皮肤、脊柱和神经都会发生相应的位移变化，以保证胀气行为的快速完成。通过对暗纹东方鲀胀气行为及其吸、排水机制的深入了解，为研究胀气行为的神经机制奠定了基础，丰富了动物警戒逃避行为的理论。

3.6　日本鳗鲡

日本鳗鲡（*Anguilla japonica*），英文名 Japanese eel，俗名白鳝、青鳝、鳗鱼、白鳗（图3－29），隶属于鳗鲡目（Anguilliformes），鳗鲡科（Anguillidae），鳗鲡属（*Anguilla*）。

图3－29　日本鳗鲡

3.6.1 濒危等级

濒危。

由于栖息地丧失、过度捕捞、污染、迁移障碍、洋流改变等因素的影响，日本鳗鲡已经被列为濒危物种，2014 年被列入世界自然保护联盟(IUCN)的红色目录。

3.6.2 价值

烤鳗是日本夏季具有代表性的美食，一年的消费量达 13 万 t。日本鳗鲡是日本淡水鱼市场中最重要的鱼种之一(赵荣兴等，2005)。日本鳗鲡至今还没完全实现人工繁殖，还有许多关键问题没有得到解决，其相关问题被称为“生物学的哥德巴赫猜想”，具有很高的科研价值。

3.6.3 分布

日本鳗鲡在中国、朝鲜半岛、日本均有分布。日本鳗鲡在其降海洄游、生殖洄游和幼鳗溯河洄游时会经过长江口水域(庄平等，2006)。

3.6.4 生物学特征

3.6.4.1 形态特征

体表富黏液。体呈蛇形，前部圆筒状，后部侧扁。头呈钝锥形。吻短而平扁，眼小，埋于皮下。眼间隔宽平。前鼻孔具短管，位于吻端；后鼻孔呈裂缝状，位于眼前缘稍前方。口大，口裂稍斜或近水平状，后方伸达眼后缘下方。上颌稍长于下颌。上下唇在前方不相连。两颌及犁骨均具牙，牙细小而尖列如带状。上下颌牙带前部 4~5 行，后部减为 2~3 行；犁骨牙带前部 5~6 行，后部减为 2~3 行，后端几伸达上颌牙带后端间的连线。鳃孔位于胸鳍基部下方，左右分离。肛门位于体的前半部。鳞细小，埋于皮下，列如席纹状。

背鳍、臀鳍低长，与尾鳍相连。尾鳍钝圆或稍尖。背鳍和臀鳍起点间距短于头长。背鳍起点距肛门较距鳃孔为近，与肛门间距占全长的 32%~36%。胸鳍短小，不及头长 1/2。无腹鳍。脊椎 112~120。

背侧暗绿带褐，腹侧灰白色。背鳍和臀鳍后部边缘及尾鳍黑色。变异个体体侧有时具不规则暗褐色斑块(庄平等，2006；郑建平，1995)。

3.6.4.2 习性

鳗鲡是一种降海洄游性鱼类，整个生活史主要栖息在海水和淡水两种水环境中。在海洋中，鳗鲡亲体产卵，受精卵孵化成仔鱼，称柳叶鳗前体，前体经变态发育至柳叶鳗，柳叶鳗变态发育至白仔，随后白仔开始上溯进入淡水，逐步经过黑仔、稚鳗生长为成鳗，成鳗发育至亲鳗，返回海洋产卵。

每年春节幼鳗大量进入河口，其中雄鳗大部分留在河口区生活，少数雄性和雌性幼鳗逆流上溯，到中上游并进入各通江湖泊等附属水体栖息、生长和育肥。数年后亲鳗在秋末冬初开始降海生殖洄游。鳗鲡在外海产卵、受精。产卵和孵化水深为400~500 m，水温16~17℃，盐度35，属一次性产卵。卵浮性，卵径1 mm，受精卵在产后10天后内仔鱼出膜。受精卵孵化出的白色透明的幼体柳叶鳗前体。在卵黄完全吸收后，逐渐变态为体呈扁状长叶形的柳叶鳗。初孵仔鱼全长3.6 mm左右，孵出后3天全长约6 mm，开始向表层上升，全长达7~13 mm时分布在深度100~300 m的水层，再长大就分布在30 m深的水层。

柳叶鳗随海流向陆地迁移，约半年或一年左右的时间到达大陆沿岸接近河口，变态为半透明的圆柱形幼体，称作玻璃鳗，又称白仔。白仔有趋淡性，当柳叶鳗变态为白仔鳗后就趋向淡水。白仔能感知离岸16 km以外的淡水从何处入海，从而向河口聚集。鳗鲡喜顶水逆游，鳗苗阶段尤其如此，所以水闸附近鳗苗比较集中。鳗鲡的嗅觉器官发达，夜间觅食全凭嗅觉，味觉也非常灵敏，能区别甜、苦、咸，对食盐和砂糖的感辨力比人的感辨力高，分别高184倍和512倍（余新，1988）。

水温25~27℃时鳗鲡食欲最旺，生长最快，低于15℃或高于28℃时摄食不稳定，食量减少，低于5℃时活动力显著减弱，进入冬眠状态。致死临界温度上限为38℃，下限为1~2℃。

鳗鲡的呼吸器官有鳃、皮肤、鳔、口腔、肠管和鳍，鳃为主要呼吸器官，其他均为辅助呼吸器官，皮肤为主要辅助呼吸器官。当水温在15℃以下时，只要皮肤湿润，鳗鲡只用皮肤呼吸便可维持生命。为了适应环境变化，除了皮肤呼吸外，鳗鲡还有两种呼吸模式：① 在水中暂停全部鳃呼吸，将口腔内的水全部吐出来后，口紧闭，停止气体交换。这种现象多发生在水温低于17℃，水中溶解氧较多，鱼体呈安静状态时。15℃时暂停鳃呼吸1次持续时间可达8 min 20 s，1 h内可暂停8次，时间累计可达37 min 32 s。② 单鳃呼吸，呼吸次数比正常呼吸增加1.5倍，呼吸深度增大，滤水量增加，但摄取氧气的效率并不降低，这种呼吸方式多发生在水温低、溶解氧含量较高时。

鳗鲡溯江进入淡水后，平时栖息于江河、湖泊和水库或静止池塘的土穴、石缝里，喜暗怕光，昼伏夜出，喜穴居，其洞穴往往有前后两个相通的进出口。环境变坏时从水中游上陆地，经过潮湿草地转移到别的水域栖息。

3.6.4.3　食性

鳗鲡食性较为复杂，不同生长阶段的食物组成不同。全长300 mm以下的鳗苗以摄食甲壳类为主,胃含物中各饵料的出现频率依次为甲壳类 53.01%、摇蚊幼虫 17.87%、蜻蜓幼虫 13.64%、软体动物 11.02%、小型鱼类 2.31%、高等水生植物碎片 2.20%,其他 2.15%。全长 400~750 mm 的鳗鲡以摄食小型鱼类为主,各种饵料出现的频率依次是小型鱼类 56.24%、摇蚊幼虫 15.40%、甲壳类 12.20%,软体动物主要是腹足类 9.03%、蜻蜓幼虫 4.23%、高等水生植物碎片 2.46%,其他 0.44%。在天然水域,鳗鲡除食各类新鲜饵料之外,也摄食动物尸体。摄食强度以夏秋季较高,在食物缺乏的情况下,会发生大鳗吃小鳗的情况。产卵降海洄游期间,鳗鲡不摄食,消化器官也发生退化;但在人工饲养条件下,也摄食特制的人工配合饲料。

3.6.4.4　生长

白仔一般体重 0.1~0.2 g,长成 2~3 g 的黑仔鳗大概需要 4 个月时间。再过 4 个月左右生长到 10~25 g 的稚鳗(种鳗)。次年继续生长,秋天体重可达 150~200 g。

人工饲养情况下速度会加快,一般生长至 200~250 g 即上市。

3.6.4.5　自然繁殖

日本鳗鲡是一种典型的降海洄游性硬骨鱼类(庄平等,2006)。秋末冬初,性成熟的亲鳗由栖息的河流、湖泊洄游入海,在深海中产卵。其产卵场在远离日本的马里亚纳群岛西部海域。近年来,日本在日本鳗鲡远洋生活史的研究上取得了关键性的进展。Tsukamoto 等(2006,2003)相继提出了"海山假说""盐界假说"和"新月假说",基本上确定了日本鳗鲡天然产卵地的环境、条件及产卵时间。日本鳗鲡产卵期为 5~12 月,长达半年以上,其中 8 月为产卵高峰。产卵场位于菲律宾以东的马里亚纳群岛附近海域(Tsukamoto K,1992),孵化出卵的柳叶鳗随北赤道洋流和黑潮暖流漂流至中国、朝鲜和日本等大陆架水域,在沿海水域发育成玻璃鳗,随后到达河口发育成线鳗(Tzeng, 2004)。线鳗在河流中成长为黄体鳗,经过 5~8 年达到性成熟阶段(Tzeng et al., 2002)。成熟后的黄体鳗转变为银色鳗,降海洄游至产卵场,产卵后死亡(Elliott and Tesch, 1977)。

此外,一些群体的黄体鳗并不溯河洄游至淡水河流,而是一直生活在河口或者沿海栖息地。根据近年来对日本鳗鲡矢耳石 Sr/Ca 比的研究,很多学者认为日本鳗鲡存在淡水型、河口型和海洋型三种生活史类型(Chino et al., 2009)。Tsukamoto 和 Arai 等(2001)分析了 61 条日本南部的鳗鲡耳石结构,其中 20%为海洋群体,57%为河口群体,23%为淡水群体;Guo 等(2011)分析了 27 条长江靖江段鳗鲡耳石,发现淡水型个体为 63%,河口型个体为 37%。

成鳗雌性比雄性大。一般 400 mm 以下全为雄性,700 mm 以上全为雌性。

体长400~700 mm雌雄均有。随着体长的增加，雄性所占比例减少，而雌性增加。

关于日本鳗鲡的产卵场，我国和日本的学者都做了很多的远洋考察研究（黄大明，1997）。根据采捕到的仔鳗及发育卵，已经确定日本鳗鲡的产卵场在马里亚岛以西海域（Tsukamoto, 1992）。我国研究人员解玉浩等（1997，1996，1993）根据黄海北部鳗苗的溯河日期、平均日龄以及黑潮暖流北上速度等参数判断东京大学Tsukamoto（1992）所认定的日本鳗鲡产卵场范围在冲绳以南、菲律宾群岛以东、马里亚纳群岛以西海域的推论是可信的，其认为产自该水域的柳叶鳗被北赤道海流带到台湾东南的黑潮暖流海区，然后随黑潮主轴北上至我国沿海。

在鳗鲡生活史研究中一直受关注的一个问题是产后鳗的命运。据国外研究人员报道，欧洲鳗鲡（*A. anguilla*）和日本鳗鲡产卵后即在大海中死亡。然而，赵长春等（1980）从1973年开始最先对产卵后的日本鳗鲡亲鱼是否死亡进行研究，发现产后鳗并不像过去学者认为的必然死亡，相反，多数能够在淡水和海水中存活。其分析在大海中产后鳗可能有两种命运：一是产后鳗待体能恢复后重新从大海洄游到河口，进入原来栖息地生活；二是不返回淡水栖息地，而是继续在大海中生活。柳凌等（2004）首先实验证明了产后鳗能够通过缓慢驯化方式，在淡水中生存和再繁殖（翁幼竹等，2010）。

3.6.5　资源量

20世纪60~70年代，日本对河鳗及鳗苗的捕捞量均在1 700~2 500 t，到了70年代达到最大值3 000 t。日本国内养鳗产量自70年代下半叶至1990年前为年产4万t左右，近年呈下降趋势。与此相反的是日本的鳗鲡的进口量从1980年开始则急剧增加（赵荣兴等，2005）。1991~2003年对鹿儿岛县种子岛鳗苗溯河洄游生态的调查结果显示，1990~2000年的鳗鲡CPUE（1个调查者在1小时内所采集到的鳗苗数量）基本波动在30左右。但到了2002年和2003年CPUE开始激增，2003年达到最大值420。鳗鲡全长和体重的平均值（范围）分别为58.5（48.3~66.9）mm、118（35.7~204.1）mg。与每个采集年度比较，尽管在全长、体重上有较大差异，但其年度间的平均值的差异较小。调查中发现，CPUE与水温、潮差均有一定关系。鳗苗的靠岸溯河常出现在水温14~25℃的较宽的水温带。但多数鳗苗靠岸溯河时的水温为17~18℃。鳗苗多在潮差大时靠岸溯河，即靠岸溯河的量在大潮汛时多于小潮汛。另外，从CPUE与月龄的关系看，CPUE高即鳗苗的靠岸溯河量多，出现于新月前后10 d左右和满月后的 5 d 左右。在种子岛伊原川河口周边水域中,当水温 17~18℃的新月大潮水时,鳗苗的靠岸溯河量最多(赵荣兴等,2005)。

长江口位于副热带季风气候区,这里处于中等潮差环境,淡水和盐水两大水体相互作用为多数鱼类等水生生物提供了良好的天然栖息环境。受黑潮流系以及台湾暖流的影响,每年大批鳗苗由长江口溯河进入长江生长发育,使得长江口成为中国重要的鳗苗产区(赵利华等,1990)。

20 世纪 90 年代至今长江口鳗苗捕捞量经历了大起大落的变动过程,主要可以分为以下 4 个阶段:

1）1991~1996 年为高捕捞强度、高捕捞量阶段。捕捞量和捕捞船只数量呈正相关,捕捞量为 1. 025~5. 214 t,平均为 3. 680 t,同期发证数量平均为 6 338 张,其中 1994 年发证 7 926 张,为 20 世纪 90 年代至今的最高点。

2）1997~1999 年为捕捞量萎缩阶段。其间发证数量大幅下降,1999 年仅 954 张,为发证数量最低点,捕捞量也急剧萎缩至不足 1 t,均值为 0. 914 t。

3）2000~2002 年为捕捞量回升阶段。捕捞量和捕捞船只数量呈正相关,捕捞量为 1. 725~4. 778 t,平均为 3. 034 t,同期发证数量也有所增加,平均为 1 798 张。

4）2003~2008 年为捕捞量大幅上升阶段。期内发证数量相对稳定,平均为 2 260 张,尚不及 20 世纪 90 年代初水平的 50%,但同期捕捞量急剧上升,最高至 2003 年的 8. 897 t,平均为 5. 593 t,已超过了 90 年代初的平均水平。鳗苗捕捞量自 1999 年触底后开始回升,在 2003~2008 年维持了 6 年的相对高产水平,且同期发证数量相对稳定,这与 90 年代末捕捞强度的大幅下降应有重要关系,持续 3 年的低产给鳗苗资源提供了难得的喘息机会,另一方面 2000 年以后张网逐步发展为主要捕捞网具,因此发证数虽未显著增加,但单船捕捞量整体水平大幅上升,从而也促进了捕捞量的回升。此外鳗苗资源与黑潮暖流关系密切,后者弯曲摆动所带来的流量等水文变化对鳗苗捕捞量的大幅波动也应有重要影响。

在肯定鳗苗资源确有恢复的同时,也应注意到自 2003 年起捕捞量虽维持在较高的水平,但平均水平也仅为 4. 049 t,且年间变动已呈下降趋势,同时当前捕捞努力量相比最大持续捕捞量对应的捕捞努力量高出 17. 74%,但捕捞量相比估算最大持续捕捞量低 15. 89%,已表现出显著的背离;另外因燃料价格持续上涨以及渔业资源衰退,部分近海作业船只因捕捞成本大幅上升转而捕捞鳗苗以提高经济效益,加之原有的无证作业船只,这部分额外捕捞强度不容忽视。

欧洲鳗鲡(*A. anguilla*)其资源的减少已成为很严峻的问题。据说 2002 年的鳗苗的采捕量已下降至 20 世纪 60～70 年代的 1%，近来几乎见不到鳗苗靠岸溯河的情况。因此，如果不采取全面禁捕成鳗、鳗苗等保护措施的话，也许欧洲鳗鲡将会灭绝。相对而言，日本鳗鲡尚未达到如此糟糕的状况。自 70 年代起鳗苗资源减少以来近年已出现较缓和的现象，比如也曾出现过可与丰渔期匹敌的 2002 年度的鳗苗旺发的好渔汛。鳗苗资源的现状尽管以年为单位的变化较大，但其整体并不能说是在低水平变动。为防止陷入欧洲鳗鲡那样的危机状况，应精确地掌握鳗苗资源变动情况，制订鳗鲡资源保护及管理的措施（赵荣兴等，2005）。

由于很多种类的鳗苗是重要的商业性渔业对象，关于环境因子对不同种类以及不同区域鳗苗补充量影响的研究已有很多。迄今为止，人们了解的影响鳗苗补充的环境因子主要有水温（Chen et al.，1991；White et al.，1997；August et al.，2007）、月相（Jellyman，1979；Sugeha et al.，2001；Jellyman et al.，2003；Sullivan et al.，2006）、径流量（Martin et al.，1995）、降雨量（Chen et al.，1994）、潮汐周期（Silberschneider et al.，2001）以及光强度等（Bardonnet et al.，2005）。

鳗苗补充在时间分布上有一定特征。鳗苗到达我国东部沿海的时间与洄游路线和距离密切相关，同时复杂的海流系统和较低的近岸水温均会对鳗苗的洄游和溯河产生阻滞作用，因此我国主要河口的鳗苗溯河日期由南向北逐步推延：福建九龙江口为 1～3 月（方少华等，1998），长江口鳗苗溯河盛期为 2～4 月，辽宁黄海沿岸则在 4 月中旬以后（解玉浩等，1992）。

总的来看，长江口一带日本鳗鲡鳗苗洄游期在 1～5 月，高峰期在 3～4 月。从历史上看，长江口海域鳗苗开始发生时间各年不一致：1995 年旺发最早在 1 月；1996 年是最迟进入旺汛和达到顶峰的一年（赵利华等，1990）；而 1997 年 1 月见苗，鳗苗主要出现在 2 月和 3 月，占年捕捞量的 77.14%；1998 年 12 月上旬开始见苗，主要出现在 1～3 月，旺发出现在 2 月，占年捕捞量的 56.26%（陈渊泉等，1999）。在崇明水域以及沿海一带，一般每年 1 月见苗，亦有年份最早提前到 12 月，高峰期一般出现在 3 月（黄大明等，1997）。据研究，日本鳗鲡鳗苗补充时间与纬度分布有密切关系，低纬度群体补充开始和结束的时间都早于高纬度（李城华，1998；连珍水等，1997）。

Sugeha 等（2001）总结了各种鳗鲡的洄游补充时间状况，发现热带鳗鲡是全年补充，而温带鳗鲡具有较短的补充季节。日本沿岸海域日本鳗鲡鳗苗补充一般在 10 月至次年的 5 月。大西洋的温带种类［如美洲鳗鲡（*A. rostrata*）］的补充的高峰主要在 4 月和 5 月；欧洲鳗鲡（*A. anguilla*）的补充季节主要在 11 月末到7月初,高峰期在2~5月。南半球的澳洲鳗鲡(*A. australis*)除夏季外的所有季节都可以采集到,高峰期在10月,而宽鳍鳗(*A. reinhardtii*)于夏末和秋季居多,高峰在4月。Jellyman(1977)发现,大鳗鲡(*A. dieffenbachii*)主要在11月被捕捞,高峰期在8~9月;而澳洲鳗鲡主要在12月被捕捞,高峰在9~10月。这些都表明热带鳗鲡全年都进行补充,而温带鳗鲡只在半年内进行补充。温带鳗鲡这种较窄的产卵和补充时间,可能与温带海洋及淡水栖息地环境的多变性有关。

鳗苗补充与潮汐也有关系。众所周知,鳗苗的溯河数量不仅与它本身的洄游丰度有关,而且也受月相周期、水温以及潮汐周期等周围环境因素的影响(Jellyman, 1977)。国内外很多学者普遍认为潮汐是影响鳗苗补充数量的重要因素(Martin et al., 1995; Laffaille et al., 2007)。研究发现,最普遍的规律是鳗苗在涨潮、退潮时都有溯河行为,但是优势群体还是在涨潮的时候选择溯河。

Creutzberg认为,鳗苗采用选择性潮汐迁移方式向上游迁移,即涨潮时从底层向上游迁移,退潮时保留在水层底部或向下流运动(Creutzberg, 1958; Gascuel, 1995;McCleave et al., 1987)。他们认为这种溯河方式使得鳗苗在最少耗费能量的情况下借助潮汐流能量快速溯河。Jager等研究川鲽(*Platichthys flesu*)在河口迁移机制时也发现了类似的选择性潮汐迁移方式(Jager et al., 1999)。

长江口的潮流在半月内每日的潮时潮高并不相同,并且呈现周期性的变化,其中每隔3~4 d可相继划分为大汛潮、跌汛潮、小汛潮和起汛潮四个阶段。长江口内鳗苗数据显示,总的趋势是鳗苗溯河量与潮汐月变周期成正相关关系,并且鳗苗溯河主要集中在起汛潮到大汛潮潮位逐日上升的过程中。在这个过程中潮差逐渐变大,直到峰值,相反大汛潮到小汛潮阶段很少或者几乎没有鳗苗溯河现象。

也有研究发现,河口区鳗苗溯河量只和潮汐振幅呈正相关,不存在选择性迁移机制(Laffaille et al., 2007)。这主要是因为国外相关鳗苗溯河河口为海洋性河口,淡水径流量不大;鳗苗属于游泳能力较强的种类,没有淡水径流的阻碍,为此不需要进行强烈的选择性迁移。正如在长江口外小洋山水域的观察结果一样,鳗苗发生量只与潮汐振幅大小有关,而与潮汐起落没有关系。

也有人认为,环境因素(比如水温等)对欧洲鳗鲡鳗苗溯河有重要的影响。研究发现,澳洲鳗鲡和宽鳍鳗(*A. reinhardtii*)最适洄游温度为12~22℃(August et al., 2007)。欧洲鳗鲡洄游温度阈值在14~16℃(White, 1997)。日本鳗鲡鳗苗喜欢在10~20℃时集中溯河(陈渊泉等,1999)。有研究表明,影响鳗苗溯河环境因子会随时间而改变，美洲鳗鲡的幼鳗进入淡水后，初期温度占主要影响，后期潮汐因素显著(Martin et al. , 1995)。研究表明，成鳗的降海与洄游的起始对温度也很敏感(Boubee et al. , 2001)。很多地区水温分布和潮汐节律一致，涨潮时水温较高，落潮时水温降低，因此潮汐和鳗苗补充的关系可能与潮水温度上升有关。日本鳗鲡鳗苗洄游是否也存在伴随潮汐的水体温度变化而变化的机制，有待于进一步深入研究。

3.6.6　人工繁殖

日本和中国都是日本鳗鲡的养殖大国。目前在日本，每年大约可以养殖日本鳗鲡 30 000 t，但仍需从中国及其他一些国家进口 80 000 t。日本鳗鲡养殖业的苗种都来源于对野生玻璃鳗的捕捞(图 3－30)，随着捕捞量的逐年加大，野生玻璃鳗资源逐渐变得匮乏，苗种价格越来越昂贵，因此开展玻璃鳗的人工培育显得尤为重要(肖平等，2010)。

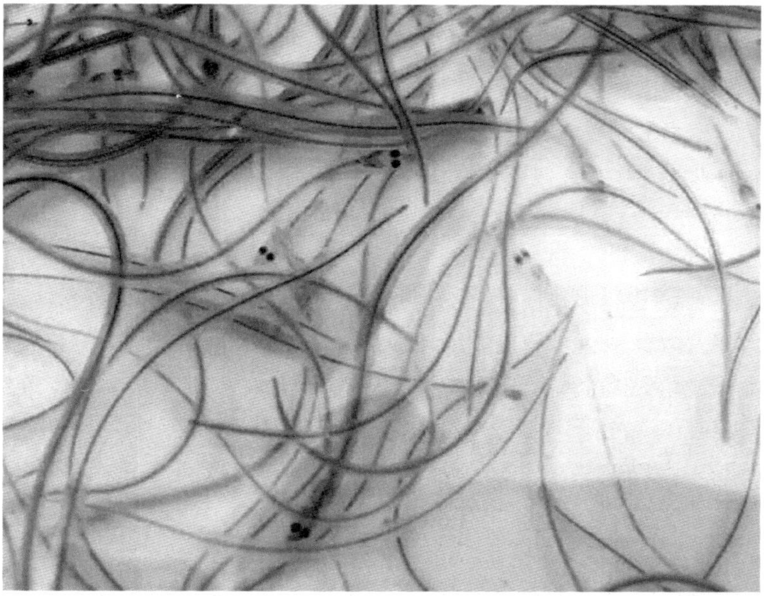

图 3－30　捕获的日本鳗鲡苗种

自 20 世纪 70 年代，日本鳗鲡的人工繁殖研究便得到了研究者的极大重视。

1973 年，我国内地和台湾开始研究日本鳗鲡的人工繁育。1974 年王义强、刘长春等孵出一批存活 6 天的仔鳗，1975 年孵出 10 万尾仔鳗，存活 14 天，1979

年孵出的仔鳗存活了19天。1979年，台湾人工繁育仔鳗成功，但仅存活3天；余延基等1993年和1994年培育出的仔鳗分别存活了32天。2000年陈惠彬孵出仔鳗200多万尾，存活了32天。

1974年，Yamamoto和Yamauchi（1974）使用外源激素处理，获得了日本鳗鲡的受精卵和刚孵化仔鱼，并于1976年将仔鱼的存活时间延长至14天（Yamauchi et al.，1976）。此后，许多研究者虽同样获得了日本鳗鲡刚孵化的仔鱼，但所获仔鱼的存活时间仍极短，在卵黄还未被完全吸收时就基本死亡（Satoh，1979）。

对日本鳗鲡研究最为深入的是日本。日本在20世纪60年代就对日本鳗鲡的人工繁殖进行了研究，并于1972年获得仔鳗100尾，存活了6天，1979年获得的仔鳗存活19天。

迄今，经国内外（尤其是日本）研究者30多年的努力，日本鳗鲡繁殖生物学的研究已取得不少突破，日本中央水产研究所甚至成功培育了少量能持续存活200余天的玻璃鳗。但总体而言，日本鳗鲡人工繁殖技术仍未完全成熟，要实现玻璃鳗的大量生产，亟须解决一系列的核心技术问题。

首先是对提高亲鳗的催产率、卵子的受精率以及仔鱼的存活率关键技术的攻关。不少研究者已通过对亲鳗的人工催熟、催产，获得了一些受精卵，并成功地将刚孵化的仔鱼培育了一定时间，但这仅仅是在室内可控环境及精心培育的条件下进行的，且能够存活到"前柳叶鳗"时期的仔鱼的数量极少。如果让其自然交配产卵受精，效率将会更低。此类技术在生产中的付出远远大于收获。因此，进一步开展日本鳗鲡繁殖生理的研究，特别是研究下丘脑—垂体—性腺三位一体的轴调控机制，以期获取性腺完全成熟并能大量产下高质量卵子的雌鳗和精子能持续保持高活力的雄鳗，为人工授精提供良好条件，是大量繁殖玻璃鳗的首要条件。

其次人工苗种的质量问题也不容忽视。和野生苗相比，人工苗生长速度缓慢，从初孵仔鱼发育成玻璃鳗所需时间将近野生苗的一倍（Tanaka et al.，2003），并且人工苗体质较差，当外界环境条件稍有不利时，容易发生大批量的死亡。其原因是亲鳗催熟、催产、受精等技术还没有完全符合生产出优质受精卵的要求，另外和温度、盐度、水体离子含量等环境因子以及仔鱼饵料也有密切的关系。研究者应该从催熟前亲鳗的强化培育方面着手，尽可能地改善亲鳗体质，提高卵子质量并掌握有效筛选含有高水分和自由氨基酸的优质卵的技术方法，同时根据仔鱼各阶段不同的营养需求，以鲨鱼卵、磷虾水解物等浆状饵料为基础，结合生物化学方法，把原物质转化成更有利于仔鱼消化吸收的高生物活性物质，研制出更适合仔鱼生长发育的饵料（肖利等，2010）。

此外,加强对仔鱼培育装置的开发研究也是至关重要的。日本鳗鲡天然产卵场是一个高盐、高压、稳定且营养丰富的水体环境,目前的人工仔鱼培育装置无法完全模拟自然产卵环境。因此除温度、盐度、溶氧量、水体离子含量之外,还应充分了解和掌握其他一些环境因子或微量元素等对仔鱼发育的影响,从而研制开发出对仔鱼伤害更小的、功能更为完善的仔鱼培育装置,以达到人工规模化繁殖玻璃鳗的目的(肖利等,2010)。

目前市场上的鳗鲡几乎都是养殖的,以河口采捕到的天然鳗苗作养殖苗种。但由于尚未实现鳗鲡全人工养殖,所以鳗鲡的产量、价格在很大程度上受采捕鳗苗量的影响。完全人工养殖将会实现,但即使全人工养殖获得成功,在成本方面,天然资源仍将作为养殖苗种的主流发挥着作用(赵荣兴等,2005)。

3.6.7　人工养殖

我国对鳗鱼的养殖最早开始于台湾。从 1952 年至今已有 60 多年的历史,据资料记载,1991~2001 年台湾年平均产量约为 3.2×10^4 t。

从 20 世纪 70 年代,内地鳗鱼养殖业突飞猛进,用了 20 年的时间就超越了具有 130 多年养殖鳗鱼历史的日本,从 1971 年开始向日本出口鳗鱼(图 3-31)。鳗鱼养殖是水产品出口换汇率最高的外向型渔业,已经成为我国特种水产养殖四大支柱产业之一。但也由于过度生产,供大于求,造成鳗鱼养殖产业的崩溃,90 年代后期,鳗鱼养殖者大多数亏损。近几年鳗鱼养殖有回热的趋势。

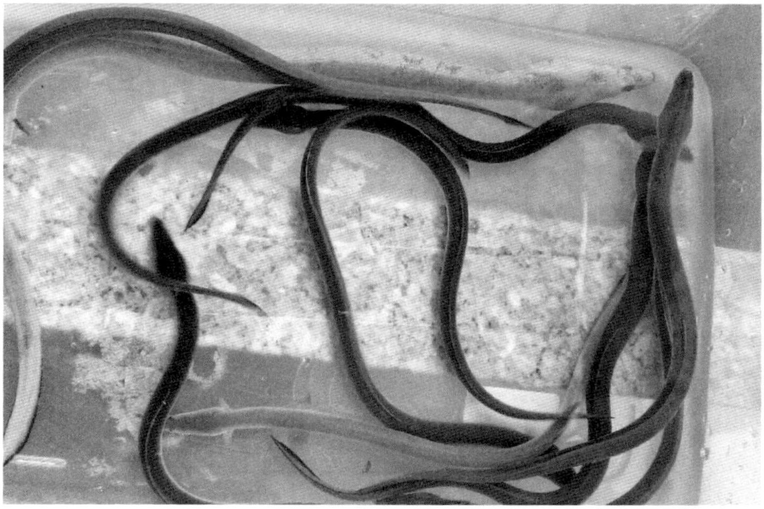

图 3-31　日本鳗鲡养殖

总的来看,我国鳗鱼养殖业发展迅速,养殖规模与经济效益均很大。这主要归功于长江口丰富的鳗苗资源。以长江口为中心的长江三角洲地区鳗苗产量一直处于较高的水平,1998~2003 年鳗苗产量占全国鳗鲡产量的近七成,1991~2001 年产量甚至占到了全国产量的八成。

3.6.8 资源衰退原因

日本鳗鲡资源衰退的主要原因有三个:首先是过度捕捞鳗苗和成鳗;其次是修改河道和环境污染造成鳗鲡栖息场所的环境恶化;除了上述人为的原因之外,还有与输送鳗苗有密切关系的海洋环境的变化。

3.6.9 保护建议

在日本鳗鲡人工繁殖取得突破前,保护鳗苗资源最有效的方法就是控制捕捞强度,对此提出以下几点建议。

1)加强资源调查,动态掌握长江口鳗苗苗汛特征和分布情况,并以此为依据合理控制捕捞证发放数量。鉴于 2003~2008 年鳗苗捕捞量均值为 5.593 t,已显著高于估算最大持续捕捞量(4.828 t),同期发证数量平均为 2 260 张,也已大幅高于相应捕捞努力量(2 041 艘),因此建议在未获得更为详尽的数据之前,如果鳗苗捕捞量仍能维持在 4 t 以上,应将发证数量控制于 2 000 张以内,如果其捕捞量出现明显下滑趋势,则应将发证数量大幅削减至 1 500 张以内。

2)加强渔政管理力度,严厉打击无证偷捕船只,严格执行《上海市鳗苗资源管理办法》,对鳗苗的捕捞、收购、运输、出口实行许可制度,分别控制鳗苗产、销、运等环节。

3)调整鳗苗允许捕捞期为 2~3 月,在捕捞价值较低的 1 月和 4 月实施禁捕,确保主汛期捕捞量的同时增加溯河鳗苗数量,有利于对其资源的持续利用。

4)控制长江中下游大规格成鳗的捕捞,禁止 10~12 月长江下游至长江口水域亲鳗的捕捞,尽量增加入海亲本数量。

5)行政主管部门应控制鳗苗出口与内销的比例,运用行政手段合理调节国内养鳗业规模,尽量平滑自然资源波动对养殖业带来的风险,在保证国内养鳗业可持续发展的同时抑制鳗苗价格的过快增长,从而尽可能减轻鳗苗资源面临的捕捞压力。

3.6.10 相关研究

3.6.10.1 视觉发育

鱼类的眼睛发育与它们的生存环境和生活方式有密切的联系。许多长期生活在珊瑚礁中的鱼类,生活环境光线强度变化不大,但却需要它们的眼睛适应不同波长的光线。而另一些鱼类长期生活在深海或洞穴中,它们的眼睛发育要适应弱光或黑暗的环境。鱼类借助不同的趋光性控制它们的定向行为、捕食行为和躲避敌害行为等。研究鱼类的视觉发育可有助于了解仔鱼、稚鱼、幼鱼不同阶段的视觉特性,在种苗生产过程中可以根据其视觉能力的强弱选择不同的饵料,从而提高仔鱼的成活率和种苗的成活率。张涛等(2009)研究了出膜后第1~9 d的日本鳗鲡早期幼苗,在不同光强度下趋光性分布及视觉发育组织学特征,发现在8 900 lx的强光条件下,日本鳗鲡早期幼苗随着发育,表现出明显的负趋光性,到9 d时,占存活幼苗52.2%的幼苗都集中在最暗的110 lx区域;而在2 300 lx的弱光条件下,表现出趋弱光性,到9 d时,占存活幼苗44.6%的幼苗都集中在25 lx区域。视网膜发育的组织学观察发现,日本鳗鲡幼苗的视网膜发育首先出现的是外界膜和内界膜,最后出现的是外丛层;到9 d时,幼苗的整个视网膜结构发育为9亚层结构;视网膜中最发达的是外核层,由3种细胞构成;发育最快的是内核层,由2种细胞构成。结果表明,与日本鳗鲡早期幼苗趋光性有关的因素包括视网膜分层、视网膜厚度、内核层细胞数等多种因素。人工繁殖研究已经证实了日本鳗鲡最初产卵是在海面。而日本鳗鲡的卵是半浮性的,由于自身油球和海水浮力的作用,其下降速度十分缓慢。因此,当日本鳗鲡幼苗发育到第7~8 d开口时,很可能还处在距海面100 m以内的水层。已有研究证明,日本鳗鲡幼苗最终是要到海底开口觅食的(Tanaka et al., 2001;王义强等,1980)。为了保护眼睛免受强光刺激,同时又适应弱光的需要,幼苗发育了发达的色素细胞层、视杆细胞层以及发达的视神经调节系统。至于开口觅食的具体位置,是在100 m以上,还是在200 m以下的海底,尚有待进一步的研究。

3.6.10.2　环境因子

盐度是影响鱼类生长的重要环境因素之一,盐度变化对鱼类渗透压和代谢有明显影响,可影响鱼类消化酶活性,进而影响食物的消化吸收,最终影响鱼类的生长发育,对海水鱼类免疫功能也会产生影响,而非特异性免疫对于维持低等脊椎动物鱼类的机体健康具有重要作用。胡利华等(2011)研究了不同盐度对日本鳗鲡生长及非特异性免疫酶活性的影响,盐度为5时相对增重率最高,其次是盐度为10时,盐度为15、20、25时的相对增重率分别为234.39%±21.28%、230.28%±26.31%、228.01%±29.29%。盐度为0时相对增重率为233.20%±25.18%,盐度为5和10与盐度为0差异显著,其余各盐度与盐度为0差异不显著。第7天和第14天,盐度为10时碱性磷酸酶活性最高,分别为

225.05 U/dm 和 251.11 U/dm，其次是盐度为 5 时，分别为 221.76 U/dm 和 236.01 U/dm，显著高于盐度 0。第 7 天和第 14 天盐度为 20、25 组溶菌酶活性显著高于盐度为 0 组，超氧化物歧化酶随着盐度的升高呈逐步上升趋势。第 14 天，盐度 20、25 组溶菌酶活性仍保持较高水平，超氧化物歧化酶活性回落至对照组水平，而各组碱性磷酸酶活性较第 7 天略有上升。

该研究表明，日本鳗鲡具有较强的渗透压调控能力，适度的盐度变化对日本鳗鲡黑仔的存活与生长不造成影响，甚至能促进日本鳗鲡黑仔的生长。由于日本鳗鲡海水养殖较淡水养殖更具优势，因此，海水中养殖日本鳗鲡大有可为。此外，盐度胁迫还影响日本鳗鲡血液中非特异性免疫酶活性，总体上表现为溶菌酶活性、超氧化物歧化酶活性的升高，随着胁迫时间的延长，超氧化物歧化酶活性回落。由此可见，盐度短时间的适度升高可以使试验鱼机体对抵抗胁迫发挥积极作用。但长期的盐度胁迫可能会导致鱼体自由基代谢的紊乱，降低鱼体免疫力，最终将影响鱼类健康生长。因此在海水养殖中，采用盐度渐变的方式过渡比较稳妥。

3.6.10.3 行为研究

长江口是我国日本鳗鲡鳗苗溯河洄游过程中的主要通道。鳗苗的溯河洄游与长江口的环境因子（如月相、潮汐、光照强度等）紧密相关。光照强度对水生生物的摄食、生长、存活和繁殖等有重要的影响，同时，不同光照强度梯度对一些鱼类的趋光行为也会产生影响。自然水域中底质颜色与光线有一定关系，会影响鱼类的行为。龚盼等（2015）研究了长江口日本鳗鲡鳗苗对底质颜色和光照强度的选择行为，发现在室内光照（88 lx）和黑暗（0.3 lx）条件下，鳗苗在个体和群体实验中对黑、白底质颜色的选择均有显著性差异，其对黑色底质有明显偏好；鳗苗对 6 000～12 000 lx（A 区）、700～1 400 lx（B 区）、60～150 lx（C 区）和 5～10 lx（D 区）4 个光照强度梯度的选择性也表现出显著性差异，实验中个体和群体在 D 区活动的时间和数量百分比均显著高于其他区域，表明日本鳗鲡鳗苗对 5～10 lx 的弱光有明显趋性；由长江口日本鳗鲡鳗苗趋向黑色底质和弱光环境的结果推测，长江口鳗苗可能营底栖生活，白天强光照期间栖息于河口区光照强度较低的底层，并于夜间借助潮汐能进行溯河洄游，同时具有躲避敌害、避免被捕食的作用，以尽快适应生态环境变化并快速进入淡水水域育肥。研究鱼类的趋光行为对鱼类的摄食和生产实践中的光诱捕具有指导意义，底质颜色对鱼类的影响主要反映的是对鱼类栖息地环境的推测。

3.6.10.4 代谢研究

代谢能的测定是生物能量学研究中最重要的环节之一。由于呼吸作用是生物体代谢的中心，鱼体耗氧率在很大程度上反映了鱼体的代谢水平，故可以作为衡量鱼体代谢能的一个指标。ETS是呼吸链中的一个电子传递系统，在电子传递链中包含一个复杂的多酶体系，因此，ETS活性（AETS）通常通过电子传递过程中某一限速酶的活性来表达。由于在特定环境条件下生物的耗氧率（oxygen consumptionrate，R）与ETS活性相对恒定，所以可以利用ETS活性与耗氧率之间的经验关系，将ETS活性换算成耗氧率。丁益群等（2013）分别在不同温度（22℃、27℃、32℃）以及不同摄食水平（饥饿、1%、2%、饱食）条件下对日本鳗鲡的ETS活性（AETS）和耗氧率（R）进行测定，研究发现，在饱食状态下鳗鲡的耗氧率、ETS活性随着温度升高而增加，但R/AETS值基本恒定，保持在0.38左右；同时，在27℃下，随着摄食水平（LR）的增高，鳗鲡的耗氧率、ETS活性也随之增高，并且R/AETS值也呈现出相应增高的趋势。通过试验得出在养殖条件下鱼体的R/AETS值，对于鱼类生物能量学中代谢能的研究，尤其是在自然水体中鱼体代谢能的测定及计算，进而准确得出能量收支方程，将其广泛应用于生产养殖，具有十分重要的意义。

3.6.10.5　循环水养殖

循环水养殖是一种现代养殖技术，能减少养殖过程对水资源的依赖，降低养殖过程中污水排放水平，提高成活率、产量和品质，实现绿色养殖。徐继松等（2012）利用国外引进的具有气泡反冲洗型珠子过滤器的循环水养殖系统开展日本鳗鲡苗种培育试验，鳗苗的放养密度约为传统模式的8~10倍，试验期间换水量约为20%~45%。结果显示，日本鳗苗成活率≥96.74%，高于传统模式；投喂水丝蚓阶段，日本鳗苗特定生长率和饲料系数分别为（7.08±0.08）%/d和4.92±0.03；投喂配合饲料阶段，日本鳗苗特定生长率和饲料系数分别为（2.30±0.19）%/d和1.30±0.02。研究表明，该循环水养殖系统适用于日本鳗苗的培育，具有节能、减排和无药残等优点，对开发资源节约型和环境友好型的鳗鲡育苗模式具有参考价值。

3.6.10.6　日本鳗苗资源管理现状

应日本养鳗渔业协同组合联合会邀请，全国水产技术推广总站派考察组于2016年12月5~9日赴日本静冈县、东京都，就鳗苗资源养护及鳗鲡产业发展与日本养鳗渔业协同组合联合会进行交流，并考察日本鳗业发展现状及鳗鱼消费市场。结合考察见闻，全国水产技术推广总站孙有恒等（2017）对日本鳗苗资源管理最新情况、日本鳗鲡养殖、加工企业及我国产业发展方面进行了论述，对于我国日本鳗鲡资源保护与产业经济协调发展具有一定参考价值，转载如下。

一、日本鳗苗资源管理现状

日本养鳗地区主要分布在九州岛和本州岛静冈县附近,多年来围绕这两个中心区域形成两大鳗业协会——(日本)全国养鳗渔业协同组合联合会(九州区域)、日本养鳗渔业协同组合联合会(静冈区域)。日本有悠久的鳗鱼饮食传统,是全球最大的鳗鱼消费国,如果日本鳗鲡被列入 CITES 限制贸易,其产业及国内消费将面临严重打击。

为推动日本鳗鲡资源可持续利用,避免被列入 CITES 附录,两大鳗业协会于 2014 年 10 月共同建立了全日本持续养鳗机构,出面与中国、韩国交流磋商。该机构先后于 2015 年 11 月、2016 年 8 月访华,与全国水产技术推广总站下属中国鳗业工作委员会交流研讨日本鳗鲡资源养护管理议题。

国际方面意欲将日本鳗鲡列入 CITES 附录Ⅱ。2016 年 9 月,在南非约翰内斯堡举行的 CITES 缔约方大会第十七次会议上,国际方面原本要对鳗鲡贸易保护相关提案予以表决,其中包括关于欧鳗禁止贸易后其他品种鳗鲡出现需求激增,亟需在全球范围内开展鳗鲡资源调查评估与地区协同管理等相关内容。后经多方努力,会议未通过该提案,仅要求相关国家对鳗鲡资源进行调查与评估,减缓了日本鳗鲡被列入 CITES 附录Ⅱ的步伐。

为切实加强鳗苗资源养护,日本实施了鳗苗入池总量控制措施,2016 年全日本鳗鲡苗入池量为 21.7 t,2017 年预计入池量为日本鳗鲡 21.7 t、其他品种鳗鲡 3.5 t。自 2015 年 6 月起,日本农林水产省出台了鳗苗生产配额许可制度,全日本约 500 家鳗鲡养殖场均分配有相关配额,每个池塘的投苗量须严格按照配额限制,如违反规定投苗,养殖场将被处以 3 年禁养及 200 万日元罚金的惩罚措施。养殖场每月都需报备在池养殖量,水产厅每月汇总相关数据并公布。在野生鳗鲡资源保护上,日本各地制作出禁止采捕鳗苗、成鱼等相关宣传画,加强民间宣传。此外政府还组织实施了鳗鲡成鱼放流工作,利用标识技术,在放流同时加强野生鳗鲡资源种群跟踪调查。

二、静冈县鳗鲡养殖、加工企业

考察组参观了位于静冈县烧津市的川村鳗鲡养殖场及静冈鳗鱼渔业协同组合烧津加工场。

川村鳗鲡养殖场在日本属于中等规模养殖企业。养殖场共有 330 平方米水泥养殖池 3 个,200 平方米水泥养殖池 12 个,全年从事鳗鱼养殖生产,养殖品种为日本鳗鲡。按照日本鳗鲡养殖实行的鳗苗生产配额许可制度,该养殖场拥有 100 千克鱼苗生产配额,鱼苗成活率能达到 80%~90%,年出产成鳗约 80 吨。

静冈鳗鱼渔业协同组合烧津加工场也是日本中等规模的加工企业。拥有一条全自动烤鳗生产线，十几名员工，平均日加工原料鳗鲡约1 000条，为当地市场多家商店及餐厅贴牌加工白烧鳗、蒲烧鳗系列的各规格产品。加工厂主管带领考察组参观了原料鳗吊水、鳗鲡宰杀、全自动称重分级、一次、二次全自动烘烤生产线、冷冻线、包装车间全系列鳗鲡产品加工环节。

三、日本鳗鲡产品市场调查

鳗鱼料理是日本的传统美食，种类繁多，包括鳗鱼饭、白烧鳗、鳗鱼海带卷、茶浸鳗鱼等，其中最具代表性的吃法是蒲烧鳗，零售市场上鳗产品以蒲烧为主。日本还有“土用丑，请鳗鱼”的说法，民间俗称节气中的夏季“土用丑”日为“鳗鱼节”，每年夏季的“土用丑”日气候炎热，需要吃鳗鱼给身体补充能量。商家在鳗鱼节会举办各种鳗鱼产品促销活动，鳗鱼消费比平日更加集中。

考察组调研了静冈县烧津市的烧津市场、东京都筑地市场以及街头鳗鱼饭店等批发、零售机构。2016年，日本市场活鳗出池价格按照规格不同，鳗鱼节前为5~6P约4 400日元/千克、4P约4 200日元/千克、3P约3 650日元/千克，经过8月鳗鱼节的集中消费后，逐步回落到5~6P约3 400日元/千克、4P约3 200日元/千克、3P约2 650日元/千克。

在烧津市场，整条日本国产约300克的蒲烧鳗零售价格为2 200日元，日本国产约200克的蒲烧鳗串零售价格为1 500日元；东京都筑地市场为日本最大的鱼市场，150克左右的蒲烧鳗串仅为600日元，该产品未标注日本国产，推断可能为进口产品，所以价格较低。

在筑地市场外鳗鱼便当店，日本国产鳗鱼饭按照规格不同分为2 500日元、2 300日元、2 000日元、1 800日元四种规格，目测主要区别为鳗鱼重量不同，2 000日元档约含蒲烧鳗150克；在东京街头的高级鳗鱼料理店，鳗鱼饭套餐最低价格从3 800日元起，最高可达五六千日元，由于没有见到实物规格不详；在羽田机场超市，150~160克精品日本国产蒲烧鳗，售价高达3 160日元，110~120克的日本国产炭火烧鳗，售价为2 680日元。

总的来说，鳗鲡产品在日本食品市场中较为常见，消费价格根据市场需求呈梯度分布，日本国产鳗鲡产品价格较高，进口产品价格稍低；高档鳗鱼料理店价格较高，街头便当店价格亲民；超市精品价格较高，批发市场价格实惠。此外日本国民喜爱追求本国产品，凡产自本国的产品，均会在标签上醒目标识出“国产”字样，值得我们深思与反省。

四、对我国鳗业未来发展的思考

（一）日本鳗鲡资源保护刻不容缓

鳗鲡养殖完全依赖天然苗种。多年来，周边国家和地区竞争，加之环境、气候变化，亚洲地区的日本鳗鲡苗资源明显衰退，捕获量降低了50%左右。据日本资料反映，亚洲地区鳗苗年产量在1990~1999年十年平均为92.6吨；在2000~2009年十年平均93.9吨。其间尽管个别年份因厄尔尼诺等气候因素大幅减产，但通常翌年都会出现补偿性的增产。也就是说，2009年之前亚洲地区鳗苗产量基本在90吨上下。之后鳗苗产量大幅下降，2010~2013年4年平均产量只有31.5吨，仅为前十年平均产量的三分之一。尤其在2013年，产量降到17.5吨，尽管2014年度产量回升至81吨，但2015年度产量再度下降为36吨，形势非常严峻。

在鳗鲡人工育苗技术尚未取得突破的今天，天然鳗苗资源是鳗鲡产业赖以生存的唯一资源。保护宝贵的鳗苗资源，对促进我国鳗鲡养殖生产及鳗鲡产业持续稳定发展十分必要。我们应当进一步加强鳗苗捕捞，严格执行鳗苗捕捞许可证制度，减少捕捞证发放数量，同时调整鳗苗禁捕时间，推迟鳗苗的开捕期；加强鳗苗进出口管理，落实鳗苗出口审批管理办法；规范鳗鲡养殖管理，通过控制鳗鲡养殖规模促进保护鳗苗资源；加大新品种鳗鲡养殖技术研发，弥补鳗鲡养殖生产苗种不足；加强与其他鳗鲡养殖生产国家、地区的合作交流，及时了解鳗鲡资源保护国际动向。

（二）日本在地化、小而精的产业发展方式值得借鉴

川村鳗鲡养殖场与静冈鳗鱼渔业协同组合烧津加工场，均属于中等规模的企业。这两个企业的共同特点是设备先进、生产规范、人工用量少，产品主要在所在区域内销售，效益很好。在我国，农业产业规模化经营有着势不可挡的趋势，规模化经营是解决未来农业谁来生产的根本途径，但同时面临着诸多问题，如规模化经营风险巨大，发展艰难，打破了传统小农经营定式后必须要求有完善的机制和强有力的组织保障。看到日本这些小规模农业企业生存地如此自在，我们不禁反思，在全力推动农业产业规模化经营的同时，在某些地区、某些行业中，是不是可以同时提倡在地化、小而精这种发展方式。在当地发展规模适宜的农业产业，满足当地市场需求，免去远距离农产品运输的成本与碳排放，实现减量增收、提质增效，也是一种可以尝试的发展模式。

（三）亟需进一步开拓国内鳗鲡产品消费市场

鳗鲡营养价值很高，是含EPA（二十碳五烯酸）和DHA（二十二碳六烯酸）最高的鱼类之一，不仅可以降低血脂，抗动脉硬化，抗血栓，还能为大脑补充必要的营养素。鳗鱼兼有鱼油和植物油的有益成分，是补充人体必需脂肪酸和氨基酸的理想食物。鳗鱼中的锌、多不饱和脂肪酸和维生素E的含量都很高，可防衰老和动脉硬化，从而具有护肤美容功效，是女士们的天然高效美容佳肴。

然而国内消费市场对鳗鲡认识不足，甚至存在诸如“无鳞鱼”不能吃的偏见，大多数人从未品尝过鳗鱼菜肴。国内养殖鳗鲡产品绝大部分销往以日本为主的国际市场。但是进入日本市场后，我国产品又处于“二等公民”待遇，高档鳗鱼料理店中非日本国产鳗鲡一概不销售，普通鳗鱼饭店、超市乃至批发市场，均会醒目标识出“国产”鳗鲡产品，价格比同规格进口产品高出两至三成。我国人口众多，消费市场潜力巨大，鳗鲡养殖产业应加强拓展国内市场，使产业兴衰的命运掌握在自己手里，才是产业存在和发展的关键。鳗业发展不仅要有产品意识，还要加强市场意识，更要有营销意识。要有意识、有目标地致力于产品品牌塑造，开发适合我国消费水平和消费习惯的鳗鱼产品，并使其走向大众消费市场。中国讲究民以食为天，我们还应呼吁饮食行业不断创新鳗鲡烹饪技术，创新出各式各样的美味鳗鲡菜肴，赢得消费者喜爱，从而全面拓展国内消费市场。

3.7 白鲟

白鲟(*Psephurus gladius*)，俗称象鼻鱼，英文名 Psephurus gladius，隶属鲟形目(Acipenseriformes)，匙吻鲟科(Polydontidde)，白鲟属(*Psephurus*)是我国特有的大型珍稀鱼类，有“水中大熊猫”与“长江活化石”之称(图3-32)。

图3-32 白鲟

3.7.1 濒危程度

极危。

中国国家一级保护动物。

3.7.2 分布

白鲟主要分布在长江(自宜宾至长江口)的干支流中,如沱江、岷江、嘉陵江、洞庭湖、鄱阳湖。在钱塘江、甬江等地区也有分布。

3.7.3 价值

白鲟极具学术研究价值,被誉为“长江中的活化石”,是中外瞩目的“稀世之珍”。它是距今已有一亿五千万年的中生代白垩纪残存下来的极少数古代鱼类之一。

3.7.4 生物学特性

3.7.4.1 形态特征

白鲟呈梭形,胸鳍前部的身体平扁,后部略侧扁。头长,吻特长,呈剑状,前端扁平而狭窄,基部宽大肥厚。吻部及头两侧分布许多梅花状陷器,头顶骨板裸露,眼小,侧位。外鼻孔 2 个,前鼻孔大于后鼻孔,相距甚远。口下位,口裂大,呈弧形。上下颌和舌上有绒毛状齿。吻须 1 对,短小,位于吻的腹面。鳃孔大,鳃盖膜发达,向后延伸,呈尖角形,鳃膜不与颊部相连。鳃耙 50~56 枚。体裸露,尾部有退化鳞片痕迹,尾鳍上叶有 8 个菱形硬鳞。侧线完全,位高,后线延至尾鳍上叶。背鳍后位,尾椭圆形,尾鳍歪形,上叶长于下叶。鱼体背部灰黄色,腹部白色,各鳍灰白色,尾鳍外缘为青灰色(邢湘臣,2003)。

3.7.4.2 习性

白鲟为半溯河洄游性鱼类,主要栖息于长江干流的中下游,也可在河口咸淡水水域成活,偶亦进入沿江大型湖泊中,甚至可逆水上溯至百千米之远的湖泊(如巢湖)。大的个体多栖息于干流的深水河槽,常游弋于长江各江段广阔的水层中;幼鱼则常到支流、港道甚至长江口的半咸水区觅食。20 世纪 80 年代在长江口每年 6 月出现较多的全长为 135~169 mm 的幼鱼,8~10 月常可捕获 550~1 880 mm 的个体。

白鲟应激反应较为强烈。在受到惊吓时会到处冲撞,易受伤,同时也会有绝食现象发生。较长时间的惊扰会造成白鲟死亡。

3.7.4.3 自然繁殖

白鲟春季产卵,产卵期为 3 月中旬至 5 月上旬,雌鱼怀卵量较大,高龄雌鱼怀卵量可达百万粒。卵沉性,带黏性,体重 30 kg 的雌鱼,怀卵量约为 20 万粒。成熟年龄的雌鱼为 7~8 龄,体重为 25~30 kg。1983 年捕获 1 尾体重 87 kg 的雌鱼,怀卵量为74万粒。白鲟的成熟卵灰黑色,椭圆形,卵沉性。卵受精45天后孵化。初孵仔鱼长约40 mm,半透明。据渔民介绍,白鲟在晚上产卵,产卵时有追逐和跃出水面现象。

白鲟的产卵场主要在四川省宜宾市距柏树溪镇8 km的金沙江河段和四川省江安县附近的长江河段内。柏树溪镇的周坝(三块石)以上,河宽约360 m,上游河道底质为砂质或泥质,下游河道底质为砾石,水深约10 m,流速为0.72~0.92 m/s,溶氧为8~10 mg/L,pH为8.2,透明度为39 cm,产卵期水温18.3~20.0℃。

卵粒大小、性腺脂肪多少和成熟系数高低等是判断性腺发育程度的标志。白鲟的卵径Ⅲ期卵为2.0~2.7 mm,Ⅳ期卵为2.74~3.4 mm。雄鱼Ⅱ、Ⅲ、Ⅳ期的性腺成熟系数分别为0.19~0.28、1.40~2.78、3.64~4.80;雌鱼Ⅲ和Ⅳ期的性腺成熟指数分别为3.13~6.27和10.7~12.64。7~15龄的白鲟雌鱼绝对繁殖力为17.8万~78.7万粒,相对繁殖力为4.06~8.51粒/g。

3.7.4.4 食性

白鲟为一种掠食性凶猛鱼类,常以其他鱼类为食。1983年,中国科学院水生生物研究所曾经解剖过1尾长354 cm、体重148 kg的白鲟,在它的胃中,取出1尾3.7 kg的青鱼,还检出很多消化剩下的鱼头骨。据分析,其中1尾是鲤鱼,体重大约4 kg。白鲟的食性也随季节和环境的不同而异,当春夏季在长江上游时,以鮈类和鲴鱼为主,秋冬季则以虾虎鱼和虾类为主。在长江下游江段则以鲚鱼为主,其次是虾蟹类。它一次进食量很大,可占体重的5%,但一次摄食后,可在相当长的一段时间内不摄食(邢湘臣,2003)。

3.7.4.5 年龄与生长

白鲟属于长寿型的鱼类。资料记载的最大年龄雄鱼为11龄,全长2 500 mm,重41.4 kg;雌鱼17龄,全长3 290 mm,重102 kg。白鲟性成熟较迟,最小性成熟年龄雌鱼为7~8龄,体重20~30 kg;雄鱼为5~6龄,体重13~19 kg。

3.7.5 资源量

白鲟最早出现在上白垩纪,距今已有一亿多年。现存的白鲟科鱼类只有两种:一种是白鲟,生活在我国长江中;另一种是匙吻鲟,生活在北美洲的密西西比河中。这种奇怪的分布,说明在经历了漫长的地质年代,特别是第四纪冰期的环境剧烈变化,白鲟科鱼类在地球上的很多区域都消失了,只在长江和密西西比河中遗存下来,因为这两条河流具备它们生存的基本条件。所以,白鲟这种劫后余生的动物,令世界瞩目。

白鲟数量少,20 世纪 70 年代估计年产量在 20~30 t。

1981 年葛洲坝截流后,在坝下又出现了一个新的白鲟产卵场,每年 6~7 月,坝上的四川万县,以及坝下的湖北宜昌、湖南岳阳和上海崇明等地江段会出现大量幼鱼。

1983 年,国务院发出《关于严格保护珍贵稀有野生动物的通令》中,将白鲟列为国家特有珍稀动物。

据泸州、宜宾两市渔政部门的统计和中国科学院水生生物研究所 1996 年的监测报告,1984~1993 年在泸州江段共误捕白鲟 63 尾。

1981~1999 年,长江上游虽然每年都有误捕白鲟的消息,但后几年数量越来越少。

1994~1997 年,在宜宾江段误捕白鲟 17 尾。

2000 年,发现一尾白鲟。

2002 年,南京一渔民在长江下关水域捕获一条长 3. 3 m、重 150 kg 左右的特大活体白鲟。

2003 年,在宜宾市南溪县江段误捕过一尾白鲟。此后几年白鲟再不见影踪。这条在宜宾被误捕到的白鲟,长达 3 m、重 160 kg(刘成汉,1979)。

2006~2008 年,长江水产研究所危起伟研究团队采用回声系统探测和试验性捕捞的方法,对金沙江新市镇至长江上游重庆约 487. 5 km 的江段进行了 4 次大范围的白鲟资源普查。虽然试验性捕捞未能捕获到白鲟个体,但水声学探测却发现了 9 个白鲟疑似信号,且其中有 2 个信号极有可能就是白鲟。根据以上结果认为目前白鲟已处于灭绝边缘,采取迅速有效的拯救措施已刻不容缓。

3.7.6 保护区

2000 年 4 月,国务院批准建立"长江合江—雷波段珍稀鱼类国家级自然保护区"。

2005 年,国务院办公厅批复同意,将保护区更名为"长江上游珍稀特有鱼类国家级自然保护区",保护区范围调整为自向家坝下横江口开始,向下游延伸到重庆马桑溪,涉及四川、重庆、贵州、云南三省一市,包括一些支流。东经 104°9′E~106°30′E,北纬 27°29′N~29°4′N。长江上游珍稀特有鱼类国家级自然保护区范围包括白鲟的活动范围,起到了一定的保护作用。

3.7.7 救护

2002 年,南京一渔民在长江下关水域捕获了一条长 3. 3 m、重 150 kg 左右的特大活体白鲟,该白鲟被捕获时身受重伤,被5个5 cm长的鱼钩刺入身体,下腭部有一条长20多cm、深1 cm的伤口,整个腹部膨胀。对此条白鲟的救治主要是进行全面检查,将外伤缝合,打一定量康复针剂,将消炎药装入鲤鱼肚中饲喂白鲟。或许由于水域污染,这条白鲟体态已发生变形,后来因伤势过重死亡(图3-33~图3-35)。

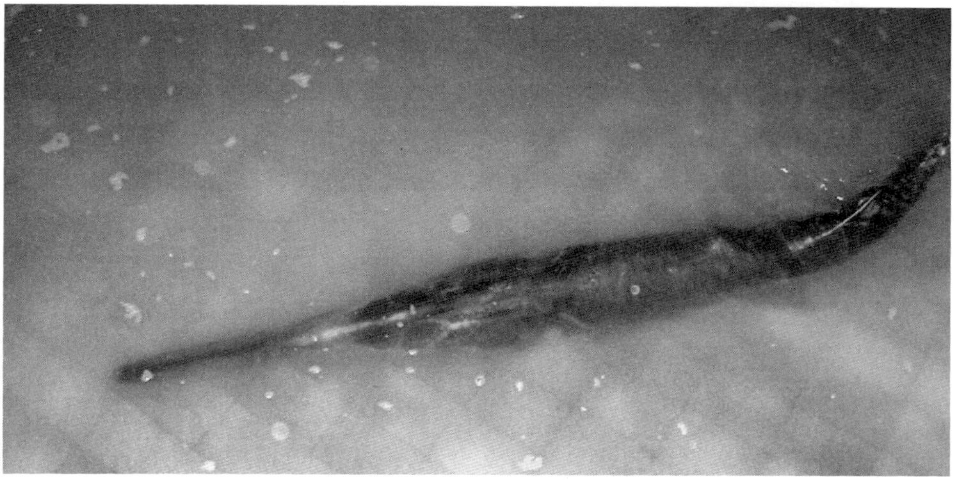

图3-33 南京误捕的受伤白鲟

图3-34 南京误捕受伤白鲟抢救新闻通报会

图 3-35　本书作者抢救南京误捕受伤白鲟现场

2011 年 1 月,长江上游自然保护区珍稀特有鱼类驯养救护中心已在长宁县龙头镇建成并投入试运行。这个项目总投资 2 500 多万元,占地 30 亩,专门用来救护长江上游珍稀特有鱼类(如白鲟)。救护中心建设有白鲟救护繁育基地,主要进行白鲟的室内救护、蓄养驯化、苗种培育。室内将建催产池、孵化池、仔鱼护养池、苗种培育池。仔鱼护养池数量达到 100 个,苗种培育池也达到 50 个。

目前已经建立白鲟救护快速反应机制。

3.7.8　人工繁养

1973 年,四川省万县水产研究所曾饲养 1 尾雄鱼,体重由 2 kg 长至 18 kg,精巢呈乳白色,后因水质恶化死亡。1987~1990 年,该所又开展了池塘养殖,也因鱼体受伤、离水时间长、水质恶化而死亡。

1988~1991 年,中国科学院水生生物研究所、水利部中国科学院水库渔业研究所与葛洲坝工程局中华鲟人工繁殖研究所开展了葛洲坝下游白鲟人工繁殖可行性及池塘蓄养白鲟的性腺发育研究,陆续饲养了 3 尾白鲟,个体饲养最长的达半年,但因饵料及水质问题而死亡(陈金生,1996)。

2006 年 1 月 14 日,农业部水生野生动植物保护办公室组织有关单位和专家会聚四川省宜宾市，就长江水产研究所主持的长江上游珍稀、特有鱼类国家级保护区生态补偿科研项目“白鲟生活史及其人工繁殖技术研究”的实施方案，进行了研讨和评估。

白鲟的人工繁殖，由于资源量小，难以在同一时间、同一地点捕获性腺发育成熟的雌雄亲鱼。以目前的科研水平，一旦有了上述条件，人工繁殖获得成功的可能性是很大的。在不能同时获取雌、雄亲本的情况下，可以采用冷冻技术保存其精子、卵子和胚胎，待时机成熟再促其繁殖。至于在人工饲养条件下白鲟的性腺能否正常发育，尚待研究。

白鲟性情暴躁，无法人工驯养，是三种长江鲟鱼中人工繁殖唯一未能成功的一种，造成了人类对其保护束手无策的局面(高欣，2012)。

3.7.9 濒危原因

白鲟濒危的主要原因是栖息地环境的破坏。葛洲坝水利工程切断其洄游路线，长江水质也在不断恶化，同时，其栖息地不断受到航船、采砂等活动的干扰。另外，长江生态的破坏使许多鱼类资源迅速下降，葛洲坝工程截断了白鲟向下游觅食的通道，白鲟的天然饵料十分缺乏，有一些白鲟因为缺乏饵料饥饿而死。

3.7.10 保护建议

重点保护其幼鱼资源。对长江中下游各处罾、箔、罾网等捕捞各种经济鱼类的密眼网具，以及长江口大量的插网等有害渔具，沿江各级渔政部门根据国家颁布的《中华人民共和国水产资源繁殖保护条例》(1979)和《中华人民共和国渔业法》(1986)予以限制，切实保护幼鱼资源。

保护产卵场和亲鱼。三峡大坝建成后，长江中下游的白鲟资源将主要依靠坝下产卵场的自然繁殖。白鲟在坝下自然繁殖的可能是存在的。拟将湖北宜昌至枝城划为鱼类繁殖保护区，3~6月为禁捕期。保护好这一带的产卵场和栖息地及沿江游来产卵场的亲鱼至关重要。

进行人工繁殖，增殖放流。长江三峡建坝后，上游已得不到来自中下游的成熟个体，繁殖群体数量稀少；而长江中下游又得不到产自上游的鱼苗和幼鱼，这对白鲟产生不利影响。为克服不利影响，要进行增殖放流，有必要借鉴养殖匙吻鲟的经验，进行白鲟的人工繁殖和养殖是可能的。

加强科学研究。白鲟个体大，数量少，不易获得。目前对它各方面的了解都不深入，需研究包括白鲟的繁殖生物学、上游产卵场的分布与特点、三峡大坝下游产卵场和栖息地的确定、幼鱼适生环境以及数量变动等。

加强科普宣传工作。应该加大在白鲟产区的宣传工作力度，严禁捕杀成鱼和幼鱼，如有误捕应及时救护等。

3.7.11 相关研究

白鲟的数量已经十分稀少，对白鲟的研究也很少。

马骏等（1996）以齿骨和胸鳍条为年龄鉴定材料，通过其骨磨片进行比较研究，发现用胸鳍条鉴定白鲟的年龄较为可靠。其所收集的 6 尾白鲟样品中，根据胸鳍条鉴定年龄，幼鲟 8 尾，1～3 龄。成鱼 58 尾中，雄鱼 33 尾，最低 6 龄，最高 1 龄，多数个体为 8～9 龄；雌鱼 25 尾，最低 7 龄，最高 17 龄，多数为 10～12 龄。白鲟生长速度快，特别在第一年长度生长最为突出，当年 10 月份的幼鱼全长达 53～61 cm，1 龄鱼平均全长 75 cm。雌雄鱼在性成熟前生长无明显差异，性成熟后，雌鱼的长度及重量均大于相同年龄雄鱼。

3.8 长江江豚

长江江豚（*Neophocaena asiaeorientalis*）（图 3－36、图 3－37），英文名 Yangtze Finless Porpoise，鲸目（Cetacea），鼠海豚科（Phocaenidae），江豚属（*Neophocaena*），

图 3－36 长江江豚

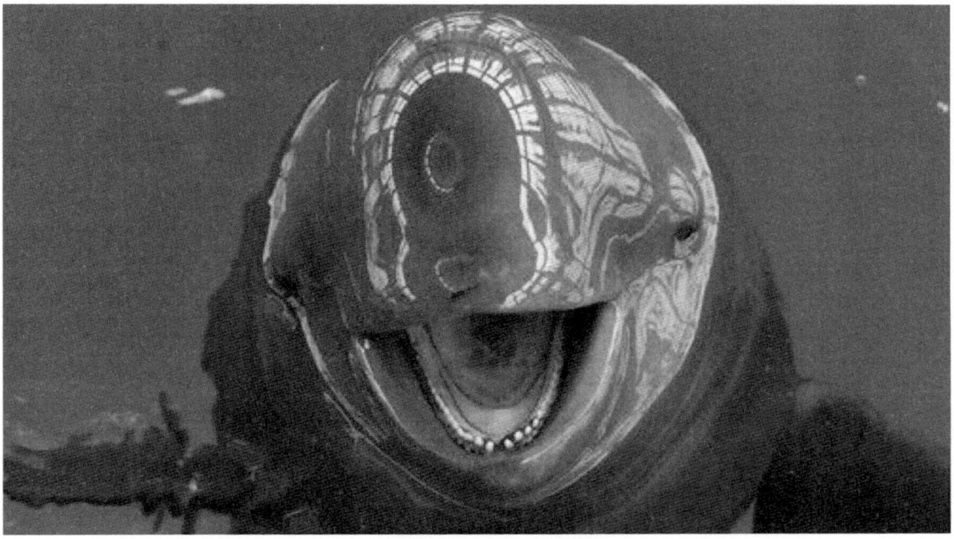

图 3－37　长江江豚

是江豚属唯一的淡水亚种(高安利,1995)。国家二级保护动物,在物种保护上具有特别重要的意义。

3.8.1　濒危程度

极危。

国家二级保护动物。世界自然保护联盟(IUCN)濒危物种,同时被列入《国际濒危野生动植物进出口贸易公约》(CITES)。

3.8.2　分布

长江江豚仅分布于长江中下游、洞庭湖和鄱阳湖等内陆水域。

3.8.3　价值

长江江豚是江豚这一物种中独特和唯一淡水亚种,仅生存于长江中下游及少数大型支流和湖泊中,在物种保护上具有特别重要的意义。

3.8.4　形态特征

长江江豚体型较小,头部钝圆,无背鳍,尾部正中间有数目不等的小棘,尾鳍扁平,成年长江江豚体长一般 130～170 cm,体色呈灰黑色。

3.8.5 食性

长江江豚以小型淡水鱼虾为食，如鲢鱼、草鱼、鳊鱼。人工养殖的饵料以鲤鱼、鲫鱼、鲶鱼、乌鳢和青鱼为主。其在摄食时，首先是咬住鱼的身体，然后调整鱼头向咽部并将整个鱼体吞下。在饥饿状态下，江豚捕食动作非常迅速且立即浮在水面索饵；而在非饥饿状态时，江豚往往用口咬着鱼游动数十米才将鱼缓慢咽下。

3.8.6 繁殖习性

长江江豚交配活动发生在5~6月，而幼豚一般在每年4月中下旬出生。怀孕期估计为310~320天。幼豚5个月后开始摄食小鱼，而幼豚离开成年豚（怀疑是母豚）的距离随时间增加而增大。一龄后幼豚可以长时间离开母豚活动。

3.8.7 资源量

我国开展过多次对长江江豚分布和资源量的调查。

1989年，江豚分布最为集中的江西湖口约20 km长的八里江江段约有260头长江江豚。

1984~1991年，中国科学院水生生物研究所根据多年在长江中下游对长江江豚进行考察的资料和收集的标本，估计长江中下游约有长江江豚2 700头。其中武汉以上江段约为500头，武汉以下江段约为2 200头。

1993年，八里江江段长江江豚下降到150头左右。

1994年，调查发现90%的长江江豚集中分布在湖口至南京江段干流中。其后不到5年时间减少25%以上，种群数量已不足2 000头。

1997年以前多采用单船或多船流动直接计数的方式对长江江豚的分布和数量进行调查（王丁等，1998），虽然这种方法不一定准确，但在估计长江江豚资源量方面还是有一定的价值。

1998年，农业部渔业局组织的全流域豚类调查中，仅发现长江江豚1 446头次，种群数量呈显著下降趋势。

王丁等（2000）20世纪末对鄱阳湖和洞庭湖进行了连续三年的调查，并估计，4月鄱阳湖长江江豚种群密度为0.194头/km^2，估计数量为388头。长江江豚在洞庭湖的分布范围主要集中城陵矶到鲇鱼口一带，其种群数量大致为100~150头。

2006年，根据中科院水生生物研究所调查，在长江、洞庭湖、鄱阳湖这“一江两湖”长江江豚主要生存水域的江豚仅剩下1 800头，其中长江1 200头、鄱阳湖

450头、洞庭湖150头。数据显示,洞庭湖长江江豚的种群数量年下降率为16.6%,整个长江江豚下降率在每年5%~10%。

2008年以来,长江江豚每年死亡的案例都在20起左右。以洞庭湖为例,至2012年3月初长江江豚锐减至85头,而2014年又有12头死亡,洞庭湖的长江江豚只剩下了70多头。这意味着活动在这一水域的长江江豚很可能会在此后的10~20年出现区域性灭绝。

2014年,长江江豚剩余约1 040头。

3.8.8 长江江豚种群数量调查方法

对鲸类动物的种群数量调查主要采用截线抽样法等目视考察方法,但由于环境本身的多变性和复杂性,这一方法在相对狭窄且人类活动较多的江河水域中的应用存在一定的困难。王丁等(2000)根据长江的特殊地理环境条件,并基于长江江豚的声信号特点,发展了较为完整的声学考察方法。其声学考察系统能够监测到82%以上的个体,虚警概率低于0.9%,且声学考察系统往往先于目视考察发现长江江豚的活动,对提高目视考察的准确性极具帮助;同时,该系统在夜间和天气条件不佳等目视考察无法进行的情况下,亦能监测到考察船周围长江江豚的活动,弥补了目视考察的不足,被证明是一种有效的野外考察手段。

3.8.9 保护区

长江江豚现存种群数量稀少且处于快速衰退的状态,处于十分濒危的状况。由于长江生态环境目前并没有明显好转的迹象,因此,迁地保护被认为是最有希望避免其灭绝的保护策略。自从20世纪90年代以来,我国学者多次提出了要重视加强江豚的迁地保护工作(王丁和王克雄,2007;于道平等,2005;王江等,2003;张先锋和王克雄,1999)。目前,开展迁地保护并进行科学研究的单位只有中国科学院水生生物研究所(郝玉江等,2006;肖建强和王丁,2005;魏卓等,2004a)、铜陵和石首(天鹅洲)保护区(王江和董明利,2003;Wei et al.,2002;张先锋等,1995)。

1985年9月,国家环保局批准在铜陵大通建设白暨豚养护场。2000年12月,安徽省人民政府批准在安徽省铜陵白暨豚养护场基础上建立铜陵淡水豚类省级自然保护区。2003年6月,国家环保总局批准建立国家环境保护长江重点水生野生动物保护中心。2006年2月,国务院办公厅批准将铜陵淡水豚类省级保护区晋升为国家级自然保护区。如今,铜陵淡水豚国家级自然保护区管理范围从安徽省铜陵市铜陵县三江口至繁昌县荻港镇,包括铜陵、枞阳和无为等县市的长江江段，全长 58 km。此江段蜿蜒曲折、河汊众多，总面积约 31 518 hm^2，是长江珍稀物种的理想栖息地。这块以滩涂湿地为主的内陆淡水湿地，有鱼类 66 属 23 科 86 种，占长江鱼类种群的 30.7%。被列入《中国濒危动物红皮书》的长江鱼类共有 16 种，该保护区就有其中的 9 种，占 56%。主要保护对象包括白暨豚、长江江豚、中华鲟、达氏鲟、白鲟、胭脂鱼等。2010 年以来，保护区内江豚数量从 22 头增至 60 头，繁殖速度从原来的每年 2～3 头增长到现在的 4～5 头。未来还将进一步探索人工环境下繁殖江豚。安庆师范学院于道平教授长期致力于江豚研究，20 多年来亲手解剖过 200 多头死亡江豚。其认为，渔业资源大量破坏导致的饥饿和随之而来的机体免疫力下降是安庆江段长江江豚死亡的主要原因，可能也是全流域江豚死亡的主要原因。但此保护区也存在一定问题。铜陵保护区养护场水域位于铜陵市大通镇的和悦村和永平村之间，当地菜农所用的肥料和农药被雨水冲洗后流入夹江，也对江豚健康造成严重威胁；夹江水域与长江隔断，夹江中水不能流通，所以在夏季炎热的时候水域温度高达 36℃ 左右，已达到江豚生存的极限；而且夹江水域面积太小，丰水期水域 36 hm^2，最多只能养育 10～20 头江豚，环境容量也成为亟需解决的问题。为加强对该迁地保护种群的有效管理，保护区对夹江环境进行了整治，采取了鱼种结构调整和豚类疾病防治等措施（糜励等，2003），同时还开展了半自然夹江水域中江豚昼间活动节律（蒋文华和于道平，2006）、活动区域（于道平等，2003）、妊娠期和哺乳期母豚昼间行为和时间分配（束家宽等，2009，2008）、母仔豚呼吸行为（蒋文华和于道平，2006b）以及摄食（于道平等，2007，2003a）等行为学研究。2007 年，国家发改委、原国家环保总局根据国务院的批复，决定从中央预算内专项资金中安排 5 958 万元用于环保系统湿地保护工程项目建设，铜陵淡水豚国家级自然保护区湿地保护工程被列入其中，获国家专项资金 1 852 万元。据报道，铜陵淡水豚国家级自然保护区湿地保护工程建设项目总投资 2 646 万元，除国家投资外，地方配套资金投入 794 万元。项目包括建设 4 处保护站、48 公顷滩涂植被恢复、4 处虫鸟检测点及科研检测设施。湿地的恢复为这一区域长江江豚的生存增添了“一线生机”。

1992 年底国务院的正式批准并建立“长江天鹅洲国家级白暨豚自然保护区”，该保护区除了石首境内 89 km 长的长江江段外，其核心部分是长 21 km 的天鹅洲故道。早在 1990 年春季，中国科学院水生生物研究所的研究人员在保护区的选址考察过程中两次将 5 头长江江豚捕进天鹅洲故道进行异地饲养繁殖保护试验。实践证明，长江江豚不仅能在故道正常生活，而且还能正常发情、交配、产仔，完成一个完整的生命过程。到 2000 年，该故道已拥有一个 20 多头的长江江豚繁殖群体，近几年每年产仔 2 头左右，一个能自我繁衍维持发展的长江江豚繁殖群体已初步建立（Wang et al.，2000）。

3.8.10　人工繁养

江豚是我国最早进行人工饲养的鲸类动物（图 3－37），从 1965 年青岛水族馆饲养北方江豚（*Neophocaena phocaenoides sunameri*）至今已有 35 年历史（刘仁俊等，2002）。此后，中国科学院水生生物研究所、南京师范大学、铜陵淡水豚国家级自然保护区、石首天鹅洲白暨豚国家级自然保护区以及部分水族馆、海洋世界等单位陆续开展了长江江豚的人工饲养。中国科学院水生生物研究所、南京师范大学和安徽铜陵白豚（*Lipotes vexillifer*）养护场曾分别人工饲养长江江豚 1 年以上，中国科学院水生生物研究所人工饲养的 3 头长江江豚从未成年到成年成活 6 年多（其中 1 头存活 3 年多）。1996 年，水生生物研究所已开始在白暨豚馆试养长江江豚并获得成功，且已拥有一个一雄二雌的小群体。并开展饲养繁殖生物学研究，期望实现人工饲养条件下繁殖的目标（王丁等，2000）。

铜陵保护区在半自然夹江中开展的江豚迁地保护工作采取的是人工投喂和自然捕食相结合的方式，既区别于中国科学院水生生物研究所在池中全人工投喂的方式，也有别于石首保护区完全自然捕食的方式。目前保护区内江豚的人工繁育比较成功，也积累了许多经验。

3.8.11　工程建设对长江江豚影响的评价

长江江豚目前仍然存有一定的种群数量，加强对其保护力度为当务之急。然而人类活动不会停止，对其的影响也不会停止。王克雄等（2015）、邓庆伟等（2016）分别对工程建设对长江江豚的影响进行了评价，充分说明了工程建设对长江江豚的负面影响，分别转载如下。虽然长江生态一时不能得到改善，但是工程建设仍然可以尽量避免。

《航道整治工程对长江江豚影响及缓解措施分析》

1　航道整治工程对长江江豚影响分析

航道整治工程对长江江豚影响是多方面的，主要是河道形态及水文条件改变导致饵料资源下降、水下声环境质量下降以及部分庇护所消失等。

1.1　小型鱼类资源减少影响江豚分布

江豚以鱼为食，小型鱼类的分布及资源量是江豚自然分布的重要驱动因子。基于鄱阳湖湖口及相连的长江干流部分江段的调查结果表明，在鱼探仪监测到鱼类分布的水域，发现江豚的概率大于 40%，而在鱼探仪未监测到鱼类分布的水域,发现江豚的概率低于20%。最近一项研究也表明,鱼类分布对江豚分布和移动至关重要。长江中下游港口区是船舶进出繁忙的水域,但长江江豚为获得足够的食物,却频繁地在港口区活动和觅食,尤其是在黄昏和夜间。港口区有较多的水下构筑物,着生藻类及其他周丛生物相对较丰富,加之港口区生活人员食物残渣直接排入水中,吸引了较多小型鱼类在港口区聚集和觅食,在此区域活动的江豚可能相对较容易捕食到足够的鱼类,而在港口区之外的其他水域,鱼类密度相对较低,江豚难以有效获得足够食物。这种现象在长江中下游鄂州、九江等多个港口区均可观察到。

航道整治工程在实施过程中通常会通过建设护底、护滩、护坡、护岸等工程,避免或减弱水流对河床及边滩、岸滩的冲刷,以达到维持航道相对稳定的目的。这些防护工程的建设一方面改变了原有水下泥质或沙质环境,对底栖生物的栖息条件造成不利影响,在一定程度上破坏了底栖生物群落和种群,影响一部分以底栖生物为食的鱼类的栖息;另一方面破坏近岸带的水生植物群落,导致部分产黏性卵的小型鱼类的产卵场消失,影响近岸带小型鱼类的聚集。因此,航道整治中建设的这些防护工程极易导致一部分小型鱼类栖息地消失或者位置发生较大改变,继而影响长江江豚的栖息。此外,与航道建设密切相关的河道整治工程,如堤防修建与加固、护岸工程和河势控制工程等,同样会影响小型鱼类资源的分布和数量,导致长江江豚离开难以获得足够食物的江段。

2012年的考察表明,长江中游武汉以上江段存在多个江豚分布的空白区,虽然尚不能认为这些长度均约100的空白区是航道及河道整治工程所致,但至少可以推测,江豚离开这些区域的重要原因之一是这些空白区江段鱼类资源量不能满足江豚生存和繁衍之需。随着航道整治工程在中下游全面铺开,尤其是在实施长距离、大面积的防护工程后,可以预见,某些江段可能会因为小型鱼类资源量急剧减少而成为新的江豚分布空白区。

1.2 水下噪声增强影响江豚抚幼

长江江豚完全依赖声探测和声通讯生存。目前普遍认为,出生后100 d内是幼年长江江豚回声定位能力及其行为发展的关键时期,也是其生命脆弱期。行为观察也发现,幼豚出生后的最初3个月有75%的行为形式已出现,并且在3个月左右开始出现吞食小鱼的行为,这与声信号研究结果一致。

长江中下游干流水下噪声的主要来源是航行船舶的噪声。航道整治工程期间,各类施工船舶和施工机械参与施工,施工现场水下噪声会不同程度增强。此外,部分航道整治工程的目标之一是提高航道等级以适应日益增长的水上运输需求,本质上仍是增加船舶通行量。船舶通行量的增加,会增加水下噪声强度。已有研究表明，长江江豚对船舶噪声有躲避行为，比如，船舶出现与江豚出现存在负相关关系；在船舶航行轨迹的0~50 m垂直距离范围内，通常难以观察到江豚，而在50~100 m范围内却能观察到江豚。

尽管长江江豚能主动避船，但在某些特殊情形下，仍容易被航行船舶伤害，比如在捕食时，江豚容易不理会船舶靠近；在相对狭窄的水道内，高速船舶突然接近时，江豚无处躲避或难以在短时间内逃离到听觉安全距离之外。对幼龄江豚而言，船舶噪声的不利影响会更加严重。大型载重船舶噪声的峰频通常低于10 kHz，这正是幼豚、母豚之间通信信号的频率范围，高强度的船舶低频噪声干扰母幼间声通讯，影响母豚抚幼，甚至导致幼豚失散，而失散的幼豚不具备独立生存能力，极易饿死或溺亡。

1.3 支汊庇护所消失导致小群体江豚消失

河道形态的多样性，尤其是支汊、弯道、洲滩的存在，是形成复杂水文条件的基础，也是长江水生生物多样性形成的基础。目前，长江江豚种群变化的主要趋势之一是大群体分散成小群体，小群体单独活动和栖息。由于主河道内鱼类资源减少和水下噪声等干扰相对较严重，部分江豚进入了鱼类资源和水下环境相对稳定的支汊内长期栖息。2012年考察期间，发现较稳定的小群体江豚栖息于宜昌、鄂州等江段支汊内。这些小群体江豚由于长期与其他群体隔离，难以进行个体交换和繁殖，群体生命力相对脆弱，而该处支汊则成为其重要庇护所。此外，在实施航道整治工程江段的横向一定范围内通常含有支汊，不但为鱼类及江豚提供了多样化的生存环境，也为工程实施期间或航道运行期间受扰动江豚提供栖息庇护所。

在有两条或多条支汊存在的江段实施航道整治工程，通常会优先考虑保证其中一条支汊的水深和流量，而对其他支汊采取工程措施限制水深和流量，甚至采取堵汊措施予以断流。例如20世纪70~90年代，在长江下游太子矶河段、官洲河段、南京河段、铜陵河段先后实施了多处分汊河段的堵汊工程。堵汊是一种特例，在目前的航道整治工程中较少采用，但限制其他支汊的水深和流量的措施却被广泛采用。限深限流措施实施后，通航支汊内的水深及流量可能得以保证，但其余支汊可能因为水深变浅和流量减小而逐渐淤积甚至断流，丧失江豚庇护所功能。

如果在已实施过一期限深限流措施的河段实施航道整治二期工程，情况将变得更为复杂。一期工程已严重减弱非通航支汊作为江豚庇护所的功能，导致江豚难以长期栖息于此；二期工程将会进一步限制非通航支汊的水深和流量，极可能导致江豚离开该江段。此外，如果二期工程施工安排在冬季低枯水位期，则此时江豚不但面临工程施工压力，还面临难以在附近寻找到合适庇护所的压力。

2 减缓航道整治工程不利影响的对策建议

航道整治工程实施是影响长江江豚栖息地质量和种群数量的重要原因之一，但是减缓航道整治工程的不利影响，不能简单地只基于调整工程位置、施工时间及工程类型等，应从恢复饵料资源、改善栖息地质量，甚至易地建立繁殖种群等综合考量。

2.1 采取综合措施恢复长江鱼类资源

长江航运业及与之相关的航道建设、码头港口建设等从根本上讲属于经济活动，是基于开发利用长江河道资源、水资源而发展的商业活动。在资源开发和利用过程中所产生的经济效益，应遵循生态补偿的原则，将其中的一部分用于长江生态环境补偿。尽管生态补偿的内容和形式多样，但是基于长江江豚保护需要而言，目前最迫切的需要是恢复长江鱼类资源，为江豚提供丰富的饵料。在恢复鱼类资源方面，目前主要实施的措施是增殖放流，实际上最根本的措施应该是减少捕捞，恢复栖息地，促进鱼类自然繁殖和增殖。

长江中下游目前尚有大量从事天然捕捞的渔民，尽管捕捞方式不断更新，但渔获量却逐年减少，既不利于鱼类资源保护，也不利于渔民生活改善和渔业经济发展。因此，应自上而下逐步推进渔民转产转业，逐渐让天然捕捞退出长江，减少渔业活动对长江鱼类资源的影响和伤害。航道整治工程项目应承担一部分责任，至少应承担工程项目实施水域内从事天然捕捞渔民转产转业的责任。这样既可以在一定程度上弱化整治工程实施对鱼类资源及栖息地的不利影响，又可推进全长江全年禁渔的落实。此外，在非航道开展鱼类栖息地修复、有计划地开展增殖放流等亦有助于恢复长江鱼类资源，推进长江江豚保护。

2.2 以江豚为指示物种提出综合减缓影响措施

目前基础研究的主体是长江江豚，针对该物种开展了多方面研究，包括数量、分布、行为、声学、保护等，但是针对河道形态、水文条件、船舶航行对长江江豚的直接和间接影响，包括空间占用、噪声干扰等，却少有完整研究。因此，目前评价航道整治工程及船舶航行对长江江豚的影响，从根本上讲尚缺少足够的定量数据和应用研究支持。鉴于此，除了加强相关基础研究外，应将长江江豚作为长江生态环境健康的指示物种予以关注和评价。长江江豚位居食物链顶层，其分布和数量变化不仅与鱼类数量和分布相关，而且与河道形态、水文条件、水下环境变化等密切相关。

航道整治对环境及水生生物的影响是多方面的，有些影响是长期的，有些影响是短期的，如何合理评价这些影响目前尚未有相关标准，同时也有较全面的减缓影响措施。为降低评价工作的复杂性,同时也为使减缓不利影响的措施更具针对性,建议航道整治工程环境影响评价中将长江江豚作为受影响主体予以考虑,并依次关联到鱼类及水生生物的种群和分布,以及水环境稳定性等。同样地,所提出的减缓不利影响的措施,也从保护和恢复长江江豚栖息地的完整性、连续性、多样性,以及饵料的可获得性,关联到保持河道形态、水文条件、水下环境的多样性和完整性等。由于长江江豚是极其脆弱的物种,基于其种群及栖息地保护提出的环境保护措施,在空间上可以覆盖更多的水域空间和水生动物栖息地,在时间上既考虑了江豚保护的急迫性,又从长远考虑恢复更多水生物种种群。从总体上讲,有利于减缓航道整治工程对长江水生态环境及水生生物的不利影响。

2.3　主动保护措施与易地新建种群相结合

首先,应考虑采取主动措施保护、重建长江江豚自然栖息地。通过在江豚重要栖息地的上游和下游水域调整水体流速、流量、流向,以达到某些河段的航道整治目标,避免在江豚栖息地水域实施工程;在部分环境条件较好的支流、支汊,通过实施水文改造工程,重建江豚栖息地和庇护所,确保江豚在航道异常繁忙的情况下,或在航道整治工程实施期间,能找到足够的庇护所供其躲避和栖息。

其次,应考虑在条件具备时易地新建长江江豚自然种群。将干流中一些长期被隔离的江豚小群体整体迁出,并移入自然条件合适的长江故道,建设易地江豚保护区和新建长江江豚自然繁殖种群。目前,应考虑迁出群体的包括宜昌烟收坝及枝江水域支汊的江豚小群体,而迁出江豚的释放水域可以考虑湖北石首天鹅洲故道保护区和湘鄂两省共管的上车湾故道保护区。

此外,在航道整治工程中应尽量避免裁弯、堵汊和渠化河道。因为这些工程会严重改变河道形态,降低河道形态多样性,同时会改变水流和河道互动态势,不利于保持水生动物栖息地多样性,会严重降低水生动物多样性和丰度。同时,为减少船舶航行对江豚的不利影响,应考虑改进船舶设计,降低航行船舶水下噪声强度,减少航行船舶对江豚的声干扰,避免航行船舶造成江豚意外伤亡。

《鄱阳湖特大工程对长江江豚的影响评价》

长江江豚,是一种生活于我国长江中下游的独特淡水小型鲸类。在过去的几十年中,由于生存环境的改变和恶化,其种群数量呈快速下降趋势。江西鄱阳湖,是长江江豚最为重要的栖息地之一,其种群数量占到整个现存种群的1/5到1/4。都昌至九江高速公路鄱阳湖特大桥工程,位于鄱阳湖长江江豚省级自然保护区核心区范围内,其规划、设计、施工和运行,都会对江豚的栖息环境和活动造成破坏和影响。此次研究采取工程方案避绕、防范和补救措施，以减缓甚至消除不利影响。

1. 长江江豚在鄱阳湖的分布

长江江豚是唯一一个相对独立的江豚淡水种群，也是鼠海豚科所有物种中唯一的淡水种群，国家一级保护动物，仅分布于长江中下游干流及与其相通的大型湖泊中，是中国水域三个江豚种群中最濒危的一个亚种。自1996年以来，就一直被国际自然保护联盟物种生存委员会(IUCNSSC)列为濒危物种，被《濒临绝种野生动植物国际贸易公约》列为最高保护等级的附录物种。1998年《中国濒危动物红皮书兽类》也将其列为濒危级物种，学术研究和文化价值极高，保护地位十分重要。随着人类对长江的开发强度增大，在过去20年中，长江江豚自然种群数量迅速减少。1991年前的考察结果显示，当时的种群数量约为2 700头，其后的考察结果表明，其种群数量明显下降。2006年，中国科学院水生生物研究所采用截线抽样法对长江豚类考察的计算结果是，当时长江江豚的种群数量可能仅为1 800头左右，而分布于长江干流的江豚数量仅1 000头至1 200头左右。在15年左右的时间，长江干流的江豚数量就损失了2/3以上，年下降速率超过5%。

2. 观测结果

鄱阳湖是长江江豚最为重要的栖息地之一，随着长江干流栖息环境的进一步恶化和长江江豚种群数量的快速下降，鄱阳湖成为长江江豚最后的“避难所”，因此鄱阳湖江豚的保护，对该物种的保护将起到举足轻重的作用。往年考察，共记录到长江江豚237次，444头次；声学拖拽的监测次数略少于目视考察，但是考察结果基本一致。其中，老爷庙保护区范围内目视观测到长江江豚88次，189头次，龙口保护区范围内目视观测到长江江豚31次，50头次。数据显示，在这两个保护区内长江江豚的分布密度显著高于其他水域，约占整个湖区长江江豚种群数量的一半。

3. 江豚分布

长江江豚在两个保护区内的分布密度较高，尤其是在老爷庙保护区水域内，长江江豚的分布密度最高。另外，赣江老爷庙至吴城镇江段也有长江江豚的分布，而鄱阳湖自星子县向下游水域，长江江豚的分布很少。这可能是由于该水域水面较窄，船舶航行的强度大，渔业资源匮乏，导致长江江豚集中向鄱阳湖上游分布。

4. 鄱阳湖特大桥工程概况

都昌至九江高速公路，是江西省2020年高速公路网规划的重要组成部分。

鄱阳湖特大桥，是该项目的跨鄱阳湖段工程，路线全长约5 378 m，设计速度为100 km/h，设计荷载为公路Ⅰ级，设计洪水频率为特大桥1/300，桥梁断面采用分离式断面，单行桥宽布置0.5 m(防撞栏)+11.65 m(行车道)+0.5 m(防撞栏)，外侧与路基同宽，桥面横坡2%。主桥为预应力混凝土连续刚构方案；布孔时，主孔净空按单个单孔单向不小于75×10 m设计，考虑主墩承台尺寸及防撞结构需要，主跨130 m；主桥桥跨布置为(85+4×130+85)=690 m，边主跨比0.653。主桥为连续刚构，主梁采用预应力混凝土箱梁，采用分离式单箱单室截面，梁高由支点处7.0 m抛物线变化至跨中3.0 m，混凝土箱梁采用悬臂浇筑的方法施工。

鄱阳湖特大桥建设对江豚会产生多方面的影响，船舶螺旋桨直接伤害豚类，水面上施工船舶增多，甚至船舶聚集，螺旋桨伤害豚类的概率会增加。

打桩噪声的影响。波波夫(Popov)等对桥梁施工打桩时，噪声声号对长江江豚的暂时性听觉阈值(TTS)以及恢复做了研究。在长江江豚经受一段噪声影响之后，对其听觉进行测试，结果显示，长江江豚在强度为140 dBre 1 μPa的32 kHz单频噪声环境中暴露3 min，会导致其对45 kHz的声音产生TTS高达20 dBre 1 μPa，并且要18 min才可恢复。距离打桩点59 m处的打桩噪声，在较高频率(10 kHz至50 kHz)的声级接近于140 dBre 1 μPa，所以在距打桩点59 m的范围内，打桩噪声很有可能会对江豚造成直接的TTS伤害。当然，长江江豚对这种伤害性的噪声也会有逃避行为，但是如果动物的逃避行为在某些限制的水域受到阻碍，这种伤害就会发生。该项目的桥梁施工采用钢围堰，力图降低打桩噪声。

水质污染将直接或间接影响豚类健康。工程所在地水域，施工船舶和机械操作、停泊的船只、运输有毒有害物质车辆泄漏倾覆等，都可能造成不同程度的水质污染，甚至导致重大水污染事故，影响鱼类和豚类。

桥墩物理障碍影响豚类迁移。工程建成后，桥墩等水下工程将永久影响豚类的正常迁移，最严重的情况是形成豚类分布阻隔带，影响豚类的分布和栖息。中国科学院水生生物研究所对鄱阳湖湖口公路大桥和铁路桥之间的江豚迁移行为，进行了长年的观测，发现两座大桥对江豚的迁移具有明显的阻隔作用，因此鄱阳湖特大桥对老爷庙水域江豚的上下迁移所带来的影响是必然的，影响的程度决定于桥型设计，特别是桥墩设计以及后期营运期间车流量和车型速度。从江豚迁移的角度考虑，建议采用桥墩较少的桥型设计，但是同时兼顾到抗风力和景观效果，推荐采用三塔自锚式悬索桥型设计。

大桥上下游水流流态及沙洲消长影响豚类栖息地环境。大桥建成后，桥墩对水流流态的影响，将会以桥墩附近沙洲的消长而显现，沙洲变化直接影响了豚类栖息地的数量和质量。

5. 保护措施

施工和营运期间，特别是在江豚繁殖季节及冬季枯水位季节，安排船只在老爷庙水域附近观察豚类活动情况，强化船舶管理，与进出该水道的船舶保持联系，避免船舶聚集，减少单位面积水面上船舶数量。

桥墩施工期间，应监测水中噪声强度，避免采用打桩施工方式，严禁爆破施工方式。建议咨询相关机构，研究开展气泡帷幕等方法，降低水下施工噪声，研究开展应用定置和移动声学设备对长江豚类进行声驱避（保护），使其离开危险的施工水域。通过提高桥面质量，在桥梁桥墩间加装减震设备，在桥墩表面覆装吸音材料等措施，降低水下噪声，或阻断桥面噪声向水下传播。设立江豚保护区的警示牌，在车辆进入保护区前，设立禁鸣和限速标志，提醒司机谨慎驾驶。

在施工区附近岸边设置警示牌，警示进出该水道的船只减速（时速不超过10 km）；避免与相邻水域的其他工程项目（大桥、码头等建设）同期施工；运行期要在大桥连接线两端设置限速和警示标牌；桥面增设污水和污染物泄漏收集系统，严禁污染物排入湖中。枯水期还要严格设置部分桥洞为禁止航行期，为江豚的迁移留出通道。

大桥工程施工和运行期间，应持续开展水环境监测和水生生物救护工作，同时开展针对豚类、鱼类，以及水环境等的监测和研究工作。

大桥通车后，限制载有危险有毒物品的车辆通行。同时，进行充分的生态补偿，补偿资金主要用于宣传教育、渔政执法、监测考察、江豚救护、搁浅信息网络建设、保护区规划、人员及设备配备、江豚救护基金，以及豚类、鱼类、鸟类及环境监测等方面。项目建设方应协同保护区管理部门和相关科研机构，开展工程运行生态环境影响后评估，重点评估工程运行对豚类的影响。

3.8.12 相关研究

3.8.12.1 种群遗传变异

杨光等（1997）测定了中国水域江豚长江种群、黄海种群和南海种群共12头个体的2个长度分别为317 bp和245 bp的mtDNA控制区序列，并以此分析了江豚种群的遗传变异。结果表明，中国水域江豚各种群的控制区序列所定义的单倍型互不相同，无共有的单倍型。针对2个mtDNA控制区片段的核苷酸序列以及把2个片段合并后产生的较大片段的序列，用MRGA软件中的

UPGMA法构建的系统树把江豚聚类为三个分支,分别代表3个地理种群。种群内的遗传分化程度远远低于种群间的遗传分化程度,提示江豚不同种群之间可能已经有了显著的遗传分化,种群间缺乏基因交流。各种群在距今58万年至108万年以前有共同祖先。3个江豚种群之间显著的遗传分化提示它们不大可能发生海江或江海迁移,同时也提示在进行江豚资源管理和物种保护时需要把它们作为不同的种群单元分别对待。

3.8.12.2　种群续存

长江江豚生存力受长江环境影响大。张先锋等(1999)运用漩涡模型(Vortex 7.3)分析了长江江豚的种群生存力,预测了未来100年长江江豚的种群动态,比较了在假设环境条件下以及采取和不采取保护措施长江江豚种群的濒危程度,并模拟了江豚饲养群体的动态。其主要结果显示,长江江豚在未来100年内灭绝的概率为0.01,平均灭绝时间为100年。如果长江环境状况进一步恶化,长江江豚的灭绝概率将大幅度提高,灭绝时间也将随之提前至24~94年。如采取建立饲养群体并结合饲养群体对自然种群进行逐步补充等保护措施,长江江豚有望存活100年以上。长江江豚种群对各种原因引起的幼龄死亡率增加、自然灾害的强度增加较为敏感。在假定的保护区理想条件下,饲养群体的MVP至少应为20头。保护江豚的优先项目应为建立饲养群体和改善长江江豚生活环境。

3.8.12.3　行为研究

为了更好地了解长江江豚的分布、数量和活动规律等方面的资料,为进一步开展保护工作提供科学依据,对长江江豚进行行为学研究具有重要的意义(王丁等,2000)。肖建强等(2005)对饲养环境下长江江豚的行为谱进行了构建,并进行了较为详细的论述。其共定义了以下近40种行为,行为的发生在时间上不完全互斥,即一个个体有可能在同一时刻进行几种不同行为。

游动(move):借助尾部的上下摆动产生向前的位移,是长江江豚最常见的行为,也是最主要的运动形式。游动中长江江豚会借助转体、转向改变原运动姿势或轨迹。

滑行(glide):仅借助之前的游动的惯性,而不依赖尾部摆动的推动向前移动。

换气(respiration):呼吸孔在水面以上完成呼吸过程。

下沉(sink):不借助任何动作,保持原来的姿势下发生由水面或接近水面处向水底的位移。

漂浮(float):在水面或接近水面处体轴水平保持静止,但尾柄可能下垂。

漂浮时身体可能与池壁接触，并可能向一侧倾斜直至腹面向上。

悬浮（hang）：身体在水中竖直向上保持静止。悬浮时吻端或头顶可能与池壁接触。

摩擦（rubbing）：身体的任一部分与豚池的任一部分（如池壁、池底或较突出的边沿）接触并发生相对位移。

平躺（lie on bottom）：体轴水平停留在池底平坦处，包括出水口和治疗平台，有时会腹面向上。雄性长江江豚躺底时吻端常朝向其他个体，并随其运动而改变朝向和姿势（借助鳍肢和颈部的动作），身体甚至会由水平变为斜立或直立，仅保持尾部与池底接触。

弓曲（arch）：水平漂浮于水中或水面时身体向背/腹面尽量弯曲成弓形、反弓形或“S”形，并短暂地保持这一姿态。

旋转（roll）：行进中或原地绕身体纵轴（向左/向右）转体 360 度，可以连续旋转多圈，旋转的速率可快可慢，发生时所在位置可位于水面以下、水面或空中。

向内回环（side circle）：体轴水平，身体左侧（或右侧）朝上、右侧（或左侧）朝下，头尾躯干向腹面弯曲，在水平面上沿环状轨道（半径不大于一倍体长）顺时针或逆时针转圈，转速较高，可以连续转动多圈。

下颌拍打水面（chin slap）：头部抬起出水后落下时下颌拍打在水面上。

点头（head jerk）：头部突然前后或左右运动，幅度和频率可变，有时伴有鳍肢摆动。

躯干拍打水面（body slap）：从空中入水时身体（腹面、背面或侧面）直接击打在水面上。

尾鳍拍打水面（fluke slap）：水面上水平姿势尾鳍出水向下（连续）拍打水面。有时尾鳍入水后继续用力向下运动直至明显低于躯干所在平面，同时在水面下形成大量气泡。

尾鳍“招手”（fluke wave）：在接近水面处腹面向上，尾柄向腹面弯曲，并向腹面摆动尾鳍。

快速游动（fast swim）：游速较快，伴有大幅度的尾部摆动加速动作，有时亦可伴有滑行。

掀浪（wave making）：贴近水面前进的同时尾鳍在水下用力反复上下摆动，在水面掀起前进方向与体轴平行的较大波浪。常伴随快速游动。若停止摆动尾鳍，动物可随波浪前进甚至冲至池边。

高出水呼吸（porpoise）：换气时体轴基本保持水平，躯干部 1/2 或更多部分露出水面,但尾鳍不露出水面,露出水面的背部至尾柄常呈弓形。常与快速游动同时发生,有时伴有旋转。入水有时躯干拍打水面。

直立出水(spy hop):躯干基本竖直向上冒出水面,吻端或更多部分出水,并保持片刻静止。不一定同时换气,有时同时伴有旋转,常伴有吐水、索食等行为,入水时可能倒下变成躯干拍打水面,也可能直接下沉。

跳跃(breach):身体快速完全冲出水面,常尾随快速游动发生,有时在空中同时伴有快速的旋转,或者身体在空中发生翻转变为尾部朝上。入水时可能躯干拍打水面,也有可能头部在下率先入水。

操纵物体(object manipulation):对于水面或水中的物体(如水听器/电缆、水质监测装置及其他落入水中的物体,包括饵料鱼等)的接近、探测,或在附近停留,或用嘴咬或吞入吐出,或用身体任何部分接触或摩擦等行为,通常身体处于漂浮或悬浮状态。

操纵气泡(bubble manipulation):由呼吸孔/嘴中产生单个的或成串的气泡,常会伴随气泡上浮并用吻端接触气泡或吞入气泡。

吐水(spit):吻端出水,自口中射出小股水流。若吻端竖直向上,水流射出后会直接落入口中。可以重复进行多次。有时也可在水下贴近水面处发生。吐水时身体一般处于悬浮或漂浮状态,可伴随直立出水发生,亦可在水面前进时发生。

拱水(neck undulation):漂浮水面,吻端没入水中,颈部反复向背面弯曲/伸展,并伴有吻端同步前后移动。

喷水(spout):吻端在水面以上向水平方向或斜上方有力地喷射水流,比吐水射程远、水量大,水流通常直接喷射在墙壁或岸上。喷水常在前进过程中或直立出水时发生,可重复多次。亦可在索食中发生。

合游(swim in unit):一个以上个体、体轴平行、前后差距一倍体长以内,同向运动1 s以上。任意两豚横向间距不超过2倍体长,有时间距极小,甚至背—腹或腹—腹相贴。合游中可能有接触,但无明显的相互作用,且对维持合游无影响。

互作(interaction):由一个以上个体参与的除性行为外的任何形式的相互作用,包括有明确指向的接近、尾随、“旁观”、追逐与逃逸、身体接触等。

性行为(sexual behavior):雄性长江江豚阴茎勃起后接近或接触其他个体的任何行为。

游荡(milling):单独游动或合游,频繁改变方向,游速不定。

排粪(defecate):排出粪便。

勃起(alone erection):与性行为不同,发生时雄豚一般为漂浮,躯干及尾部向内而颈部向内或向外极力弯曲,同时生殖器完全勃起。发生时近处无其他个体或勃起无明显指向,且发生后不接近、接触其他个体。

喷汽(chuffing):在水面换气时用力呼气产生柱状的白色水汽,同时发出粗短的出气声。有时连续几次换气均喷汽。

"打喷嚏"(sneeze):换气时发出较响的"喷嚏"声,如同气体在挤压下喷出的声音。有时连续几次换气均发出较响的"喷嚏"声。

水面发声(squeeze):在水面上发出叫声,不一定伴随换气,声源可能在气孔附近。

索食展示(begging food display):漂浮或悬浮停留在喂食处或观察者面前,可同时伴随直立出水、张嘴、点头、摆动鳍肢。

索食喷水(begging food spout):索食同时直立出水(或在水下)对喂食处、喂食者或观察者喷水,有时水流较弱和吐水接近,但目标明确。

合游转圈休息(co-swimming resting):两豚长时间顺时针方向沿环形轨迹合游,横向间距1~2倍体长,相对位置较为稳定,游动动作同步但较为缓慢、僵硬。

蹭排水口休息(rubbing resting):腹面斜向上沿逆时针方向绕池底排水口长时间游动,同时背部在排水口边缘持续摩擦,动作机械。

根据行为的结构、形式和/或发生的场合以及行为可能的功能,将上述的行为划分为8个类别:活跃的水面行为;玩耍(单一个体对环境中的物体,包括水流、气泡的操纵);索食(形式与喂食/训练中动物的一些行为一致的行为);社群行为;性行为;休息(完全不动或动作较为缓慢、机械,同时对周围环境的不敏感);摩擦;杂类。上述游动、滑行、下沉、换气4种行为极为常见,且几乎贯穿于其他各种行为的过程之中。

在对两头长江江豚跟踪的59 h中,共记录到8 222个潜水动作。潜水可分为两种类型,即潜水深度大于2.7 m的深潜水和小于2.7 m的浅潜水。年轻和成年个体平均每次潜水时间分别为15.4 s和28.7 s,最大值分别为87 s和149 s;平均潜水深度分别为2.56 m和3.41 m;平均游泳速度分别为1.25 m/s和1.21 m/s;游泳距离分别为94.4 km/d和90.3 km/d。观察到长江江豚常常在接近水底时突然降速和改变游泳方向,该行为多发生于白天,可能与摄食有关。说明长江江豚多摄食底层鱼类,且摄食多发生在白天。这些研究结果对长江江豚的保护具有指导意义(王丁等,2000)。

在对一头长江江豚将近20个小时的跟踪研究中,研究人员发现江豚95%

以上的时间在0~10 m 水深范围内活动，平均下行游泳速度为3.3 km/h，江豚在就地释放后的18 h 内沿长江下行60 km。这说明江豚在短时间内也可能进行长距离迁移(王丁等，2000)。

雌雄性之间的性行为对鲸类的生存和繁衍有着极其重要的意义。然而不具有繁殖功能的同性性行为和自慰行为在多种鲸类中存在。因此对鲸类繁殖行为及非繁殖行为进行研究，将有助于深入认识该物种性行为的特点和规律，并解决室内饲养可能存在的问题以及促进可控性人工繁殖的成功。1992年4月至1993年2月，华元渝等(1994)在铜陵白暨豚养护场对饲养条件下的4头长江江豚的交配行为进行了观察，较全面地描述和分析了江豚的交配、摄食行为模式。其认为长江江豚交配行为发生有一定的时间顺序，其交配期在3~6月，江豚背部小齿在交配活动中具有重要的生物学意义。张长群等(2015)以人工饲养的7头长江江豚为研究对象，定义并描述了14种性行为。其中，同性之间的性行为定义为同性性行为，雌雄个体单独的性行为定义为自慰行为。雄性同性性行为发现于所有定义的性行为中，但雌性同性性行为仅在7种性行为中观察到。同性性行为(3 633次)占总性行为(5 563次)的65.31%，自慰行为(254次)占4.57%。同性性行为中，雄性之间的同性性行为(3 438次 94.63%)远多于雌性同性性行为(195次，5.37%)。两头有父子关系的江豚之间的雄性同性性行为最多(1 921次，55.88%)，雄性江豚之间的同性性行为可能存在结盟竞争关系或教育练习作用。两头青少年雌豚之间的同性性行为最活跃(117次，60.00%)，雌性江豚之间的同性性行为很可能具有结伴交流的功能。束家宽等(2008)在铜陵淡水豚国家级自然保护区半自然水域采用随机取样法和焦点动物取样法对哺乳期长江江豚母豚昼间行为和时间分配进行了研究。结果表明，母豚用于摄食的时间占61.2%；其次是母幼联系和移动，分别为18.8%和7.6%；用于休息和社会行为的时间较少，分别为6.1%和5.2%；其他行为的时间极少，仅占1.1%。可见摄食和母幼联系是其主要的行为。在活动规律方面，其各种行为在强度、出现和持续的时间上存在较大差异。在哺乳期不同阶段长江江豚母豚的母幼联系差异极显著，摄食和社会行为存在显著差异，移动、休息和其他行为则不存在显著差异；而此期间，在不同活动区域以上各种行为均存在极显著差异，说明其对栖息环境具有选择性。

第4章 长江口珍稀濒危水生动物生活史

4.1 中华鲟生活史

4.1.1 中华鲟胚胎发育

中华鲟成熟卵为圆形或椭圆形，卵径4 mm左右，卵呈黑色或黑褐色。动物极端有一圆形白色区域，为极斑，极斑中心有一个规则的圆形暗区，暗区中央有一个白色小区，极斑周围有1~3道色素环，或有齿状花纹(图4-1：1)。

受精卵：受精后约25 min内，受精卵外部形态和动物极端的色素图像没有明显变化。卵膜紧贴着卵，没有膨胀，此时尚未出现黏性。绝大多数卵的动物极朝向侧面(图4-1：2)。25 min后，卵开始出现黏性，黏着之后动物极开始在卵膜内转动，达到垂直方位，极斑周围的色素环逐渐消失，色素扩散，极斑区域扩大，圆形暗区向中心集结，卵膜吸水膨胀，卵膜和卵黄膜之间形成卵周隙。受精后约40 min，动物极出现一个很大的明亮新月区，即胚盘，胚盘中心为色素集结后形成的略显长形的暗区(图4-1：3)。

第一次卵裂：受精后约2 h出现第一次卵裂，为经裂，动物极中间出现一条暗色的线，即第一次分裂沟。分裂沟与胚盘垂直，将动物极分裂成两个大小几乎相同的分裂球。分裂沟在卵的动物极扩展得很快，但当到达富含卵黄的植物极时，分裂速度显著减慢(图4-1：4)。

第二次卵裂：受精后约3 h开始第二次卵裂，同样为经裂，当第一次分裂沟向植物极移动，接近卵细胞的赤道时，出现沿径线方向与第一次分裂沟相垂直的第二次分裂沟，将动物极分成大小基本相同的四个分裂球(图4-1：5)。

第三次卵裂：受精后4 h开始第三次卵裂，仍然为经裂，第三次分裂沟在动物极中央与前两次分裂沟会合或与第一次分裂沟形成有规则的辐射图像，此时分裂沟呈现“米”字状，动物极被分裂成8个大小基本一致的分裂球。第一次分裂的分裂沟已经越过卵中央的赤道线，而第二次卵裂的分裂沟尚未到达(图4-1：6)。

第四次卵裂：受精后约5 h后开始第四次卵裂，此时分裂沟多位于水平方向,分裂开始不规则,细胞分裂也不完全同步,分裂沟将动物极分裂成16个大小不等的分裂球,此时第一次和第二次分裂沟相继下降到赤道线以下,但大多数并未在植物极形成完全闭合(图4-1:7)。

囊胚期:受精后约11 h,发育至囊胚期。动物极色素变浅并逐渐变得明亮,下延接近赤道部分,植物极色素较深。动物极的分裂球很小,通过低倍镜放大,可以看到动物极的各个分裂球,特别是动物极和植物极的边缘地带,分裂球比较清晰,此时分裂球靠拢稍紧密,细胞间界限不是很明显,但肉眼仍然能看清楚细胞的大致轮廓,中央的凹陷逐渐变平,晚期时动物极开始向植物极扩散(图4-1:8)。

原肠胚期:受精后约14 h,动物极细胞扩散超过卵的1/3,此时为原肠胚早期。约19 h之后,明亮的动物极细胞继续向深暗的植物极部分扩展,动物极细胞覆盖卵超过2/3,此时为中期,背唇、腹唇和侧唇闭合形成胚环(图4-1:9)。

大卵黄栓期:受精后约27 h,胚胎发育至大卵黄栓期,胚孔内的植物极即卵黄栓,动物极呈明亮的米黄色,植物极呈灰黑色,界限非常清晰。在低倍镜下,动物极已看不到分裂球,植物极仍可见大的分裂球,透过动物极顶部,可见里面呈暗灰色圆斑状的囊胚腔。胚孔的边缘越来越靠近,胚孔也越来越小,卵黄栓的体积就越来越小(图4-1:10)。

小卵黄栓期:受精后约31 h,除了不大的卵黄栓外,整个卵均被胚层覆盖。活体可见暗色的原肠腔,胚胎已可在膜内转动,胚胎背面由朝向侧面而转成上面,原肠腔中可隐约见到神经沟(图4-1:11)。

隙状胚孔期:受精后约33 h,在此之前,由于卵重心的移动,胚胎发生度的旋转,胚孔朝向侧面,之后侧唇相互靠拢,胚孔边缘接近闭合,只留下一个针尖大小的极其狭窄的裂隙。胚胎背面已可见到裂陷较浅的神经沟,至此胚胎完成了三个胚层的分化(图4-1:12)。

宽神经板期:受精后约38 h,从隙状胚孔开始形成神经沟,向前终止于神经板最宽的地方,之后神经板加厚,形成神经褶。再约40 h进入宽神经板期,在神经板脑部周围有清楚的呈马蹄形的神经褶,神经板中央有向下增长的呈纵行的神经沟,随后神经板中部稍深陷,边缘神经褶升高、增厚并逐渐靠拢,神经板变窄,位于躯干部两侧的神经褶两侧出现明亮窄带状的排泄系统原基(图4-1:13)。

神经管闭合期:受精后约45 h,神经褶闭合成神经管,未来脑部的神经管膨大并开始加长,可分为三个脑泡,排泄系统也显著加长,但还没有达到神经管末端。透过体表可以看见分布在身体中部的体节,此后就开始了各器官的形成

（图 4－1：14）。

眼突形成、排泄系统原基加厚期：受精后 47 h，胚胎头部分化，未来脑部的神经管膨大加长并分化成 3 个脑泡，分别为前脑泡、中脑泡和后脑泡。前脑中形成两个眼突——眼的原基，中脑泡两侧可见向上凸出呈弧形的第一对咽弧的原基。体节明显，可一直数到尾部，并且数目也增加很快。排泄系统原基前端加厚，窄带状的排泄系统原基分化成向前和向外侧伸展的肾小管原基（图 4－1：15）。

侧板联合、尾芽分离期：受精后 55 h，在胚胎头部前方的腹面，两侧板联合的地方形成心脏原基，心脏开始为短而粗的管状，以后逐渐延长，活体观察可见心脏原基和三对成新月形的咽弧原基。侧板从靠拢到完全联合，排泄系统原基从身体中部一直延至尾端，其前端明显加厚并迅速分节，前肾集管和输出管呈套管状分叉。胚体继续隆起，高出球面，尾芽突出，呈浆页状，开始与球体分离（图 4－1：16）。

心脏形成、搏动期：受精后约 66 h，心脏开始成短管状，位于头的前下方，一段时间之后，长管状的心脏开始有微弱的收缩，间隙时间较长。头部前端抬起，尾芽分离变细。心脏变形，从略有弯曲的直长管变成“S”形弯曲。胚胎头部视泡凸出，变成视环，尾芽分离更明显并延长，其离开球体的长度为整个胚胎长度的三分之一，肌肉开始颤动，此时心脏搏动也比较均匀，在 24℃ 水温条件下，胚胎心脏搏动每分钟可达 67 次（图 4－1：17）。

尾部末端接近心脏期：受精后 70 多个小时，胚胎头已能动，尾部末端扁平，皮肤褶从背部连到尾部，尾芽加长，略向腹面弯曲，并可做大幅度左右摆动，此时，外界刺激能引起肌肉收缩，之后胚胎开始扭动，尾部显著加长，接近心脏，在 24℃ 水温条件下，胚胎心脏搏动每分钟可达 74 次（图 4－1：18、19）。

胚体滚动期：受精后约 100 h，由于头下皮褶的内陷，使头部分离并偏向左侧，扁形的头部变成了圆形，头部与卵黄囊进一步分离。肠管灰黑色，尾延长，胚体全长已超过卵黄囊长度的 1 倍。肉眼可见卵黄囊血管呈明显的网状排列，鳍褶增宽。尾部末端接近或达到头部，胚体头尾都能作剧烈运动，使得整个胚体能在膜内自由的、有节律的扭动，此时稍微给予一定的外力，如水浪冲击等，卵膜很容易破裂而释放出胚胎，释放出的胚体可在水中自由地游动（图 4－1：20）。

出膜期：受精后 120 h 左右，尾鳍褶明显，尾部超过头部，出膜过程中，卵膜因胚胎口部孵化腺的作用而强度降低，失去弹性，再加上胚体尾部不断击打卵膜，一般情况下胚胎先用尾部击破卵膜，将尾部伸出膜外，此后在尾部不断拍打的过程中,卵膜裂口变大,整个胚胎从卵膜内脱出,进入仔鱼期(图4-1：21、22、23)(唐国盘,2005)。

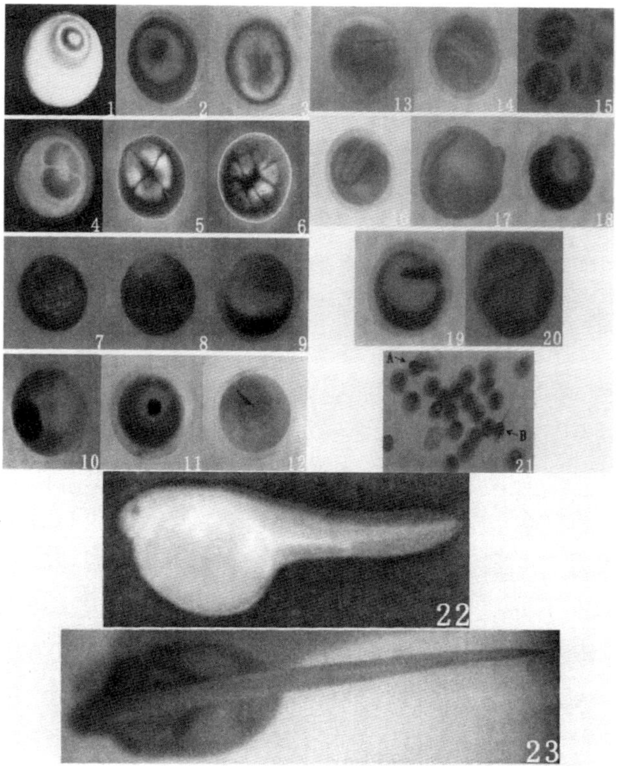

图4-1　中华鲟胚胎发育(唐国盘,2005)

1. 成熟卵；2. 受精后约25 min,明亮的极斑消失；3. 受精后约40 min,色素在动物极沉积,明亮的新月形成,示胚盘形成；4. 2细胞期；5. 4细胞期；6. 8细胞期；7. 16细胞期；8. 囊胚期；9. 原肠胚期；10. 大卵黄栓期；11. 小卵黄栓期；12. 隙状胚孔期,示早期神经沟；13. 宽神经板期；14. 神经管闭合期,明显可以看到神经褶闭合成的缝合部位；15. 眼突形成、排泄系统原基加厚期；16. 侧板联合、尾芽分离期；17. 心脏形成、搏动期；18. 尾部末端接近心脏期,示头部；19. 尾部末端接近心脏期,示尾部；20. 胚体滚动期；21. 出膜期,示仔鱼；22. 孵出期；23. 剥离卵膜,示刚孵出仔鱼

4.1.2　中华鲟仔鱼、稚鱼发育

每年5~8月,在长江中上游产卵场繁殖的中华鲟幼鱼洄游到达长江口水域完成由淡水进入海水的生理适应性准备,秋季后进入海洋生长发育。中华鲟幼鱼在降河洄游过程中在长江口逗留期间生长较为迅速(表4-1)。

表 4－1　长江口中华鲟幼鱼生长的月变化（毛翠凤等，2005）

	5 月	6 月	7 月	8 月
样本数	19	68	99	10
体长/cm	16.68±3.27[a]	21.26±2.10[b]	26.25±4.79[c]	31.90±3.24[d]
体重/g	28.69±16.06[a]	72.51±21.02[b]	146.00±34.83[c]	236.77±176.64[d]
肥满度	0.57±0.07[a]	0.74±0.11[b]	0.69±0.09b[c]	0.63±0.20
肥满度变异系数/%	11.92	14.7	13.62	32.84

注：同一行参数上方有相异字母表示有显著性差异（$P<0.05$）。

从表 4－1 中可见，在 5 月份，中华鲟幼鱼的体长为 16.68±3.27 cm，体重为 28.69±16.06 g。到 8 月份，中华鲟幼鱼体长和体重分别增加到 31.90±3.24 cm 和 236.77±176.64 g，体长增加至原来的 1.91 倍，体重增加至原来的 8.25 倍。在 5~8 月，中华鲟幼鱼的体长月增长都在 5 cm 左右，5~8 月中华鲟幼鱼的体长与体重差异显著。变异系数是衡量群体内个体间生长整齐度的指标，当饵料丰富、生长环境适宜时，群体中个体生长差异小，个体大小的一致性高，变异系数小。8 月份样本的肥满度变异系数显著高于其他月份，说明 8 月份样本个体间生长的差异度最大（毛翠凤等，2005）。

中华鲟幼鱼在不同月份的体长与体重相关关系有较大差异（图 4－2）。5 月，$W=0.014\,217L^{2.675\,61}$（$r=0.976\,7$，$n=19$）；6 月，$W=0.009\,904L^{2.902\,21}$（$r=0.885\,8$，$n=68$）；7 月，$W=0.004\,581L^{3.124\,75}$（$r=0.983\,9$，$n=99$）；8 月，$W=0.020\,976L^{2.662\,29}$（$r=0.928\,6$，$n=10$）。5 月和 8 月的幂指数 $b<3$，呈异速生长，即体长生长速度大于体重生长速度；6 月和 7 月幂指数 b 接近 3，呈等速生长，即

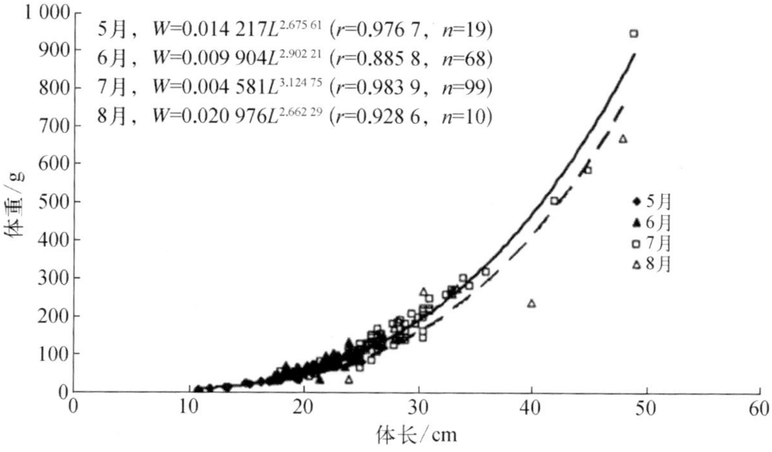

图 4－2　长江口中华鲟幼鱼不同月份的体长与体重相关曲线（毛翠凤等，2005）

体长和体重接近匀速生长(毛翠凤等,2005)。

鱼类体长—体重关系是鱼类生长生物学研究中经常涉及的主要内容之一,以 $W=aL^b$ 描述鱼类体长与体重的相关关系,其中参数 b 表示鱼的体重增加系数与体长增加系数之比,表示了鱼类生长发育的不均匀性,这种不均匀性是由体重和体长的不均匀增长带来的,所以生长幂指数 b 可以用来判断鱼类是否处于等速生长。中华鲟幼鱼在不同月份体长—体重生长关系式中幂指数 b 值存在差异性。5月和8月的幂指数 b 小于3,呈异速生长,即体长生长速度大于体重生长速度,肥满度下降;6月和7月幂指数 b 接近3,呈等速生长,即体长和体重同步生长。有学者认为 b 值的差异性反映出鱼类生活的环境条件的优劣、营养条件的丰歉以及生长的阶段性(毛翠凤等,2005)。

5月样本的生长情况不如6~7月样本,原因可能有三点:一是环境水温的因素,5月处于春季,是长江水温上升的时期,但环境水温还没有上升到中华鲟幼鱼最适生长所需的温度,所以生长还没有达到最佳状况。二是饵料的因素,这也许是更为重要的原因,长江干流的中华鲟幼鱼适口饵料不如长江口丰富,这也可能是中华鲟幼鱼为什么要至长江口甚至海洋中索饵的重要动因,因为长江干流的饵料不能够满足未来体形巨大的中华鲟继续生长发育的需求。中华鲟幼鱼的主要食物,如矛尾鰕虎鱼、狭颚绒螯蟹、白虾等,在长江口区域十分丰富,十分适合中华鲟幼鱼摄食和生长。5月份中华鲟幼鱼刚抵达长江口,在接下来的6~7月有长江口丰富的饵料支撑,所以生长发育良好。三是对环境和食性改变的适应调节过程,中华鲟幼鱼抵达长江口后食性有较大变化,由摄食淡水饵料生物转为摄食咸淡水饵料生物,其食性的适应过程也可能影响生长和发育;另外,中华鲟幼鱼由生活在长江干流纯淡水环境到生活在长江口的咸淡水环境,也要有一个生理适应调节过程,都会暂时影响生长状况(毛翠凤等,2005)。

4.1.3 中华鲟仔鱼、稚鱼对环境适应

4.1.3.1 中华鲟仔鱼、稚鱼对温度的选择

每年冬季长江上游产卵场繁殖的中华鲟幼苗顺江而下,于翌年5月到达河口进行索饵肥育和生理调节,然后于9月份进入海洋生长,在此期间长江口中华鲟幼鱼栖息水域的平均水温为14.97~27.47℃。而在室内人工培育时,通常采用人工控温来维持适宜水温,促使中华鲟幼鱼快速健康生长。鱼类是低等变温动物,不具有维持恒定体温的生理机制,故其体内代谢易受体外水温影响。温度主要影响鱼类新陈代谢反应速率,从而调控其能量收支、基础代谢、生长发

育、酶活水平、抗病能力等(冯广朋等,2012)。

丙氨酸转氨酶(ALT)和天冬氨酸转氨酶(AST)是生物体内两种主要的转氨酶,在蛋白质代谢与能源转化中具有重要作用,亦被作为环境污染胁迫的评估指标;碱性磷酸酶(ALP)直接参与生物机体磷酸基团代谢,在钙磷吸收转化中发挥重要作用;乳酸脱氢酶(LDH)是生物机体参与糖酵解的重要酶类;黄嘌呤氧化酶(XOD)参与生物体内核酸代谢,在受环境污染胁迫时其活性会发生相应变化;抑制羟自由基能力(AIHR)对于维持生物机体健康具有重要作用,可评估机体消除自由基的能力。总抗氧化能力(T-AOC)反映机体抗氧化酶系统和非酶促系统对外来胁迫的能力,是衡量机体抗氧化系统功能的综合性指标(冯广朋等,2012)。

ALT和AST是鱼类体内重要的氨基转移酶,在蛋白质代谢中起着重要作用,正常状态时鱼体血清转氨酶活性较低而且相对稳定。当肝脏功能受损时,ALT和AST大量进入血液,从而导致转氨酶活性升高,故ALT和AST常被作为肝脏功能的评估指标。ALT和AST活性亦与氨基酸代谢强度有着密切关系,氨基酸代谢增强会导致转氨酶活性升高。中华鲟幼鱼ALT和AST在20℃时活性最高,而在其他温度(15℃、25℃、30℃)时活性较低。对于中华鲟等鲟科鱼类来说,21℃是其较适宜的生长水温。因此20℃时中华鲟幼鱼的ALT与AST活性较高可能与其体内蛋白质代谢率较高有关,并非其肝脏功能受损所致。反之,其他温度组ALT与AST活性较低,可能是由于中华鲟幼鱼蛋白质代谢率降低引起的(冯广朋等,2012)。

XOD是动物在毒理、病理、胁迫等非正常状态下,体内器官产生自由基的主要催化酶。对于15℃、20℃、25℃、30℃几个温度而言,中华鲟XOD活性在25℃时最低,而在30℃时活性最高,但与其他各温度下均差异不明显,显示中华鲟幼鱼在25℃水温组受到温度胁迫较小。XOD可催化次黄嘌呤转变为黄嘌呤,进而催化黄嘌呤转变为尿酸,在这连串反应中会释放大量电子并产生多种自由基。羟自由基是其中毒性最强的一种,会引起生物机体蛋白质变性、酶失活、DNA链断裂、生物膜结构损伤等。因此,XOD与羟自由基具有一定相关性。研究表明,AIHR可以间接反映羟自由基活性水平,两者之间为负相关。在15℃、20℃、25℃、30℃四个温度中,中华鲟幼鱼血清AIHR在20℃时最高,揭示在此温度下自由基的产生受到抑制,鱼体抗氧化能力和免疫能力增强(冯广朋等,2012)。

T-AOC可以反映生物机体酶系统和非酶系统抗氧化能力水平,并与生物的健康程度存在密切关系。生物机体抗氧化防御体系包括酶促与非酶促两个部分。酶促体系以超氧化物歧化酶、谷胱甘肽酶、过氧化氢酶等微量元素为活性中心，非酶促反应体系以维生素、氨基酸、金属蛋白质等有机物为主要成分。对南极鱼类和温带鱼类的比较研究表明，栖息水温影响鱼体抗氧化水平，鱼体抗氧化能力与水温之间具有较高相关性。一般来说，鱼类机体内自由基增多，鱼类为了抵御外源亲电基团的氧化，避免脂质过氧化，往往会导致抗氧化酶活性升高。相比15℃、25℃和30℃，中华鲟幼鱼T－AOC在20℃时最高，可能是因为在低温和高温条件下，鱼类机体内自由基增多，导致防御体系的抗氧化物质减少，从而引起T－AOC降低（冯广朋等，2012）。

鱼类是水生低等变温动物，容易受外界水体温度的影响。温度作为控制因子，主要调控鱼体各种代谢反应的速率，对鱼类的活动和生长具有重要影响。鱼类血液生化组成与环境条件、生理状况等密切相关，血液指标能为鱼类生理监测与研究提供重要参考依据。鱼类能量的主要来源为蛋白质、糖类和脂肪，这些能源在生化分解后通过血液输送到鱼体组织，为各个器官提供能量（冯广朋等，2010）。

通过对四个温度下（15℃、20℃、25℃、30℃）养殖的中华鲟幼鱼总蛋白（TP）、白蛋白（ALB）、血糖（GLU）、总胆固醇（TC）、甘油三酯（TG）、高密度脂蛋白（HDLC）、总胆红素（T－BIL）、尿素（UREA）8项生化指标的测定，可以反映不同温度下中华鲟幼鱼能量及生理代谢情况。TP主要维持血浆胶体渗透压与pH平衡，具有运输、凝血、免疫、供应能量等作用。ALB是最重要的特异性蛋白，具有调节渗透压、运输代谢产物、贮存物质等生理功能。GLU是血液中最重要的能源物质，是鱼类各种活动所需能量的直接来源；GLU代谢受神经和激素的共同调节，并与肝糖原分解有密切关系鱼类脂肪存在于各种组织中。TG可被分解成甘油和脂肪酸，然后释放能量。HDLC是血脂代谢的基础物质，将组织细胞中的胆固醇转运至肝脏。15℃、20℃、25℃、30℃下，中华鲟幼鱼血液TP、ALB、GLU、TC和HDLC浓度变化规律相似，均呈现先升高后降低的趋势，而且均在20℃组达到最高值。在30℃组中，TP、ALB、GLU和TC达到最低值。从血液能源物质的变化规律来看，20℃组中华鲟能量支出较少，说明20℃是中华鲟较适宜的生长温度（冯广朋等，2010）。

不同环境条件对鱼类生理影响的重要表现之一是血液生化组成的变化（冯广朋等，2010）。当外界环境发生改变时，鱼类通过神经内分泌系统，将应激反应产生的激素分泌到血液中，由血液循环系统带到靶细胞上发挥作用。鱼类面临环境胁迫时，体内能量代谢方面发生的主要变化有：血糖、血液乳酸含量增高；肝糖原加速消耗；游离脂肪酸含量产生变化；蛋白质分解加快。因此，在应激状态时鱼类往往需要更多地动用自身储存的能量。研究表明,通过对鱼类体内能量水平的监测可以评估鱼类的营养状况水平,鱼类能量储存数量与存活率及生活史变动存在一定的相关性。15℃、20℃、25℃、30℃相比较,20℃组的中华鲟幼鱼TP、ALB、GLU、TC和HDLC浓度最高,其他3个温度的浓度较低。这表明:① 温度偏高(25℃、30℃)和偏低(15℃)时,中华鲟幼鱼产生一定的应激,为了应对生理应激,中华鲟加快血液中能源物质的分解代谢,导致这些血液指标的浓度降低;② 温度偏高和偏低时,导致鱼体生化反应中酶的活性降低,鱼类血液能源物质的合成代谢速度降低。因此,分解代谢的加快和合成代谢的减慢共同导致中华鲟幼鱼血液能源物质的测定值较低(冯广朋等,2010)。

胆红素(即胆汁色素),大量存在于胆汁中,血清中含量较少。鱼体暴露于有毒物质中时,会导致血浆胆红素的含量上升,血浆胆红素的升高暗示着肝的损伤。15℃、20℃、25℃、30℃相比较,中华鲟幼鱼在20℃和25℃时,T-BIL浓度较低,表明此时水体温度比较适宜,鱼类处在较健康的生理状态(冯广朋等,2010)。

鱼类属排氨动物,蛋白质代谢的废物主要以氨的形式由鳃分泌和体表排出,UREA亦是多数鱼类嘌呤代谢的终产物。UREA指标常被用来评估鳃和肾脏的功能。15℃、20℃、25℃、30℃相比较,随着温度升高,中华鲟幼鱼UREA浓度呈下降趋势,可能和鱼体新陈代谢加快、代谢产物排放加快等有关(冯广朋等,2010)。

综合这些代谢酶、抗氧化酶、能源物质代谢值,20~25℃时中华鲟幼鱼新陈代谢能力较强,生理健康程度较高,应是中华鲟幼鱼较为适宜的生长水温(冯广朋等,2012)。

4.1.3.2 中华鲟仔鱼、稚鱼对底质的选择

顾孝连等(2008)研究了中华鲟幼鱼对4种不同底质,即沙(直径<0.2 cm)、小砾石(直径1~2 cm)、中砾石(直径4~5 cm)、大砾石(直径13~15 cm)的偏好性。发现,单尾中华鲟幼鱼在4种底质中活动时间的百分比分别是:沙51.50%±21.20%,小砾石20.27%±9.70%,中砾石18.03%±6.17%,大砾石10.20%±11.20%。中华鲟幼鱼在4种底质中停留的时间存在显著性差异,中华鲟幼鱼对沙底质具有显著的选择性。

多尾中华鲟幼鱼在4种底质中分布数量的百分比分别是:沙46.25%±8.06%,小砾石19.38%±7.72%,中砾石18.75%±7.19%,大砾石15.63%±8.92%。在4种底质中数量百分比差异显著,中华鲟幼鱼对沙底质有明显的选择性,这与单尾鱼实验的时间百分比分析结果一致(顾孝连等,2008)。

按实验鱼的活动情况将实验鱼划分为2种类型：活动鱼，表现为在水层中游动，不贴底；非活动鱼，表现为贴底游动或静止。在多尾鱼实验中，统计中华鲟幼鱼在不同底质中活动鱼和非活动鱼的数量，结果显示，活动鱼对4种底质的选择无显著性差异，而非活动鱼在4种底质间差异极显著。中华鲟幼鱼在不同底质类型中的数量差异，主要是由于非活动鱼在不同底质中的数量差异造成的（顾孝连等，2008）。

食性研究表明，中华鲟、大西洋鲟、闪光鲟幼鱼的食物主要是虾虎鱼类、寡毛类、甲壳类和多毛类等小型的身体柔软生物，这些生物通常分布在沙底质上或在沙底质中。因此，鲟鱼显著的选择沙底质与它的食物通常分布在沙底质中有关（顾孝连等，2008）。

鲟鱼选择沙底质也可能与其摄食方式有关。中华鲟口下位，摄食时必须以吻部触须接触底质进行缓慢地搜索，然后"吮吸式"摄入，且只能摄食底质上的食物，而不能摄食水层中的食物。因此，鲟鱼类在摄食时必须贴近底质。在群体实验时，中华鲟幼鱼在沙底质中非活动鱼（贴底）数量高于其他3种底质，与其摄食行为方式有关（顾孝连等，2008）。

沙底质相比于砾石更平坦和柔软，鲟鱼在沙底质中贴底觅食可以避免鱼体擦伤；而其他3种底质不平，易擦伤鱼体，因此幼鱼只在这些底质的水层中游动，而不贴底觅食。这可能也是沙底质中非活动鱼的数量显著高于其他3种底质的另一个原因。对沙底质的选择是鲟鱼在长期进化过程中，在食物的作用下形成的，因此，鲟鱼将沙底质作为寻找食物的线索，所以保护沙底质对于鲟鱼的生存具有重要意义，底质的破坏会加剧鲟鱼的濒危状况。野外调查表明，长江口中华鲟幼鱼的分布主要集中在崇明岛东滩团结沙周围长8～10 km、宽3～5 km的范围内，此区域内主要以泥沙滩为主。因此，在中华鲟的物种保护过程中，应该重视长江口幼鱼分布区内的底质保护，禁止在此区域内进行挖沙作业等人为破坏行为。在人工救护和养殖时，也应尽量使用沙底质（顾孝连等，2008）。

4.1.3.3　中华鲟仔鱼、稚鱼对饵料的选择

中华鲟是以动物食性为主、偏肉食性的鱼类。在天然水域中，幼鱼期主要摄食小型虾、蟹类；在人工养殖的条件下，中华鲟仔鱼在全长3.05±0.07 cm时开始摄食，主要摄食水中寡毛类（水蚯蚓、颤蚓、尾鳃蚓等）、枝角类（蚤状、隆线蚤等）、水生昆虫幼虫（摇蚊幼虫）和虾类等。在稚鱼阶段，正值开口或摄食不久，抗病能力较弱，极易出现大批死亡，此阶段过后鱼苗进入抵抗力强、摄食旺盛、生长迅速的幼鱼阶段。从养殖效果来看，稚鲟的开口饵料以天然饵料为好；

而对于幼鲟来说,配合饲料的养殖效果更好(曹志华等,2007)。

据实验,不同开口饵料对中华鲟仔鱼存活率有较大影响。分别采用水蚯蚓、丰年虫、配合饲料、水蚯蚓+配合饲料投喂中华鲟仔鱼的存活率如表4-2。

表4-2 不同开口饵料对中华鲟仔鱼成活率的影响(曹志华等,2007)

饲料组别	成活率/%				
	5 d	10 d	15 d	20 d	25 d
水蚯蚓+丰年虫	90.00[a]	86.33[a]	85.33[a]	85.00[a]	84.67[a]
水蚯蚓	85.67[a]	79.67[a]	79.33[a]	78.33[a]	78.33[a]
丰年虫	91.67[a]	88.67[a]	88.00[a]	87.67[a]	87.00[a]
配合饲料	36.00[b]	22.33[b]	15.00[b]	12.00[b]	11.00[b]

注:表中不同字母表示差异显著。

可以看出,丰年虫组和混合组无显著的死亡高峰期;在开口摄食5 d时,配合饲料组有一个明显的死亡高峰,死亡率高达64.00%;水蚯蚓组在开口摄食后10 d死亡率为19.33%。10 d后除配合饲料组外,其他各饲料组的成活率趋于稳定。

不同饵料对中华鲟仔鱼生长情况同样有影响。分别采用水蚯蚓、丰年虫、配合饲料、水蚯蚓+丰年虫投喂中华鲟仔鱼的生长情况如图4-3。

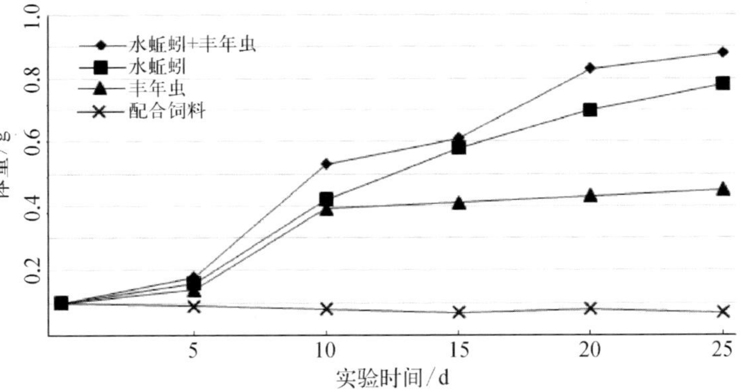

图4-3 不同开口饵料对中华鲟仔鱼生长的影响(曹志华等,2007)

可以看出,实验5 d后以丰年虫组的生长最为明显,10 d后水蚯蚓组和混合投喂组的生长速度超过了丰年虫组,而配合饲料组仔鱼生长变化很小。

测量各饵料组鱼的体长和体重,水蚯蚓+丰年虫混合投喂组和水蚯蚓组生长最迅速,与另外两组的体长和体重都有极显著差异,丰年虫与配合饲料组间也存在极显著差异。混合投喂组的体长变异系数最小,水蚯蚓组和配合饲料组的变异系数较大;而体重变异系数以水蚯蚓最大(表4-3)。

表4-3　不同开口饵料对中华鲟仔鱼生长的影响(曹志华等,2007)

饲料组别	全长±SD/mm	全长 CV/%	体重±SD/g	体重 CV/%
水蚯蚓+丰年虫	6.41±0.42[a]	6.55	1.19±0.25[a]	21.00
水蚯蚓	6.00±0.48[a]	8.00	1.02±0.29[a]	28.43
丰年虫	4.61±0.31[b]	6.72	0.42±0.09[b]	21.42
配合饲料	2.90±0.28[c]	9.66	0.10±0.02[c]	20.00

注：表中不同字母表示差异显著。

饵料的适口性和可得性以及饵料颗粒的大小是决定饵料能否被仔鱼喜好的主要特征之一。从图4-3和表4-3可以看出,中华鲟仔鱼在开口摄食后7 d内,投喂丰年虫无节幼体组的体重生长率和成活率最高,这是由于食物的适口性和可得性所决定的,丰年虫无节幼体的个体较小,游泳能力弱,很适合初次开口摄食的中华鲟仔鱼捕食,所以仔鱼生长较快;但后期丰年虫试验组的生长速度却不如水蚯蚓组和混合投喂组,这是因为随着仔鱼的生长,丰年虫难以保证仔鱼的营养需求,所以仔鱼生长速度下降。水蚯蚓碎段虽无游泳能力,易于捕获,但颗粒太大,或是颗粒大小不一,对于中华鲟仔鱼适口性较差,而且短时未吃完的水蚯蚓很快聚集成团,仔鱼难以摄取,所以开口初期水蚯蚓组的成活率比丰年虫组低。从表4-3看出,水蚯蚓组鱼的变异系数大于其他组,这说明水蚯蚓作为仔鱼的开口饵料,其开口时间不一。配合饵料组,由于仔鱼开始时不喜摄食,以至出现体重负增长,配合饵料投喂效果不佳主要与适口性和营养组成有关。实验进行至22天时,水蚯蚓组和混合投喂组的体重瞬时生长率远高于其他各组,而且成活率也趋于稳定,这时仔鱼已具备吞食整条水蚯蚓的能力,水蚯蚓是此时的最佳食物。试验结束时,混合投喂组的变异系数低于其他组,说明该组鱼大小规格整齐,该组饵料的可得性和营养状况好于其他组。

丰年虫作为中华鲟的开口饵料可以获得高成活率。丰年虫无节幼体的游泳速度与中华鲟仔鱼的游泳能力相适应。然而,以配合饲料作为开口饵料,则出现了仔鱼的高死亡率和低的体重瞬时生长速率,这是由于中华鲟仔鱼对于人工配合饵料的选择性差和相遇频率低。人工培育中华鲟仔鱼的开口饵料以丰年虫无节幼体比较理想。当仔鱼到16日龄时,如果仍以丰年虫无节幼体作为饵料,其体重生长率趋于平缓,而此时水蚯蚓组和混合投喂组仍有较高的生长率。这一现象表明,当仔鱼生长到一定的大小后,卤虫无节幼体因个体太小,仔鱼不易摄食;而水蚯蚓和人工饵料小颗粒则更为适口,另外随着仔鱼觅食能力的提高,它们与人工饵料的相遇频率也相应提高,这点从混合投喂组在22日龄后仍有高的体重可以推测出(曹志华等,2007)。

长江口是中华鲟生活史中幼鱼降河洄游的重要通道,是幼鱼入海前生理适应调节和摄食育肥的重要场所。据罗刚等(2008)调查,长江口中华鲟幼鱼具有丰富的食物组成。

根据对调查鲟鱼的胃含物的分析,幼鱼摄食的饵料生物共计 11 类 24 种(包含无法鉴定到种的饵料),其中包括鱼类 10 种、虾类 5 种、蟹类 1 种、端足类 1 种、等足类 1 种、口足类 1 种、瓣鳃类 1 种、腹足类 1 种、多毛类 1 种、寡毛类 1 种及水生昆虫 1 种。此外,还发现植物碎屑等残渣和泥沙。鱼类是其最主要的饵料类群,其质量百分比(66.97%)、数量百分比(36.22%)、出现频率(83.91%)和相对重要性指标(10 009.61)均最高;端足类(IRI=1 400.08)和多毛类(IRI=1 237.38)也是比较重要的饵料类群;蟹类(IRI=514.39)、虾类(IRI=394.77)、瓣鳃类(IRI=148.22)及等足类(IRI=30.83)是次要的饵料类群;其他饵料类群相对重要性指标总和只有 3.68。就具体种类而言,相对重要性指标 IRI 最高的种类是钩虾(IRI=1 400.08),其次为加州齿吻沙蚕(IRI=1 237.38)、斑尾刺虾虎鱼(IRI=1 139.20)、狭颚绒螯蟹(IRI=514.39)、睛尾蝌蚪虾虎鱼(IRI=513.28)等(罗刚等,2008)。

近 30 年来,长江口生态环境已发生了巨大变化,水生生物群落结构发生了显著变化,物种明显减少。相应地,中华鲟饵料组成有可能发生适应性变化。长江口中华鲟幼鱼的食谱较广,饵料组成以鱼类、多毛类和端足类为主,虾类、蟹类、瓣鳃类及等足类等也占有一定的比例。从饵料生物组成的生态类型来看,长江口中华鲟幼鱼是以底栖动物为主的肉食性鱼类,所摄食的底栖动物类群范围较广。胃含物中还发现草屑、木屑等残渣和沙粒等偶然性食物,估计为中华鲟幼鱼摄食其他动物时带入。从饵料生物栖息地及对盐度的适应来看,幼鱼饵料生物种类组成基本上以河口咸淡水生物为主。同以往的研究相比,长江口中华鲟幼鱼的食物种类组成发生了较大的变化,但食物类群组成没有显著变化(罗刚等,2008)。

4.1.4 中华鲟生活习性

中华鲟主要生活在海洋中。性即将成熟的个体,于 6~8 月由海洋到达长江口,进行溯河生殖洄游;9~10 月,陆续到达湖北江段,并在江中越冬;次年 10~11 月产卵繁殖,产后立即返回大海索饵。产出的卵黏附于江底岩石或砾石上面,在水温 17~18℃的条件下经 5~6 昼夜孵化出膜,12~14 d 后开始摄食;翌年春季,幼鲟顺江而下,于 4~8 月开始陆续到达长江口;9 月后体长达 30 cm 的幼鲟陆续进入海洋生长。

中华鲟对弱光有趋光性，但怕强光照射。仔鱼趋光性较强，趋光性随着鱼的长大而减弱，成鱼则完全无趋光性。一般白天只在水底活动，晚上升上水面。

中华鲟属温水性鱼类，6℃时摄食量少，个体几乎不长大；10℃左右时生长缓慢；18~25℃是生长适宜温度；28℃以上摄食量减少，生长速度减慢；35℃以上有死亡危险。

中华鲟属广盐性鱼类，能调节身体渗透压适应盐分的变化，经过调整和适应，可在淡水、半咸水和海水中养殖、生长。

中华鲟眼小视力弱，仅有一些感光功能，对摄食活动没帮助。舌为主要味觉器官，触觉发达，嗅觉敏锐，嗅觉器官主要是口前面的四条短须，用来探索泥沙中的食物。鲟鱼能感觉出饲料的软、硬、形状、颗粒大小、表面光洁度等微弱差别，并对食物有喜爱和选择。

中华鲟对水中溶氧要求 6 mg/L 以上，4 mg/L 以下其摄食明显减退，3.5 mg/L 以下摄食停止，2.5 mg/L 左右则发生昏迷和死亡。

中华鲟仔鱼、幼鱼都不集群，而是分散活动。只在仔鱼进入底栖生活后到开始摄食前的一段短暂时期内有集群行为。全长 6~7 cm 以上即分散摄食直至成鲟。中华鲟生性活泼，具有明显选择沙底的特性，无论幼鱼或成鱼均在水底不停缓慢游动，不善于改变运动方向。受惊时速度加快，甚至蹿出水面。

中华鲟是以摄食底栖动物为主的温和性肉食鱼类。天然条件下开口后的稚鱼以水生寡毛类、水生昆虫的幼虫和水蚤类为食；降河至长江下游的1龄鲟以虾、蟹为主要食物；进入河口水域的1龄鲟以鱼类（鲐属、舌鳎属、虾虎鱼、鲻类等）、沙蚕类、虾类为主，间或摄食蚬类和蟹类。在海中鲟鱼的主要食物为鱼类、蟹类、贝类，以底栖鱼类、蟹类最多。亲鱼耐饥饿能力强，在溯河生殖洄游途中完全停食，幼鲟耐饥饿时间可达 15 d 左右，但较贪食，饱食时食物重量可达体重的6%以上。人工养殖的中华鲟经驯化可转食人工配合饲料。

中华鲟具有个体大、生命周期长、生长快、性成熟晚的特点。在天然条件下，1龄鱼平均体长 57 cm，体重 1.5 kg；2龄鱼平均体长 75 cm，体重 3.5 kg；3龄鱼平均体长 91 cm，体重 6.4 kg；4龄鱼平均体长 106 cm，体重 10 kg；5龄鱼平均体长 120 cm，体重 15 kg。人工养殖下生长更迅速，水温 14~29℃，11月龄的鱼平均体重达 3.5 kg，14月龄鱼平均体重达 5 kg。

中华鲟亲鱼 7~8 月溯河在淡水中洄游、滞留一年后，于翌年 10~11 月产卵，一般雌鱼性成熟年龄最早为14龄，最小性成熟个体体长为213~239 cm，体重为12~148 kg，平均产卵量为64万粒。雄鱼性成熟年龄最早为9龄，最小性成熟个体体长为169~171 cm，体重为38~50 kg。性比接近1∶1（颜远义，2003）。

4.2 胭脂鱼生活史

4.2.1 胭脂鱼胚胎发育

胭脂鱼成熟卵呈圆球形，卵黄为黄色，稠密；卵径1.8~2.0 mm；卵的比重大于水，为沉性卵（图4－4∶1）。受精卵入水后迅速吸水膨胀，形成较大的卵周隙，周隙内充满半透明“胶质体”；此时受精卵具有弱黏性，结成卵团，用羽毛搅散后，黏性消失。约1 h后，受精卵达到最大卵径，为3.8~4.0 mm。

胭脂鱼的卵为端黄卵，行盘状卵裂。受精后约1 h卵黄集中于卵的一端，而卵质集中形成一隆起的胚盘，此为1细胞期或叫胚盘期（图4－4∶2）。2 h，胚盘中央出现一贯穿胚盘的分裂沟，随着分裂沟的不断加深，渐形成大小相似的两个隆起的分裂球，2细胞期出现（图4－4∶3）。2.5 h左右，出现第二次卵裂，与第一次卵裂面垂直，形成4个等大的细胞，进入4细胞期（图4－4∶4）。3 h 20 min左右，开始第三次卵裂，两个卵裂面与第一次卵裂面平行，出现8细胞期，细胞大小相似，排成两行，每行4个（图4－4∶5）。4 h，经第四次卵裂，也有两个卵裂面与第二次卵裂面平行，形成16细胞期，细胞均匀排列成4排，每排4个，但单个细胞已明显变小。5 h左右，进行第五次分裂，进入32细胞期，此期细胞排列紧凑，仍为单层，但排列规律不明显。受精后6 h，胚盘细胞已呈多层，细胞极小，排列规律不明显，层次逐渐增多。

细胞继续分裂至6 h 50 min时，胚盘明显隆起，形成高囊胚，进入囊胚初期（图4－4∶6）。7 h 20 min，囊胚边缘开始下包，囊胚顶随之变得稍扁平，胚胎进入囊胚中期。9 h，胚盘的高度进一步降低，变扁，边缘下包明显，为囊胚晚期或叫低囊胚期（图4－4∶7）。

13 h 50 min时，囊胚周边开始明显内卷，形成胚环，胚盘似帽状扣在卵黄之上，进入原肠初期。18 h，胚盘进一步下包，胚环明显，高囊胚的高度消失（图4－4∶8），进入原肠中期。29 h后，胚盘继续下包渐达卵黄囊2/3处；在此过程中，胚盘背部中线处胚盾渐明显，胚体雏形开始形成，并于其前端形成略为膨大的脑泡原基，胚胎进入原肠晚期（图4－4∶9）。

发育至34 h，胚盾中线形成神经索，脑部渐膨大，胚盘下包至卵黄囊的底部，植物极部分卵黄露出胚环以外，形成卵黄栓，进入神经胚期（图 4 - 4 ： 10）。胚孔继续收缩，逐渐合拢，至 46 h 左右最后封闭（胚孔封闭期）。此时，胚胎的头和尾部已很明显，脑原基已清晰可见，体节 4 ~ 5 对，胚体已经明显形成。50 h，侧面观，胚胎前端已形成前、中、后脑 3 部分，位于前部的眼原基也已清晰可见，体节 10 对左右（眼基出现期，图 4 - 4 ： 11）。54 h，体节增加到 18 对左右，眼泡清晰，大而略显外突，头部明显隆起，脑的前、中、后分化明显（眼囊期）。62 h 左右，眼泡内已出现晶状体，体节 23 对以上，后脑处可见耳囊，尾部体节之后似已见尾鳍褶（尾泡出现期，图 4 - 4 ： 12）。

受精后 65 h，尾尖已脱离卵黄囊翘起，卵黄囊随尾部的不断翘起而向尾端拉长。69 h，尾部进一步伸展，卵黄囊进一步拉长，耳囊已清晰可见，体节 25 ~ 28 对，肌肉开始收缩。72 h，胚胎在受精卵内呈倒“9”字形，尾部已显著拉长，体节 30 对以上，石清晰可见（耳石期）。74 h，卵黄囊前部呈球形的部分进一步变小，后部进一步拉长；耳囊内已可见管状结构，两耳石在耳囊下部；眼的形态完整；体节 36 对以上；背视胚体头部宽钝，其后平扁，似趴卧在卵黄囊上；侧面观，胚体背部高起，头端腹面已稍抬起与卵黄囊分离，卵黄囊后部进一步延长，使胚胎在卵膜内卷曲呈豆芽状，剥去卵膜后，胚胎在卵黄囊球部以后已能完全伸直（图 4 - 4 ： 13）。86 h，外形上总的变化不大，但体节已增至 38 对，头部可见到脑内有似管状结构，前、中脑较小，后脑延长，耳囊位于后脑后端两侧。至 89 h，头部与卵黄囊间已见有一透明区，即心脏，头部明显抬起。至 94 h，头部进一步抬起，并见心脏跳动，34 次/min 左右，体节 50 对以上，卵黄囊球状部进一步变小，后部进一步拉长变细，尾部结构清晰（心跳期，图 4 - 4 ： 14）。98 h，胚体在卵膜内仍似长豆芽状，心跳达 45 次/min，尾部进一步加长。107 h，胚体进一步伸长，卵膜变软，去膜后胚体长轴已达 8 mm。113 h，胚体长轴达 8. 5 mm。116 h，心脏内已见血液流动，并有血红细胞出现，心跳 108 次/min。121 h，卵黄囊球部进一步缩小；头部已明显抬起，口窝出现，位于眼囊前下方；眼囊内有大量黑色素沉着，使眼囊呈黑色；可见到背大动脉内带有红血球的血液随心脏的搏动向尾部流动；此时，去膜胚体的长度达 9 mm（图 4 - 4 ： 15）。134 h，在眼后和耳囊的下方可见鳃弓，耳囊之后胸鳍也已出现，嗅窝形成，位于两眼之前，卵黄囊球状部进一步缩小。146 h，卵黄囊球部完全消失，卵黄囊呈长袋状，胸鳍和鳃已较明显，卵黄囊的背面与胚体之间有黑色素颗粒出现，部分胚体开始孵化。至 163 h，50% 以上的胚体孵化，色素颗粒除集中分布在卵黄囊背面和胚体之间外，也散见于卵黄囊腹下侧，体长仍在 9 mm 左右（图 4 - 4 ： 16）。166 h 后，正常受精卵已全部孵化。

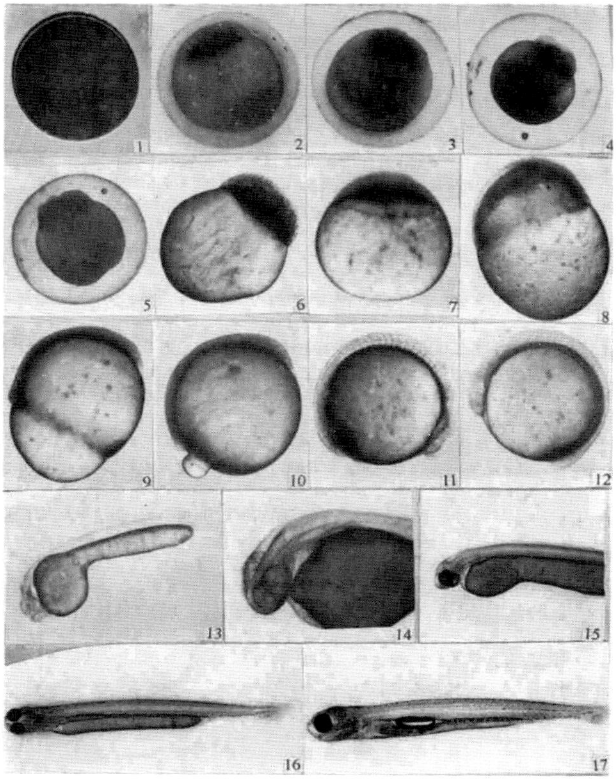

图 4－4　胭脂鱼的早期发育

1. 成熟卵；2. 1细胞期；3. 2细胞期；4. 4细胞期；5. 8细胞期；6. 囊胚初期；7. 囊胚晚期；8. 原肠中期；9. 原肠晚期；10. 神经胚期；11. 眼基出现期；12. 尾泡出现期；13. 胚动期；14. 心跳期；15. 出膜前期；16. 出膜期；17. 开口期

4.2.2　胭脂鱼仔鱼、稚鱼发育

仔鱼孵化后第一天，全长 10 mm 左右，卵黄囊呈长袋状，约占鱼体整个长度的 1/3，内仍有大量卵黄，使前期仔鱼呈金黄色；刚孵化的仔鱼无游动能力，卧于水底，搅动水体时，见有挣扎性扭动；低倍镜下观察，心脏跳动有力，70 次/min 左右，可明显见到血液在尾动静脉内的流动；头部已完全抬起，吻突出，尾鳍增宽，可见到胸鳍。孵化后第二天，口窝进一步加深；鳃弓明显；在围心腔以后卵黄囊和胚体之间出现一透明腔，是为腹腔，但内部结构尚不明显；此期仔鱼体长在 11 mm 左右，部分仔鱼已开始在孵化池内游动。孵化后第三天，口窝明显内陷，鳃耙也已出现，并结构清晰；腹腔进一步扩大，但内部结构仍不易分辨；仔鱼

体长 12 mm 左右。孵化后第四天，低倍镜（10×6.4）下观察，鳃内已见血液流动，腹腔已很明显，肛门形成。孵化后第五天，口形成，下位，近横裂，位于两眼间下方略前；腹腔的内脏结构仍不很清晰，仅淡绿色胆囊隐约可见。孵化后第六天，嗅窝大而明显；仔鱼大部分时间仍侧卧水底，但受惊扰时已可急速游动逃避；仔鱼体长近 13 mm。孵化后第七天，肝、胆、消化管已都很清晰，解剖可见较完整的消化管、肝、胆、鳔等，胆囊呈墨绿色，鳔内尚未充气；可清晰见到鳃丝；头和背部，以及腹腔和卵黄囊周围散布有很多黑色素颗粒。此时，仔鱼已开始积极游动，有时会侧卧水底休息。孵化后第八天，体黑色素明显增加，腹腔内消化管和鳔管以及鳃丝等都已十分发达；吻部略显钝圆，口裂呈亚下位态；体长 13.5 mm。孵化后第九和第十天，仔鱼卵黄囊内尚有部分卵黄，但卵黄的颜色已呈淡黄色，仔鱼体长 14 mm 左右。正常情况下，此期仔鱼鳔管开始充气，一室（图 4－4：17），同时应伴有摄食，消化管内有食物出现。此期是仔鱼成活的最关键阶段，称为“开口期”，在此阶段，鳔未充气的仔鱼易大量死亡（张春光等，2000）。

在孵化后 7 d，投喂仔鱼卤虫，每天 2 次，分别为 10: 00 和 17: 30。光周期为 14 h 光照：10 h 黑暗。每隔 4 天测量所取每尾样品鱼的体长和湿重至第 37 天。结果发现，胭脂鱼仔鱼的体长增长曲线见图 4－5。在实验期间胭脂鱼仔鱼体长增加总体趋势是平稳增加。胭脂鱼仔鱼体重的增长大致可分为 3 个阶段（图 4－6）：在 1～21 d 体重增长平缓，其中在 1～17 d，胭脂鱼体重逐渐增加但没有达到显著水平，21 d 时达到（28.2±2.4）mg；在 21～29 d 与前一阶段比较体重显著增加；从第 29 天开始，体重快速增加，到 37 d 体重达到（98.4±4.0）mg。仔鱼在 1～37 d，体长增加了 2.7 倍，体重增加了 12.9 倍（郑凯迪等，2010）。

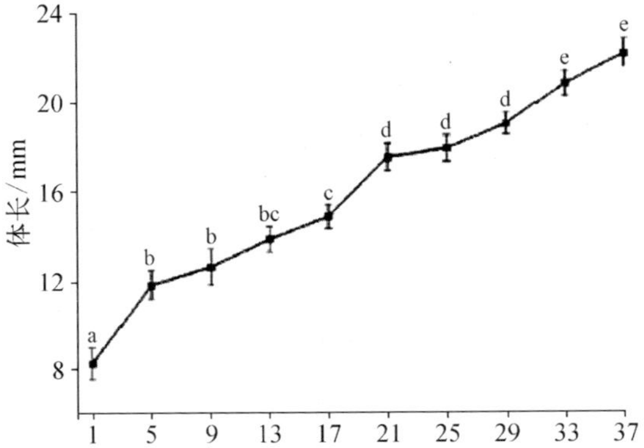

图 4－5　胭脂鱼仔鱼观察期间体长生长情况（郑凯迪等，2010）

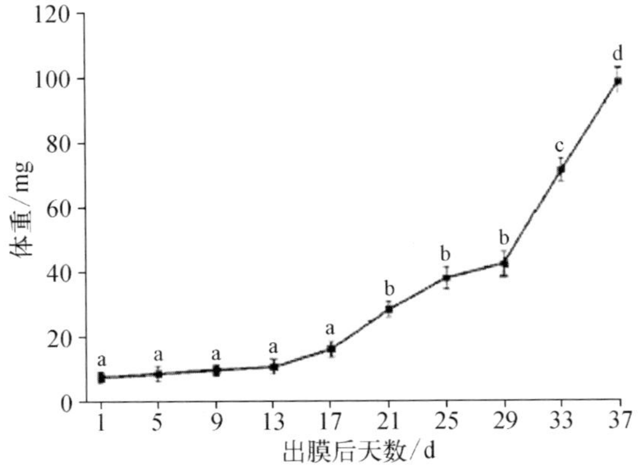

图 4-6 胭脂鱼仔鱼观察期间体重生长情况(郑凯迪等,2010)

4.2.3 胭脂鱼仔鱼、稚鱼对环境适应

4.2.2.1 胭脂鱼仔鱼、稚鱼对温度的选择

温度对生物生长、发育及代谢强度有很大影响。一般认为,在一定温度范围内,同种鱼耗氧率随水温的上升而增加。其原因是水温上升时,各器官、组织的活动强度增强,各种酶活性提高,鱼类的活动能力增大,新陈代谢旺盛,从而表现出耗氧率和耗氧量同时升高的现象。耗氧率是衡量鱼类代谢率高低的一个指标,其直接或间接反映鱼类新陈代谢的规律及鱼类的生理状况。窒息点则是鱼体窒息死亡时环境中的溶氧量含量,因此不同温度下鱼类的耗氧率和窒息点的变化在人工繁养上有重要的应用价值。

金华等(2016)分析了 18℃、21℃、24℃、27℃、30℃下胭脂鱼幼鱼的耗氧率及窒息点(表 4-4),结果见表 4-5 和图 4-7。

表 4-4 不同温度下胭脂鱼幼鱼形态学指标(金华等,2016)

实验温度/℃	尾数	平均全长/cm	平均体长/cm	平均体重/g	总体重/g
18	18	9.03±0.87	6.90±0.64	8.43±2.56	151.66
	18	8.75±0.77	6.63±0.65	8.08±1.61	145.44
21	15	8.77±1.58	6.72±1.18	8.78±3.93	131.77
	14	8.85±1.14	6.68±0.87	9.09±2.73	127.24
24	14	8.46±0.85	6.41±0.65	7.35±1.68	102.92
	16	7.89±1.13	5.88±0.85	6.47±2.51	103.58
27	12	8.73±1.27	6.54±1.08	7.67±3.45	92.00
	16	8.05±1.03	6.05±0.79	5.85±2.28	93.52
30	14	7.82±0.95	5.88±0.72	5.13±1.81	70.22
	14	7.48±1.09	5.88±0.81	5.45±2.23	76.31

表 4－5　不同温度下胭脂鱼幼鱼平均耗氧率和窒息点(金华等,2016)

实验温度/℃	起始溶氧/(mg/L)	平均耗氧率/[mg/(h·g)]	窒息点/(mg/L)	存活时长/h
18	8.51±0.31	0.16±0.03[cd]	0.565±0.092	8.54±0.10
21	8.13±0.08	0.13±0.02[d]	0.635±0.064	8.60±0.12
24	7.42±0.00	0.19±0.03[bc]	0.840±0.014	7.65±0.14
27	7.36±0.35	0.21±0.01[b]	0.825±0.021	7.42±0.06
30	6.41±0.00	0.30±0.01[a]	0.775±0.247	3.55±0.69

注：表中不同英文小写字母表示差异显著。

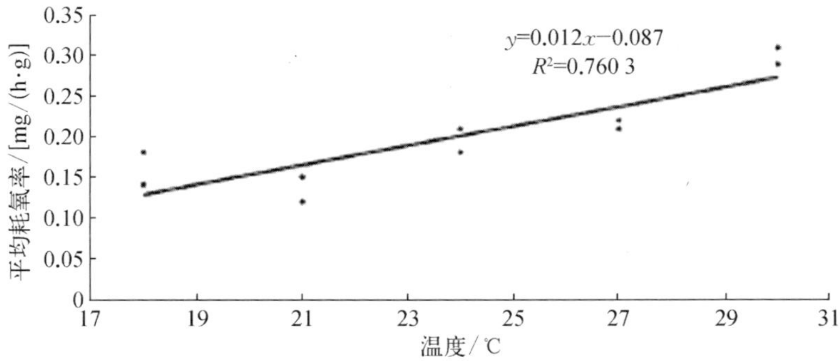

图 4－7　耗氧率与温度的线性关系(金华等,2016)

不同温度组间胭脂鱼幼鱼耗氧率差异极显著。30℃组耗氧率显著高于27℃组,27℃组显著高于18℃组和21℃组。随温度的升高,胭脂鱼幼鱼的耗氧率逐渐增大,相关关系极显著。胭脂鱼幼鱼在24℃和27℃水环境下的耗氧率较为接近,由此可推测胭脂鱼幼鱼的最佳生长温度在24~27℃(金华等,2016)。

4.2.2.2　胭脂鱼仔鱼、稚鱼对饵料的选择

初孵仔鱼在水温为15.5~20.0℃的条件下,经2~3天的静卧期,身体由间歇性扭动变为水底层短距离窜游后,再间歇性向水上层窜游进入半静卧期。6天以后,仔鱼逐渐初具自由游泳能力,经13~15天的内源性营养阶段,发育至鳔一室期,口由眼下方过渡到端位,卵黄仍残存时即开口摄食。开口摄性食的个体全长多数在14.5~15.5 mm,最小个体全长可达14.0 mm。

仔鱼主要以轮虫、枝足类和桡足类等浮游动物为食(表4－6),其摄食种类与人工投喂的天然饵料种类组成相一致,无明显选择性。开口摄食阶段,仔鱼尚无咽喉齿,肠道正发育完善呈直线,结构简单,肠壁薄,少皱褶,其粪便中轮虫可见口器及外壳,桡足类和枝角类的个体仍保持完整。此阶段适口饵料宽度为

口宽(0.5~0.7 mm)的75%以下。用豆制品颗粒作为开口食物,仔鱼能很好地摄食,但营养过于单纯,仔鱼发育生长较缓慢。将平均全长为15.7 mm的仔鱼各50尾,放入2个容量为10 L的水族箱中,分别投喂水蚤和豆制品,饲养1星期后平均全长分别为18.71 mm和16.51 mm,生长差异显著。食水蚤的仔鱼较粗壮,多数发育至鳔二室期,腹鳍、臀鳍出鳍条;而食豆制品的仔鱼较瘦弱,仅3尾发育至鳍二室期,腹鳍、臀鳍仅具鳍褶。

表4-6　胭脂鱼仔鱼的食物组成及概念生物量(邓昕等,1991)

饵料生物种类	概念生物量	饵料生物种类	概念生物量
臂尾轮虫	+ +	肋形尖额蚤	-
长额象鼻蚤	+ +	颈沟基合蚤	-
圆形盘肠蚤	+	平突船卵蚤	-
拟老年低额蚤	-	剑水蚤无节幼体	+ +
矩形低额蚤	-	剑水蚤桡足幼体	+ +
微型裸腹蚤	-	广布中剑水蚤	+
透明蚤	+ +	短尾温剑水蚤	-
长刺蚤	-	舌状叶镖水蚤	-

全长为20~25 mm的鱼苗肠壁增厚,皱褶增多,出现第2个肠襻,可以吞食1 mm左右的水蚯蚓碎段,粪便中的枝角类、桡足类仅留下肢解的附肢和空壳。全长30 mm左右的鱼苗出现第2个肠襻,口下位,喜在底层摄食。35~40 mm的幼鱼即开始吞食15~25 mm的水蚯蚓。

摄食强度与仔幼鱼的大小密切相关。邓昕等(1991)检查了292尾全长为14.0~18.9 mm仔鱼的摄食强度,其中14.0~15.9 mm的个体摄食率为38%;15.0~15.9 mm的个体摄食率为60%,充塞度为2~4级,以3级为最多;16.0~16.9 mm的个体摄食率为84%,充塞度为2~5级,以4级最多;17.0~17.9 mm和18.0~18.9 mm两个长度组的个体摄食率分别为85%和91%,充塞度多为4~5级,尤以5级为多(邓昕等,1991)。

人工养殖中,胭脂鱼仔鱼最适宜的开口饵料是轮虫,其次为小型枝角类、桡足类及其无节幼体。不少鱼类的仔鱼在内源性营养转化为外源性营养的过程中,会出现大量死亡;而胭脂鱼则不同,其仔鱼对饥饿有较大的耐受力,开口期半月后投喂食物的仔鱼一度停滞发育,大都可以恢复生长发育。因此,管理好仔鱼孵出后前3~4天的"静卧期"在培育中很关键。胭脂鱼仔鱼具有明显的昼夜摄食节律。夜间有光照时,仔鱼的摄食强度会大大提高,仔鱼可能是以视觉摄食为主。

4.2.2.3　胭脂鱼仔鱼、稚鱼对长江口环境的适应

河口区饵料丰富，是仔稚鱼生长的理想场所，在河口区盐度和氮磷营养盐浓度可能是胭脂鱼生存的主要限制因子。王丰毅等(2012)模拟各类水质标准下的无机氮、无机磷含量，对胭脂鱼进行96 h的急性适应性实验，观测胭脂鱼幼鱼(平均体长7.32±3.21 cm，平均体重17.22±8.31 g)的存活率。结果发现(表4－7)：在盐度为5时与处于淡水状态下胭脂鱼幼鱼一致，96 h内未出现死亡，存活率为100%；在盐度为10时，24 h后出现鱼体死亡现象，96 h内的存活率为80%；盐度为15时，96 h内的存活率为0；盐度为20时，12 h内鱼全部死亡。

长江口一级分汊的南支青草沙以西水域，水质监测显示其存在氮磷等营养盐的污染，但基本处于Ⅲ类或优于Ⅳ类水质的状态。盐度常年较低且稳定，可以保持在3以下。从盐度上讲，属胭脂鱼能够正常生存的范围。

表4－7　不同盐度下96 h内胭脂鱼幼鱼存活率(王丰毅等，2012)

盐度	数量/尾	存活数量/尾						存活率/%
		1 h	6 h	12 h	24 h	48 h	96 h	
0	10	10	10	10	10	10	10	100
5	10	10	10	10	10	10	10	100
10	10	10	10	10	10	8	8	80
15	10	10	7	5	3	1	0	0
20	10	8	3	0	0	0	0	0

张涛等(2002)以人工繁殖的胭脂鱼脱膜仔鱼为研究对象，对其早期发育阶段在自然环境下的行为生态学及其早期生存的适应性进行了分析。刚脱膜的胭脂鱼仔鱼(全长8.6~10.6 mm)不具趋光性，对栖息地底质也没有明显的选择性，栖息于水体的底层，不随江水漂流，有寻找隐匿场所的趋向。胭脂鱼仔鱼脱膜后，仍然停留于产卵和孵化场，贴于江底，寻找并隐匿于江底石块缝隙中。1~3日龄的早期仔鱼与脱膜仔鱼的习性基本一致，不具趋光性，对底质颜色无选择，栖息于江底，但寻找隐匿场所的比率逐日下降。这可能是由于胭脂鱼处于早期仔鱼阶段时，仔鱼的发育还很不完善，没有建立外源营养，游泳和逃避敌害的能力很弱。胭脂鱼卵黏于江底石块上孵化，刚脱膜的仔鱼为了躲避敌害的侵袭，不做远距离的游动，就地隐匿于石块缝隙中继续发育到晚期仔鱼，以具备较强的游泳和逃避能力。4日龄的仔鱼(全长11.2~13.9 mm)开口摄食，进入晚期仔鱼时期。这时仔鱼明显趋光，选择白色底质，寻找隐匿场所的比例极低，开始小范围地离开江底，并顺水漂流。仔鱼的这些习性与开口摄食有关，也是对早期生存的一种适应性。胭脂鱼仔鱼的开口饵料为轮虫、小型枝角类和桡足类

幼体,而胭脂鱼的产卵场在急流中,产卵场显然不是胭脂鱼仔鱼最佳的摄食育肥场所。所以,胭脂鱼开口摄食仔鱼游出石缝,离开江底,顺水漂流,寻找适合的摄食场所。选择趋光性和对白色栖息地底质是为了增加细小饵料生物和环境之间的反差,更加容易发现和捕获饵料生物。

4.3 刀鲚生活史

4.3.1 刀鲚胚胎发育

成熟刀鲚卵浮于水面,卵径为 779.61±33.49 μm。卵遇水受精后,卵膜吸水膨胀,受精卵弹性增强,呈球形,卵径为 909.86±24.02 μm,卵周隙较大且均匀(208.00±58.21 μm),油球大且单个,直径为 498.27±15.07 μm。受精卵均质浮性、无黏性,卵膜薄且透明(图 4－8：1)。

刀鲚受精卵在温度为 23.64±0.36℃条件下,历时 28 h、经历 7 个阶段 30 个时期仔鱼孵化出膜(表 4－8)。

胚盘形成阶段。受精卵受精后,原生质开始向卵球一极集中,原生质不断集中,最终形成高凸透明的胚盘(高度约为卵黄的 1/3),此极即为胚胎的动物极;另一极为植物极(图 4－8：2~3)。

卵裂阶段。受精 1 h 后,隆起的胚盘顶部中央出现分裂沟,分裂沟逐渐向下延伸,最后完成第 1 次经裂;第 2 次经裂,分裂沟与第 1 次垂直;第 3 次经裂,2 条分裂沟平行分裂;到第 5 次分裂后,分裂球排列开始不整齐,大小出现差异;第 6 次分裂,包括经裂和纬裂,分裂球分层;随着分裂球体积越来越小、数量越来越多,但界面清晰可见,进入多细胞期(图版 4－8：4~10)。

囊胚阶段。受精 3 h 40 min 后,随着分裂球继续分裂,分裂球体积变小、数量增加、界面变模糊,原来胚盘高高隆起,形成帽状囊胚;随后囊胚层外沿细胞开始向外扩展,胚层逐渐趋向扁平,胚层高度不断降低,最终形成新月形囊胚,约占整个胚胎的 1/3(图 4－8：11~13)。

原肠期阶段。受精 6 h 55 min 后,囊胚边缘细胞开始向植物极移动,胚盘下包,形成裙边,裙边内卷,内外胚层分化,胚环、胚盾相继出现,随着胚盾不断伸展,胚体雏形形成,卵黄呈梨形(图 4－8：14~16)。

神经胚阶段。受精 11 h 后,囊胚层细胞下包至卵黄底部,植物极部分卵黄囊露出胚环外,形成卵黄栓,胚盾背中线纵向凹陷形成神经沟;随着卵黄外露部分不断减少,在卵黄栓末端形成圆形的胚孔,胚孔越来越小,卵黄被全部包起,但胚孔位置仍留有凹陷,直至封闭,胚体匍匐在卵黄上(图 4－8：17~18)。

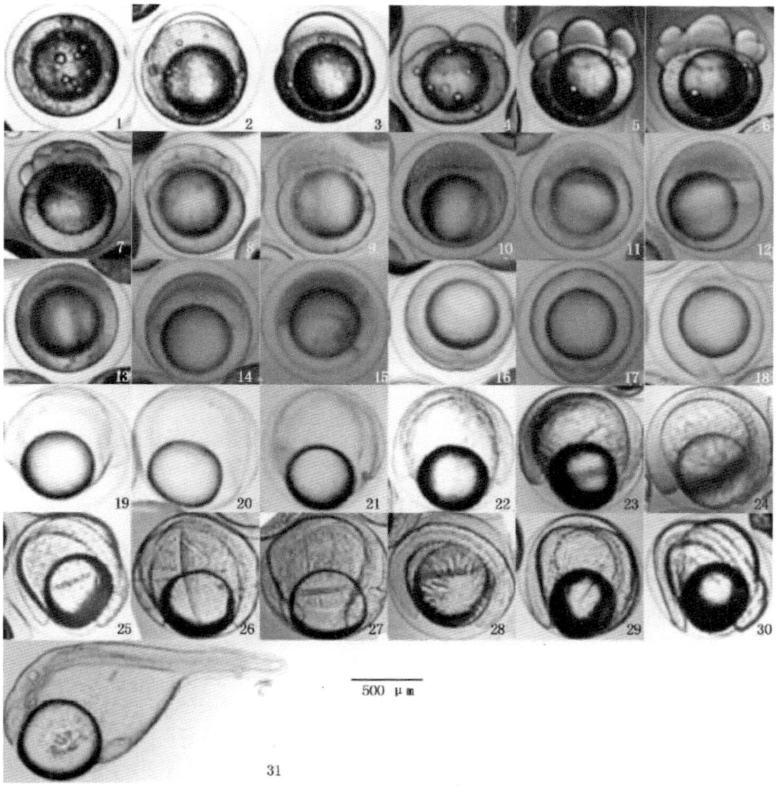

图4－8　刀鲚的胚胎发育(施永海等,2015)

1. 受精卵; 2. 胚盘原基期; 3. 胚盘期; 4. 2细胞期; 5. 4细胞期; 6. 8细胞期; 7. 16细胞期; 8. 32细胞期; 9. 64细胞期; 10. 多细胞期; 11. 囊胚早期; 12. 囊胚中期; 13. 囊胚晚期; 14. 原肠早期; 15. 原肠中期; 16. 原肠晚期; 17. 神经胚期; 18. 胚孔封闭期; 19. 眼基出现期; 20. 肌节出现期; 21. 眼囊出现期; 22. 尾芽出现期; 23. 尾鳍出现期; 24. 耳囊出现期; 25. 肌肉效应期; 26. 晶体出现期; 27. 心跳期; 28. 耳石出现期; 29. 尾颤期; 30. 出膜前期; 31. 初孵仔鱼

器官形成阶段。受精13 h 45 min后,进入器官形成期,首先胚体前段膨大、隆起,然后胚体头部出现1对蚕豆形眼原基;然后出现4~6对明显的肌节;随着眼基膨大,椭圆形眼囊形成,脑开始分化,肌节增加;受精17 h后,胚体后端腹面形成圆锥状尾芽,脑泡形成,胚体下包4/5,肌节增加到20对;随着尾芽伸长,在尾的边缘,表皮外突成皮褶的鳍,形成尾鳍;然后在后脑两侧出现小泡状耳囊;受精21 h 35 min后,胚体背部肌肉出现微弱间歇性抽动,肌节继续增加到50对;眼囊逐渐变圆形,视杯扩大,视杯口出现圆形晶体;受精23 h 5 min后,在脑下方的咽部出现围心腔和心脏,心脏开始有规律的搏动,然后在耳囊内出现两颗微小而发亮的耳石，心跳 60~85 次/min，胚体肌肉抽动幅度增大；受精 25 h 后，尾末端出现 1~2 次/min 的颤动（图 4－8：19~29）。

出膜阶段。受精 26 h 后，耳石和鳍膜更清晰可见，尾部甩动强烈；受精 28 h 后，随着胚体扭动频率增加，卵膜在靠近胚体头部处逐渐隆起，最后卵膜溶解破裂，胚体头部先行出膜，随着尾部剧烈摆动，仔鱼摆脱卵膜（图 4－8：30）（施永海等，2015）。

表 4－8　刀鲚的胚胎发育（施永海等，2015）

序号	发育时期	受精后时间	温度/℃	主 要 特 征	图序
1	胚盘原基期		23.6	透明胚盘原基	2
2	胚盘期		23.6	高凸透明的胚盘	3
3	2 细胞期	1 h	23.6	第 1 次经裂，2 个大小相似的分裂球	4
4	4 细胞期	1 h 10 min	23.6	第 2 次经裂，4 个大小相似，前后排列的分裂球	5
5	8 细胞期	1 h 18 min	23.6	第 3 次经裂，分裂球 2 列，每列 4 个，大小相似	6
6	16 细胞期	1 h 28 min	23.8	第 4 次经裂，16 个相似的分裂球	7
7	32 细胞期	1 h 45 min	23.8	第 5 次经裂，分裂球排列开始不整齐，大小差异出现	8
8	64 细胞期	2 h 5 min	23.8	第 6 次经裂，包括经裂和纬裂，分裂球分层	9
9	多细胞期	3 h	23.4	细胞数量增多，体积变小，但边界清晰可见	10
10	囊胚早期	3 h 40 min	24.0	高帽状囊胚	11
11	囊胚中期	4 h 35 min	24.0	囊胚层外沿细胞向外扩散，囊胚趋于扁平	12
12	囊胚晚期	5 h 35 min	23.9	囊胚呈新月形	13
13	原肠早期	6 h 55 min	23.7	囊胚下包 2/5，形成裙边，胚环隐约可见	14
14	原肠中期	7 h 30 min	23.7	囊胚下包 1/2，胚环明显，胚盾出现	15
15	原肠晚期	9 h	24.5	囊胚下包 2/3~4/5，胚盾延伸，胚体雏形出现	16
16	神经胚期	11 h	24.6	胚盾中线纵向凹陷形成神经沟	17
17	胚孔封闭期	12 h 30 min	23.8	在卵黄栓末端形成圆孔的胚孔。胚孔越来越小，直至封闭	18
18	眼基出现期	13 h 45 min	23.8	胚体头部出现一对蚕豆形眼基，胚体包围卵黄 1/2 周	19
19	肌节出现期	13 h 55 min	23.8	出现 4~6 对明显的肌节，胚体包围卵黄 2/3 周	20

（续表）

序号	发育时期	受精后时间	温度/℃	主要特征	图序
20	眼囊出现期	15 h 30 min	23.6	椭圆形眼囊形成，脑开始分化，肌节增加	21
21	尾芽出现期	17 h	23.1	出现圆锥状尾芽，脑泡形成，胚体下包4/5，肌节增加到20对	22
22	尾鳍出现期	18 h	23.5	尾芽伸长，在尾的边缘，表皮外突成皮褶的鳍	23
23	耳囊出现期	19 h 40 min	23.5	耳囊出现，肌节增加到38对	24
24	肌肉效应期	21 h 35 min	23.3	胚体抽动，背部肌肉出现微弱间歇性颤动	25
25	晶体出现期	22 h 30 min	23.2	圆形眼晶体形成	26
26	心跳期	23 h 5 min	23.2	在脑下方的咽部出现围心腔和心脏，心脏有规律的搏动	27
27	耳石出现期	24 h	23.2	耳囊内出现两颗微小而发亮的耳石，心跳60~85次/min，胚体肌肉抽动幅度增大	28
28	尾颤期	25 h	23.2	尾末端出现1~2次/min的颤动	29
29	出膜前期	26 h	23.1	卵膜变薄，尾部甩动强烈，耳石和鳍膜更加清晰可见	30
30	出膜期	28 h	23.7	胚体头部先出，靠尾部的强烈甩动把卵膜甩出	

注：图序为对应于图 4－8 的发育阶段。

刚孵出的仔鱼，整个身体弯曲，像个逗号，尾部微微颤动。数分钟后，身体后半段伸直，但背部略弯，身体前段弯曲匍匐于卵黄囊上，全长 2 056.37~2 074.74 μm，体长 2 021.13~2 016.43 μm，体高 684.51~742.36 μm；卵黄囊大且近椭圆形，靠油球浮于水面，油球呈球形，油球长径 487.36~543.49 μm，短径 466.28~476.19 μm；脑缺刻明显，眼晶体无色素，两个耳囊内各有两个大小相似、晶莹明亮的耳石，有肛凹雏形，鳍膜明显，由背部延伸至尾部，心跳 90~110 次/min，肌节 48~50 对。初孵仔鱼全身透明，体圆而粗短（图 4－8：31）（施永海等，2015）。

4.3.2　刀鲚仔鱼、稚鱼发育

1 日龄仔鱼平均全长 3.68 mm，后脑发达，血细胞无色素，心房、心室形成；卵黄囊变小，油球因体长的增长而拉长，鳍褶增大，肛门尚未开口，尾部鳍褶分化出辐射状的弹性丝（图 4－9：B）（徐钢春，2010）。

3 日龄仔鱼平均全长 4.73 mm，脑分化为前中后三节，眼囊及晶体稍稍往外凸，卵黄囊仅剩一点，油球呈长条形，肌节 78～80 节，鳃弓、胸鳍基部出现，尾部鳍褶呈明显扇形且辐射状的弹性丝增多，腹部观犹如针状。自吻端至尾部出现 10～20 对头发状的管状感觉器官，称为感觉芽；只要异物触及，仔鱼立刻逃逸，此时仔鱼背面观似一根狭长针，侧面观则像一条长带（图 4－9：C～F）。

5 日龄仔鱼平均全长 5.12 mm，肛前体长为肛后体长的 3.5 倍，眼睛较大，眼眶达 0.21 mm。卵黄囊基本吸收完毕，只剩油球，心脏变大，视杯更多的包围晶体，视杯色素集聚，眼乌黑外凸，耳囊中后部的耳石明显；胸鳍进一步发育呈扇形，星状色素斑分布在体侧，从油球下端一直延伸到肛门处，此时仔鱼游泳能力增强（图 4－9：G）。

晚期仔鱼主要依靠外源物质获取能量，主要以鳔室、脊椎形成以及各鳍的分化与形成为主要标志。

6 日龄仔鱼平均全长 5.7 mm，油球稍变小，分布着 10～12 个雪花状色素细胞，已开口，口径 0.25～0.35 mm，耳囊中靠前部耳石变化不大，后部耳石长，变大呈椭圆形，第 2 及第 3 鳃弓外缘形成 4～5 个短突状的原基形成，鳃弧中都有血液循环入鳃动脉，腹大动脉，肠胃间有大量的血液流动形成网状血流，心室及心房内的血细胞为红褐色，其余部分的血细胞淡黄色。此时胸鳍已伸长成扇形，扇动频繁（图 4－9：H）。

8 日龄仔鱼平均全长 6.5 mm，油球变小，口径达 0.5 mm（图 4－9：I）。仔鱼视觉发达，眼乌黑外凸更加明显，耳囊大而明显，鳃弓四对、无鳃耙和鳃丝，鳃盖裸露（图 4－9：I）颌骨延伸至鳃丝后缘，肠管呈环状（图 4－9：K）。肛门处可见排泄物，感觉芽已退化成脊状小刺，布满整个鱼体，尾鳍褶呈扇形，弹性小丝增多，基本平游，靠尾部强有力的摆动疾速摄食轮虫，对光反应敏感，有较强的聚光性，夜间活动减少，多数头朝下悬浮于水体中。

15 日龄仔鱼平均全长 13.5 mm，油球消失。脊索末端开始上翘，胸鳍开始出现 2～3 枚游离鳍条，甚短；背鳍鳍条开始形成，臀鳍部分鳍条出现；肠管更粗，内壁的纹状皱褶更发达，呈明显环状，摄食行为强烈，肠道饱满，有集群的特性。

40 日龄的仔鱼平均全长 30 mm，鳍褶基本消失，脊柱骨化，椎骨明显，颌骨过眼。胸鳍出现 6 根游离鳍丝，长过腹鳍，有的达臀鳍。鳃盖已完全遮盖鳃丝，无法直接从侧面看到鳃丝，由于白色腹膜的遮盖，已经不能活体观察肠道中的状况（图 4－9：L），发现“Y”形胃形成并有数根幽门盲囊，管鳔型单室鳔始于胃盲囊端部，肠道无盘曲呈直管状。鱼苗十分活跃，摄食能力很强。

稚鱼阶段(从鳞片开始出现到全身披鳞)：60 日龄的稚鱼平均全长 65 mm，体高 8.4 mm。鲜红鳃丝及沿脊椎骨下缘血管清晰可见，上颌骨后缘继续后延并伸达前鳃盖骨。胸鳍 6 枚，游离鳍条延长，随着体长的增长，末端超过臀鳍起点。出现鳞片和棱鳞，棱鳞数较少。尾鳍上叶显著延长，约为下叶鳍条的 2 倍。头背部出现黑色素沿体背缘至尾柄上方分布。稚鱼期后，食道黏膜层向内腔纵向凸起形成的褶皱达 13~16 个，深浅不一；胃壁褶皱发达，食物团饱满；肠呈直管状，肌层不甚明显，黏膜层中有大量的黏液细胞(图 4-9：M-P)。

幼鱼阶段(鳞片长齐之后的鱼苗)：95 日龄的幼鱼平均全长 10.4 cm，体长 11.61 cm，体高 1.56 cm，体重 3.50 g，眼径 0.28 cm，口径长 0.7 cm，全长为头长的 8.05 倍。体侧两边鳞片基本长出，圆鳞大而薄，鳃盖后上端近分布着一条细长不发达侧线，颌骨较长，向后延伸超过鳃盖骨直达胸鳍基部，下缘有锯状细齿，胸鳍上部 6 根丝状游离鳍条，如麦芒状，臀鳍长至尾尖与尾鳍相连，尾鳍小而呈"T"形。头及背部青灰色，体侧银白色，臀鳍和尾鳍边缘黑色。解剖发现，咽喉前左右两侧具鳃弓对，整个鳃弓的鳃片排列成"V"形。第一对鳃弓有一片鳃耙，鳃耙细而密，呈棒针状。"Y"形胃发达，幽门盲囊 19~21 条。性腺已经分化，肉眼无法辨别雌雄，Ⅰ期卵巢和精巢成对出现，紧贴鳔两侧，切片显示卵巢处于卵原细胞向初级卵母细胞过渡阶段，精巢则充满精原细胞。除体高/全长比相对较小之外，外部形态较成鱼基本无区别，早期发育完成(图 4-9：Q~T)(徐钢春，2010)。

养殖条件下，在水温 21~23℃条件下，刀鲚 6 日龄仔鱼即开口摄食，为混合营养期，此时应及时投喂轮虫，投喂密度 5~10 ind/mL，确保顺利开口；8 日龄仔鱼即开始摄食小型枝角类浮游动物，确保仔鱼饱食，投喂密度 3~5 ind/mL；15 日龄仔鱼游泳能力和摄食能力增强，即可转入土池培育，确保饵料丰富、提高成活率；40 日龄仔鱼大量摄食枝角类、桡足类浮游动物，则应采取培育池培育及投喂饵料生物的方法，保证食物充足。养殖至 450 日龄，刀鲚规格达到 80 g 左右时可投放抱卵日本沼虾(或放养小日本沼虾)。当仔、稚、幼鱼发育到食性转化时期，前后两种饵料必须交叉投放，使其有一段重叠时间，以适应食性的逐渐转变。当刀鲚养殖至翌年 6~7 月，全长 250~280 mm、体重 70~90 g 时，刀鲚摄食能力已很强，可大量摄食小型日本沼虾。此时，正是日本沼虾的繁殖高峰期，刀鲚养殖池可适当套养抱卵日本沼虾，以同步培育日本沼虾苗来为刀鲚提供充足的饵料，为挖掘后期的生长潜力及培育性腺成熟的刀鲚奠定基础。在生产中，可在土池中设置网箱并放养抱卵日本沼虾，待虾苗孵出后随即泼洒豆浆，既培育日本沼虾苗，又可维持大型枝角类的生长(徐钢春，2010)。

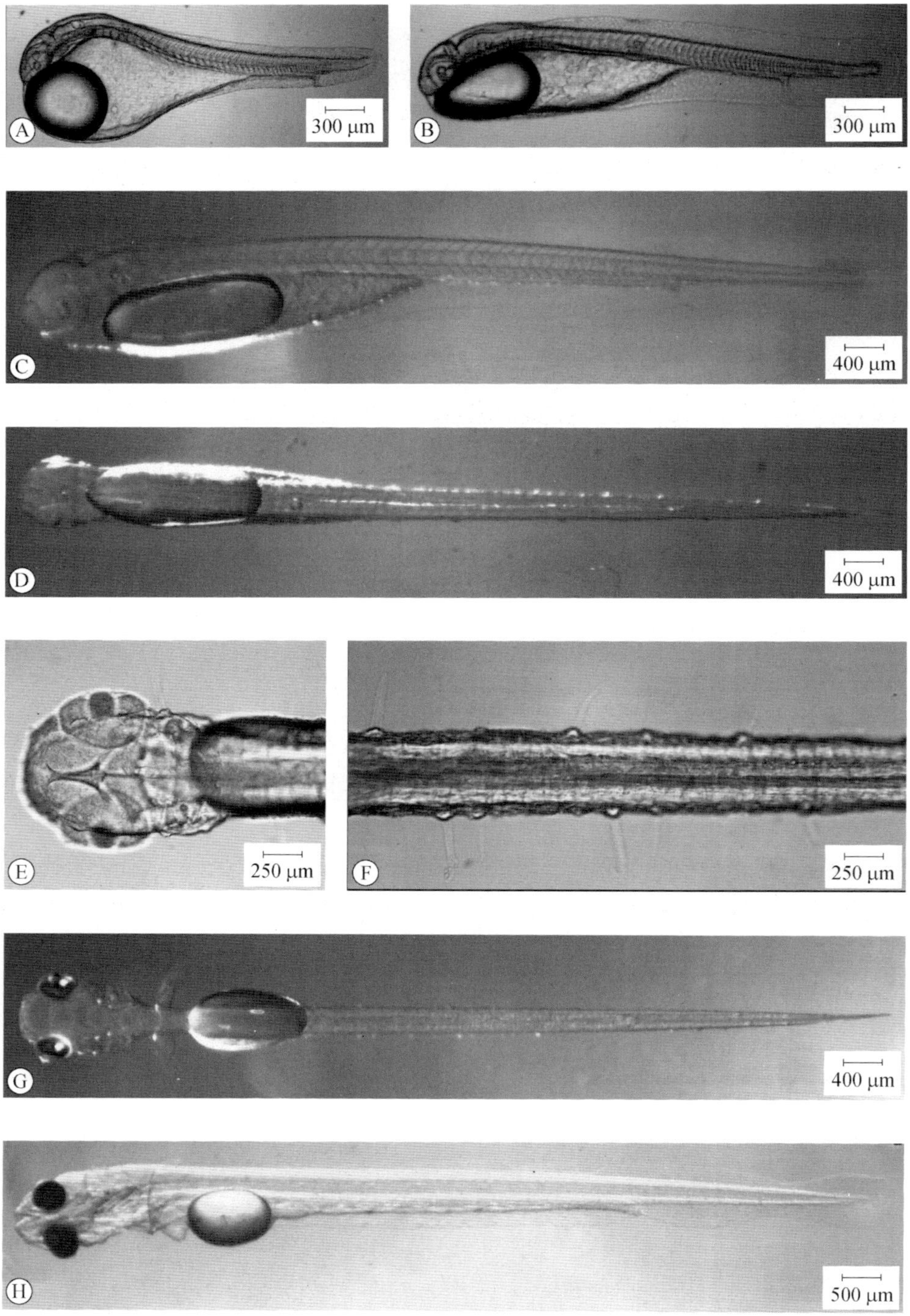
A
300 μm
B
300 μm
C
400 μm
D
400 μm
E
250 μm
F
250 μm
G
400 μm
H
500 μm

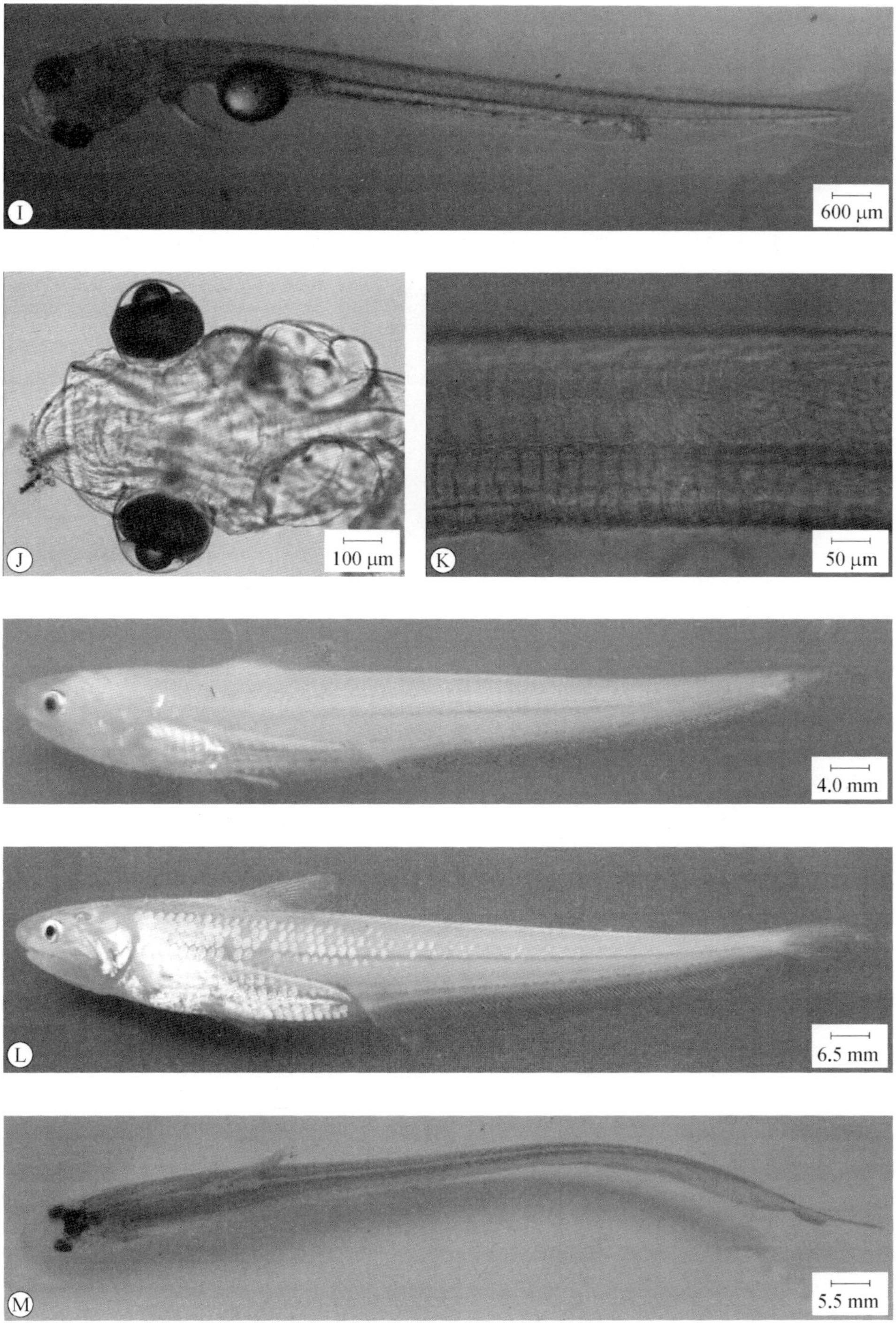
I
600 μm
J
100 μm
K
50 μm
4.0 mm
L
6.5 mm
M
5.5 mm

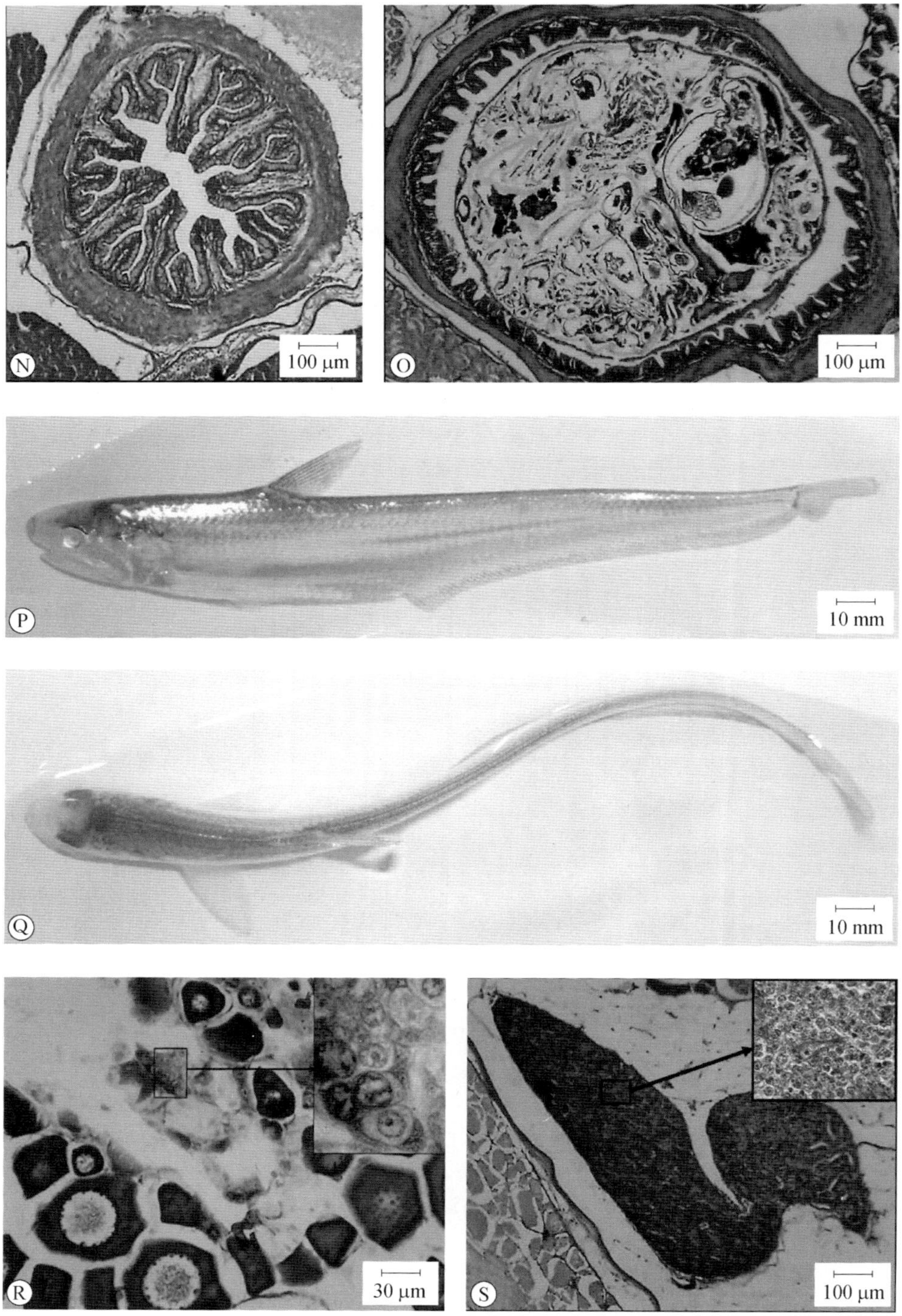

图 4－9　刀鲚胚后发育（徐钢春，2010）

4.3.3　刀鲚仔鱼、稚鱼对环境适应

4.3.3.1　刀鲚仔鱼、稚鱼对温度的选择

研究表明，体长 11.18~12.50 cm、体重 4.16~6.85 g 的刀鲚幼鱼在 16℃、20℃、24℃和 28℃四个温度下的耗氧率、窒息点、血糖及肌肝糖原指标等有所不同，可见不同水温对刀鲚幼鱼上述指标有一定影响(徐钢春等，2012)。

水温 16℃~28℃时，刀鲚幼鱼的耗氧率随水温的升高而增大。其中在水温 16℃与 20℃时差异明显，20℃与 24℃时耗氧率差异不明显，28℃时耗氧率则比 24℃时极显著增大；刀鲚幼鱼的耗氧率 R[mg/(g·h)]与水温 T(℃)的回归关系为 $R=0.517T^{1.775}$，$R^2=0.92$(表 4-9)。综合不同温度对耗氧率的影响，推断 20~24℃是刀鲚幼鱼生长发育的适温范围。

表 4-9　不同温度下刀鲚的耗氧率(徐钢春等，2012)

温度/℃	体长/cm	体重/g	耗氧率/[mg/(g·h)]
16	11.52±0.53	5.30±0.41	74.54±8.31[a]
20	11.68±0.58	5.34±0.49	105.28±10.46[b]
24	11.59±0.89	5.41±0.72	123.10±10.41[c]
28	11.45±0.43	5.28±0.39	217.12±18.42[d]

注：表中不同小写字母表示差异显著($P<0.05$)。

刀鲚幼鱼血清中血糖含量在水温 16~24℃阶段保持相对稳定，血糖含量在 17.24~19.79 mmol/L 波动，且波动变化差异不明显。在水温 24~28℃阶段，血糖含量从 17.24 mmol/L 上升到 32.99 mmol/L，变化率为 91.36%(图 4-10)。随着水温的升高，刀鲚幼鱼肌肉和肝脏糖原含量均呈波浪式变动，且在水温 16~24℃阶段差异不明显；当水温升高到 28℃时，肌肉和肝脏糖原含量均显著低于水温 16~24℃阶段的水平(图 4-11、图 4-12)(徐钢春等，2012)。

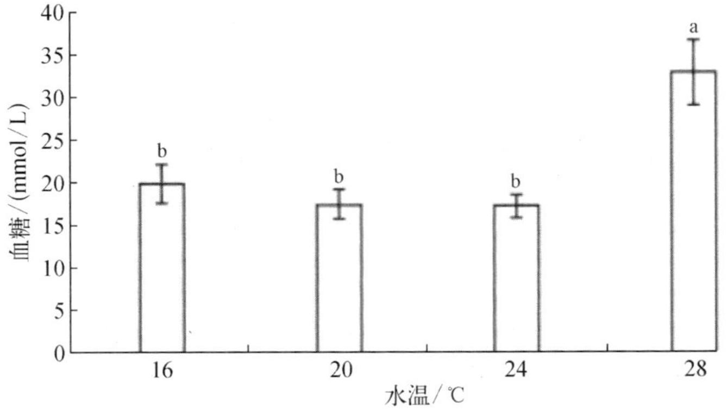

图 4-10　水温对刀鲚幼鱼血糖浓度的影响(徐钢春等，2012)

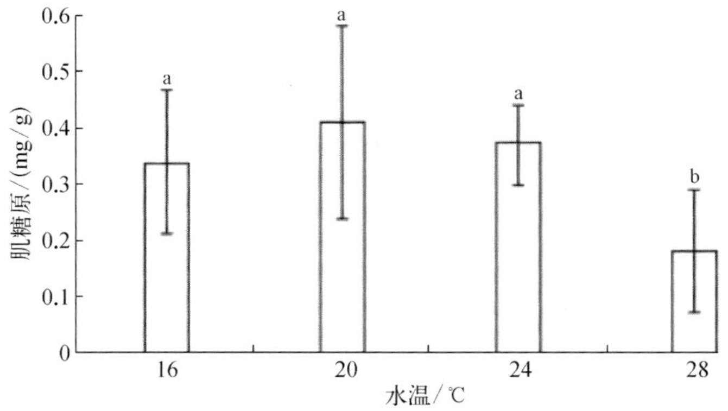

图 4-11　水温对刀鲚幼鱼肌糖原浓度的影响(徐钢春等,2012)

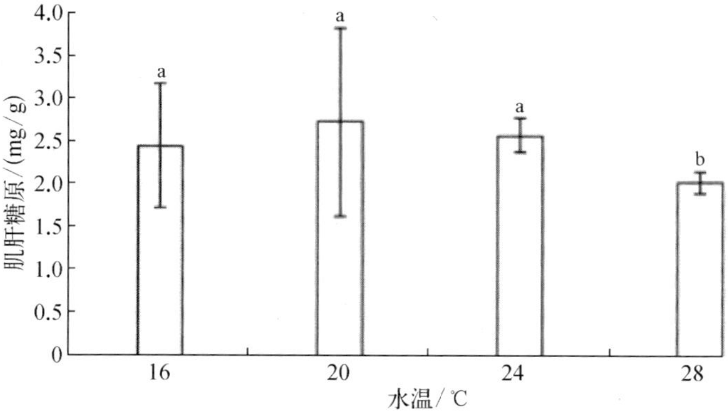

图 4-12　水温对刀鲚肌肝糖原的浓度的影响(徐钢春等,2012)

血糖是血液中最重要的能量物质,是鱼类各类活动所需能量的直接来源;糖在肌肉和肝脏中以糖原形式贮存,在血液中则以葡萄糖形式存在,两者之间时常保持动态平衡状态。研究证明,运动能力强的鱼类血糖值较高,运动迟缓的鱼类血糖值较低。徐钢春等(2012)的研究表明,刀鲚幼鱼在 16~24℃下血糖值[17.24~19.79 mg/(g·h)]较高,这与刀鲚属凶猛肉食性鱼类的生态习性有关。刀鲚幼鱼血清中血糖含量在水温 16~24℃阶段保持相对稳定,而当水温升高到 28℃时,血糖含量急剧升高,这可能是在此温度下刀鲚面临胁迫,体内肌肝糖原加速消耗,游离脂肪酸含量产生变化,蛋白质分解加快。在水温为 28℃下的肌肝糖原含量比在水温为 16~24℃时显著降低,说明随着水温的升高,刀鲚的代谢增加,加速了营养物质的分解,由于没有外源营养物质的补充,为了维持能量的供给,鱼体自身不断将肌肝糖分解成葡萄糖(徐钢春等,2012)。

16~28℃时，随着温度升高，窒息点显著升高；尤其是 28℃时的窒息点溶解氧高达(3.07±0.38)mg/(g·h)，是 20℃时的 2 倍(表 4-10)。刀鲚幼鱼的窒息点 A[mg/(g·h)]与水温 T(℃)的关系为：$A=0.003T^{2.013}$，$R^2=0.99$。刀鲚在窒息时的表现为焦躁不安、呼吸频率加快、到处游窜；临近窒息点时，呼吸频率高达 190 次/min，并不时用头撞击呼吸瓶，尾部摆动频率增加，之后呼吸频率逐渐减慢，身体失去平衡，侧卧沉底，口、鳃盖偶尔猛张猛合，直至脊椎反弓而亡(徐钢春等，2012)。在刀鲚的人工养殖中必须做好养殖水体增氧和测氧的工作，尤其是高温季节必须经常注水或换水，进行水质调节，水体中溶解氧一旦低于 4 mg/L，刀鲚就会出现摄食下降、生长停滞的现象，甚至产生停食、浮头乃至死亡。

表 4-10　刀鲚幼鱼窒息点与水温的关系(徐钢春等，2012)

水温/℃	体重/g	开始死亡溶氧/(mg/L)	窒息点溶氧/(mg/L)	全部死亡溶氧/(mg/L)
16	5.27±0.93	1.08±0.10	0.98±0.07	0.83±0.08
20	5.32±0.50	1.68±0.20	1.54±0.12	1.39±0.16
24	5.40±0.81	2.41±0.22	2.14±0.18	2.02±0.20
28	5.35±0.52	3.34±0.53	3.07±0.38	2.92±0.28

4.3.3.2　刀鲚仔鱼、稚鱼对饵料的选择

上海淀山湖刀鲚(体长为 5.0~26.8 cm，体重 1.1~53.4 g)一周年的食物组成见表 4-11。桡足类、枝角类在淀山湖刀鲚食物组成中占绝对优势(凡迎春等，2015)。刀鲚食物数量组成没有显著的季节差异，4 个季节桡足类和枝角类均占绝对优势，两者的贡献率在 90%以上。虽然在不同水域原始天然饵料有所不同会影响刀鲚对饵料的选择，但仍具有一定的参考价值。

表 4-11　淀山湖刀鲚的食物组成(凡迎春等，2015)

食物组成	出现频率/%	数量百分比/%	重量百分比/%	相对重要性百分比指数/%
藻类	14.25	2.29	<0.01	0.29
硅藻	14.25	2.27	<0.01	0.28
蓝藻	1.08	0.03	<0.01	<0.01
轮虫	9.68	0.93	<0.01	0.08
单趾轮虫	1.08	0.36	<0.01	<0.01
椎尾水轮虫	5.65	0.51	<0.01	0.03
龟甲轮虫	2.15	0.04	<0.01	<0.01
未知轮虫	1.08	0.02	<0.01	<0.01
枝角类	81.18	55.88	8.96	46.39
角突网纹蚤	0.54	0.01	0.01	<0.01

（续表）

食物组成	出现频率/%	数量百分比/%	重量百分比/%	相对重要性百分比指数/%
裸腹溞	0.54	0.04	0.01	<0.01
透明溞	9.41	7.66	1.78	0.78
象鼻溞	54.03	34.80	4.85	18.88
秀体溞	13.44	9.12	0.85	1.18
未知枝角类	4.57	4.25	1.46	0.23
桡足类	79.57	39.67	29.98	48.84
华哲水蚤	0.54	0.04	0.05	<0.01
剑水蚤	26.88	13.15	6.11	4.56
猛水蚤	14.52	3.40	0.22	0.46
许水蚤	0.54	0.01	<0.01	<0.01
哲水蚤	16.40	8.59	12.45	3.04
未知桡足类	22.31	14.49	11.15	5.04
线虫	31.72	0.98	0.01	0.28
寡毛类	0.54	<0.01	<0.01	0.00
多毛类	0.54	0.02	0.15	0.00
蛭类	0.27	<0.01	0.02	0.00
双壳类	0.54	<0.01	0.01	0.00
湖球蚬	0.54	<0.01	0.10	0.00
端足类	16.67	0.16	1.12	0.19
钩虾	8.33	0.06	0.28	0.02
日本大螯蜚	6.45	0.09	0.84	0.05
日本旋卷蜾蠃蜚	2.42	0.01	<0.01	<0.01
水生昆虫	1.08	0.01	0.03	0.00
摇蚊	1.08	0.01	0.03	0.00
虾类	6.99	0.03	37.62	2.32
日本沼虾	0.81	0.01	7.03	0.05
秀丽白虾	1.88	0.01	7.60	0.13
未知虾类	4.30	0.02	22.99	0.87
鱼类	8.33	0.02	22.00	1.62
刀鲚	0.27	<0.01	1.42	<0.01
子陵丹虎鱼	8.06	0.02	20.58	1.46

4.4 暗纹东方鲀生活史

4.4.1 暗纹东方鲀胚胎发育

暗纹东方鲀受精卵历时 131 h 15 min 开始孵出仔鱼，整个胚胎发育过程可分为 33 个时期。

受精卵：外观呈圆形，为黏性卵，卵黄丰富，呈鹅黄色且透明。卵膜较薄，卵径为 1.108~1.307 mm，含有大量小颗粒聚集在一起的油球，在动物极集中了大量的细胞质。卵吸水膨胀不明显，形成卵间隙较小，为 0.021~0.056 mm（图 4－13：1）。

胚盘期（1 h 20 min）：卵受精后，动物极和植物极逐渐分化，原生质开始从植物极向动物极流动，并集中在卵黄表面，逐渐形成隆起的淡棕黄色胚盘（图 4－13：2）。

2 细胞期（3 h 10 min）：开始第一次卵裂，为经裂胚盘表面出现一条分裂沟，这条分裂沟渐渐变深而扩展至胚盘的边缘，然后位于胚盘基部的细胞核一分为二，分裂成两个大致相等的分裂球（图 4－13：3）。

4 细胞期（4 h 30 min）：第二次卵裂亦为经裂，与第一次分裂面垂直，产生 4 个体积大致相等的分裂球（图 4－13：4）。

8 细胞期（5 h 50 min）：第三次卵裂有两个卵裂面，都是经裂。第三次卵裂面与第二次卵裂面垂直，而与第一次卵裂面平行。第三次卵裂形成 8 个分裂球（图 4－13：5）。

16 细胞期（7 h 10 min）：第四次卵裂也有两个分裂面，仍是经裂。第四次分裂面位于第二次分裂面的两侧，即与第一次和第三次分裂面相垂直，分裂成 16 个分裂球（图 4－13：6）。

32 细胞期（8 h 40 min）：第五次卵裂有四个卵裂面，与第一、第三分裂面平行，而与第二，第四分裂面相垂直，产生 32 个分裂球（图 4－13：7）。

多细胞期（13 h 10 min）：又经过连续几次分裂，分裂球的数量越来越多，体积也变得越来越小。这时，分裂球聚集成多层，排列在卵黄的上方。细胞界线仍然清晰可见（图 4－13：8）。

囊胚早期（16 h 10 min）：卵裂已进行到后期，分裂球的数目变得越来越多，越来越小，细胞界线模糊。由它们组成的囊胚层突出在卵黄之上，其高度约为卵径的 1/4（图 4－13：9）。

囊胚中期（18 h 10 min）：隆起的囊胚层向四周扩张而逐渐变低，其高度约为卵径的 1/5，胚层开始向卵黄部分扩展（图 4－13：10）。

囊胚后期（20 h 20 min）：外层细胞界限模糊不清，隆起的囊胚层变得更低，其高度约为卵径的 1/6。边缘细胞开始下包，囊胚腔清晰可见（图 4－13：11）。

原肠早期（23 h 50 min）：囊胚层的细胞沿着卵黄的表面向四周扩展，由于卵黄的阻碍，下包到一定距离时，有大量细胞积聚在囊胚层外周的边缘，形成胚环，胚环向植物极延伸下包达卵径的 1/3（图 4－13：12）。

原肠中期(27 h 40 min):随着下包运动的进行,下包达卵径的 1/2 以上。胚环继续增厚,并发展成胚盾(图 4-13:13)。

原肠后期(30 h 50 min):胚层细胞下包达卵径的 2/3 以上,胚盾更加增厚,且继续向植物极移动。最后出现胚孔,胚孔缩小为小圆圈。胚体雏形出现(图 4-13:14)。

神经胚期(33 h 30 min):原肠下包和内卷继续进行,胚层细胞下包达卵径的 4/5 以上。胚环明显缩小,卵黄大部分被包围。当下包接近完成时,背侧神经物质增厚,凹陷形成神经沟(图 4-13:15)。

胚孔封闭期(37 h 30 min):胚孔逐渐缩小变得模糊,胚层合拢,出现胚孔封闭。胚体匍匐在卵黄上,围绕卵黄约 1/3(图 4-13:16)。

肌节出现期(40 h 30 min):胚体中部出现 1~3 对肌节,胚体前端稍膨大和隆起(图 4-13:17)。

眼基出现期(42 h 30 min):胚体头部两侧隐约可见眼泡。肌节 3~5 对(图 4-13:18)。

眼囊期(44 h 20 min):眼囊呈椭圆形,头尾之间的卵黄囊开始内陷,胚体大为伸展,脑开始分化成前、中、后三个脑泡(图 4-13:19)。

嗅板期(47 h 10 min):眼囊前下方出现一对近圆形的嗅板。肌节 6~8 对(图 4-13:20)。

尾芽期(49 h 50 min):胚体后端伸长并突起形成圆锥状尾芽,尾泡出现,脊索开始形成,胚体绕卵黄囊 1/2,肌节增至 10~12 对(图 4-13:21)。

耳囊期(52 h 10 min):后脑两侧出现椭圆形耳囊,眼囊中央出现凹陷,并逐渐形成视杯。脑进一步分化,中脑背面隆起(图 4-13:22)。

尾鳍形成期(57 h 50 min):在尾的边缘,表皮外突形成皮褶状的尾鳍,眼囊逐渐变成圆形,视杯扩大。胚体绕卵黄囊 1/2~2/3,肌节增至 16~18 对(图 4-13:23)。

晶体出现期(65 h 50 min):视杯扩大,在视杯口出现圆形的晶体,中脑明显分化为左右两半球。胚体绕卵黄囊 2/3(图 4-13:24)。

肌肉效应期(73 h 40 min):胚体中后部肌肉开始缓慢、颤动式收缩,2~5 次/min。晶体非常清晰。肌节增至 20~22 对(图 4-13:25)。

心脏原基期(79 h 20 min):胚体头部腹面和卵黄囊之间出现圆管状、中间略凹陷的心脏。肌节增至 22~24 对(图 4-13:26)。

耳石形成期(81 h 20 min):耳囊中出现 2 个黑色颗粒状耳石。胚体中部及卵黄囊上出现星芒状灰黑色素细胞(图 4-13:27)。

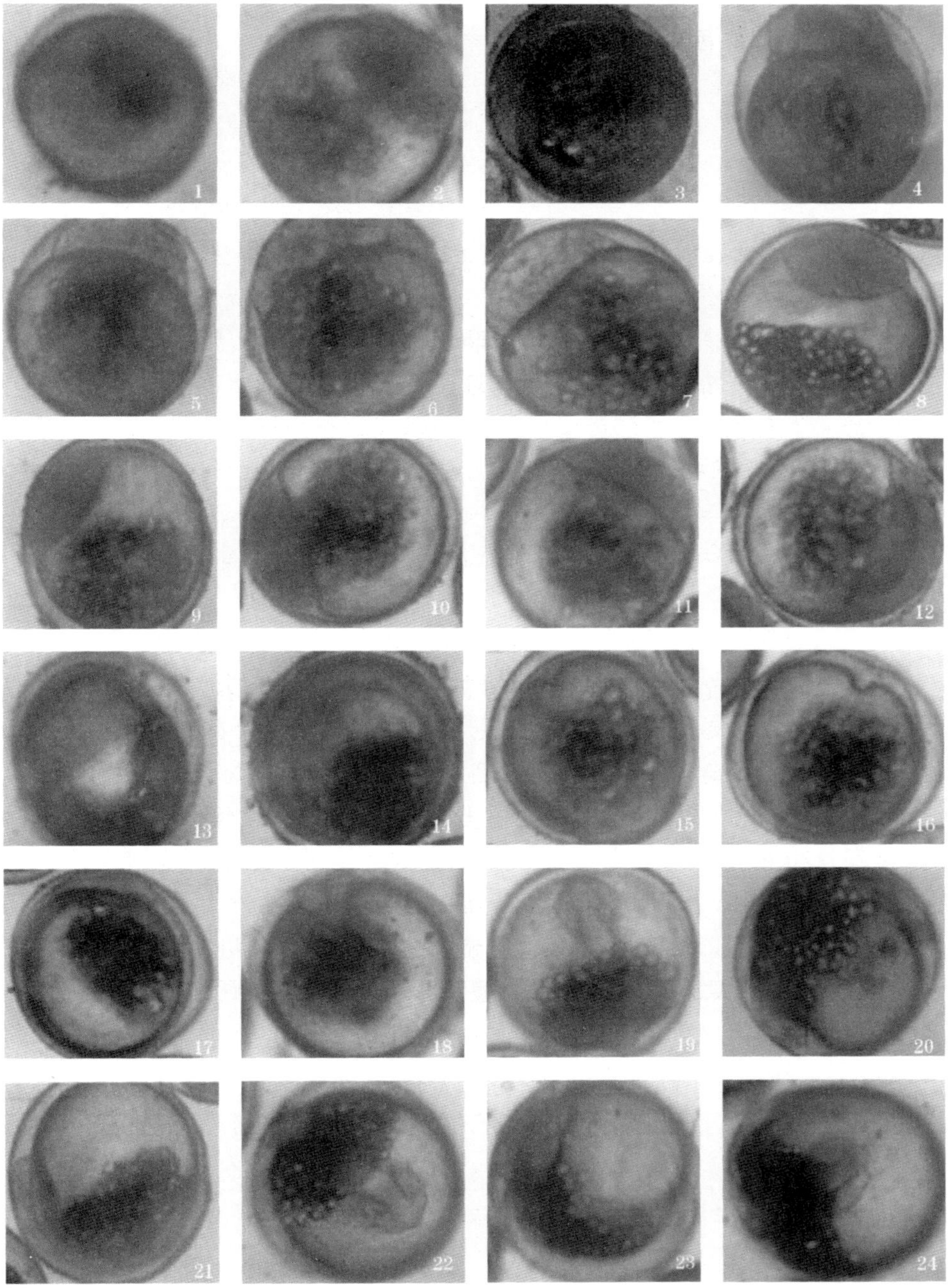

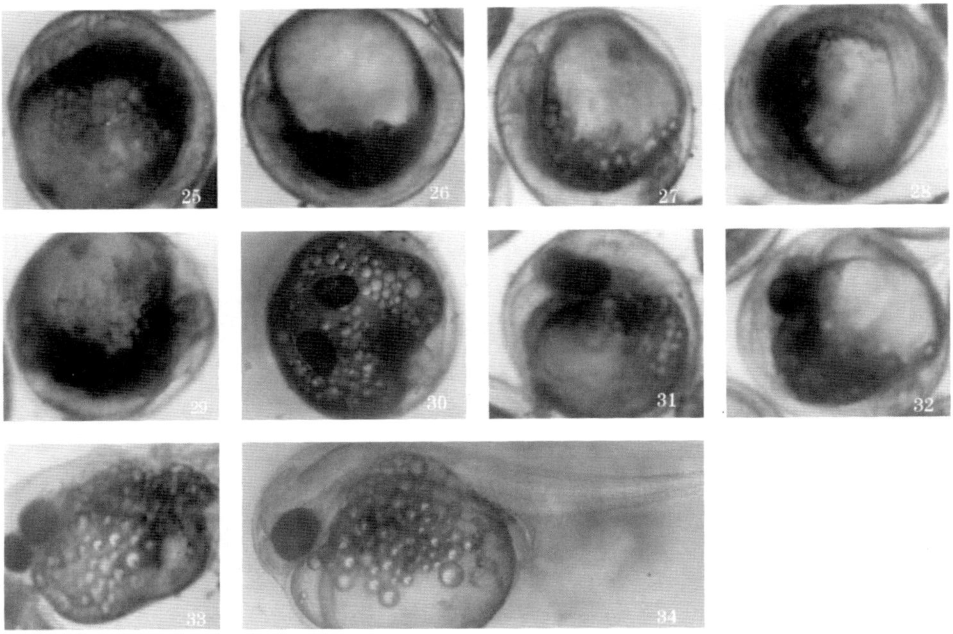

图 4-13　暗纹东方鲀的胚胎发育图谱(图 1~34)(莫根永等,2009)

1. 受精卵; 2. 胚盘期; 3. 2 细胞期; 4. 4 细胞期; 5. 8 细胞期; 6. 16 细胞期; 7. 32 细胞期; 8. 多细胞期; 9. 囊胚早期; 10. 囊胚中期; 11. 囊胚后期; 12. 原肠早期; 13. 原肠中期; 14. 原肠后期; 15. 神经胚期; 16. 胚孔封闭期; 17. 肌节出现期; 18. 眼基出现期; 19. 眼囊期; 20. 嗅板期; 21. 尾芽期; 22. 耳囊期; 23. 尾鳍形成期; 24. 晶体出现期; 25. 肌肉效应期; 26. 心脏原基期; 27. 耳石形成期; 28. 心脏搏动期; 29. 血液循环期; 30. 眼黑色素形成期; 31. 胸鳍原基期; 32. 出膜前期; 33. 出膜期; 34. 刚孵出的仔鱼

心脏搏动期(83 h 10 min):心脏明显分为心室和心耳。呈微弱的、有规律的搏动,并逐渐加强。开始心跳 27~35 次/min,6~8 h 后心跳为 44~52 次/min,胚体抽动明显,达 10~14 次/min(图 4-13:28)。

血液循环期(92 h 30 min):血管在胚体中形成,血液在血管中流动,血球无色。胚体背部及卵黄囊上星芒状、枝状灰黑色素细胞在增多(图 4-13:29)。

眼黑色素形成期(113 h 30 min):眼晶体外周开始出现黑色素,随着黑色素的增多,眼逐渐变成黑色,肉眼可见卵内两个黑色眼点。胚体背部出现点状、短枝状棕红色素斑。心跳加快达 96~103 次/min,血球呈微红色。胚体绕卵黄囊约一周,肌节增至 26~28 对(图 4-13:30)。

胸鳍原基期(120 h 20 min):耳囊下方出现扇形的胸鳍原基,耳囊内的半规管明显可见。胚体抽动趋于频繁,达 24~30 次/min(图 4-13:31)。

出膜前期(126 h 10 min):卵膜变薄变软,颜色由淡黄色转变为棕黄色,胚体头部出现点状的孵化腺。胚体尾部剧烈抽动，使胚体在膜内频繁转动。血球呈淡红色，血液循环清晰可见（图 4－13：32）。

出膜期（131 h 15 min）：靠近胚体头端的卵膜渐渐隆起，卵外观呈梨形，胚体尾部摆动剧烈，卵膜破裂，仔鱼多数以头部先行出膜，随着尾部摆动加剧，仔鱼的整个身体脱离卵膜（图 4－13：33）（莫根永等，2009）。

4.4.2　暗纹东方鲀仔鱼、稚鱼发育

刚孵出的仔鱼全长 2.47~2.86 mm，肌节 26~28 对，卵黄囊大而侧扁，长径为 1.014~1.092 mm，短径为 0.904~0.982 mm。胚体背侧分布点状、星芒状、枝状的灰黑色素细胞，头部和尾部较少。卵黄囊上的枝状灰黑色素细胞较大。胚体前端有较多的杏黄色素细胞，中部有较多的点状、短枝状的棕红色素细胞（图 4－13：34）。一日龄仔鱼全长 2.550±0.675 mm、长径为 1.014±0.075 mm，短径为 0.904±0.095 mm，吻长、头长、体高、尾高、眼径、眼间距的测量平均值（n = 200）分别为 0.100±0.033 mm、0.350±0.010 mm、0.925±0.010 mm、0.375±0.025 mm、0.205±0.020 mm、0.075±0.010 mm（莫根永等，2009）。

4.4.3　暗纹东方鲀仔鱼、稚鱼对环境适应

4.4.3.1　暗纹东方鲀仔鱼、稚鱼对盐度的选择

暗纹东方鲀属于洄游性鱼类，对盐度的适应有一定阶段性，成鱼每年 3 月开始溯河至长江中产卵繁殖，幼鱼生活在江河或通江的湖泊中肥育，至第二年春季返回海中。暗纹东方鲀对盐度的适应性决定了其摄食、生长和发育。

倪国彬等（2015）对平均体重为 5.24±0.37 g 的暗纹东方鲀进行实验，盐度为 40 的实验组幼鱼在 15 h 时开始出现死亡，第 3 天时该盐度组的幼鱼全部死亡，过高的盐度超出了幼鱼的渗透压调节能力，这也证实了自然界中当年繁殖的幼鱼是不会洄游到海中的。整个实验期间其他实验组的死亡率见表 4－12。

表 4－12　不同盐度对暗纹东方鲀幼鱼生长和存活率的影响（倪国彬等，2015）

盐度	起始体重/g	终末体重/g	平均日增重/g	特定生长率/%	死亡率/%	饲料系数
0	5.27±0.55	33.27±4.92	0.67±0.08[a]	4.42±0.12[a]	6.67±5.77[a]	1.46±0.31[a]
10	5.36±0.61	31.09±3.87	0.61±0.11[a]	4.47±0.26[a]	0±0[d]	1.48±0.42[a]
17	5.23±0.71	28.08±2.07	0.54±0.16[b]	4.39±0.08[a]	26.67±5.77[b]	1.57±0.29[b]
26	5.15±0.82	26.06±1.93	0.49±0.07[b]	4.27±0.14[a]	43.33±11.54[c]	1.52±0.12[b]

注：同一列数据上标不同英文字母表示有显著差异（P<0.05）。

边平江等(2014)研究了盐度为0、6、12、18、24、30时暗纹东方鲀的生长与死亡率,暗纹东方鲀规格体重为35.12±5.15 g。实验期间,各组暗纹东方鲀的生长率和死亡率如表4-13所示。随着盐度的增高,相对增长率逐渐降低,而在盐度为24和30的高盐度组,鱼体生长受到抑制,相对增长率显著低于对照组;同样,随着盐度的增加,鱼体的相对增重率也呈现相同的趋势,其中盐度24和30的处理组的相对增重率均显著低于对照组。在低盐度组(盐度为0、6和12),未发现死亡现象;而在其他处理组,随着盐度的增加,暗纹东方鲀应激死亡率逐渐增加,分别为(5.93±1.70)%、(8.89±3.33)%和(17.04±2.80)%。

表4-13 盐度对暗纹东方鲀生长和存活的影响(边平江等,2014)

盐度	初始体长/cm	终末体长/cm	相对增长率/%	初始体重/g	终末重/g	相对增重率/%	死亡率/%
0	10.12±0.71	15.67±0.85	54.84±17.22	35.12±1.05	78.62±2.31	123.86±14.5	0
6	10.05±0.97	14.84±0.65	47.66±15.46	34.24±1.49	71.03±3.05	107.45±13.2	0
12	10.44±0.69	15.12±0.77	44.83±15.27	35.72±0.85	71.12±2.16	99.10±13.45	0
18	10.13±0.85	14.22±0.73	40.40±12.45	33.65±1.15	66.28±3.13	96.97±16.24	5.93±1.70 *
24	10.72±0.66	13.12±0.45	22.39±9.14 *	36.42±1.55	57.42±4.22 *	57.66±14.33	8.89±3.33 *
30	10.17±0.95	12.01±0.94	18.09±7.41 *	36.09±1.33	52.61±2.25 *	45.77±15.3 *	17.04±2.80 *

注: * 表示差异显著($P<0.05$)。

盐度(0、10、17、26)与特定生长率之间的关系可用二项式方程进行拟合,方程式为 $y=-5E-06x^2+5E-05x+0.0446$(图4-14)。根据回归曲线可知,当盐度为6.7时,特定生长率达到最高值(倪国彬等,2015)。

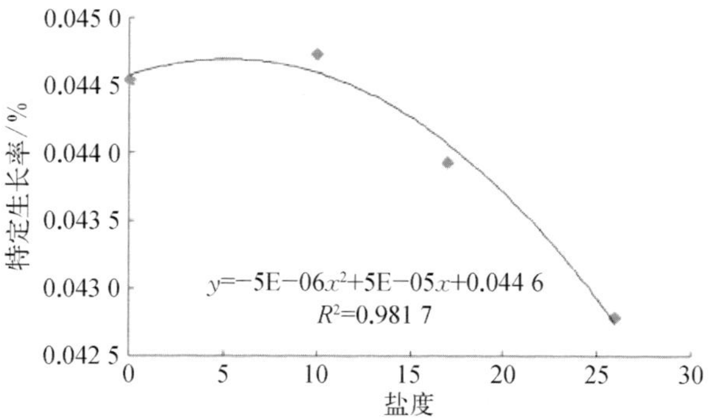

图4-14 暗纹东方鲀幼鱼特定生长率和盐度的关系(倪国彬等,2015)

实验开始时，由于刚刚进入有盐度的环境中，幼鱼还未完全适应，摄食率较低，因此第 1 周时各实验组幼鱼的特定生长率低于对照组。到第 2 周时，各实验组幼鱼的特定生长率均有上升。随着实验时间的推移和幼鱼体重的增加，从第 3 周开始，各实验组幼鱼的特定生长率均逐渐下降（图 4－15）。

17 和 26 的盐度已经超出了正常河口地区的盐度范围，在此盐度下，虽然幼鱼没有全部死亡，但从摄食率和特定生长率来看，高盐度依然对幼鱼产生了胁迫，并不适合其生长。通常在最适渗透压环境中，由于标准代谢降低，使能量更多地用于生长，从而增加生长率和能量转化效率。在本实验中，17 和 26 盐度组的暗纹东方鲀幼鱼摄食率和终末体重均低于 10 盐度组和淡水组，说明在此环境下幼鱼消耗了额外的能量用于适应盐度的变化。

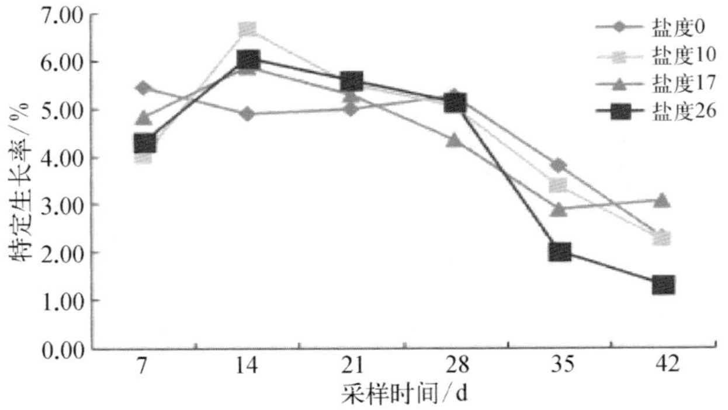

图 4－15　暗纹东方鲀幼鱼不同时间段特定生长率变化情况（倪国彬等，2015）

盐度对暗纹东方鲀幼鱼的日常活动有重要影响。暗纹东方鲀幼鱼由淡水进入海水后有强烈的应激反应，沿着缸壁急速游动，甚至跃出水面，在 8 h 后开始逐渐适应。高盐度组中，幼鱼在盐度为 17 的水中暂养 2 d 后放入海水，依然有较强的应激反应，出现了浮出水面、胀气等现象，随后沉入水底，无摄食行为，陆续出现死亡。其他盐度组幼鱼在实验正式开始后 2～3 d 开始摄食，摄食时喜好争抢，在饲料团块下沉时分食，对于沉入池底的饲料不摄食（倪国彬等，2015）。

盐度对暗纹东方鲀幼鱼的摄食率也有重要影响。暗纹东方鲀幼鱼的摄食率随着盐度的升高而下降，在淡水中摄食率最高，达 5.02%/d；盐度为 26 的水体中最低，为 3.75%/d（图 4－16）。饲料系数随着盐度的升高而逐渐降低，淡水组饲料系数最低（表 4－12）（倪国彬等，2015）。

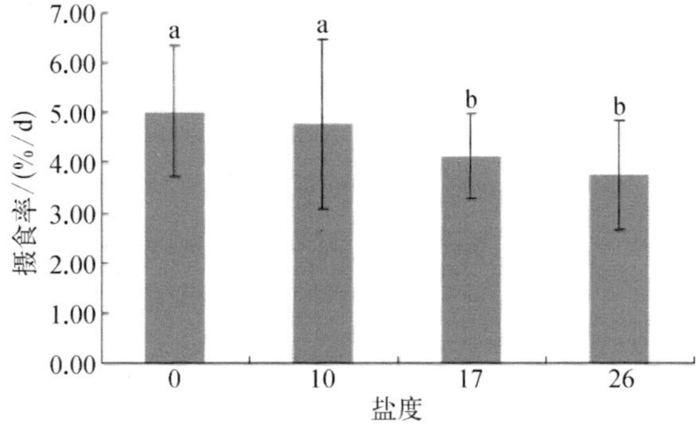

图 4-16　不同盐度组暗纹东方鲀幼鱼的摄食率(倪国彬等,2015)

注：不同实验组上标不同英文字母表示有显著差异($P<0.05$)。

4.4.3.2　暗纹东方鲀仔鱼、稚鱼对温度的选择

温度是影响鱼类呼吸最重要的环境因子。在适宜温度范围内,随着水温升高,鱼类维持生命的脑、心、肝等重要组织器官的活性增强,各种酶活性提高,鱼类活动强度增大,基础代谢旺盛,表现出耗氧率升高的现象。

沈旭明等(2001)分析了不同温度下暗纹东方鲀的呼吸频率,在水体溶氧 5 mg/L 以上或溶氧饱和度 65%以上时温度变化对呼吸频率的影响见表 4-14。

表 4-14　溶氧饱和度≥65%水体温度对暗纹东方鲀幼鱼呼吸频率的影响(沈旭明等,2001)

水体温度/℃	10	12	14	16	18	20	22	24	26	28	30	32
溶氧量/(mg/L)	9.70	9.00	8.10	7.70	7.20	6.80	6.50	5.90	6.00	5.40	6.30	6.00
溶氧饱和度/%	85.6	83.1	78.1	77.3	75.4	74.1	73	69	72.9	67.5	82.6	81
呼吸频率/(次/min)	47	63	70	80	91	105	123	128	139	156	160	177

当水体溶氧在饱和度达 65%以上的适宜范围内,温度是影响暗纹东方鲀幼鱼呼吸频率变化的主要因素。在 10~32℃,暗纹东方鲀幼鱼呼吸频率随着温度的增加呈规律性地增加。在 24~26℃和 28~30℃两个温度区域内,增加水体溶氧量使水体溶氧饱和度升高,暗纹东方鲀幼鱼呼吸频率亦呈上升趋势。温度上升使呼吸频率增加是代谢率增加引起的。温度不仅直接影响到鱼类生命活动的新陈代谢强度,而且对代谢质的方面也有极大的影响。水温升高,鱼体新陈代谢旺盛,体内氧化过程增强,气体交换频繁,代谢速率增加。有资料显示,温水鱼类温度升高 1℃,其代谢速率增加 10%;温度升高 10℃,代谢速率增加 1 倍。因此水体温度升高时,鱼体反射性地增加呼吸频率摄取足够的氧是调节机体维持较高代谢速率的有效途径(沈旭明等,2001)。

4.5　日本鳗鲡生活史

4.5.1　日本鳗鲡胚胎发育

在水温 23±0.5℃，受精 1 h 40 min 鳗鲡胚胎完成第 1 次卵裂，卵裂形式为盘状卵裂。受精后 18 h 30 min 开始形成器官，受精后约 38 h 30 min 仔鱼开始出膜。从受精到仔鱼孵化出膜总积温为 885.50℃·h。

胚盘形成期受精后约 15 min，卵外周及分散在卵黄间隙的原生质开始向动物极集中，形成胚盘。此时动物极顶端颜色变浅，呈浅乳白色。受精后 35 min，胚盘隆起最高，胚盘完全形成，胚盘隆起的高度约为 0.7 mm（图 4－17：1）。

卵裂期受精后 1 h 40 min，胚盘第一次分裂完成，分裂沟由上而下，但未达到胚盘底面就停止，形成两个大小相等，形状相似的细胞，2 细胞期出现（图 4－17：2）。

受精后 1 h 55 min，进行第 2 次卵裂，分裂面与第 1 次分裂面垂直，也未达胚盘底面就停止，形成大小相等的 4 个细胞，胚胎进入 4 细胞期（图 4－17：3）。

2 h 5 min 后，开始第 3 次卵裂，两个卵裂面与第 1 次卵裂面平行，出现 8 细胞期，细胞大小相似，排成两行，每行 4 个（图 4－17：4）。

受精后 2 h 15 min，经第 4 次卵裂，两个卵裂面与第 2 次卵裂面平行，形成 16 细胞期，细胞均匀排列成 4 行，每行 4 个，但单个细胞已明显变小（图 4－17：5）。

2 h 30 min 后，细胞第 5 次分裂，属纬裂，形成 32 个细胞，细胞纬裂明显并分上下两层，胚盘由 16 细胞期的方形逐渐变为圆形，中间细胞小，周围细胞大（图 4－17：6）。

32 细胞以后，分裂球细胞数量越来越多，体积变得越来越小，胚盘增高，立于卵黄上面，此为多细胞期。此期细胞排列紧凑，排列明显不规则，但细胞界限清楚（图 4－17：7）。

日本鳗鲡的卵裂仅限于胚盘部分，卵黄不分裂，分裂沟不到达植物极卵黄部分，属典型的盘状卵裂。从受精后到第 1 次卵裂所需时间较长，为 1 h 40 min，所需积温为 38.33℃·h。但第 1 次卵裂后，每次卵裂的间隔时间都相对较短，一般 10～15 min 发生 1 次卵裂。到多细胞期结束时，胚胎发育所需的总积温约为 122.67℃·h。

桑椹期日本鳗鲡胚胎从卵裂期结束到进入囊胚期，要经历一个较长的时期，间隔时间约为 3 h 30 min，此时为桑椹期。桑椹期的胚胎细胞与多细胞期和囊胚期的细胞无明显区分，但随着细胞分裂次数的增加，细胞变得越来越小，而细胞间的界限却仍然十分清楚，胚胎细胞相互堆积，形成一桑椹状结构（图4－17：8）。

囊胚期（图4－17：9）胚胎细胞继续分裂、细胞界限开始模糊不清。到6 h 20 min后，卵的动物极侧面观呈椭圆形，进而形状变化似一帽状。此时在解剖镜下还可观察到一较“平坦”的区域，即卵黄多核体，称高囊胚。囊胚细胞继续分裂，向四周扩展，囊胚层变低，有人称之为低囊胚。之后胚胎细胞开始向卵黄表面扩展，进入原肠期。

原肠期受精后8 h 40 min，随着分裂球细胞不断向下延伸，由于外包进展缓慢，胚环出现，此时胚胎发育为原肠早期（图4－17：10）。

11 h 20 min时，胚盘下包至卵黄纵轴约1/2处，胚轴背后端背唇处细胞卷入内部，沿内侧向上伸展成加厚部分，即为胚盾。此时胚盾较小，胚孔最大。油球开始合并、变大、可数，一般为14~25个不等。胚胎开始进入原肠中期（图4－17：11）。

此后，胚盘细胞继续下包至卵黄直径2/3处，胚盾基部加宽，前端加长。受精后约15 h，胚盘细胞下包到卵黄直径的3/4处，胚盾隆起加长伸展，前端略膨大为脑泡原基，背唇、侧唇、腹唇明显，形成了较小的胚孔。油球在卵黄中间靠近胚胎一侧完全合并成一大而圆的油球。此时发育至原肠晚期（图4－17：12）。

胚胎发育至17 h 30 min，胚盾表面的外胚层分化成神经板和表皮层。在表皮层下神经板向中央集中形成实心细胞索，以后细胞索中央裂缝形成管状，即神经管。这一时期为胚体形成期（图4－17：13）。

18 h 30 min后，胚盘继续下包至卵黄囊的底部。胚体前端开始膨大，两侧出现长椭圆形的视囊。视囊中间出现凹陷，形成一模糊的圆块，即嗅板。胚体后部腹面出现尾芽，尾芽呈圆锥状的尾泡。此时为视囊形成期（图4－17：14）。

随着胚胎的发育，卵黄栓越来越小，胚孔逐渐合拢。至20 h 45 min最后封闭。在胚胎中部出现5~8对体节。神经管头端开始隆起，胚体前端约1/4处，两侧出现“泡状”听囊。视囊中看见圆形晶体。此时为体节出现期（图4－17：15）。

24 h 20 min时，脑原基已清晰可见，在两视囊间出现板状脑泡，但未分室；胚胎的头和尾部已很明显，尾芽延长，尾鳍出现，胚体已经明显形成。此时为脑泡形成期（图4－17：16）。

受精后27 h 30 min，体节发育到24~32对，此时在脊索前部，视囊后方腹面

图 4－17　日本鳗鲡胚胎发育(柳凌等,2010)

1. 受精卵；2. 2 细胞期；3. 4 细胞期；4. 8 细胞期；5. 16 细胞期；6. 32 细胞期；7. 多细胞期；8. 桑椹期；9. 囊胚期；10. 原肠早期；11. 原肠中期；12. 原肠晚期；13. 胚体形成期；14. 视囊形成期；15. 体节出现期；16. 脑泡形成期；17. 心脏跳动期；18. 肌肉效应期；19. 出膜前期；20. 初孵仔鱼
注：所有照片均为显微镜下放大 25 倍。

形成了围胸腔,围胸腔内形成一"S"形管状心脏,心脏开始有节律性的搏动,搏动频率为每分钟 80~90 次。但日本鳗鲡的胚体及以后的仔鱼血细胞为无色透明,因此无法观察到血液在循环系统中的流动。此时为心脏跳动期(图 4－17：17)。

受精后 30 h 30 min,围胸腔扩大,嗅窝出现。胚体尾部发育延长超过头部约 1/4。此时,胚胎在卵膜内摆动收缩,但摆动的频率相对较低,且无规律,一般为每 10 分钟 1~2 次。此时为肌肉效应期(图 4-17：18)。

出膜前期及初孵仔鱼受精后 36 h 30 min,胚胎在油球浮力的作用下,头部向上,后部卷曲,将卵顶成一椭圆形。卵膜在胚胎的顶撑、胰蛋白酶的溶解以及胚胎的扭动共同作用下,在椭圆形的长轴端形成一个孔。与许多鱼类不同的是,日本鳗鲡仔鱼是头部先出膜。此为出膜前期(图 4-17：19)。

刚出膜的仔鱼全长为 3.32±0.02 mm,无色素,透明,具泄殖腔,体节 43~44 节,心跳每分钟 90~100 次。卵黄囊在鱼体下方呈前粗后细的锥形,油球位于卵黄囊最前端。此时仔鱼鳍发育不完全,一般平躺在水底,只能间歇性地做螺旋垂直游动(图 4-17：20)(柳凌等,2010)。

4.5.2 日本鳗鲡仔鱼、稚鱼发育

日本鳗鲡早期仔鱼是指出膜后 1~19 d 的仔鱼。1~19 d 仔鱼发育情况如表 4-15 以及图 4-18 至图 4-20 所示。

表 4-15 日本鳗鲡仔鱼发育的主要生物学参数(柳凌等,2010)

孵化时间/d	肛门前长/mm	肛门后长/mm	体长/mm	体高/mm	油球周长/mm	心跳速率/(次/min)
1	351±0.02[a]	0.65±0.01[a]	4.17±0.02[a]	0.63±0.01[a]	1.38±0.05[a]	100~120
3	3.69±0.01[a]	1.23±0.01[b]	4.92±0.02[b]	0.62±0.01[a]	1.23±0.07[a]	105~130
5	3.8±0.03[ab]	1.80±0.01[c]	5.66±0.03[c]	0.60±0.0[a]	1.08±0.04[b]	125~180
7	4.27±0.03[b]	1.99±0.02[cd]	6.25±0.02[d]	0.55±0.0[b]	0.62±0.05[c]	160~185
9	4.53±0.02[b]	2.04±0.01[d]	6.57±0.04[de]	0.59±0.0[b]	0.47±0.03[cd]	160~185
11	4.79±0.04[bc]	2.09±0.02[d]	6.89±0.04[e]	0.65±0.0[a]	0.31±0.02[d]	160~185
13	4.86±0.03[c]	2.17±0.02[de]	7.03±0.04[e]	0.67±0.01[a]	—	160~185
15	4.92±0.05[cd]	2.25±0.03[e]	7.16±0.03[ef]	0.68±0.02[c]	—	160~185
17	5.06±0.07[cd]	2.19±0.03[de]	7.26±0.06[ef]	0.77±0.01[cd]	—	150~170
19	5.19±0.09[d]	2.15±0.05[de]	7.35±0.11[f]	0.89±0.04[d]	—	140~160

注：表中同一列内,右上角标有不同英文字母的数据,相邻字母间的比较(如 a 与 b、b 与 c 的比较)具有显著差异($P<0.05$);间隔字母间的比较(如 a 与 c 的比较)具有极显著差异($P<0.01$)。

出膜后 1~3 d 仔鱼：出膜后 1~3 d 的仔鱼身体由初孵仔鱼的略微弯曲发育成笔直的形态,无色透明。仔鱼在油球浮力的作用下,头上尾下垂直悬浮于水中,一般静止不动,偶尔向上或斜上方蹿动,每次蹿动距离为 5~30 cm。此时仔鱼的卵黄呈棒状,平行位于脊椎下方,前粗后细。油球位于身体前部,呈前细后

圆的鸡蛋形。眼和心脏均位于仔鱼的最前端。脑未分化，口腔未形成。出膜第 1 天，在仔鱼尾部尖端出现黑色尾垂体，尾垂体呈絮状（图 4－20：3）。出膜第 3 天，在仔鱼身体两侧由头至尾各形成一排感觉丘，每排感觉丘数目为 6～9 个不等（图 4－19：1）。此阶段的仔鱼体长变化较大，而体宽变化无显著性差异。根据表 4－15 可发现，仔鱼体长的变化主要发生在肛门后段，1 d 与 3 d 比较有显著性差异。因此，仔鱼的体长体宽比呈下降趋势。此阶段仔鱼的心跳速率在逐渐加快，由平均每分钟 100 次增加到 130 次。

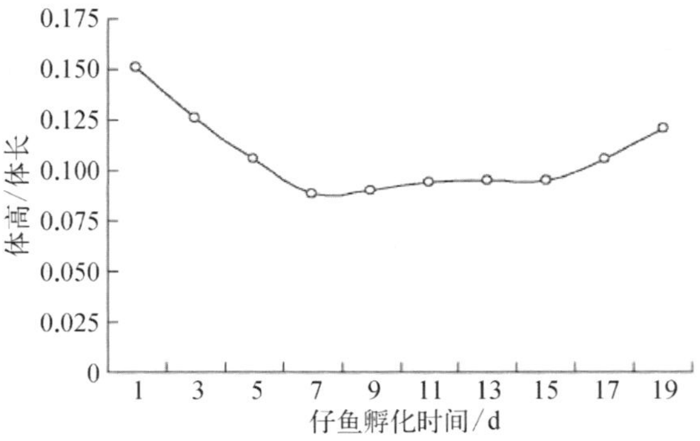

图 4－18　日本鳗鲡仔鱼孵化期间体高体长比的变化（柳凌，2010）

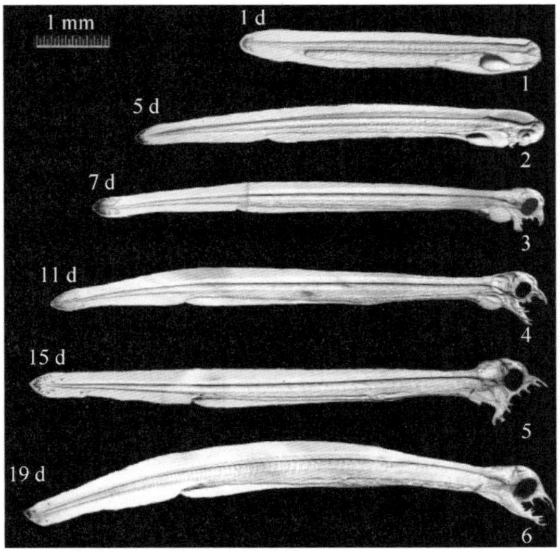

图 4－19　日本鳗鲡仔鱼发育（柳凌，2010）

1. 1 d 仔鱼；2. 5 d 仔鱼；3. 7 d 仔鱼；4. 11 d 仔鱼；5. 15 d 仔鱼；6. 19 d 仔鱼（柳叶鳗前期）

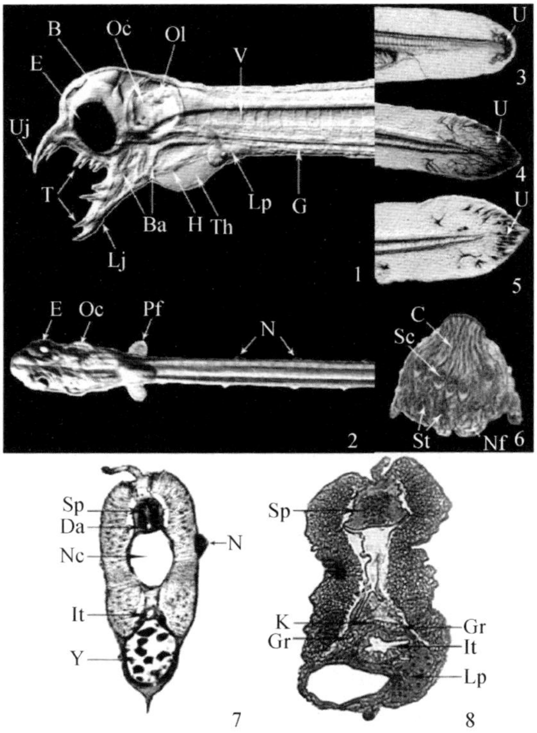

图 4-20　日本鳗鲡(柳凌,2010)

1. 仔鱼前部侧面观; 2. 仔鱼前部腹面观; 3. 发育早期的尾垂体; 4. 发育中期的尾垂体; 5. 发育晚期的躯干横切面;6. 感觉丘剖面; 7. 发育早期的仔鱼躯干横切面;8. 发育晚期的仔鱼躯干横切面
Uj. 上颌; T. 牙齿; Lj. 下颌; Ba. 腮弓; H. 心脏; Th. 围胸腔; Lp. 肝脏原基; G. 食道; V. 脊椎; Ol. 耳石; Oc. 听囊; B. 大脑; E. 眼睛; Pf. 胸鳍; N. 感觉丘; C. 纤毛; Sc. 感觉细胞; St. 支持细胞; Nf. 神经纤维; Sp. 脊髓; Da. 背主动脉; Nc. 脊索; It. 肠道; Y. 卵黄; K. 肾脏; Gr. 生殖脊

出膜后 5~7 d 仔鱼:5 d 的仔鱼还能悬浮于水中。但随着油球逐渐变小,仔鱼开始下沉。到 7 d 时,仔鱼基本上平躺于水底,偶尔向上做蛇形游动。此阶段仔鱼变化最大的是头部。口腔开始形成,位于头部下方,并逐渐向前位移,分上颌和下颌,但均不能活动,上、下颌各具 3 对较大的颌齿。口咽腔形成,并与咽部连通(图 4-20:1)。5 d 时脑泡非常发达,但只有前脑和后脑之分。身体两侧的感觉丘非常发达(图 4-20:2),组织切片发现,感觉丘上层为一层有规律排列的神经细胞,神经细胞上端为纤毛,下端为神经纤维。神经纤维穿过无规律排列的支持细胞层,与体内的神经系统连接(图 4-20:6);7 d 时开始分前、中、后脑。5 d 时晶体增大,但眼睛色素未形成;7 d 时眼睛色素完全形成。5 d

时听囊内形成2~3个耳石，且听囊开始逐渐增大（图4－20：1、2）。围胸腔从5 d开始后移至口后，增大，内包一管状心脏。心跳速率在7 d时达到最快，每分钟160~185次。这一时期仔鱼的卵黄消耗较快，到7 d时，只在仔鱼腹面有一很细的卵黄线。仔鱼的尾垂体在这一时期也发生了变化，由原来的絮状变成发达的枝杈状（图4－20：5）。仔鱼的胸鳍原基也在这一时期出现（图4－19：2、3）。这一时期的仔鱼体长在继续增长，虽然肛门前和肛门后的长度，5 d与7 d间并无显著差异，但总体长在显著增加。同时，体宽则显著变小。因此，在图4－18中的体高体长比继续呈下降趋势。

出膜后9~11 d仔鱼：此阶段的仔鱼在行为上发生了很大变化，仔鱼头下尾上垂直立于水底，尾部不停摆动，胸鳍不断扇动。此时，如果底质为玻璃等硬底，仔鱼竖立30~60 min后会倒伏。但如果底质为100 μm以上厚度软底时，仔鱼的上颌和大牙可以插入到软底中，仔鱼则不会倒伏。仔鱼的口腔已全部形成，上颌为角质化的喙，尖而锋利。颌齿3对。下颌呈"V"形。口腔不能闭合，下颌向身体后方做无规律的开启运动。下颌每开启1次，咽部食道向后做1次蠕动。此时仔鱼肠道全部贯通。9 d前的仔鱼咽部食道为单层细胞构成，内壁光滑（图4－20：7）。9 d后的仔鱼咽部食道内壁沿身体纵向形成皱褶，在横切面上可看见向内的突起。同时在肠道背侧方可见1对原始生殖脊，生殖脊为单层细胞构成的管状结构。肝脏原基也在此时形成，为多层细胞堆积而成的囊状结构（图4－20：8）。感觉丘消失。听囊发达，在眼后形成1对透明的圆形空泡。心脏虽然仍是管状结构，但开始分化出心室和静脉窦（图4－19：4）。仔鱼的体长、体宽虽略有增加，但体高体长比与7 d仔鱼比无显著差异（图4－18）。

出膜后13~15 d仔鱼：此阶段的仔鱼无论在形态，还是在行为上与9~11 d的仔鱼相比，均无明显差异。所不同的只是口腔的上颌和颌齿更加尖而锋利，听囊更加发达。在头部与泄殖孔的中间出现了肾脏原基。尾垂体开始退化，由最发达时的树枝状逐渐退化成神经细胞状（图4－19：5）。此时的仔鱼体高体长比仍无显著变化（图4－18）。

出膜后17~19 d仔鱼：此阶段的仔鱼形态开始出现一些变化。首先是口腔位置开始前移，上、下颌骨变细，但颌齿仍然3对。听囊逐渐消失。腮弓由之前的3对变为5对。开始充气。尾垂体进一步退化成分散的黑色斑点。最重要的特征是脊椎骨上、下两侧横纹肌出现。仔鱼的体高体长比与之前的仔鱼比出现显著变化（图4－18），整个仔鱼的身体明显加宽（图4－19：6）。此时应该是进入日本鳗鲡仔鱼发育的一个重要阶段，即柳叶鳗前期（柳凌，2010）。

4.5.3 日本鳗鲡仔鱼、稚鱼对环境适应

4.5.3.1 日本鳗鲡仔鱼、稚鱼对盐度的选择

河口是海、淡水交汇处，其盐度变化复杂且具有明显的时空特征，也是日本鳗鲡鳗苗溯河洄游和成鳗降海洄游的通道，更是重要的鳗鲡捕捞作业区域。在降海洄游过程中，成鳗跨越淡水进入海水环境，需要进行一系列生理调节以适应周围环境的盐度变化。夏保密等(2016)以河口水域盐度变动范围作为参照，研究了盐度0(淡水组)、盐度10和盐度33下日本鳗鲡成鳗经14 d不同盐度胁迫，其血清渗透压、血清离子(Na^+、K^+和Cl^-)浓度和鳃Na^+/K^+-ATP酶活性的变化规律，在一定程度上阐释了日本鳗鲡降海洄游过程中的渗透调节适应机制。

其研究结果显示(图4-21)，日本鳗鲡血清渗透压随着盐度的升高而增加，盐度为33时，日本鳗鲡血清渗透压在1 h时与淡水组(311.83±3.76 mOsm/kg)比较已增加了约13.1%，差异显著；而盐度10处理组仅增加了2%。伴随处理时间的延长，盐度33组日本鳗鲡的血清渗透压在4 h后缓慢增加，在24 h达到最大值(393.17±10.25 mOsm/kg)，此后逐渐降低至第14 d时可恢复至1 h水平。在盐度10处理组中，血清渗透压逐渐升高，在24 h达到最大值(335.67±12.64 mOsm/kg)，随后逐渐降低并恢复至淡水组水平。在盐度胁迫条件下，日本鳗鲡血清渗透压低于水体渗透压，水分大量外渗，血清中Na^+、Cl^-迅速浓缩，渗透压也随之上升。从其实验结果来看，在盐度33和10条件下，处理开始后的24 h，日本鳗鲡的血清渗透压不断升高并达到最大值。此研究中日本鳗鲡在高盐胁迫时血清渗透压升高期，首先表现为快速升高，然后是缓慢升高，这可能是鱼体在盐度胁迫作用下表现的一种应激反应。此后鱼体开始进行主动调节，

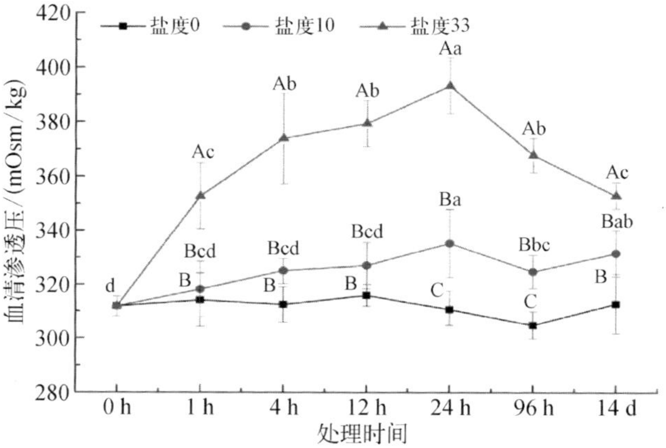

图4-21 盐度胁迫对日本鳗鲡血清渗透压的影响

启动离子外排机制，同时肾小管对水分的重吸收增加，减少尿量以降低水分的输出，促使血清渗透压逐渐下降。此外，从低渗环境转入高渗环境，在 4 h 之内，肾脏还未对鱼体失水作出适应性响应，仍然排出大量低渗稀尿，水分流失过多，导致渗透压快速上升。至 24 h，尽管鱼体采取吞饮海水等策略来补偿水分流失，缓解渗透压升高，但是通过鳃和肾脏调节渗透压的方式尚未发生根本转变，故血清渗透压仍然继续小幅升高，从而进入缓慢升高期。盐度 33 组日本鳗鲡血清渗透压在 14 d 时显著高于淡水组，但是维持在正常生理范围内，表明日本鳗鲡对于高盐度（盐度为 33）环境具有较强的适应能力。

不同盐度组中日本鳗鲡血清 Na^+、Cl^- 浓度和渗透压变化趋势基本一致，均随着盐度的升高而增加（图 4－22、图 4－23）。盐度 33 处理组的血清 Na^+浓度

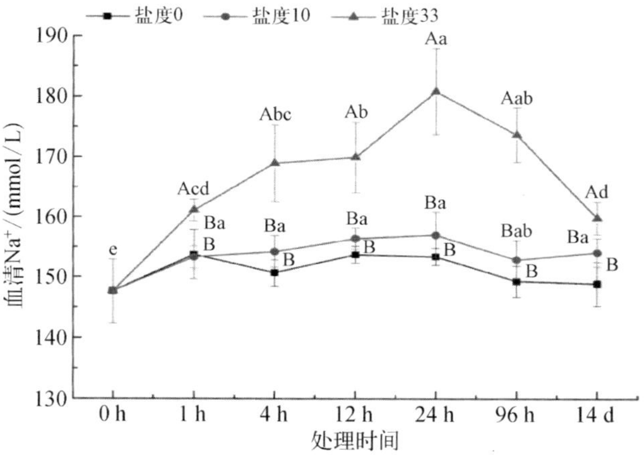

图 4－22　盐度胁迫对日本鳗鲡血清 Na^+浓度的影响

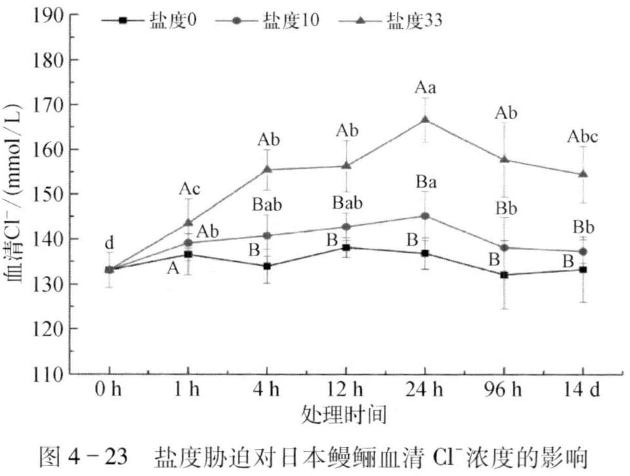

图 4－23　盐度胁迫对日本鳗鲡血清 Cl^-浓度的影响

在 1 h 与淡水组相比已增加了约 9.1%，差异显著；血清 Cl^-浓度在 4 h 时与淡水组相比增加了约 16.8%。伴随处理时间的延长，盐度 33 处理组的血清 Na^+、Cl^-浓度均缓慢增加，在 24 h 分别达到最大值（180.87±7.15 mmol/L）和（166.97±4.94 mmol/L），此后逐渐下降，至第 14 d 时恢复至 1 h 水平。盐度 10 处理组的血清 Na^+浓度与淡水组（151.01±2.55 mmol/L）之间始终没有显著性差异；血清 Cl^-浓度在 24 h 达到最大值（145.22±5.47 mmol/L），随后逐渐下降至淡水组（134.91±2.28 mmol/L）水平。

各盐度组之间的血清 K^+浓度均无显著性差异（图 4－24）。盐度 33 处理组的血清 K^+浓度在 4 h 时达到最小值（2.99±0.22 mmol/L），并于 24 h 时恢复至 3.76±0.26 mmol/L，与淡水组（3.69±0.29 mmol/L）差异不显著。盐度 10 处理组的血清 K^+浓度变化趋势与淡水组基本一致。通常，渗透压由体液中溶质（主要是无机电解质）的总浓度决定的，而 Na^+、Cl^-是体液中主要的电解质，因此鱼体调节 Na^+、Cl^-的稳定对于渗透调节至关重要。

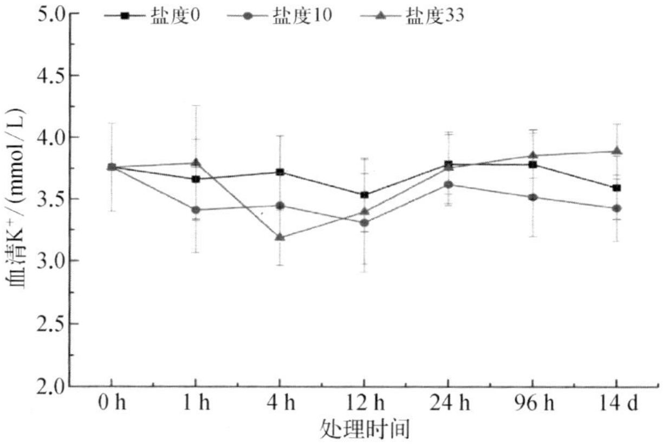

图 4－24　盐度胁迫对日本鳗鲡血清 K^+浓度的影响

在研究中，日本鳗鲡血清 Na^+、Cl^-的变化趋势与血清渗透压一致，即先快速升高再缓慢升高最后下降。K^+浓度受盐度变化的影响较小，表明细胞膜仍然保持完整，日本鳗鲡对高渗环境具备一定适应能力。此外，在等渗点对应盐度（10.43）附近，即盐度 10 条件下，日本鳗鲡血清渗透压及 Na^+、Cl^-浓度与淡水组之间没有显著性差异；而在高于等渗点盐度（即盐度 33）条件下，日本鳗鲡血清渗透压及 Na^+、Cl^-浓度的变化幅度较大。由此可见，日本鳗鲡在盐度 10 条件下能够维持血清渗透压和离子浓度的稳定。

随着处理时间的延长（图 4－25），盐度 33 组日本鳗鲡的鳃 Na^+/K^+－ATP

酶活力先迅速下降,处理开始后的 1 h 即降为淡水组的 1/2,于 4 h 达到最小值。随后迅速升高,于 24 h 达到最大值[13.05±0.62 μmol/(mg·h)],约为淡水组的 1.5 倍,96 h 后恢复至 10.21±0.85 μmol/(mg·h),仍显著高于淡水组[8.37±1.36 μmol/(mg·h)]。盐度 10 处理组的鳃 Na^+/K^+- ATP 酶活力逐渐下降,于 12 h 达到最小值[5.40±0.72 μmol/(mg·h)],显著低于淡水组,96 h 恢复至淡水组水平。

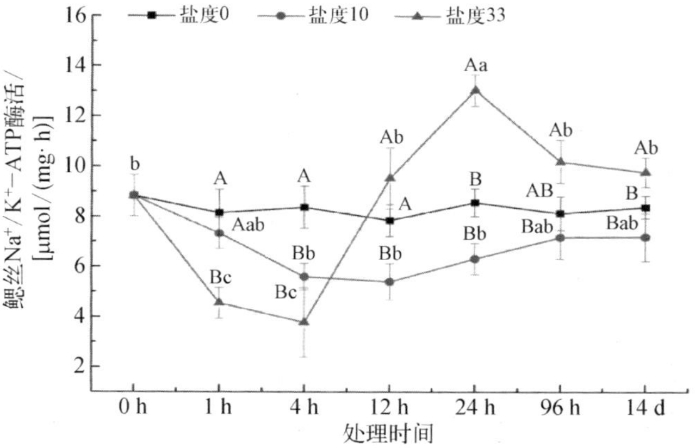

图 4-25　盐度胁迫对日本鳗鲡鳃 Na^+/K^+- ATP 酶活力的影响

在海水适应过程中通常伴随着鳃 Na^+/K^+- ATP 酶活力的上升,这与鳃氯细胞增殖或 Na^+/K^+- ATP 酶的分泌增加有关。其研究中,盐度 33 处理组的 Na^+/K^+- ATP 酶活力显著高于其他组,表明日本鳗鲡在高渗环境中需消耗较多的能量进行离子外排。在盐度 10 处理组(等渗点附近)的日本鳗鲡鳃 Na^+/K^+- ATP 酶活力始终处于较低水平,一方面避免了由于渗透调节而引起的能量消耗,另一方面也说明了日本鳗鲡体内的酶足以应对盐度 10 范围内的胁迫影响。对广盐性鱼类而言,等渗状态是一种特殊的生理状态,即在等渗点盐度条件下,鱼类的体液渗透压与外界水体渗透压接近。而盐度 33 处理组的日本鳗鲡在最初 4 h 内,鳃 Na^+/K^+- ATP 酶活力迅速下降,细胞膜的通透性降低,抑制了鱼体对 Na^+、Cl^- 的吸收能力。此后,鳃 Na^+/K^+- ATP 酶被激活,驱动离子外排,血清渗透压和离子浓度回落。由此可见,鳃 Na^+/K^+- ATP 酶活力的升高,标志着日本鳗鲡在高渗环境中开始主动调节渗透压。4 h 后盐度胁迫组的鳃 Na^+/K^+- ATP 酶活力不断升高,但血清渗透压在 24 h 才开始下降,表现为响应时间上一定的滞后性。随着渗透压主动调节的逐步深入,鳃 Na^+/K^+- ATP 酶活力逐渐下降。

4.5.3.2 日本鳗鲡仔鱼、稚鱼对底质和光照的选择

龚盼等(2015)采用个体和群体相结合的实验方法,研究了长江口日本鳗鲡鳗苗对底质颜色和光照强度的选择行为。发现在室内光照(88 lx)和黑暗(0.3 lx)条件下,鳗苗在个体和群体实验中对黑、白底质颜色的选择均有显著性差异,其对黑色底质有明显偏好。鳗苗对4个光照强度梯度:6 000~12 000 lx(A区)、700~1 400 lx(B区)、60~150 lx(C区)和5~10 lx(D区)的选择性也表现出显著性差异,实验中个体和群体在D区活动的时间和数量百分比均显著高于其他区域,表明日本鳗鲡鳗苗对5~10 lx的弱光有明显趋性。由长江口日本鳗鲡鳗苗趋向黑色底质和弱光环境的结果推测,长江口鳗苗可能营底栖生活,白天强光照期间栖息于河口区光照强度较低的底层,并于夜间借助潮汐能进行溯河洄游,同时具有躲避敌害、避免被捕食的作用,以尽快适应生态环境变化并快速进入淡水水域育肥。

4.5.3.3 日本鳗鲡仔鱼、稚鱼对饵料的选择

我国在20世纪70年代通过人工繁殖获得了日本鳗鲡仔鱼,与此同期,日本也获得日本鳗鲡仔鱼。Tanaka等(1995)发现仔鱼可摄入轮虫,随后又发现日本鳗鲡仔鱼摄食冷冻干燥的白斑角鲨(*Squalus acanthias*)卵粉,并可以生长。另据报道,在室内条件下可获得柳叶鳗幼体和玻璃鳗,但是仔鱼存活率和幼鱼变态率极低。合适的开口饵料是日本鳗鲡仔鱼存活及变态成功的关键因素。仔鱼的摄食行为与开口饵料的状态、味道、颗粒大小等紧密相关,开展日本鳗鲡仔鱼摄食行为研究对研制日本鳗鲡仔鱼适宜开口饵料具有重要作用。由于鳗鲡特殊的生活史,其人工繁殖及仔鱼培育均是世界性难题,刘利平等(2017)对此开展初步研究,设置了不同饵料(表4-16),为实现日本鳗鲡的全人工繁殖提供了参考。

表4-16 仔鱼开口饵料配方和制作方法(刘利平等,2017)

组别	饵料成分
A	2.4 g冻干白斑角鲨鲨鱼卵,1.75 mL南极磷虾提取液,0.3 g大豆肽,0.01 g复合维生素,3 mL蒸馏水
B	2.4 g冻干鲨鱼卵,0.5 mL海蜇匀浆液,0.1 g大豆肽,0.01 g复合维生素,4 mL蒸馏水
C	1.2 g冻干鲨鱼卵,1.2 g卤虫匀浆液,0.5 mL磷虾提取液,0.1 g大豆肽,0.01 g复合维生素,2 mL蒸馏水
D	2.4 g卤虫匀浆液,0.5 mL磷虾提取液,0.1 g大豆肽,0.01 g复合维生素,1 mL蒸馏水

（续表）

组　别	饵　料　成　分
E	微绿球藻（*Nannochlolis oculata*）藻液
F	活褶皱臂尾轮虫（*Brachionus plicatilis*）
G	海带（*Saccharina japonica*）、龙须菜（*Gracilariopsislemaneiformis*）匀浆液
H	海蜇（*Rhopilema esculentum*）
I	发酵鲨鱼肉

日本鳗鲡受精卵在温度 23℃、盐度 34 时的孵化时间为 36～37 h。仔鱼从 7 日龄开始投喂，随着时间的延长，存活率逐渐下降，7～12 日龄，平均存活率为组 E>组 A>组 B>对照组>组 F>组 I>组 H>组 G>组 D>组 C。仔鱼在 8 和 9 日龄的存活率急剧下降。在 10 和 11 日龄，存活率趋于稳定，12 日龄时存活率再度下降，组 D 中的仔鱼在 9 日龄全部死亡，组 I、组 G、组 C 和组 H 中的仔鱼在 10 日龄全部死亡。在 12 日龄，组 E、组 A 和组 B 中仍有仔鱼存活，部分仔鱼存活时间达 20 d。与对照组相比，组 E、组 A 和组 B 中的饵料延长了仔鱼的存活时间；与之相反，组 F、组 I、组 H、组 G、组 D 和组 C 中的饵料减少了仔鱼的存活时间，而且其存活率在投喂初期就迅速下降，直至全部死亡。在组 H 中，伞径被剪成两半的海蜇仍然存活，但其对日本鳗鲡仔鱼有蜇伤致死或者捕食作用，同时也观察到日本鳗鲡仔鱼对海蜇有咬食行为，肠道中有透明状食物。

微绿球藻作为一种饵料生物，常应用于贝类的育苗中。研究发现，投喂微绿球藻藻液（组 E）的鳗鲡仔鱼存活率均高于对照组（不投喂组），但该组的大部分仔鱼体形瘦弱，个体大小与对照组相当，说明微绿球藻并不能为鳗鲡仔鱼的生长提供足够的营养。这可能是由于鳗鲡仔鱼消化功能不完善，难以破坏微绿球藻的细胞壁、无法吸收其细胞内的营养物质。此外，投喂海带、龙须菜匀浆液组中日本鳗鲡仔鱼的存活率也较低，说明日本鳗鲡早期仔鱼对较硬且体积较大的食物没有摄食能力。因此，可尝试选择一些没有细胞壁的微藻（如金藻、盐藻等）作为其开口饵料（刘利平等，2017）。

目前已报道的日本鳗鲡仔鱼开口饵料主要由鲨鱼卵、磷虾水解物、大豆肽和维生素等构成。此研究中，以鲨鱼卵、磷虾提取液为基础的饵料（组 A）和以鲨鱼卵、海蜇匀浆液为基础的饵料（组 B）的日本鳗鲡仔鱼存活率均高于对照组（不投喂组）。其中组 A 配方极易败坏水质，水质恶化和频繁地换水操作严重影响仔鱼的存活率。活褶皱臂尾轮虫组（组 F）中日本鳗鲡早期仔鱼的存活率并不理想，其原因可能是轮虫密度较低且运动能力较强，日本鳗鲡早期仔鱼难以捕食。发酵鲨鱼肉组(组Ⅰ)的仔鱼存活情况明显低于不投喂组,这可能与发酵鲨鱼肉会释放一些胺类、硫化氢等物质有关,这些物质会严重影响水质,对仔鱼有直接的毒害作用。

目前使用效果较好的饵料中,鲨鱼卵和磷虾是主要成分。由于鲨鱼卵有一层厚厚的卵鞘,而磷虾生活在远离鳗鲡产卵场的南极海域,由此推断,这两种成分均不可能成为日本鳗鲡仔鱼的天然开口饵料。Miller 等(2013)通过氨基酸氮同位素分析法,得出大洋中的鳗鲡仔鱼以颗粒有机物,即"海雪"(marine snow)为食。Riemann 等(2010)通过 DNA 条码技术研究野外日本鳗鲡仔鱼肠道内食物的组成,发现其中有大量的浮游生物有机体。在大洋中,"海雪"含有大量微小生物,如细菌、原生动物和附生动物(纤毛虫类、桡足幼虫、珊瑚虫、软体动物、多毛纲幼体)等。"海雪"中还含有细菌和浮游植物的分泌物,可以提供胶质将小的颗粒黏结在一起。研究表明,"海雪"中的细菌释放多糖和单糖,这也可能是柳叶鳗的一种重要食物来源;柳叶鳗体内的碳水化合物含量比其他鱼类幼体高 5~15 倍,也说明鳗鲡仔鱼需要糖类物质作为营养来源。因此,根据目前的研究结果,"海雪"可能是日本鳗鲡仔鱼的天然开口饵料。

日本鳗鲡仔鱼对开口饵料的选择性和适应性与其特殊的头部构造紧密相关。日本鳗鲡仔鱼的口腔大,但是其消化道狭窄,且缺乏肌肉细胞,因此仔鱼只能摄入柔软、微小、顺滑的食物。Bouilliart 等(2015)通过对欧洲鳗鲡早期仔鱼头部三维重构的方法,估测出仔鱼上、下颌最大咬合力为 65 μN,能够摄入的食物直径小于 100 μm。此外,培养水体温度、盐度、体积和水中微生物等外界因子以及孵化批次和个体差异等因素均会影响日本鳗鲡仔鱼的摄食(刘利平等,2017)。

参 考 文 献

班璇,肖飞. 2014. 葛洲坝下游河势调整工程对中华鲟产卵场的影响[J]. 水利学报,45(1):58-64.

边平江,邱成功,徐善良,等. 2014. 盐度对暗纹东方鲀生长、非特异性免疫和抗氧化酶活力的影响[J]. 水生生物学报,38(1):108-114.

曹沛奎,严肃庄. 1996. 长江口悬沙锋及其对物质输移的影响[J]. 华东师范大学学报(自然科学版),(1):85-94.

曹志华,邓伦飞,李萍. 2007. 不同开口饵料对中华鲟仔鱼生长及成活率的影响[J]. 湖北农业科学,46(2):278-280.

柴毅,危起伟,李罗新,等. 2008. 中华鲟仔鱼的转食驯化[J]. 安徽农学通报,14(17):179-179.

车越,何青,吴阿娜. 2003. 河口泥沙再悬浮对悬沙中重金属元素的影响[J]. 长江流域资源与环境,12(5):440-444.

陈邦林,韩庆平,陈吉余. 1995. 长江河口浑浊带化学过程[J]. 华东师范大学学报,(增刊):29-39.

陈吉余,陈沈良. 2002a. 河口海岸环境变异和资源可持续利用[J]. 海洋地质与第四纪地质,22(2):1-7.

陈吉余,陈沈良. 2002b. 中国河口海岸面临的挑战[J]. 海洋地质动态,18(1):1-5.

陈吉余,陈沈良. 2003. 长江口生态环境变化及对河口治理的意见[J]. 水利水电技术,34(1):19-24.

陈吉余,陈沈良. 2007. 中国河口研究五十年:回顾与展望[J]. 海洋与湖沼,38(6):481-486.

陈吉余,程和琴,戴志军. 2008. 河口过程中第三驱动力的作用和响应——以长江河口为例[J]. 自然科学进展,18(9):994-1000.

陈吉余,罗祖德,陈德昌,等. 1964. 钱塘江沙坎的形成与演变[J]. 地理学报,30(2):109-123.

陈吉余,沈焕庭. 1988. 长江河口动力地貌和地貌演变[M]. 上海:上海科学技术出版社:216-228.

陈吉余,徐海根. 1995. 三峡工程对长江河口的影响[J]. 长江流域与环境,4(3):242-246.

陈吉余,恽才兴,董永发,等. 1979. 两千年来长江河口发育模式[J]. 海洋学报,1(1):103-111.

陈吉余,张重乐. 1987. 长江河口及其邻近海域自然环境[J]. 华东师范大学学报(自然科学版),(2):86-94.

陈金生. 1996. 长江三峡工程与白鲟的资源保护[J]. 水利渔业,(6):7-8.

陈锦辉. 2011. 上海市长江口中华鲟自然保护区地方性法规立法研究[D]. 上海:上海海洋大学博士学位论文.

陈娟. 2011. 从可持续发展谈《野生动物保护法》的修改[J]. 经济与法,(1):72-73.

陈俊才,唐继权,等. 1989. 吴县水产志[M]. 上海:上海人民出版社.

陈清建,周友富. 2000. 河豚与对虾混养防病试验初报[J]. 齐鲁渔业,(1):29-30.

陈沈良,陈吉余,谷国传. 2003. 长江口北支的涌潮及其对河口的影响[J]. 华东师范大学学报,2:74-80.

陈舒泛,周昕,华元渝. 2003. 温度对全人工繁殖暗纹东方鲀胚胎发育的影响[J]. 水生态学杂志,23(3):5-6.
陈昕,胡石柳.2008.5种常用水产药物对胭脂鱼幼鱼的急性毒性研究[J].安徽农业科学,36(22):9569-9571.
陈渊泉,蒋玫,韩金娣.1999.长江口鳗苗时空分布特征及资源利用现状研究[J].中国水产科学,6(5):37-40.
陈忠高,董建坤.2010.长江刀鱼池塘驯养试验[J].水产养殖,163(3):1.
程家骅.2011.伏季休渔的理论与实践[M].上海:上海科学技术出版社.
崔保山,赵欣胜,杨志峰,等.2006.黄河三角洲芦苇种群特征对水深环境梯度的响应[J].生态学报,26(5):1533-1541.
戴菊芳.2008.扩大宣传、严格审批、开展调查、完善执法,加强水生野生动物保护[J].中国水产,(9):24-26.
戴志军,任杰,周作付,等.2000.河口定义及分类研究的进展[J].台湾海峡,19(2):254-260.
邓庆伟,吴迪,王克雄.2016.鄱阳湖特大桥工程对长江江豚的影响评价[J].中国公路,(3):142-143.
邓昕,蔡明艳,马骏,等.1991.胭脂鱼仔幼鱼的摄食习性及其生长[J].资源开发与市场,7(2):67-71.
丁建英,黄晓琳,徐建荣,等.2010.松江鲈肌肉营养成分测定及营养价值评价[J].安徽农业科学,38(35):20118-20120.
丁益群,刘小玲,雷思佳.2013.摄食水平和温度对日本鳗鲡耗氧率与ets活性的影响[J].华中农业大学学报,32(5):95-99.
董文霞,唐文乔,王磊.2014.长江刀鲚繁殖群体的生长特性[J].上海海洋大学学报,23(5):669-674.
杜昊.2009.文登市松江鲈自然保护区调查[D].北京:中国农业科学院硕士学位论文.
凡迎春,刘其根,胡忠军,等.2015.上海淀山湖刀鲚食性研究[J].上海海洋大学学报,24(6):847-854.
樊祥国,周宇晶,刘宝祥,等.2008.《濒危野生动植物种国际贸易公约》中有关水生生物物种的提案和对策研究[J].生物多样性,16(5):516-524.
樊响.2014.论水产种质资源保护的制度建设[J].科学养鱼,(10):3-5.
方少华,吕小梅,张跃平.1998.九龙江口鳗苗溯河生态与资源研究[J].台湾海峡,17(2):143-148.
冯广朋,庄平,章龙珍,等.2010.温度对中华鲟幼鱼血液生化指标的影响[J].生态学杂志,29(10):1973-1978.
冯广朋,庄平,章龙珍,等.2012.温度对中华鲟幼鱼代谢酶和抗氧化酶活性的影响[J].水生生物学报,36(1):137-142.
福建海洋研究所.1988.台湾海峡中、北部海洋综合调查研究报告[M].北京:科学出版社.
傅瑞标,沈焕庭,刘新成.2002.长江河口潮区界溶解态无机氮磷的通量[J].长江流域资源与环境,11(1):64-68.
甘芳,杜浩,危起伟,等.2009. Na^+、K^+、Mg^{2+}、Ca^{2+}和葡萄糖溶液作为授精-激活介质对中华鲟精子受精率的影响[J].动物学杂志,44(1):106-111.
高安利,周开亚.1995.中国水域江豚外形的地理变异和江豚的三亚种[J].兽类学报,15(2):81-92.
葛珂珂,钟俊生,吴美琴,等.2009.长江口沿岸碎波带刀鲚仔鱼的数量分布[J].中国水产科学,16(6):923-930.
龚宏伟,蔡春芳,阙林林,等.2005.长江胭脂鱼开口饵料的研究[J].水产科学,24(11):7-9.

龚盼,侯俊利,庄平,等.2015.长江口日本鳗鲡鳗苗对底质颜色和光照强度的选择行为[J].海洋渔业,37(6):510-516.
顾海龙,冯亚明,游华斌,等.2016.长江刀鲚资源调查与人工养殖研究进展[J].江苏农业科学,44(3):265-267.
顾曙余,赵廷.2008.野生及人工养殖暗纹东方鲀肌肉营养成分的比较分析.Agricultural Science & Technology,9(4):118-120.
顾孝连,徐兆礼.2009.河口及近岸海洋低氧环境对水生动物的影响[J].海洋渔业,31(4):426-437.
顾孝连,庄平,章龙珍,等.2008.长江口中华鲟幼鱼对底质的选择[J].生态学杂志,27(2):213-217.
顾新根,袁骐,杨蕉文,等.1995.长江口羽状锋海区浮游植物的生态研究[J].中国水产科学,2(1):1-15.
郭弘艺,沈林宏,唐文乔,等.2014.基于渔捞日志的长江靖江段刀鲚渔获量的时空特征分析[J].上海海洋大学学报,23(5):774-781.
郭弘艺,周天舒,唐文乔,等.2015.长江近口段沿岸刀鲚生物量的时间格局[J].长江流域资源与环境,24(4):565-571.
郭沛涌,沈焕庭,刘阿成,等.2003.长江河口浮游动物的种类组成、群落结构及多样性[J].生态学报,23(5):892-900.
郭沛涌,沈焕庭.2003.河口浮游植物生态学研究进展[J].应用生态学报,14(1):139-142.
郭玉洁,杨则禹.1992.长江口浮游植物的数量变动及生态分析[J].海洋科学集刊,33:167-189.
郝玉江,王丁,张先锋.2006.长江江豚繁殖生物学研究概[J].兽类学报,26(2):191-200.
何文珊,陆健健.2001.高浓度悬沙对长江河口水域初级生产力的影响[J].中国生态农业学报,9(4):24-27.
贺松林,孙介民.1996.长江河口最大浑浊带悬沙输移特征[J].海洋与湖沼,27(1):60-66.
侯雁彬.2001.关于保护水生野生动物资源的探讨[J].河北渔业,(1):35-36.
胡利华,闫茂仓,郑金和,等.2011.盐度对日本鳗鲡生长及非特异性免疫酶活性的影响[J].应用海洋学学报,30(4):528-532.
华元渝,陈亚芬,钱林峰.1998.暗纹东方鲀苗种同类相残的研究[J].水生生物学报,(2):195-197.
华元渝,顾志峰,周昕,等.2002.暗纹东方鲀控毒养殖技术的研究[J].淡水渔业,32(5),20-23.
华元渝,项澄生,董明,等.1994.长江江豚的交配行为和摄食行为的研究[J].长江流域资源与环境,(2):141-146.
黄大明,陈世群.1997.鳗鲡的生活史和人工育苗技术探讨[J].生物工程进展,17(2):3-12.
黄桂林,何平,侯盟.2006.中国河口湿地研究现状及展望[J].应用生态学报,17(9):1751-1756.
黄清辉,沈焕庭,茅志昌.2001a.长江河口溶解态重金属的分布和行为[J].上海环境科学,20(8):372-377.
黄清辉,沈焕庭,刘新成,等.2001b.人类活动对长江河口硝酸盐输入通量的影响[J].长江流域资源与环境,10(6):564-569.
黄文丹.2013.长江河口水体有机胶体含量、来源及其对重金属行为影响的研究[D].上海:华东师范大学博士学位论文.
黄琇,余志堂.1991.中华鲟幼鱼食性的研究//长江流域资源、生态、环境与经济开发研究论文集[C].北京:科学出版社:257－261.
季永兴,刘水芹,莫敖全.2002.长江口保滩护岸工程与水土资源可持续发展[J].水土保持学报,16(1):128－131.
贾博.2013.胭脂鱼流水池塘养殖高产技术[J].农业科技与信息,(1):64－64.
江苏省水产局史志办公室.1991.江苏省渔业史[M].南京:江苏科学技术出版社.
蒋文华,于道平.2006a.半自然水域中长江江豚春季昼间活动节律的观察[J].动物学杂志,41(3):54－58.
蒋文华,于道平.2006b.半自然水域中母仔长江江豚呼吸行为的初步观察[J].动物学杂志,41(4):97－99.
蒋文华,于道平,潘晓龙.2002.胭脂鱼误捕与救治研究[J].水利渔业,22(5):8－9.
蒋志刚.2003.论野生动物资源的价值、利用与法律管理[J].中国科学院刊,(6):416－419.
蒋志刚,樊恩源.2003.关于物种濒危等级标准之探讨——对IUCN物种濒危等级的思考[J].生物多样性,11(5):383－392.
蒋志刚,马克平.2014.保护生物学原理[M].北京:科学出版社.
解玉浩,李勃,富丽静,等.1996.中国沿海河口地区鳗苗的群体生态和群体结构[J].大连水产学院学报,11(4):1－8.
解玉浩,李勃,富丽静,等.1997.中国沿海河口地区鳗苗群体结构的研究[J].中国水产科学,4(5):33－38.
解玉浩,李勃,刘义新,等.1993.辽宁黄海沿岸鳗苗的溯河生态与资源[J].大连水产学院学报,7(4):25－34.
金华,井润贞,王泓翔,等.2016.中华胭脂鱼幼鱼不同温度下耗氧率及窒息点的研究[J].天津农学院学报,23(4):18－20.
金丽,赵娜,周传江,等.2012.饥饿对胭脂鱼血液指标及造血的影响[J].水生生物学报,36(4):665－673.
孔亚珍,贺松林,丁平兴,等.2004.长江口盐度的时空变化特征及其指示意义[J].海洋学报,26(4):9－18.
赖年悦,沈保平,潘和平,等.2006.胭脂鱼的救护消毒与鱼病防治[J].科学养鱼,(1):56－56.
李城华.1998.日本鳗鲡补充群体的日龄、全长、出生时间及耳石生长的变化[J].海洋学报,20(4):107－113.
李道季,李军,陈吉余,等.2000.长江河口悬浮颗粒物研究[J].海洋与湖沼,31(3):295－301.
李飞,万全.2009.环境因子对胭脂鱼精子活力影响的研究[J].淡水渔业,39(4):22－28.
李红敬,林小涛,梁日东,等.2008.胭脂鱼全人工繁殖及苗种培育技术[J].海洋与渔业,(11):25－27.
李瑾,何瑞国,王学东,等.2002.中华鲟消化系统内消化酶活性分布[J].中国饲料,(21):18－20.
李九发,何青,张深.2000.长江河口拦门沙河床淤积和泥沙再悬浮过程[J].海洋与湖沼,31(1):101－109.
李萍,刘晓蕾,李勇,等.2013.胭脂鱼受精过程的细胞学观察[J].中国水产科学,(2):250－259.
李玉琪,陶宁萍.2014.刀鲚营养价值研究现状及进展[J].食品工业,35(1):223－227.
李玉尚.2014.河流淤废与宋以来松江鲈之变迁[J].科学与管理,34(6):35－43.
李政,刘征涛,王婉华,等.2006.长江河口硅和磷生源要素质量浓度的变化特征[J].环境科学研究,19(1):80－103.

连珍水,叶孙忠,张壮丽,等. 1997. 九龙江口鳗苗资源及其利用的研究[J]. 福建水产,(1):38－45.
林文銮,黄惠莉,陈少欣. 1999. 河豚毒素的提取研究[J]. 华侨大学学报,20(4):412－414.
刘昌岭,张经. 1998. 河口生物地球化学研究[J]. 海洋地质动态,(4):4－6.
刘成汉. 1979. 有关白鲟的一些资料[J]. 水产科技情报,(1):13－14.
刘东,唐文乔. 2014. 水生野生动物保护学的课程模式探索[J]. 中国校外教育,(S3):456－456.
刘红,何青,王亚,等. 2012. 长江河口悬浮泥沙的混合过程[J]. 地球科学,67(9):1269－1281.
刘鉴毅,甘芳,危起伟,等. 2007. 几种不同浓度的离子及单糖对中华鲟精子活力的影响[J]. 水生生物学报,31(6):849－854.
刘鉴毅,危起伟,陈细华,等. 2007. 葛洲坝下中华鲟繁殖生物学特性及其人工繁殖效果[J]. 应用生态学报,18(6):1397－1402.
刘杰. 2006. 长江口潮滩无机氮界面交换研究[D]. 上海:华东师范大学博士学位论文.
刘凯,段金荣,徐东坡,等. 2012. 长江口刀鲚渔汛特征及捕捞量现状[J]. 生态学杂志,31(12):313－314.
刘利平,刘登攀,蒲金成,等. 2017. 日本鳗鲡仔鱼的开口饵料和行为特征[J]. 水产学报,41(5):703－710.
刘猛,危起伟,杜浩,等. 2013. 胭脂鱼听觉阈值研究[J]. 中国水产科学,70(4):750－757.
刘敏,许世远,侯立军. 2007. 长江口潮滩沉积物——水界面营养盐环境生物地球化学过程[M]. 北京:科学出版社.
刘仁俊,王克雄,赵庆中. 2002. 中国鲸类的人工饲养[J]. 兽类学报,22(2):130－135.
刘伟华,张正旺. 2015. 生态旅游对水生动物多样性的影响[J]. 天津师范大学学报,35(3):174－178.
刘文亮. 2007. 长江河口大型底栖动物及其优势种探讨[D]. 上海:华东师范大学硕士学位论文.
刘新成,沈焕庭,黄清辉. 2002. 长江入河口区生源要素的浓度变化及通量估算[J]. 海洋与湖沼,33(5):332－340.
刘学东,郑冬. 2016. 野生动物与自然保护区管理专业创新创业人才培养模式探究[J]. 科技展望,26(30):333－334.
刘引兰,吴志强,胡茂林. 2008 我国刀鲚研究进展[J]. 水产科学,27(4):205－209.
刘征涛,姜福欣,王婉华,等. 2006. 长江河口区域有机污染物的特征分析[J]. 环境科学研究,19(2):1－5.
刘子列,华元渝,钱林峰,等. 1998. 暗纹东方鲀 TTX 的微量、快速检测[J]. 水产养殖,06:17－19.
柳凌,张洁明,郭峰等. 2010. 人工条件下日本鳗鲡胚胎及早期仔鱼发育的生物学特征[J]. 水产学报,34(12):1800－1811.
柳凌,张洁明,郭峰,等. 2004. 日本鳗鲡人工催产后亲鱼恢复培养与再催产效果[J]. 中国水产科学,(11):54－58.
龙华,黄燕,陈建武,等. 2006. 论长江野生濒危水生动物的遗传种质保护[J]. 水利渔业,26(5):57－59.
鲁大椿,柳凌,方建萍,等. 1998. 中华鲟精液的生物学特性和精浆的氨基酸成分[J]. 淡水渔业,28(6):18－20.
陆健健. 1990. 中国湿地[M]. 上海:华东师范大学出版社.
陆平,康慧. 2013. 对野生动物保护伦理关怀的思考[J]. 潍坊工程职业学院学报,26(2):

80－81.
罗秉征. 1992. 河口及近海的生态特点与渔业资源[J]. 长江流域资源与环境,1(1):24－30.
罗刚,庄平,章龙珍,等. 2008. 长江口中华鲟幼鱼的食物组成及摄食习性[J]. 应用生态学报,19(1):144－150.
罗佳,姜伟,陈求稳,等. 2013. 葛洲坝下中华鲟产卵场食卵鱼资源量的调查和分析[J]. 淡水渔业,43(5):27－30.
罗泉笙,何学福. 1980. 中华鲟的解剖[J]. 西南师范学院学报(自然科学版),(2):8－30.
吕兰军. 1994. 鄱阳湖重金属污染现状调查与分析[J]. 人民长江,25(4):32－38.
吕小梅,方少华,张跃平. 1999. 九龙江口溯河鳗苗的种类及其形态特征[J]. 台湾海峡,18(2):191－194.
马建华. 2007. 长江口焦点关注[M]. 武汉:长江出版社.
马骏,蔡明艳. 1996. 白鲟年龄鉴定及其生长的初步研究[J]. 水生生物学报,(2):150－159.
马秀慧,王志坚. 2013. 生长过程中池塘养殖胭脂鱼幼鱼鱼体与蛋白营养变化[C]. 全国博生研究生学术论坛:338－343.
马玉艳. 2008. 河口浮游动物群落生态健康评价方法及应用[D]. 大连:大连海事大学硕士学位论文.
毛成责,矫新明,钟俊生,等. 2015. 长江口刀鲚资源现状及保护研究进[J]. 淮海工学院学报(自然科学版),24(3):78－83.
毛翠凤,庄平,刘健,等. 2005. 长江口中华鲟幼鱼的生长特性[J]. 海洋渔业,27(3):177－181.
茅志昌,潘定安,沈焕庭. 2001. 长江河口悬沙的运动方式与沉积形态特征分析[J]. 地理研究,20(2):170－177.
梦梦,谢屹. 2013. 浅析野生动物保护中的公众参与[J]. 野生动物,34(4):249－252.
糜励,于道平,蒋文华,等. 2003. 半自然水域中长江江豚饲养水体理化因子分析[J]. 安徽大学学报(自然科学版),27(4):93－110.
莫根永,胡庚东,周彦锋. 2009. 暗纹东方鲀胚胎发育的观察[J]. 淡水渔业,39(6):22－27.
南开大学. 2001. 河豚毒素[J]. 技术与市场,(11):21－22.
倪国彬,黄志峰,刘智俊,等. 2015. 盐度对暗纹东方鲀幼鱼生长及摄食的影响[J]. 水产科技情报,42(5):285－287.
牛明香,王俊. 2014. 河口生态系统健康评价研究进展[J]. 生态学杂志,33(7):1977－1982.
潘淦,许爱娱. 2011. 暗纹东方鲀与南美白对虾科学混养试验[J]. 科学养鱼,(3):30－31.
潘连德,蔡飞,马召腾,等. 2010. 中国境内松江鲈的种群特征以及资源保护[J]. 水产科技情报,37(5):211－213.
潘莹,唐文乔,张饮江,等. 2007. 胭脂鱼幼鱼的耗氧率及窒息点研究[J]. 淡水渔业,37(6):48－51.
彭秀华. 2013. 大坝运行对中华鲟自然繁殖影响及修复措施研究[D]. 宜昌:三峡大学硕士学位论文.
乔方利,袁业立,朱明远,等. 2000. 长江口海域赤潮生态动力学模型及赤潮控制因子研究[J]. 海洋与湖沼,31(1):93－101.
邱训平,穆宏强,支俊峰. 2001. 长江河口水环境现状及趋势分析[J]. 人民长江,32(7):26－28.
饶发祥. 1995. 胭脂鱼的种类及其生物学特性[J]. 天津水产,(1):41－42.
饶林. 2010. 论水生野生动物保护立法的完善[J]. 黑龙江生态工程职业学院学报,23(3):79－80.
邵炳绪,唐子英. 1980. 松江鲈繁殖习性的调查研究[J]. 水产学报,4(1):81－86.

申海玉,韩超,富惠光,等. 2013. 松江鲈人工繁殖和育苗的初步研究[J]. 湖北农业科学,52(11): 2612-2615.
沈国英,施并章. 2002. 海洋生态学[M]. 北京: 科学出版社.
沈焕庭. 2001. 长江河口物质通量[M]. 北京: 海洋出版社.
沈焕庭,谷国传,李九发,等. 1988a. 长江河口潮波特性及其对河槽演变的影响//陈吉余,恽才兴. 长江河口动力过程及地貌演变[M]. 上海: 上海科学技术出版社: 73-79.
沈焕庭,郭成涛,朱慧芳,等. 1988b. 长江河口最大浑浊带的变化规律及其成因探讨//陈吉余,等. 长江河口动力地貌和沉积过程[M]. 上海: 上海科学技术出版社: 216-228.
沈焕庭,贺松林,潘定安,等. 1995. 长江河口最大浑浊带研究[J]. 华东师范大学学报,(增刊): 15-21.
沈焕庭,茅志昌,朱建荣. 2003. 长江河口盐水入侵[M]. 北京: 海洋出版社: 175.
沈焕庭,张超,茅志昌. 2000. 长江入河口区水沙通量变化规律[J]. 海洋与湖沼,31(3): 289-295.
沈美芳,吴光红. 2002. 养殖暗纹东方鲀鱼体的生化组成及营养需求初探[J]. 江西水产科技,(3): 16-22.
沈旭明,赵清良. 2001. 温度、溶解氧对暗纹东方鲀幼鱼呼吸频率的影响[J]. 生态学杂志,(4): 13-15.
沈志良. 2000. 长江和长江口氮的生物地球化学研究——关于长江口无机氮的浓度[J]. 海洋科学,24(10): 40.
施德龙,龚洪新. 2003. 关于保护长江口刀鲚资源的建议[J]. 海洋渔业,25(2): 96-97.
施德龙,钱伟兵. 2004-6-14. 长江刀鲚资源再趋枯竭[N]. 中国海洋报,第 B04 版.
施永海,张根玉,张海明,等. 2015. 刀鲚的全人工繁殖及胚胎发育[J]. 上海海洋大学学报,24(1): 36-43.
石黎军,华元渝. 2003. 水处理技术在暗纹东方鱼屯温室饲养中的设计与应用[J]. 淡水渔业,33(2): 27-29.
拾兵,李希宁,朱玉伟,等. 2005. 黄河口滨海区生态需水量研究[J]. 人民黄河,27(10): 76-77.
史登勇. 2006. 亚洲美人鱼——胭脂鱼[J]. 北京水产,(3): 13-17.
束家宽,蒋文华,郑邦友,等. 2008. 长江江豚哺乳期母豚昼间行为和时间的分配[J]. 兽类学报,28(1): 20-27.
束家宽,蒋文华,郑邦友,等. 2009. 一只长江江豚妊娠期昼间行为及其时间分配[J]. 兽类学报,29(2): 210-215.
四川省长江水产资源调查组. 1998. 长江鲟鱼生物学及人工繁殖研究[M]. 成都: 四川科学技术出版社.
宋超,庄平,章龙珍,等. 2007. 野生及人工养殖中华鲟幼鱼肌肉营养成分的比较[J]. 动物学报,53(3): 502-510.
宋晓林,吕宪国. 2009. 中国退化河口湿地生态恢复研究进展[J]. 湿地科学,7(4): 379-384.
苏春江,李立华,杨宏伟,等. 1997. 长江水污染评价与长江产业带开发[J]. 大自然探索,(3): 97-100.
孙定,刘清. 2012. 陕西省西安市水生野生动物保护执法的分析与建议[J]. 中国水产,(7): 27-29.
孙涛,徐静,刘方方,等. 2010. 河口生态需水研究进展[J]. 水科学进展,21(2): 282-288.
孙维萍,于培松,潘建明. 2009. 灰色聚类法评价长江口、杭州湾海域表层海水中的重金属污染程度[J]. 海洋学报(中文版),31(1): 79-84.

孙有恒,肖乐,李颖. 2017. 日本鳗苗资源管理现状及对我国鳗业发展的思考[J]. 中国水产,(1):66-68.
孙玉华,王伟,刘思阳,等. 2002. 中国胭脂鱼线粒体控制区遗传多样性分析[J]. 遗传学报,29(9):787-790.
谭永丰,景耀先,黄德祥. 2000. 胭脂鱼的移养驯化及开发利用[J]. 重庆水产,(1):27-29.
唐国盘. 2005. 中华鲟胚胎发育和早期生活史阶段耗氧率的研究[D]. 武汉:华中农业大学硕士学位论文.
陶江平,乔晔,杨志,等. 2009. 葛洲坝产卵场中华鲟繁殖群体数量与繁殖规模估算及其变动趋势分析[J]. 水生态学杂志,2(2):37-43.
田思泉,田芝清,高春霞,等. 2014. 长江口刀鲚汛期特征及其资源状况的年际变化分析[J]. 上海海洋大学学报,23(2):245-250.
田照辉,姜志强,梁秋婷. 2007. 光照强度对暗纹东方鲀稚鱼摄食的影响[J]. 水产养殖,28(5):5-7.
童波. 2008. 长江口开发与河口珍稀水生动物保护[J]. 人民长江,9(23):65-67.
童波,操文颖. 2008. 长江口开发与河口珍稀水生动物保护[J]. 人民长江,39(23):97-101.
童春富. 2012. 长江河口潮间带盐沼植被分布区及邻近光滩鱼类组成特征[J]. 生态学报,32(20):6501-6510.
万全,张家男. 2010. 3 种渔药对胭脂鱼幼鱼的急性毒性试验[J]. 安徽农业科学,38(32):18227-18228.
万松良. 2005. 胭脂鱼的生物学特性及养殖技术[J]. 淡水渔业,(S1):20-22.
王朝明,罗莉,张桂众,等. 2010. 饲料脂肪水平对胭脂鱼生长性能、肠道消化酶活性和脂肪代谢的影响[J]. 动物营养学报,22(4):969-976.
王丁,等. 1998. 中国长江白暨豚、江豚保护的现状及其未来//21 世纪长江大型水利工程中的生态与环境保护[M]. 北京:中国环境科学出版社:218-226.
王丁,王克雄. 2007. 拯救最后的白鱀豚[J]. 自然杂志,29(2):115-120.
王丁,张先锋,魏卓,等. 2000. 白暨豚及长江江豚种群现状和保护研究进展[C]. 全国生物多样性保护与持续利用研讨会:180-187.
王丰毅,陆健健. 2012. 胭脂鱼(Myxocyprinus asiaticus)幼鱼在河口区的生存适应性实验研究[J]. 华东师范大学学报(自然科学版),(1):19-26.
王海英,姚畋,王传胜,等. 2004. 长江中游水生生物多样性保护面临的威胁与压力[J]. 长江流域资源与环境,13(5):429-433.
王慧敏,彭德倩. 2007-6-23. 松江鲈:人工繁育产业化——青浦繁育基地育出 16 万尾仔鱼[N]. 解放日报,006 版.
王佳宁,晏维金,贾晓栋. 2006. 长江流域点源氮磷营养盐的排放、模型及预测[J]. 环境科学学报,26(4):658-666.
王建革. 2011. 松江鲈及其水文环境历研究[J]. 陕西师范大学学报(哲学社会科学版),40(5):137-137.
王江,董明琍,方盛国,等. 2003. 安徽铜陵淡水豚自然保护区淡水豚受胁迫因素及保护对策探讨[J]. 浙江海洋学院学报,22(1):30-34.
王金秋,罗武松,季强. 2010. 松江鲈健康养殖系统构建[J]. 渔业现代化,37(1):34-46.
王金秋. 1999. 松江鲈的生态学和繁殖生物学的研究进展[J]. 水生生物学报,23(6):729-734.
王克雄,王丁. 2015. 航道整治工程对长江江豚影响及缓解措施分析[J]. 环境影响评价,37(3):13-17.
王亮,王轲,赵媛媛. 2013. H7N9 疫情形势下野生动物保护工作的现状、问题及建议[J]. 科学观察,(5):60-61.
王明建,刘双全,刘齐德,等. 2012. 胭脂鱼水库分级网箱养殖技术研究[J]. 现代农业科技,(9):335-336.
王武,刘利平,毕永红,等. 2001. 松江鲈(Trachidermus fasciatus)的研究进展[J]. 水产科技情报,28(3):124-129.
王新功,徐志修,黄锦辉,等. 2007. 黄河河口淡水湿地生态需水研究[J]. 人民黄河,29(7):33-35.
王幼槐,倪勇. 1984. 上海市长江口区渔业资源及其利用[J]. 水产学报,8(2):147-159.
王玉军. 2011. 杭州市野生动物驯养繁殖现状及发展思路[J]. 野生动物,32(3):173-177.
王煜,戴会超,毛劲乔,等. 2014. 葛洲坝大江泄流对中华鲟产卵场空间分布特征的影响[J]. 排灌机械工程学报,32(6):487-493.
危起伟,陈细化,杨德国,等. 2005. 葛洲坝截流 24 年来中华鲟产卵群体结构的变化[J]. 中国水产科学,12(4):452-457.
危起伟. 2003. 中华鲟繁殖行为生态学与资源评估[D]. 武汉:中国科学院研究生院博士学位论文.
韦正道,王昌燮,杜懋琴,等. 1997. 控制松江鲈(Trachidermus fasciatus)生长的环境因子的研究[J]. 复旦学报(自然科学版),36(5):581-585.
魏卓,王丁,张先锋,等. 2004a. 长江天鹅洲故道江豚的集群规模及其时空分布[J]. 水生生物学报,28(3):247-252.
魏卓,王丁,张先锋,等. 2004b. 豢养长江江豚性行为的观察[J]. 兽类学报,24(2):98-102.
闻海波,张呈祥,徐钢春,等. 2009. 长江刀鲚与池塘人工养殖刀鲚性腺发育的初步观察[J]. 动物学杂志,44(4):111-117.
翁立达. 2001. 保护长江任重道远[J]. 人民长江,32(7):1-6.
翁幼竹,方琼珊,宋海霞,等. 2010. 日本鳗鲡产卵后生存及其繁育[J]. 中国水产科学,17(6):1218-1224.
吴建新. 2002. 长江野生暗纹东方鲀资源现状与保护对策[J]. 水利渔业,06:47-49.
吴玲玲,陆健健,童春富. 2003. 长江口湿地生态系统服务功能价值的评估[J]. 长江流域资源与环境,12(5):412-414.
吴树敬. 2006. 瑞安市野生动物水生保护现状及对策研究[J]. 现代渔业信息,21(3):15-17.
吴湘香,李云峰,张燕,等. 2014. 溶解气体过饱和水体对胭脂鱼血气平衡影响初步研究[J]. 淡水渔业,(6):55-57.
夏保密,侯俊利,赵峰,等. 2016. 盐度对日本鳗鲡(Anguilla japonica)渗透压调节的影响[J]. 生态学杂志,35(8):2182-2188.
肖慧. 2008. 中华鲟保护研究探索历程[J]. 中国三峡,(1):22-29.
肖建强,王丁. 2005. 人工饲养环境下长江江豚的行为谱的构建[J]. 水生生物学报,29(3):253-258.
肖利,吴惠仙,薛俊增,等. 2010. 日本鳗鲡繁殖生物学研究概述[J]. 上海海洋大学学报,03:321-326.
邢湘臣. 2004. 松江鲈杂谈[J]. 农业考古,(1):167-169.
邢湘臣. 2003. 我国珍稀的中华鲟和白鲟[J]. 生物学通报,38(9):9-10.
邢亚林,彭建军,于冬梅,等. 2012. 分子标记技术在野生动物保护研究中的应用[J]. 野生动物,33(1):42-47.
徐刚春. 2011. 一种刀鲚池塘养殖的方法:中国. 201110191146. 5[P]. 2011-12-21.
徐钢春,聂志娟,薄其康,等. 2012. 水温对刀鲚幼鱼耗氧率、窒息点、血糖及肌肝糖原指标的影响[J]. 生态学杂志,31(12):3116-3120.

徐钢春. 2010. 刀鲚(Coilia nasus)性腺发育、人工繁殖及早期生活史的研究[D]. 南京：南京农业大学硕士学位论文.
徐继松,关瑞章,陈学豪,等. 2012. 循环水养殖系统培育日本鳗鲡和美洲鳗鲡苗种的研究[J]. 渔业现代化,39(3)：23－27.
徐跑. 2010. 一种刀鲚的全人工繁殖方法：中国. 200910034086. 9[P]. 2010－4－14.
徐兆礼,王云龙,白雪梅,等. 1999. 长江口浮游动物生态研究[J]. 中国水产科学,6(5)：55－58.
徐兆礼,王云龙,陈亚瞿,等. 1995. 长江口最大浑浊带区浮游动物的生态研究[J]. 中国水产科学,2(1)：64－70.
许勤智,周波,陈娜娜,等. 2014. 温度和体重对胭脂鱼鱼种耗氧率的影响[J]. 广东海洋大学学报,(1)：37－41.
许志强,杨启银,吴向华,等. 2004. 沼泽红假单胞菌在暗纹东方鲀育苗上的应用[J]. 南京师大学报(自然科学版),27(4)：85－88.
闫玉莲,邓冬富,彭涛,等. 2014. 水体中铅对南方鲇和胭脂鱼的生态毒理效应[J]. 淡水渔业,44(2)：30－35.
颜远义. 2003. 中华鲟生物学特性及养殖方法[J]. 江西水产科技,(5)：14－16.
杨德国,危起伟,王凯,等. 2006. 淡水养殖中华鲟成鱼的 3 种方式及效果比较[J]. 南方水产科学,2(2)：1－5.
杨东方,高振会,王凡,等. 2007a. 长江口理化因子影响初级生产力的探索[J]. 海洋科学进展,25(4)：495－505.
杨光,周开亚. 1997. 中国水域江豚种群遗传变异的研究[J]. 动物学报,(4)：411－419.
杨红,丁骏,王春峰,等. 2012. 长江口中华鲟幼鲟栖息地适宜性评价[J]. 海洋通报,31(6)：675－679.
杨建丽. 2009. 长江河口局部有机污染物分布及生态风险评价[D]. 北京：北京化工大学硕士学位论文.
杨健. 2012. 长江及其河口邻近海域刀鲚耳石中的生境信息解译研究[C]. 郑州：中国水产学会学术年会.
杨星,杨军峰,汤明亮,等. 2006. 长江中国胭脂鱼群体的遗传分化[J]. 武汉大学学报(理学版),52(4)：503－507.
杨宇峰,王庆,陈菊芳,等. 2006. 河口浮游动物生态学研究进展[J]. 生态学报,26(2)：576－585.
杨正东,朱建荣,王彪,等. 2012. 长江河口潮位站潮汐特征分析[J]. 华东师范大学(自然科学版),05(3)：111－119.
杨州,华元渝. 1997. 暗纹东方鲀的生物学特性及养殖概况[J]. 中国水产,05：26－27.
姚庆祯,张经. 2009. 长江口及邻近海域痕量元素砷、硒的分布特征[J]. 环境科学,30(1)：33－38.
叶属峰,刘星,丁德文. 2007. 长江河口海域生态系统健康评价指标体系及初步评价[J]. 海洋学报,29(4)：128－135.
易建华. 2014. 不同开口饵料对胭脂鱼仔稚鱼成活率的影响[D]. 重庆：西南大学硕士学位论文.
于道平,蒋文华,韩德民. 2007. 长江江豚对人工投食适应过程的观察[J]. 兽类学报,27(4)：365－369.
于道平,蒋文华,黄立新. 2003a. 半自然水域中长江江豚食性与摄食行为的初步观察[J]. 兽类学报,23(3)：198－202.
于道平,蒋文华,糜励. 2003b. 半自然水域中长江江豚活动区域及其季节性变化[J]. 水生生物学报,27(6):657－659.
于道平,王江,杨光,等.2005.长江湖口至荻港段江豚春季对生境选择的初步分析[J].兽类学报,25(3):302－306.
于诗群,王士党,等.2008.松江鲈的生物学特性及养殖技术[J].北京水产,25(8):25－27.
余文公,夏自强,于国荣.2007.三峡水库水温变化及其对中华鲟繁殖的影响[J].河海大学学报(自然科学版),35(1):92－95.
余志堂,邓中粦,蔡明艳,等.1988.葛洲坝下游胭脂鱼的繁殖生物学和人工繁殖初报[J].水生生物学报,12(1):87－89.
虞功亮,刘军,许蕴玕,等.2002.葛洲坝下游江段中华鲟产卵场食卵鱼类资源量估算[J].水生生物学报,26(6):591－599.
袁传宓.1987.刀鲚的生殖洄游[J].生物学通报,(12):1－3.
袁兴中.2001.河口潮滩湿地底栖动物群落的生态学研究[D].上海:华东师范大学博士学位论文.
恽才兴,时伟荣,何青.1995.长江口通海航道泥沙场动态分析[J].华东师范大学学报,(长江口深水航道治理与港口建设专辑):50－79.
翟世奎,孟伟,于志刚.2008.三峡工程一期蓄水后的长江口海域环境[M].北京:科学出版社.
张呈祥,陈平,郑金良.2006.长江刀鲚灌江纳苗与养殖[J].科学养鱼,(7):26.
张春光,赵亚辉.2000.胭脂鱼的早期发育[J].动物学报,46(4):438－447.
张春光.2000.我国胭脂鱼资源现状极其资源恢复途径的探讨[J].自然资源学报,15(2):155－159.
张光贵,唐志勇,陆雪松.2006.暗纹东方鲀产业发展现状与思考[J].科学养鱼,11:4－5.
张辉,危起伟,杜浩,等.2008.中华鲟自然繁殖行为发生与气象状况的关系[J].科技导报,26(17):42－48.
张敏莹,徐东坡,刘凯,等.2005.长江下游刀鲚生物学及最大持续产量研究[J].长江流域资源与环境,14(6):694－698.
张沈裕,朱建荣.2016.长江河口石洞口水域电厂温排水输运扩散观测和分析[J].华东师范大学学报(自然科学版),(2):101－111.
张四明,邓怀,晏勇,等.2000.中华鲟随机扩增多态DNA及遗传多样性研究[J].海洋与湖沼,31(1):1－7.
张涛,庄平,章龙珍,等.2002.胭脂鱼早期生活史行为发育[J].中国水产科学,9(3):215－219.
张涛,张洁明,郭峰,等.2009.日本鳗鲡早期幼苗趋光性及视觉发育特征[J].淡水渔业,39(3):18－25.
张婷,祝茜,赵琦,等.2008.松江鲈的研究和保护[J].河北渔业,(8):6.
张先锋.1992.江豚的年龄鉴定、生长和生殖的研究[J].水生生物学报,16(4):289－297.
张先锋,王克雄.1999.长江江豚种群生存力分析[J].生态学报,19(4):529－533.
张先锋,魏卓,王小强,等.1995.建立长江天鹅洲白暨豚保护区的可行性研究[J].水生物学报,19(2):110－123.
张晓雁,李罗新,危起伟,等.2011.养殖密度对中华鲟行为、免疫力和养殖环境水质的影响[J].长江流域资源与环境,20(11):1348－1354.
张亚南,贺青,陈金民,等.2013.珠江口及其邻近海域重金属的河口过程及其沉积物污染风险评价[J].海洋学报,35(2):178－186.
张长群,郑杨,Platto,等.2015.人工饲养长江江豚的同性性行为和自慰行为[J].兽类学报,35(3):241－252.

赵春来,陈文静,张艳萍,等. 2007. 刀鲚的生物学特性及其资源现状分析[J]. 江西水产科技,(2): 21 - 23.

赵利华,张雪生,曹正光. 1990. 长江口区鳗苗资源利用的调查[J]. 淡水渔业,(3): 34 - 35.

赵荣兴,夏连军. 2005. 日本鳗鲡(Anguilla Japonica Temmincket Schlegel)鳗苗资源变动之谜[J]. 现代渔业信息,08: 11 - 14.

赵爽,宋佳坤,王晓杰. 2010. 暗纹东方鲀应激胀气行为功能形态学观察[J]. 动物学研究,31(5): 539 - 549.

赵一杰. 2012. 靖海湾松江鲈生殖生物学与苗种繁殖关键技术[D]. 青岛: 中国海洋大学硕士学位论文.

赵长春,谭玉钧,施玉峰,等. 1980. 产后雌鳗再生殖可能性[J]. 海洋与湖沼,(11): 241 - 246.

郑建平. 1995. 日本鳗鲡的生物学特征及人工饲养技术[J]. 江西农业科技,04: 39 - 42.

郑金良. 2009. 一种刀鲚灌江纳苗的池塘生态养殖方法: 中国. 200910030354. X[P]. 2009 - 10 - 28.

郑凯迪,陈桂来,孙彬,等. 2010. 胭脂鱼仔鱼的生长和消化酶活力变化[J]. 淡水渔业,40(6): 9 - 14.

中国海洋年鉴编纂委员会,中国海洋年鉴编辑部. 1999. 1997—1998 中国海洋年鉴[M]. 北京: 海洋出版社.

周剑光,刘乐和. 1996. 胭脂鱼成鱼池塘养殖技术[J]. 淡水渔业,(4): 36 - 40.

周君亮. 2000. 中国水利可持续发展探讨[J]. 中国水利,(8): 35 - 37.

周俊丽,刘征涛,孟伟,等. 2009. 长江河口表层沉积物中 PAHs 的生态风险评价[J]. 环境科学研究,22(7): 778 - 783.

周学金,颜慧,李萍. 2015. 胭脂鱼人工养殖技术[J]. 科学养鱼,V31(3): 35 - 35.

祝东梅,杨坤,王卫民,等. 2013. 中国胭脂鱼的细胞遗传学分析[J]. 中国水产科学,(3): 682 - 688.

庄平,刘健,王云龙,等. 2009. 中华鲟自然保护区科学考察与综合管理[M]. 北京: 海洋出版社.

庄平,王幼槐,李圣法,等. 2006. 长江口鱼类[M]. 上海: 上海科学技术出版社.

邹宏海. 2003. 养殖型暗纹东方鲀的生物学特性及其应用[D]. 南京: 南京师范大学硕士学位论文.

Alongi D M. 1997. Coastal ecosystem processes[M]. Boca Raton: CRC Press: 419.

August S M, Hicks B J. 2007. Water temperature and upstream migration of glass eels in New Zealand: implications of climate change [J]. Environmental Biology of Fishes, 81 (2): 195 - 205.

Bardonnet A, Bolliet V, Belon V. 2005. Recruitment abundance estimation: role of glass eel (Anguilla anguilla L.) response to light [J]. Journal of Experimental Marine Biology and Ecology, 321: 181 - 190.

Boubee J A, Mitchell C S P, Chisnall B L. 2001. Factors regulating the downstream migration of mature eels (Anguilla spp.) at Aniwhenua Dam, Bay of Plenty, New Zealand [J]. New Zealand Journal of Marine and Freshwater Research, 35: 121 - 134.

Bouilliart M, Tomkiewicz J, Lauesen P, et al. 2015. Musculoskeletal anatomy and feeding performance ofpre-feeding engyodontic larvae of the European eel (Anguilla anguilla) [J]. Journal of Anatomy, 227(3): 325 - 340.

Brooks D A, Baca M W. 1999. Tidal circulation and residence time in amacrotidal estuary: cobscook bay, maine [J]. Estuarine, Coastal and Shelf Science, 49: 647 - 655.

Chen Y L, Chen H Y, Tzeng W N. 1994. Reappraisal of the importance of rainfall in affecting catches of Anguilla japonica elvers in Taiwan [J]. Australian Journal of Marine and Freshwater Research, 45: 185 - 190.

Chen Y L, Chen H Y. 1991. Temperature selections of Anguilla japonica (L.) elvers, and their implications for migration[J]. Australian Journal of Marine & Freshwater Research, 42(6): 743 - 750.

Chino N, Arai T. 2009. Relative contribution of migratory type on the reproduction of migrating silver eels, Anguilla japonica, collected off Shikoku Island, Japan[J]. Marine Biology, 156 (4): 661 - 668.

Claereboudt M R, Cote J, Bonardelli JC, et al. 1995. Seasonal variation in abundance and size structure of phytoplankton in Baie coeanographic conditions [J]. Hydrobiogia, 306 (2): 147 - 157.

Constantine R, Brunton D H, Dennis T. 2004. Dolphin-watching tour boats change bottlenose dolphin (Tursiops truncatus) behavior[J]. Biological Conservation, 117(3): 299 - 307.

Creutzberg F. 1958. Use of tidal streams by migrating elvers (Anguilla vulgaris Turt) [J]. Nature, 181: 857 - 858.

Deng Y X, Zheng B H, Fu G, et al. 2010. Study on the total waterpollutant load allocation in the Changjiang (Yangtze River) Estuary and adjacentseawater area [J]. Estuarine, Coastal and Shelf Science, 86: 331 - 336.

Dortch Q, Whitledge T E. 1992. Does nitrogen or silicon limit phytoplankton production in the Mississippi River plume and nearby regions? [J]. Continental Shelf Research, 12(11): 1293 - 1309.

Elliott J M, Tesch F W. 1977. The eel: biology and management of anguillid eels[M]. London: Chapman & Hall.

Engle V D, Summers J K. 1999. Latitudinal gradients in benthic community composition in Western Atlantic estuaries[J]. Journal of Biogeography, 26: 1007 - 1023.

Federici B, Paola C. 2003. Dynamics of bifurcations in noncohesive sediments [J]. Water Resources Research, 39 (6): 1162 - 1176.

Foroughirad V, Mann J. 2013. Long-term impacts of fish provisioning on the behavior and survival of wild bottlenose dolphins[J]. Biological Conservation, 160: 242 - 249.

Gascuel D, Feunteun E, Fontenelle G. 1995. Seasonal dynamics of estuarine migration in glass eels (Anguilla anguilla) [J]. Aquatic Living Resources, 8: 123 - 133.

Giblin A E, Foreman K H, Banta G T. 1995. Biogeochemical processes and marine benthic community structure: which follows which? In: Linking Species and Ecosystem [M]. New York: Chapman and Hall: 29 - 36.

Guo H Y, Zheng Y, Tang W Q, et al. 2011. Behavioral migration diversity of the Yangtze River Japanese eel, Anguilla japonica, based on otolith Sr/Ca ratios[J]. Zoological Research, 32 (4): 442 - 445.

Guo L D, Santschi P H. 1997. Composition and cycling of colloids in marine environments[J]. Reviews of Geophysics, 25(1): 17 - 40.

Gurram S K, Karki K S, Hager W H. 1997. Subcritical junction flow[J]. Journal of Hydraulic Engineering, 123 (5): 447 - 455.

Jager Z, Mulder H P J. 1999. Transport velocity of flounder larvae (Platichthys flesus L.) in the Dollard (Ems Estuary) [J]. Estuarine, Coastal and Shelf Science, 49: 327 - 346.

Jay D A, Geyer W R, Uncles R J, et al. 1997. Areview of recent developments in estuarine scalar flux estimation [J]. Estuaries. 20(2): 262 - 280.

Jellyman D J. 1977. Invasion of a New Zealand freshwater stream by glass-eels of tow Anguilla spp [J]. Journal of Marine and Freshwater Research, 11(2): 193－209.

Jellyman D J. 1979. Upstream migration of glass-eels (Anguilla spp.) in the Waikato River [J]. New Zealand Journal of Marine & Freshwater Research, 13(1): 13－22.

Jellyman D J, Lambert P W. 2003. Factors affecting recruitment of glass eels into the Grey River, New Zealand [J]. Journal of Fish Biology, 63: 1067－1079.

Jiao N Z, Wang R. 1994. Size structure of microplankton biomass and production in Jiaozhou Bay, China[J]. J Plankton Res, 16(12): 1609－1625.

Krapfenbauer A, Wriessnig K. 1995. Anthropogenic environmental pollution-theshare of agriculture [J]. Bodenkultur-wien and Munchen, 46: 269－269.

Laffaille P, Caraguel J M, Legault A. 2007. Temporal patterns in the upstream migration of European glass eels (Anguilla anguilla) at the Couesnon estuarine dam [J]. Estuarine, Coastal and Shelf Science, 73: 81－90.

Lai W, Lin W Y, Du L S. 1991. Ecological investigation on the zooplankton community of Changjiang River estuary. Essays on the forth conference on the science of oceanology and limnlogy[M]. Beijing: Science Press: 158－163.

Long E R, Macdonld D D, Smith S L, et al. 1995. Incidence of adverse biological effects with range of chemical concentrations in marine and estuarine sedments[J]. Envion Manage, 19 (1): 81－97.

Longley W L. 1994. Freshwater inflows to Texas Bays and estuaries: ecological relationships and methods for determination of needs[R]. Water Development Board and Texas Park and Wildlife Department, Austin, Texas.

Maffi L, Oviedo G, Larrsen P B. 2000. Indigenous and traditional peoples of the world and region conservation: An integrated approach to conserving the worlds biogical and cultural diversity [R]. Switzerland and WWFR Report No. 145.

Martin M H. 1995. The effects of temperature, river flow and tidal cycles on the onset of glass eel and elver migration into freshwater in the American eel [J]. Journal of Fish Biology, 46: 891－902.

McCleave J D, Wippelhauser G S. 1987. Behavioral aspects of selective tidal stream transport in juvenile American eels [J]. American Fisheries Society Symposium1, 1: 138－150.

Miller M J, Chikaraishi Y, Ogawa N O, et al. 2013. A low trophic position of Japanese eel larvae indicates feedingon marine snow[J]. Biology Letters, 9(1): 20120826.

Moreira-Turep P, Martin J M, Fleury A. 1993. Chemical and biological characterization of particles by flow cytometry in the Krka Estuary, Croatia[J]. Marine Chemistry, 43: 115－126.

Muller F L L. 1996. Interactions of copper, lead and cadmium with the dissolved, colloidal and particulate components of estuarine and coastal waters[J]. Marine Chemistry, 52: 245－268.

Persud D, Jaagumagi R, Hayton A. 1993. Guidelines for the protection and management of aquatic sediment quality in Ontario[M]. Ottawa, Ontario: Ontario Ministry of the Environment: 23.

Pinckney J L, Paerl H W, Harrington M B, et al. 1998. Annual cycles of phytoplankton community-structure and bloom dynamics in the Neuse River Estuary, North Carolina[J]. Mar Biol, 131(2): 371－381.

Rako N, Fortuna C M, Holcer D, et al. 2013. Leisure boating noiseas a trigger for the displacement of the bottlenose dolphins of the Cres-Loinj archipelago (Northern Adriatic Sea, Croatia)[J]. Marine Pollution Bulletin, 68(1/2): 77－84.

Redfield A C, Ketchum B H, Richards F A. 1963. The influence of organisms on the composition of sea-water [R]. The Sea: Ideas and Observations on Progress in the Study of the Seas, 2: 26 - 77.

Riemann L, Alfredsson H, Hansen M M, et al. 2010. Qualitative assessment of the diet of European eel larvaein the Sargasso Sea resolved by DNA barcoding[J]. Biology Letters, 6(6): 819 - 822.

Satoh H. 1979. Try for perfect culture of the Japanese eel[J]. Iden, 33: 23 - 30.

Shen Z, Liu Q, Zhang S, et al. 2003. A nitrogen budget of the Changjiang River Catchment [J]. Ambio, 32(1): 65 - 59.

Silberschneider B C, Pease D J B. 2001. A novel artificial habitat collection device for studying resettlement patterns in anguillid glass eels [J]. Journal of Fish Biology, 58: 1359 - 1370.

Song G L, Gong H H. 2012. Discuss the current situation of the development, questions and measures of ecotourism of our country [C]//2nd InternationalConference on Applied Social Science. Singapore: IERI.

Steckenreuter A, Muller L, Harcourt R. 2012. How does Australia's largest dolphin-watching industry affect the behavior of asmall and resident population of Indo-Pacific bottlenose dolphins? [J]. Journal of Environmental Management, 97(30): 14 - 21.

Sugeha H Y, Arai T, Miller M J, et al. 2001. Inshore migration of the tropical eels Anguilla spp. recruiting to the Poigar River estuary on North Sulawesi Island[J]. Marine Ecology Progress Series, 221: 233 - 243.

Sullivan M C, Able K W, Hare J A, et al. 2006. Anguilla rostrata glass eel ingress into two, U. S. east coast estuaries: patterns, processes and implications for adult abundance [J]. Journal of Fish Biology, 69: 1081 - 1101.

Tanaka H, Kagawa H, Ohta H, et al. 2003. The first production of Glass eel incaptivity: fishre productive physiology facilitates great progress in a quaculture[J]. Fish Physi Biochem, 28: 493 - 497.

Tanaka H, Kagawa H, Ohta H, et al. 1995. The first report ofeel larvae ingesting rotifers[J]. Fisheries Science, 61(1): 171 - 172.

Tiemann J. 2004. Effects of lowhead dams on riffle-dwelling fishes and macro-invertebrates in a Midwestern river[J]. Transactions of the Amer-ican Fisheries Society, 133: 705 - 717.

Tsukamoto K. 2006. Oceanic biology: spawning of eels near a seamount [J]. Nature, 439 (7079): 929.

Tsukamoto K, Arai T. 2001. Facultative catadromy of the eel Anguilla japonica between freshwater and seawater habitats[J]. Marine Ecology Progress Series, 220(1): 265 - 276.

Tsukamoto K, Otake T, Mochioka N, et al. 2003. Seamounts, new moon and eel spawning: the search for the spawning site of the Japanese eel[J]. Environmental Biology of Fishes, 66(3): 221 - 229.

Tsukamoto K. 1992. Discovery of the spawning area for Japanese eel[J]. Nature, 356(30): 789 - 791.

Tzeng W N, Shiao J C, Iizuka Y. 2002. Use of otolith Sr: Ca ratios to study the riverine migratory behaviors of Japanese eel Anguilla japonica [J]. Marine Ecology Progress Series, 245: 213 - 221.

Tzeng W N. 2004. Modern research on the natural life history of the Japanese eel Anguilla japonica [J]. Journal of The Fisheries Society of Taiwan, 31(2): 73 - 84.

Wang D. 2009. Population status, threats and conservation of the Yangtze finless porpoise[J].

Chinese Science Bulletin, 54: 3473 - 3484.

Weber L J, Schumate E D, Mawer N. 2001. Experiment on flow at a 90 open-channel junction [J]. Journal of Hydraulic Engineering, 127(5): 340 - 350.

Wei Z, Wang D, Kuang X A, et al. 2002. Observations on behav-ior and ecology of the Yangtze finless porpoise Neophocaenaphocaenoides group at Tian-e-Zhou oxbow of the Yangtze river[J]. Raffles Bulletin of Zoology, Supplement, 10: 97 - 103.

White E M, Knights B. 1997. Environmental factors affecting migration of the European eel in the Rivers Severn and Avon, England [J]. Journal of Fish Biology, 50: 1104 - 1116.

Yamamoto K, Yamauchi K. 1974. Sexual maturation of Japanese eel and production of eel larvae in the aquarium[J]. Nature, 251: 220 - 222.

Yamauchi K, Nakamura M, Takahashi H, et al. 1976. Cultivation of larvae of Japanese eel[J]. Nature, 263: 412 - 414.

Yan W, Mayorga E, Li X, et al. 2010. Increasing anthropogenic nitrogen inputs and riverine DIN exports from the Changjiang River basin under changing human pressures [J]. Global Biogeochemical Cycles, 24: 1 - 14.

Young G C, Potte I C. 2002. Influence of exceptionally high salinities, marked variations in freshwater discharge and opening of estuary mouth on the characteristics of the ichthyofauna of nomally-closed estuary[J]. Estuarine Coastal and Shelf Science, 55(2): 223 - 246.